视频处理加速及应用实践

基于英特尔GPU

林森 唐君 王丹 傅巧妮
叶钊 黄妍 傅伟 ◎著

机械工业出版社
CHINA MACHINE PRESS

图书在版编目（CIP）数据

视频处理加速及应用实践：基于英特尔 GPU / 林森等著. —北京：机械工业出版社，2023.8
ISBN 978-7-111-73400-0

Ⅰ. ①视… Ⅱ. ①林… Ⅲ. ①图像处理软件－程序设计 Ⅳ. ① TP391.413

中国国家版本馆 CIP 数据核字（2023）第 116784 号

机械工业出版社（北京市百万庄大街22号 邮政编码100037）
策划编辑：刘 锋　　　　责任编辑：刘 锋 赵亮宇
责任校对：李小宝 贾立萍　　责任印制：郜 敏
三河市国英印务有限公司印刷
2023年9月第1版第1次印刷
186mm×240mm · 21.5印张 · 465千字
标准书号：ISBN 978-7-111-73400-0
定价：109.00元

电话服务　　　　　　网络服务
客服电话：010-88361066　机 工 官 网：www.cmpbook.com
010-88379833　机 工 官 博：weibo.com/cmp1952
010-68326294　金 书 网：www.golden-book.com
　机工教育服务网：www.cmpedu.com

FOREWORD

序

作者林森是我的师弟，在视频编解码领域颇有研究。今日书成，请我作序，我深感荣幸。

22年前我们曾一起在JDL实验室做基于DSP的MPEG-4编解码实现工作。JDL实验室的全称是“先进人机通信技术联合实验室”（简称“联合实验室”），它成立于1996年3月，由国家高技术研究发展计划（“863计划”）智能计算机主题专家组与美国摩托罗拉公司共同出资设立，挂靠在中科院计算所国家智能计算机研究中心（NCIC）。“863计划”始于1986年，在我国科学技术需要迅速发展的年代，它有力地推动了我国高新技术的进步。2016年，随着国家重点研发计划的出台，“863计划”结束了自己的历史使命。摩托罗拉的手机虽然如今在市场上热度不高，但摩托罗拉作为芯片制造、电子通信的领导者曾经风靡全球。由此可见，JDL实验室成立之初就是国内专门从事多媒体技术和智能人机交互技术等研究的领先机构。关于JDL实验室的信息现在仍然可以从其主页上了解到。

林森毕业后陆续在威盛电子（VIA）、思科、英特尔从事音视频相关研发工作，具有丰富的开发经验。2011年年初，他加入英特尔，先后基于英国Imagination公司的编解码芯片做视频驱动开发工作，围绕英特尔的Media SDK进行基于硬件加速的研究工作。2021年起，他在英特尔主营业务的客户端事业部担任平台架构师，主要负责独立显卡的媒体业务。

作为一直战斗在视频编解码领域前线的老兵，林森和他的朋友们在本书中先介绍了视频编解码的基础理论知识，再结合实际开发过程中的案例介绍了基于硬件平台的视频加速处理的框架和实现技巧。这本书不仅可以作为初学者的入门参考书，也可以作为资深工程师的实用参考资料。

马思伟

北京大学计算机学院教授

PREFACE

前　　言

随着科技和网络的蓬勃发展，视频作为主要的信息载体，应用场景越来越多——从传统的电视电影到现在的在线视频服务，从点播到直播，从单向接收到实时互动。同时，随着屏幕越来越清晰，尺寸越来越大，对视频的尺寸、清晰度等的要求变得越来越高，这也对硬件的算力提出了越来越高的要求。作为计算平台的主要硬件供应商，英特尔提供了多款能够加速处理复杂视频应用的硬件平台，例如，性价比合适的集成显卡、可插拔的独立显卡、性能强悍并且可扩展的服务器处理器、可实现客户定制化的 FPGA 芯片等。GPU 架构的快速发展，特别是英特尔 GPU 内集成了很多专用的低功耗视频数据处理模块，使其具有很强的视频加速处理能力。虽然国内也有很多开发者使用英特尔 GPU，然而没有相关书籍来系统梳理这部分知识。因此，本书将聚焦于使用英特尔的 GPU 来进行视频加速处理的方案。

本书将从视频数据的理论基础、硬件基础、软件接口、实战等方面进行介绍。首先深入浅出地介绍一些大家耳熟能详的数字图像的基本概念；然后介绍数字图像压缩的理论基础和评价方法，以及现在常用的一些视频编码的标准格式；接下来介绍英特尔 GPU 的架构特点，因为它集成了专用的多媒体处理模块，具备高效、低功耗的视频加速处理能力；再接下来详细介绍相关软件组件的设计原理以及环境搭建过程等，这些组件包括免费开源的视频处理开发套件 Media SDK、基于 Media SDK 和 OpenVINO 实现的高并发视频分析业务评估工具（SVET），以及业界常用的视频开源框架 FFmpeg、GStreamer 和 OpenCV 等。由于视频处理加速在嵌入式环境的广泛应用，我们在第 5 章详细介绍了 Linux 系统下对应的软件栈，对开发者比较关心的 DRM 框架、i915 驱动、VA-API、GmmLib 的核心知识做了梳理。这些软件接口各有所长，面向的应用也千差万别，但是底层都可以通过英特尔的驱动调用英特尔的 GPU 来进行视频加速处理，所以，读者可以根据自身项目的需求有选择地阅读。在介绍完硬件架构和软件接口之后，就开始进行实战技巧的介绍，主要包括视频编解码处理、拼接显示、性能监测、性能验证和优化等，并配有命令行以及参考代码。相信这种介绍方法能够帮助读者少走弯路，节省开发成本，起到事半功倍的作用。

本书各章的具体写作分工为：

第 1 章　视频处理之理论基础：林森

第 2 章　英特尔 GPU 概述：林森，傅伟

第 3 章　Media SDK 总览：林森，唐君

第 4 章　Media SDK 环境搭建：唐君，叶钊，林森，王丹

第 5 章　Linux 视频加速软件框架：唐君

第 6 章　开源框架的使用和环境搭建：叶钊，黄妍

第 7 章　高并发视频分析业务评估工具：王丹

第 8 章　编解码实现：林森，傅巧妮，王丹，唐君

第 9 章　拼接显示实现：傅巧妮，唐君，林森

第 10 章　性能监测：唐君，林森

第 11 章　性能验证和优化：唐君，林森

附录 A～附录 D：林森

本书面向的读者为视频行业的广大从业人员，不管是新进入这个行业的开发小白，还是众多战斗在第一线的销售、售前工程师以及现场工程师等，甚至是具有数十年工作经验的资深软硬件开发人员，都可以通过本书了解英特尔 GPU 的架构、能力、特点以及开发框架等，并找到解决实际问题的方法和思路，快捷地研发出有特点的视频产品。

另外，本书介绍的是最基本的视频图像处理的理论知识，不会涉及高深的数学知识和最前沿的理论算法，因为本书面向的是那些想要把视频处理技术做成可以落地的项目的从业者和开发者。当然有很多讲述理论的书，想要深入学习视频编解码知识的读者可以参考《数字视频编码技术原理（第二版）》（由高文、赵德斌、马思伟所著）等。尽管本书的很多案例都基于英特尔 GPU 平台，但是很多视频加速处理的思想是相通的，致力于视频处理开发的读者也可以把本书作为入门类书籍参考。

在整本书的描述过程中，我们希望尽可能地把想要表述的观点通俗易懂地表达出来。众所周知，很多技术类的书籍常常因为技术本身比较复杂而让读者感到晦涩难懂，我们希望通过我们的经验帮助读者少走一些弯路，从而降低开发的难度。同时，因为在视频技术行业里大家对某些英文单词已经形成了基本认知，如果直接翻译成中文会给广大读者造成困扰，所以我们在描述过程中会把某些专业名词对应的英文放到括号内，以便把概念介绍得更加明确，易于阅读和理解。

本书从开始构思到最后成书历时三年多，大家都是利用业余时间参与编写工作的，这里要特别感谢陈婧在本书的编写过程中给予大力支持，在大家坚持不下去的时候，她一直在出谋划策，鼓励和推动着大家前进，非常感谢！

最后由于大家的能力和精力有限，书中还有很多问题没有来得及仔细钻研，在描述和实现上也有很大的局限性，希望得到大家的理解和支持，欢迎提出宝贵的意见和建议。

CONTENTS

目　　录

CHAPTER 1

第1章

视频处理之理论基础

狭义的视频（video）指的是由一组连续的、内容相关的静态图片组成的连续画面，所以也被称作图像序列（picture sequence），它是通过一些物理手段把现实世界的景象转化为电信号，并记录下它们的光学特征，以便在各类电子设备上记录、存储、重现以及传送等。根据物理媒介的不同，视频又可以分成模拟视频和数字视频，例如早期的磁带、录像带等媒介保存的就是模拟视频数据，模拟视频具有成像技术成熟、存储设备价格低等优点，但同时也有长期存放、复制之后，图像信号的强度逐渐衰减，造成图像质量下降、色彩失真等缺点。而数字视频数据是模拟视频数据经过模拟数字转换后的数据，这样的数据具有方便记录、长期存放、抗干扰、图像清晰等优点，现在得到了广泛使用。广义的视频则包括狭义的视频，以及音频、字幕、弹幕等用于视频播放的辅助信息的结合，例如人们常说的短视频、小视频等。这个时候，“视频”这个词往往与多媒体（multimedia）数据或者媒体（media）数据的概念等同，就是指同时采用两种或两种以上不同的信息描述方式展示的信息。由于狭义的视频数据的处理是复杂度最高的部分，因此若无特殊说明，本书中提到的视频均指狭义上的数字视频数据。

本章将从人眼的构造、色彩空间模型、视频图像属性、视频图像压缩原理、视频行业主要标准以及视频质量评价等方面来介绍视频数据的特点。

1.1　人眼视觉系统概述

在介绍视频处理之前，通常要了解人眼视觉系统（human visual system）结构以及人眼的成像原理，因为所谓的图像就是对人眼看到的世界的模拟，但是鉴于介绍人眼系统的书籍已经很多了，这里仅做简要介绍。

人的眼睛是一个近似球状的物体，通常称作眼球。眼球包括眼球壁、神经以及血管等组织，影响视觉的主要是眼球壁。眼球壁由三层质地不同的膜组成。外层是角膜和巩膜。角膜在最外层，经常接触外界，所以容易发炎。巩膜是角膜内侧坚韧的白色膜层，俗称“眼白”。眼球壁的中层由虹膜、脉络膜和睫状体组成。虹膜是中间层外侧的环状膜层，虹膜有两个著名的应用：一个是用于身份识别，因为每个人的虹膜的细节特征是唯一的，在很多科幻电影中都会看到使用虹膜作为密码来保证贵重物品的安全；另一个是控制瞳孔的大小，在虹膜的内缘，照相机镜头上的光圈就是仿照瞳孔设计的，可以控制入射光的数量，猫能在黑夜中看清物体就是靠调节瞳孔的尺寸实现的。脉络膜紧贴巩膜的内面，含有丰富的黑色素细胞，它如同照相机的暗箱，可以吸收眼球内的杂散光线，保证光线只从瞳孔内射入眼睛，以形成清晰的影像。睫状体在巩膜和角膜交界处的后方，能够调节晶状体的凸度，又称曲率，近视眼就是睫状体的调节能力不够导致的。眼球壁最里面的一层透明且薄，但结构非常复杂的膜就是我们熟知的视网膜，它是人眼光学系统的成像幕布，就好像传统相机的胶片底片，形状类似一个凹形的球面，这样就使得人眼有了更广阔的视野，视网膜是眼球真正用来感光的部分。

在简要介绍了人眼的物理结构之后，我们来看人眼是如何看到外部景物，又是如何感受到色彩的。首先我们知道人眼并不能发光，火眼金睛只是人们的一个梦想。人眼之所以能够看到外部的景物，是由于有光线进入人的眼睛，刺激到了人眼视网膜上大量的视觉感光细胞，引发了对光的反应。我们初中学过的小孔成像的原理就是对这个过程的完美解释。来自外界的光线经过角膜以及睫状体的折射后，最后落到视网膜上，这样，物体不同位置的光线会落到视网膜的不同位置上，就形成了一个左右换位、上下倒置的影像，而人眼经过长期的训练会进行自动调节，把倒立的、左右颠倒的景物在大脑中形成一个自然正立、左右正确的影像。当然，人眼看到的光是有一定的范围的，并不能看到所有的光，这部分人眼能看到的光一般称作可见光。

依附在视网膜上面的视细胞（visual cell）包含感光神经元，内含感光物质，在光的刺激下，感光物质可以发生一系列的神经冲动，传给神经组织，从而使人类的大脑产生光的信息。视细胞根据树突形状的不同，可以分为视锥细胞（cone cell）和视杆细胞（rod cell）。视锥细胞主要能够感知三种色彩，分别是红、绿、蓝，通过这三种色彩的强弱变化、排列组合，人眼就能感受到多种多样的色彩，当然视锥细胞也可以感知光的强度，但是要达到一定的阈值才行。而视杆细胞则只能感知光的强度，不能感知色彩，而且还要在光线较暗时才能发挥作用。

猫可以在晚上看到景物，而人却不行。猫的瞳孔在夜晚可以变得很大，这样就有更多的光线进入猫眼，而人眼的瞳孔变化范围较小，进入眼睛的光线也较少。另外，人的瞳孔调节速度也是有限制的，比如晚上突然开灯或者突然关灯，人眼都需要一段时间才能适应，就是因为人的瞳孔调节能力没有那么强，不能马上适应环境的变化，而且突然增强的光线会损伤人眼的感光细胞，甚至造成永久性伤害。

通过对人眼的物理结构的介绍，我们了解了人眼感受光以及色彩的原理，那么从物理学上看，人眼的物理特性又包括哪些呢？物理学上的透过现象看本质的方法一般都是时域变换到频域，然后从频域上来分析其特点。而且光谱也可以被看作一个频率谱，所以从频域上我们可以看到，人眼具有对多频信号独立分析的能力，有点类似于带通滤波器，举个例子，给人眼某个固定频率的较长时间的光刺激后，人眼对同样频率的刺激灵敏度就降低了，但是对其他频率段的刺激灵敏度不受影响。人眼视觉系统的时域、频域以及强度等方面的特性都是相互的，举个例子，当有物体快速通过时，人眼很难捕捉到物体的细节，当频域的范围较高时，人眼对闪烁的敏感度下降等。人眼还有一个重要的特性就是视觉暂留效应，就是说人眼看到的景物在大脑中会缓存一段时间，这段时间大概是 100 毫秒，然后当前景象在大脑的缓存会被新的景物替换掉。这个特性绝对是人们赖以生活的重要因素。试想一下，如果我们看到的景物没有缓存直接清除掉，人们将会看到一个个独立的割裂的景物，没有连续的画面，将会是多么诡异的场景。

人眼的构造，以及很多动物眼睛的构造，都是人们研究世界的物理基础和理论基础。例如，基于对人眼的研究，人们创造了相机；基于对鹰眼的研究，人们创造了即时回放系统，该系统被广泛应用到体育比赛中；基于对苍蝇复眼的研究，人们创造了机器人视觉系统、导航系统等，都得到了广泛的应用。对于本书讨论的视频处理系统来说，了解人眼的构造、物理特性等特点，有助于我们理解编解码算法设计的原理，提高我们对参数应用的理解和使用。例如，人眼对光线强度变化的敏感性要高于对光线频率变化的敏感性，换成图像处理的术语，就是人眼对亮度变化的敏感度要大于对色度变化的敏感度，这样我们就需要给亮度分配更多的比特；而从频域来说，人眼对低频分量的敏感度要高于对高频分量的敏感度。所以我们可以扔掉更多高频信息，保留更多低频信息，这样才有更好的效果。

1.2 RGB 和 YUV 色彩空间模型

通过对人眼构造的介绍，我们知道人眼通过感受三种颜色的刺激看到了丰富多彩的世界。这个理论在物理学上也得到了验证，一种颜色的光不仅可以由单一波长的光产生，也可以由两种或两种以上其他波长的光混合而成，这样就得到了三基色理论（也称三原色理论）。基本色指的是不能通过混合调配其他颜色而得到的色彩，而其他色彩可以混合三个基本色得到。所以从理论上来说，根据实际应用的需求，人们可以定义不同的基本色，同时配合不同的混合方法得到色彩的不同表达方式。例如，在混合方式上，就有加色法和减色法等。加色法又称为叠加型原色系，减色法又称为消减型原色系。不管是哪个色系，其他色彩都是通过三种基本色混合生成的，区别在于，当把加色系的三种基本色的饱和度（可以理解为色彩的纯度）均调至最大并且等量混合时，呈现的是白色，而减色系呈现的却是黑色。光线就属于加色系，例如常见的 RGB 色彩空间是加色系，而 CMYK［青色（**C**yan）、洋红色（**M**agenta）、黄色（**Y**ellow）、黑色（Blac**K**）］色彩空间就是减色系。所以一道著名的面试题就是：当把 RGB 的各个分量都调至最大，并且等量混色时，例如在 8 比特采样下，每个分量值都是 255，得到的是黑色还是白色？请读者自己考虑。

如何把三基色的色彩理论映射到真实的世界呢？这就需要引入色彩空间的概念了。空间通常表示物体间具有相对位置和相对方向的无限范围，为了准确地描述某个物体的位置，就需要定义一个参考点，然后定义一组数据来标识这个物体相对于参考点的位置。那么问题来了，需要多少组数据才能够准确地标识某个物体的相对位置呢？这就需要引入空间维度的概念。从数学上来说，维度这个概念可以简单地理解为在某空间中给定一个点，可以从这个点最多穿过多少条互相垂直的直线。举个例子，在一张平铺的白纸上点一个点，那么穿过这个点的互相垂直的直线最多有两条，所以空间维度是 2，也称这个空间为二维空间。想要在这个二维空间上表示一个点的话，就需要引入一个参考点（也叫原点）以及一个二维正交直角坐标参考系，这样，在这张白纸上所有的点就有了唯一的一组数据（二维的）来表示它与原点的相对位置。相同的理论可以扩展到三维、四维以及多维空间上。

按照上面的描述，三基色的色彩体系就可以看作一个三维空间，每一种色彩都可以看作这个空间上的一个点，定义好空间的原点和三维正交直角坐标参考系以后，每一个点（也就是每一种颜色）都可以准确无误地标识出来。由于在一个被定义好的色彩空间里，每一种色彩都可以被数字化地准确表示出来，因此我们将这样的色彩空间叫作色彩模型。同时，因为人眼对色彩感知的局限性，在某个色彩模型中，色彩的范围并不像我们身处的空间一样是无限的，所以某个色彩模型在相应的空间中会出现一个有限的覆盖区域，这个区域叫作色域。由色域的定义可知，它是色彩的某个完全子集，每一种色彩的精度和强度都与具体坐标系的定义有关，它可以代表某个特定色彩空间的颜色范围、一个技术系统能够产生的颜色的总和，或者某个显示设备的颜色范围等。

既然不同的基向量对应不同的空间，那么伟大的科学家们就考虑创造一个标准化的色彩空间模型，在 20 世纪 20 年代后期，W. David Wright 和 John Guild 等人基于人类视觉色彩系统的特性做了大量实验，最终得到了一个仅依赖人眼本身的色彩空间模型，并且由国际照明委员会（英语为 International Commission on Illumination，法语为 Commission Internationale de I’Eclairage，采用法语简称为 CIE）发布为 CIE 1931XYZ 色彩空间，随后 CIE 又发布了基于 RGB 的 CIE 1931 RGB 色彩空间，如图 1-1 所示。CIE 1931 XYZ/RGB 色彩

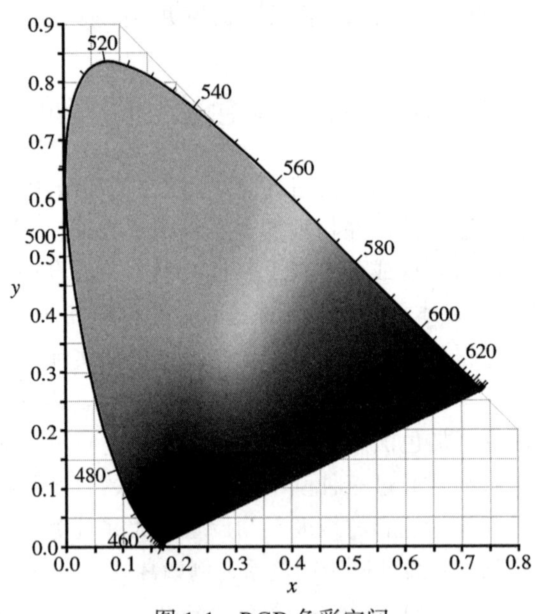

图 1-1　RGB 色彩空间

空间以数字化方式来描述人的视觉感应，与某个具体设备无关，而且包含普通人眼可见的所有颜色，通常被认为是很多其他色彩空间模型定义的基础。除了定义坐标值和范围外，这个模型也定义了标准亮度值，使用字母 D 来标识，例如 D65 表示平均日光，相关色温约为 6500K。

1.2.1 RGB 色彩空间模型

在介绍完通用的色彩空间和色彩模型的概念之后，我们来重点介绍一下最直观、最常见的色彩空间模型——红绿蓝色彩模型（Red、Green、Blue Color Model），为了方便叙述，简称为 RGB 色彩模型。如图 1-2 所示，RGB 色彩模型就是将 RGB 作为三原色来构建色彩空间模型，也就是说此空间上的任何一种颜色都可以通过将 RGB 三原色的色光以不同的比例相加而成。在数学上，参考三维立体空间的描述方式，并采用归一化的思想，RGB 三基色分别作为正交直角坐标参考系的三个基准分量，幅值设定在 [0, 1] 之间，也就是使用 0 到 1 之间的非负数作为此空间中各个点（色彩）的坐标值，分量的强度值沿坐标轴方向递增，由此可见，原点 [0, 0, 0] 表示黑色，各分量的最大值 [1, 1, 1] 表示白色，其他色彩都在这个范围内，这样，此空间中所有的色彩就有唯一的标识了。

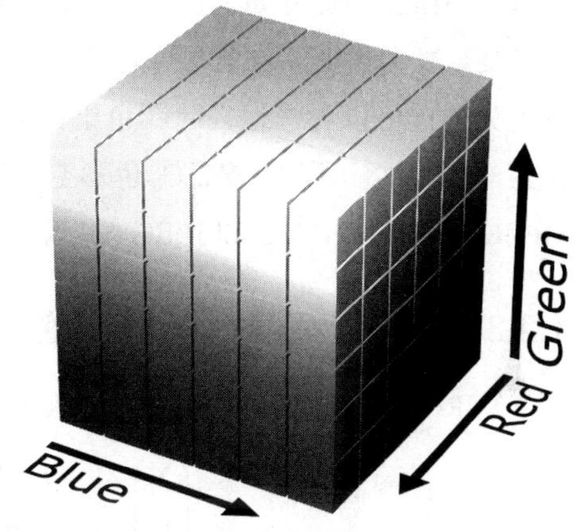

图 1-2 RGB 色彩空间模型示意图

1.2.2 YUV 色彩空间模型

介绍完 RGB 色彩空间模型之后，我们再来看一种在视频处理领域比 RGB 色彩空间模型应用得更加广泛的模型，这就是 YUV 色彩空间模型。YUV 色彩空间模型中的三个分量分别用 Y、U、V 来标识，其含义并没有 RGB 那么直观。Y 分量表示亮度（Luminance）信息，简称为 Luma，也叫灰阶信息，另外两个分量 U 和 V 表示色度（Chrominance）信息，简称为 Chroma，描述的是图像的颜色及饱和度。YUV 色彩空间模型的神奇之处在于，如果一幅图像只包含 Y 分量的话，那么也能完整地展现图像的内容，只是没有了颜色，就好像一幅黑白画，一般称之为灰度图像，或者灰阶图像。而不像 RGB 色彩空间模型那样，每个分量表示一个基本色，只有把三个分量的值叠加在一起，才能表示一个全彩色的值，单独一个分量不能够单独使用。使用了 YUV 色彩空间模型，彩色电视机和黑白电视机的信号就可以完美地融合了。同时，根据前面对人眼视觉系统的描述可知，人眼对色彩分量不是太敏感，所以我们可以适当降低 U 分量和 V 分量的精度来达到压缩数据的目的，这也就是长期以来 YUV 色彩空间模型在视频编码标准中得到广泛使用的原因。

YUV 色彩空间模型在实际应用中一般都采用 YC_bC_r 格式。YUV 和 YC_bC_r 的 Y 分量的定义是一致的，C_b 是 Chroma Blue 的缩写，描述的是 RGB 色彩空间模型的蓝色部分与 RGB 色彩空间模型的亮度值之间的差异；而 C_r 是 Chroma Red 的缩写，反映了 RGB 色彩空间模型的红色部分与 RGB 色彩空间模型的亮度值之间的差异。在 YUV 色彩空间模型的家族中，YC_bC_r 色彩空间模型在数字电视和图像压缩方面都有着广泛的应用，以至于很多时候 YUV 就等同于 YC_bC_r。

除了传统的 YC_bC_r 色彩空间模型，还有 YC_gC_o 色彩空间模型，Y 分量还是与 YUV、YC_bC_r 保持一致，差别仍然在色度分量上。C_g 是 Chroma Green 的缩写，描述色度的绿色分量；C_o 是 Chroma Orange 的缩写，表示色度的橙色分量。相对于 YC_bC_r 色彩模型，YC_gC_o 色彩空间模型的优势如下：可以近乎无损地与 RGB 色彩空间模型进行相互转换，算法简单而且复杂度非常低；同时可以避免与 RGB 色彩空间模型相互转换的舍入误差，有效减少了颜色失真；可以更好地去除颜色组件之间的相关性，进而提高压缩性能以及实现压缩完全无损的可逆性。所以，YC_gC_o 色彩空间模型已经被很多视频处理组织所采样，例如 H.264 / MPEG-4 AVC、HEVC 和 JPEG XR 等。

1.2.3 YUV 色彩模型与 RGB 色彩模型的转换

从 RGB 色彩模型到 YUV 色彩模型的转换公式如下：

$$\begin{pmatrix} Y \\ U \\ V \end{pmatrix} = \begin{pmatrix} 0.299 & 0.587 & 0.114 \\ -0.147 & -0.289 & 0.436 \\ 0.615 & -0.515 & -0.100 \end{pmatrix} \cdot \begin{pmatrix} R \\ G \\ B \end{pmatrix}$$

上面的逆变换，也就是从 YUV 色彩模型到 RGB 色彩模型的转换公式如下：

$$\begin{pmatrix} R \\ G \\ B \end{pmatrix} = \begin{pmatrix} 1.000 & 0.000 & 1.140 \\ 1.000 & -0.395 & -0.581 \\ 1.000 & 2.032 & 0.000 \end{pmatrix} \cdot \begin{pmatrix} Y \\ U \\ V \end{pmatrix}$$

从 RGB 色彩模型到 YC_bC_r 色彩模型的转换公式如下：

$$\begin{pmatrix} Y \\ C_b \\ C_r \end{pmatrix} = \begin{pmatrix} 0.299 & 0.587 & 0.114 \\ -0.169 & -0.331 & 0.500 \\ 0.500 & -0.419 & -0.081 \end{pmatrix} \cdot \begin{pmatrix} R \\ G \\ B \end{pmatrix}$$

它的逆变换，也就是从 YC_bC_r 色彩模型到 RGB 色彩模型的转换公式如下：

$$\begin{pmatrix} R \\ G \\ B \end{pmatrix} = \begin{pmatrix} 1.000 & 0 & 1.403 \\ 1.000 & -0.344 & -0.714 \\ 1.000 & 1.773 & 0 \end{pmatrix} \cdot \begin{pmatrix} Y \\ C_b \\ C_r \end{pmatrix}$$

从 RGB 色彩模型到 YC_gC_o 色彩模型的转换公式如下：

$$\begin{pmatrix} Y \\ C_g \\ C_o \end{pmatrix} = \begin{pmatrix} \frac{1}{4} & \frac{1}{2} & \frac{1}{4} \\ -\frac{1}{4} & \frac{1}{2} & -\frac{1}{4} \\ \frac{1}{2} & 0 & -\frac{1}{2} \end{pmatrix} \cdot \begin{pmatrix} R \\ G \\ B \end{pmatrix}$$

它的逆变换，也就是从 YC_gC_o 色彩模型到 RGB 色彩模型的转换公式如下：

$$\begin{pmatrix} R \\ G \\ B \end{pmatrix} = \begin{pmatrix} 1 & 1 & 1 \\ 1 & 1 & 0 \\ 1 & -1 & -1 \end{pmatrix} \cdot \begin{pmatrix} Y \\ C_g \\ C_o \end{pmatrix}$$

从转换公式可以看出，从 YC_gC_o 色彩模型到 RGB 色彩模型的转换非常简单，对于计算机而言，只需要两个加法和两个减法，而且没有实数值系数。Y 的值在 0 到 1 的范围内，而 C_g 和 C_o 的值在－0.5 到 0.5 的范围内，这与 YUV 色彩空间模型（如 YC_bC_r）的典型值相同。例如，在 RGB 系统中将纯红色表示为（1, 0, 0），在 YC_gC_o 系统中将纯红色表示为 $\left(\frac{1}{4},\frac{1}{4},\frac{1}{2}\right)$。但是，由于变换矩阵的系数是简单的二进制分数，因此它比 YC_bC_r 转换更容易计算。

1.3　数字图像概述

我们日常所说的图像其实已经是一个数字化的概念了。在生活中，人眼看到的不管是景色还是物体都是连续的，人们一般也常说看到了什么景色、建筑物、动植物等，而不会说我今天看到了一幅故宫的图像，对于人眼来说，是没有数量的概念的。我们要使用计算设备处理人们看到的景物，引申到我们接收到的信息，就必须对其进行数字化，以获得能够在电子设备上进行处理的数据，即数字化的图像。一个抽象的偏物理学范畴的定义类似于图像是摄影空间中物体对光源的反射和折射在摄影平面上的投影产生的。而视频是按照一定的时间间隔连续获取的图像的序列，然后又在一定的时间范围内连续播放。由于人眼视觉的暂留特性，人眼看到播放的离散的视频的时候，会在大脑中产生一段连续的画面，就好像日常我们看到的连续的景物一样，是不是很神奇？顺便提一句，在英文中，如何区别一幅独立图像和视频序列中的图像呢？尽管它们从物理上讲是完全一致的图像，但我们使用“帧”这个词来标识视频中的图像，英文为 Frame，以区别 Picture、Image 等词。下面我们介绍数字图像中的几个重要概念。

1.3.1　数字化过程——采样

通过在大学学习的数电、模电课程，我们知道要从模拟信号转变为数字信号，需要引入采样和量化的概念。理论上，在某些特定时刻对这种模拟信号进行测量就叫作采样，得到的结果可以称为离散时间信号。采样的离散信号主要有时间属性和幅值属性，那么与之相对，在时间和幅值上都连续的信号，就可以称为模拟信号。按照什么样的时间间隔做采样，才能尽可能地保证在数字化过程中信息不丢失，以便将来可以尽可能完整地把数字信号恢复为模拟信号呢？哈里·奈奎斯特（Harry Nyquist）、克劳德·香农（Cloud Shannon）、埃德蒙·泰勒·惠特克、弗拉基米尔·科捷利尼科夫等人分别独立地发现了我们现在熟知的采样定理（sampling theorem），即采样频率不应低于原始信号的两倍，按照这样的频率采样，就可以把采样后的信号还原成原来的信号，这也叫作无损数字化（lossless digitization）。举个例子：我们熟知的激光唱片（Compact Disc）的采样率一般都是 44.1kHz，或者是 48kHz 的，这是因为人耳的听觉感知范围在 20kHz 以内，也就是在超声波和次声波之间，所以，我们听到的音乐可以高保真。

我们知道信号不只有频率信息，还有强度信息，那么如何描述强度信息呢？这就要引入采样精度的概念，如果说采样频率指的是在时间轴上对信号进行采样，那么采样精度指的就是在强度轴上对信号进行采样。在时间轴上遵循采样定理，就可以近乎完整地复现原始信号，而在强度轴上则不必依赖采样定理，我们只要在一定的范围内给出人眼或人耳能够接受的精度即可。再拿我们熟悉的音频来举例，如果我们规定一个声音只有四个响度级别，分别用 0、1、2、3（0, 2^2）来标识，那四个响度中间的间隔就会很大，声音听上去就很不连续。那如果用 $2^8=256$ 的响度级别来表示的话，每个响度中间的间隔就很小，声音听上去比较连贯、舒服。采样精度一般通过 2 的指数来标识，比如上例中前一种精度为 2，后一种精度为 8。

对于图像也是一样的，为了保证在数字化过程中信息不丢失，也同样需要根据采样的原则，使用至少两倍于图像空间信号的频率进行采样。但是在实际使用中，由于很难测定图像信号的频率，人们通常只是简单地将图像按照一个约定俗成的密度进行采样，例如，每行 1920 个采样点，每幅图像 1080 行等。每个采样点被称为像素（pixel），一幅图像采样的行数和列数分别代表着图像的高（height）和宽（width），一幅图像包含的所有像素的数量称为图像的尺寸（size），也可以认为是分辨率（resolution），通常表示为宽 × 高，例如 1920×1080。

既然视频对应的是一个图像序列，那么这个序列的密度通常使用帧率（frame rate）来标识，其定义为人们在获取或显示一段视频的时候，每秒逐行扫描处理的图像数量，单位即为每秒的帧数（frame per second）。按照人眼视觉暂留的特性，一般要求每秒至少有 10 帧图像，因为人眼暂留的时间大概为 100 毫秒，各个电视电影厂商按照自己设备的特点定义了 24fps、25fps、30fps、40fps 等，如何在各个帧率之间做转换也是视频处理中需要研究的一部分内容。

1.3.2　帧和场

不知道读者是否注意到了，在前面介绍帧率的时候，我们使用逐行扫描这个概念，其实这个概念是从老式电视上借鉴过来的。老式电视采用一种叫作阴极射线管（cathode ray tube）的元器件进行显示，这种很占空间的显示设备现在已经不常见了。它的显示原理非常简单，就是先在屏幕上按一定方式紧密排列涂了红、绿、蓝三种颜色的荧光粉点或荧光粉条，然后再用由灯丝加热的阴极管经聚焦极形成很细的电子束，并在阳极高压下以极高的速度去轰击屏幕上的荧光粉层，这样屏幕就显现出了图案。但是由于荧光粉被点亮后很快会熄灭，因此电子束必须不断地循环轰击荧光粉层，并且要在一定的时间内（也就是按照一定的速率）重新扫描完一幅完整的画面，这个速率就被定义为屏幕的刷新率（refresh rate）。

在实际应用过程中有多种扫描方式，例如直线扫描、圆形扫描、螺旋扫描等。其中，直线扫描又可分为逐行扫描和隔行扫描两种。逐行扫描比较好理解，就是电子束在屏幕上一行紧接着一行从左到右、从上到下地扫描。隔行扫描的电子束则是扫描完一行之后，不扫描这行的下一行，而是跳到这一行的下一行的再下一行进行扫描，例如规定行数从 0 开始，扫描完了第 0 行之后，开始扫描第 2 行，然后是第 4 行，直到偶数行全部扫描完之后，跳到第 1 行再开始扫描，然后是第 3 行，以此类推。就这样，一幅图像被按照奇偶行硬生生地分成了两幅图像，我们把分出来的半幅图像定义为场（field），从第一个像素开始的场称为顶场（top field），另一个场称为底场（bottom field）。扫描完一个场所需要的时间称为场周期（field period），所以一幅图像需要两个场周期才能完成扫描。那么仿照帧率的定义，我们就知道视频在获取或者显示的时候，每秒按照隔行扫描处理的图像数称为场率（field rate）。

这里再引申介绍一下消隐（blank）和同步（sync）的概念，虽然它们与本书介绍的内容关系不大，但是作为显示方面的基本知识，希望大家做一个简单了解。无论是逐行扫描还是隔行扫描，为了完成对整个屏幕的扫描，电子束既要做水平方向的运动，又要做垂直方向的运动，这是因为电子束扫描完一行后，需要跳到下一行，或者隔一行继续扫描，那么在换行的时候，电子束就不能发射了，否则会在屏幕上留下一道斜线，影响观看，也就是说在换行的时候，我们需要隐藏电子束。了解了原理，我们来看具体过程。当电子束扫描到一行的最右端时，需要快速返回到下一行的最左端的过程，就叫作行消隐（horizontal blank）。同理，当电子束扫描到屏幕的右下角后，需要返回到屏幕左上角，准备开始扫描下一帧或场的过程就叫作垂直消隐（vertical blank）。

消隐的概念主要是指显示设备，而同步的概念就与显示设备的刷新率和显示图像的帧率相关了。垂直同步 VSync（Vertical Synchronization）指显示图像的帧率与显示器的刷新率同步。简单来说就是显示图像的帧率不会超过显示器的刷新率，每次显示一帧图像，一个同步操作会被执行，同步的时刻就是显示器扫描线结束最后一行扫描准备开始第一行扫描的时刻。同理，水平同步 HSync（Horizonal Synchronization）就是每扫描一行做一次同步。

1.3.3 视频图像属性

介绍完相关的背景知识之后，下面系统地介绍一下视频图像的各类属性，例如宽、高、尺寸、分辨率、精度（深度）等。图像的基本单元是像素，像素是抽象概念，没有大小之分，就像在平面几何中，点是一个概念，是最小单位，并且没有大小之分一样。图像的分辨率反映的是图像像素的密度，对于同样大小的一幅图像，组成该图像的像素数目越多，说明图像像素密度越高，图像就越逼真、清晰，反之，图像就显得模糊、粗糙。直接表述一帧图像的像素点不够直观，并且绝大部分的显示设备是长方形的，因此采用长方形的方式，按照行和列的二维矩阵方式来定义一帧图像，列数和行数分别称作一帧图像的宽和高。例如一帧图像的尺寸为 600×400，那么它的像素点有 600×400＝240 000 个。同一个视频序列中图像的分辨率是相同的。

对每一个图像我们都必须将其定义在某个色彩空间模型中，否则就没有办法识别这个图像。并且，由于大部分色彩空间模型都采用三分量的方式，所以每个像素都需要三个数值来标识，每一个分量被称为一个通道（channel）。每个通道都有自己的精度，三个通道的精度可以相同，也可以不相同，而一个像素的精度就是这三个通道精度的累加。例如对于 RGB 色彩空间模型，三个分量 R、G、B 分别用 8 比特的数值来标识，那么一个像素的精度就是 8＋8＋8＝24 比特，也可以说这个像素的深度是 24，或者说图像的深度是 24。每个像素可能表示的颜色范围是 2^{24}＝16 777 216。也就是说，一个像素的深度越深，那么它占有的比特数越多，能表达的颜色也就越丰富。在早些年手机分辨率没有这么高的情况下，还出现过 RGB565 的格式，就是 R 通道占 5 比特，G 通道占 6 比特，B 通道占 5 比特，加起来就是 5＋6＋5＝16 比特，这样一个像素的深度就是 16。现在，这种各通道不一致的比特分配情况已经很少见了，所以有时候也以一个通道的比特数作为整个像素的深度值，比如目前比较流行的 10 比特图像，就是说像素的每一个通道都是 10 比特的，那么一个像素最少需要 10＋10＋10＝30 比特来标识。

了解了图像的色彩空间模型、尺寸和深度信息，我们就可以知道一幅图像需要占据多少比特的存储空间了。比如一幅采用 RGB888 格式的色彩空间模型的图像，它的尺寸为 1280×720，像素深度为 8，那么这幅图像占据的存储空间为 1280×720×8×3＝22 118 400 比特＝2 764 800 字节（byte）。

上面是图像的属性，那么视频作为图像的序列，还有其自身的一些特性，比如码率，一般也是使用每秒采集或显示的比特数（bit per second，简称 bps，书中记作 b/s，读作每秒比特数）来衡量。请注意是比特，即常说的 b，不是 byte，也就是通常说的 B。这个指标对于未压缩的视频来说意义不大，一般常用在压缩后的视频流上。

另外，纵横比（aspect ratio）这个概念一般指显示设备宽和高的比例，比如 4∶3、16∶9 等。为显示设备设置纵横比是为了适应人眼的特性。而对于图像，只要宽和高固定了，纵横比也就固定了，所以图像一般没有纵横比的概念。但是对于显示设备，纵横比就有意义了。

1.4 传统视频压缩技术理论和算法概述

前面介绍了一些基本理论和概念，本节介绍视频编解码的理论和主要技术。一般来说，这部分都会先介绍为什么要进行数据压缩，它的现实意义是什么，有什么样的理论基础，最后是具体实现。简单来说，视频数据量非常大，如果不进行压缩处理，很难进行实际应用，例如保存、传输等。尽管这是一个老生常谈的问题，但是为了完整地描述问题，我们还需要举一个简单的例子来介绍它，假设一个电影的时长是 90 分钟，分辨率为 1080p（1920×1080），采样精度为 8 比特，采用了 RGB 色彩模型表示，那么一幅图像的大小就是 1920×1080×3＝6 220 800≈6075KB，相当于 6MB，按照每秒 24 的帧率（现在很多电影都采用 48 帧了），一个标准的 90 分钟的电影大小是 1920×1080×3×60×24×90≈750GB，也就是说一个未经过压缩的正常时长的电影需要大概 750GB 的存储空间，而且这里使用字节（Byte）作为单位，如果换成比特（bit），这个数值将会更大。而一个 4K 分辨率的电影需要大概 4 倍的存储空间，可想而知，没有经过压缩的视频文件是多么浪费空间。

尽管视频的数据量非常巨大，幸运的是，视频数据又具有非常大的冗余，例如空间冗余、时间冗余、统计冗余、编码冗余等，一些重复的信息在里面，这就给广大研究学者、工程师提供了进行压缩处理的可能，最后就是运用我们学过的数学、生物学、物理学、电学等学科中的知识对视频图像数据进行处理，例如，预测、变换、量化、熵编码和环路滤波等，并总结成一定的标准，例如 MPEG 系列、H.26x 系列、VPx/AV1 系列等，这些就是这部分要讲述的内容。

本节首先介绍数据处理的理论基础——信息论，包括信息熵的概念以及香农三大定理等；然后从时间、空间、人眼等多个维度介绍数据之间的冗余特性；最后介绍基于块的视频编码基本技术，以及视频图像质量的主观和客观评价方法等内容。

1.4.1　信息论概述

要处理视频数据，就需要了解其特性，找到其理论基础，作为一门科学，总要有其理论基础，其实视频数据压缩是数据压缩的一个分支科学，与许多科学有相同的理论基础——信息论，也就是运用概率论与数理统计的方法研究信息、信息熵、通信系统、数据传输、密码学、数据压缩等问题的应用数学学科。信息系统就是广义的通信系统，泛指某种信息从一处传送到另一处所需的全部设备构成的系统。

信息作为一个抽象的概念，不管是作为科学研究的对象，还是人类感性认知的对象，都需要一个量化的方法，这个方法就是信息熵（entropy）理论，是克劳德·香农博士在 1948 年分两期发表在《贝尔系统技术杂志》（*Bell System Technology Journal*）上的论文《通信的数学理论》（“A mathematical theory of communications”，1948）中引入的概念。在这篇文章中，香农博士采用了“信息熵”的概念，在数学上量化了通信过程中的“信息”，并阐述了统计本质，进而扩展到通常意义上的信息，成为信息论的奠基石。

信息量是用事件的不确定性程度，或理解为某一个事件发生的概率来定义的。信息可以被看作一个随机变量序列，这些变量可以用随机出现的符号来表示，输出这些符号的源称为“信源”。假设有 N 个事件，其中事件 i 发生的概率为 p_i，则事件 i 的信息量 I_i 定义为

$$I_i=\log_\alpha\frac{1}{p_i}=-\log_\alpha p_i,\ i=1,2,\cdots,N,\ \sum_{l=1}^{N}p_i=1$$

上式的取值随对数的底 α 的取值不同而不同，相应地单位也不同。通常 α 取 2，相应的信息量单位为“比特（bit）”；当 α 取 e 时，相应的信息量单位为“奈特（Nat）”；当 α 取 10 时，相应的信息量单位为“哈特（Hart）”。I_i 又称自信息量，也是一个随机变量。

从公式还可以看出，第 i 个随机事件发生的概率 p_i 越大，I_i 的值越小，也就是这个事件发生的可能性越大，不确定性越小，事件发生后反映出来的信息量也就越少；反之，随机事件 i 发生的概率 p_i 越小，I_i 的值越大，包含的信息量也就越大。由此可见，随机事件的概率与事件发生后所产生的信息量有着密切的关系。如果一件事发生的概率 p_i 等于 1，那么 I_i 等于 0，这就是我们常说的必然事件，此事件发生不产生任何信息量。

若一个信源由 N 个随机事件组成，N 个随机事件的平均信息量定义为信息熵 H，它的具体定义如下（其中 p_i 是信源中第 i 个事件发生的概率）。

$$H=-\sum_{i=1}^{N}p_i\log_\alpha p_i,\ i=1,2,\cdots,N,\ \sum_{l=1}^{N}p_i=1$$

信源的信息熵 H 表示信源输出每个事件所包含的平均信息量，信息熵根据整个信源的统计特性计算得到。信息熵从平均意义上表征信源总体信息的测度，也就是表征信源的平均不确定程度。信源的信息熵由其所有事件的概率分布决定，不同的信源因统计特性的不同，其信息熵也不同。

接下来，我们从一维随机变量扩展到二维随机变量，假设有两个信源 X 和 Y，$X=\{x_1,x_2,\cdots,x_n\}$，$Y=\{y_1,y_2,\cdots,y_m\}$，那么这一对信源的平均信息量就称作联合熵，其定义如下（其中 $p(x_i,y_i)$ 表示 (x_i,y_i) 一起出现的概率）：

$$H(X,Y)=-\sum\sum p(x_i,y_i)\log_2 p(x_i,y_i)$$

同理，上面的两个信源可以看作是相互独立的，可以用联合熵来描述它们的平均信息量，如果它们直接相互作用，就需要使用条件熵来描述。还是假设 X 和 Y 代表两个不同的信源，在给定 X 值的前提下，随机变量 Y 的条件熵 $H(Y|Y)$ 定义如下（$p(y_i,x_i)$ 表示条件概率，读作在 x_i 的条件下 y_i 的概率）。

$$H(Y|X)=\sum_{x\in X}p(x_i)H(Y|X=x)=\sum_{x\in X}p(x_i)\left[-\sum_{y\in Y}p(y_i|x_i)\log_2 p(y_i|x_i)\right]$$

$$=-\sum\sum p(y_i,x_i)\log_2 p(y_i|x_i)$$

补充一点，条件概率是指事件 A 在另一个事件 B 已经发生的条件下发生的概率。条件概率表示为 $p(A|B)$。互信息（Mutual Information，MI）是信息论中另一个重要的概念，是变量间相互依赖性的量度。它反映了两个信源之间的相互性，最常用的单位是 bit。其定义为 $I(X;Y)=H(X)-H(X|Y)$。条件熵 $H(Y|X)$ 表示在输出端接收到信源 Y 的所有信息后，信源

X 仍存在的不确定程度。互信息 $I(X;Y)$ 表示收到信源 Y 的信息后，获得信源 X 的信息量的数学期望。在数据压缩中，获得了信源 Y 的信息，就可以知道信源 X 的部分信息，因此就不必再编码信源 X 的全部信息，这样就达到了去除冗余的目的。

在概率论和统计学中，数学期望（mean），或称均值，亦简称期望，是试验中每次可能结果的概率乘以其结果的总和，是最基本的数学特征。它是简单算术平均的一种推广，类似于加权平均，反映随机变量平均取值的大小。

不要被这些数学符号、概念、公式吓到，其实信息熵理解起来非常容易，可以想象成对你来说一条信息所包含的信息量的大小，是跟你觉得它会发生的概率成反比的。举个例子：当你听到中国乒乓球队赢球的时候，你会觉得这条信息的信息量大吗？不会，因为中国乒乓球队赢球的概率很大，所以当你听到符合你预期的结果的时候，你并不会感到惊讶，这就表示这个信息对你来说信息量不大。但是如果中国的南方三四月份下雪了，你一定会关注一下，因为这件事发生的概率太小了，所以对你来说信息量就会很大。

理解完基本概念，我们再来看看香农三大定理。作为信息论的基础理论，香农三大定理是存在性定理，虽然并没有提供具体的编码实现方法，但为通信信息的研究指明了方向。香农第一定理是可变长无失真信源编码定理，香农第二定理是有噪信道编码定理，香农第三定理是保失真度准则下的有失真信源编码定理。

香农第一定理说明，通过对扩展信源进行可变长编码，可以使平均码长无限趋近于信息熵。香农第一定理是关于信源编码的存在性定理，另一个重要结论是，对给定的离散信源进行适当的变换，使变换后信源输出的符号序列尽可能服从等概率分布，从而使每个码符号平均所含有的信息量达到最大，进而可以用尽量少的符号码传输信源信息。香农第一定理解决的是通信中信源的编码压缩问题，也是后来图像和视频压缩的基本定理。

香农第二定理，又称为有噪声信号编码定理，指的是当信道的信息传输率不超过信道容量时，采用合适的信道编码方法可以实现比较高的传输可靠性，但若信息传输率超过了信道容量，就不可能实现可靠的传输。$C=B\log_2\left(1+\frac{S}{N}\right)$，$S$ 是平均信号功率，N 是平均噪声功率，S/N 即信噪比。在感性上我们可以这么理解，城市道路上行驶的汽车的车速和什么有关系呢？除了和自己车的动力有关之外，主要还受限于道路的宽度（带宽）和车辆多少、红绿灯疏密等其他干扰因素（信噪比）。

香农第三定理，又称为率失真定理。它解决了在允许一定失真的情况下的信源编码问题，图像压缩，甚至是音频压缩大多数都是有损压缩，在图像质量和压缩比的权衡之间，码率控制的很多算法都要依靠香农第三定理。当然，我们这里只是抛砖引玉，为大家简单介绍一些基本概念、定理，以及对这些基本概念和定理的理解，如果想要了解更加深入的知识，请自行参考信息论专业书籍，这里不详细讨论。

1.4.2 视频数据的冗余特性

本节我们从多个维度介绍视频数据的冗余特性，这些是我们能够运用技术手段进行视频处理的科学依据。首先我们知道，在由连续的模拟信号通过采样生成离散的数字信号的过程中，会产生大量的冗余，一般将这些输入冗余分成空间冗余、时间冗余和统计学冗余以及视觉冗余等。

空间冗余是静态图像存在的最主要的数据冗余，如果一幅图像中有较大的背景区域，在此区域中所有点的光强和色彩以及饱和度都是非常相近的，这种空间连贯性就称为空间相关或空间冗余。例如一张大海的图片、一张带有天空的图片，以及足球场、网球场等很多例子说明，一张图片的各个像素之间存在很大的相关性。

时间冗余是视频序列中经常包含的冗余，序列图像中的相邻帧往往包含相同的或类似的背景和运动物体，只不过运动物体所在的空间位置略有不同。这种相邻帧间数据的高度相关性就称为时间冗余。换句话说，视频数据从内容上看都表示连续的场景，通常来说，在内容上前后几帧数据都有非常强的相关性，很多场景都是在前一帧或前几帧图像的基础上发生位移、偏转、镜像等移动而产生的。还是举足球比赛的例子，一场足球比赛的主体场景就是足球场，还有教练席、观众席等，这样，记录一段足球比赛的视频中的大部分图像的背景就非常相似，只是人和球会产生移动，所以大部分帧之间的相似性比较高。

以上都是比较直观的冗余，还有一类冗余我们称之为统计学冗余。我们暂时抛开图片本身的内容不谈，一个像素的 Y 分量占 8 比特，一共有 255 个像素值，一幅 1920×1080 的图片有 1920×1080＝2 073 600 个像素值，按照均值样本采样来算，8132 个点有同一个值，即 2 073 600÷255≈8132，按照正态分布，则有更多的像素取同一个值，这也是相关性的体现。统计学冗余可以引申为信息熵冗余，也称为编码冗余，由信息论可知，为表示图像数据的一个像素点，只要按照其信息熵的大小分配相对应的比特数即可。而对于实际图像数据的每个像素，在获取图像时很难得到它的信息熵，因此一般是对每个像素采用相同的比特数来表示。这样就必然存在冗余，这种冗余就称为信息熵冗余。

另外，我们从人眼的特性知道，人眼的视觉系统并不完美，对图像场的敏感度是非均匀和非线性的，例如对某些失真并不敏感，察觉不到图像的某些细微变化，这些细微变化信息即使丢失，人眼也感受不到，因此由量化误差引起的图像变化在一定范围内就不能为人眼所察觉。而在记录原始图像数据时，通常假设视觉系统是线性的和均匀的，对视觉敏感和不敏感的部分同等对待，这样就产生了比理想编码更多的数据，这就是视觉冗余。

简单总结一下就是：

- 时间冗余：视频相邻的两帧之间内容存在相似性。
- 空间冗余：视频中每幅图像的内部相邻像素之间存在相似性。
- 统计学冗余：视频中不同数据出现的概率不同。
- 视觉冗余：人眼的视觉系统对视频中不同的部分敏感度不同。

当然，从更高层次的人类认知层面归纳，还可以分为知识冗余和结构冗余等。图像中所包含的某些信息与人们的一些先验知识有关。例如，人脸的图像有固定的结构，五官间的相互位置信息就是一些常识。这类规律性的结构可由先验知识和背景知识得到，此类冗余称为知识冗余。根据已有的知识，可以构造某些图像中所包含的物体的基本模型，并创建对应各种特征的图像库，这样，图像的存储只需要保存一些特殊参数，这可以大大减少数据量。知识冗余是模型编码利用的主要特征。结构冗余指视频图像中存在很强的纹理结构或自相似性。有些图像的纹理区，其像素值之间存在着明显的分布模式，如方格状的地板图案等。如果已知某些像素分布模式，则可以通过某一特定过程生成图像。

对于空间冗余的消除，一般有两种有效的方法。第一种方法是基于预测的方法，即通过预测估计去除空间过采样带来的冗余。基于预测的方法使用周边的像素点来预测当前像素点的数值，通常基于自适应滤波器理论来进行方法设计。第二种方法是使用正交变换，即变换编码，将空间域图像信号的像素矩阵变换到频域上进行处理，根据不同频率信号对视觉质量的贡献大小进行数据表达和比特再分配，这样就可以纠正空间域上均匀采样的不合理表达。同时在比特再分配过程中综合考虑去除视觉冗余的需要，省略过分精细的高频分量表达，实现有效压缩。变换编码于20世纪60年代后期被引入视频编码领域，70年代的前五年，人们已经发现对于去除空间冗余，变换编码是性能最好的算法。当然，基于预测的方法和基于变换的方法也可以组合使用。

对于时间冗余的消除，一般使用基于预测的方法，也就是时域预测编码。主要原因是，视频信号在时间轴方向上的采样是离散的，因此在这个方向上实施变换操作缺乏依据。预测编码于1952年被提出，同年用于视频编码，被作为空间编码技术使用。1969年，运动补偿预测技术被提出，该项技术使得预测编码性能获得极大改进。70年代中期，预测编码开始与变换编码结合起来使用，直到80年代末期，双向预测技术被提出并应用至今。对于编码冗余的消除，熵编码于20世纪40年代后期被提出，60年代后期被开始用于视频编码领域，80年代中期的2D变长编码（2DVLC）以及更晚一些的算术编码是熵编码的典型形态。

当然，经过几十年的研究，人们已经知道了很多有效去除空间冗余、时间冗余、统计学冗余以及视觉冗余的方法，当然这还远未达到理想的程度。所以做视频编解码还是有很大的发展空间。下面分别介绍常用的编解码技术。

1.4.3　变换技术

作为信号处理的常用手段，在时域上看不出规律的情况下，我们把时域的信号变换到频域上，也许就能有一些特别的发现了。通常这种方法叫作变换，即把时域中的信号按照某种规则映射到某个频域系统上，这种规则就可以理解为某种变换。开始的时候，人们首先尝试使用了熟悉的快速傅里叶变换（FFT），但是因为图像数据是非负的，在傅里叶空间上只占据了第一象限，并且效率低下，图像数据更适合被看作一类二维数据，而并不像音频那样适合被看作一类一维数据，所以，傅里叶变换其实并不适合用于图像数据的转换。

后来人们开始转向研究二维数据的变换，在线性代数中，正交变换由于一些特性（各个基向量的内积为 0），非常适合用来进行时域频域的转换，所以被广泛应用到图像数据的处理中。时域中的图像数据经过正交变换之后，原来分布在每个像素上的能量会被映射到几个频率带上，而通常来讲，大部分像素的频率带是类似的，所以它们的能量会被集中到低频部分，也就是变化不大的部分，这也好理解，因为大部分像素变化不剧烈，所以经过变化之后，会被集中到低频部分。举个例子来说，足球场的草坪、蔚蓝的天空、浩瀚的大海等，相邻像素之间的色彩差异很小，可以理解为一些低频的像素。即使大海上有一些船只，对于船只本身的像素来说也是一些低频的像素，只是船只和大海的边缘的像素因为颜色差别较大才是高频像素，所以只有较少数的像素会映射到高频的部分。图像数据经过正交变换之后，时域中像素之间的相关性被去除了，而图像数据的信息也更加紧凑，这样需要被编码的数据就会减少。

具体地讲，假设 $\boldsymbol{X}=\boldsymbol{X}(N,N)$ 为图像中一个 $N\times N$ 的块，$\boldsymbol{T}$ 为正交变换矩阵，如果有

$$\boldsymbol{Y}=\boldsymbol{XT}=\begin{pmatrix} y_1 & \cdots & 0 \\ \vdots & & \vdots \\ 0 & \cdots & y_N \end{pmatrix}$$

显然可以有

$$\boldsymbol{X}=\boldsymbol{YT}^{-1}=\boldsymbol{XTT}^{-1}=\begin{pmatrix} x_{11} & \cdots & x_{1N} \\ \vdots & & \vdots \\ x_{N1} & \cdots & x_{NN} \end{pmatrix}$$

因此，如果能够找到正交变换 $\boldsymbol{T}$，并且 $\boldsymbol{T}^{-1}$ 不需要特别传输到解码端，则可以得到秩为 N 的矩阵，通过变换 $\boldsymbol{T}$，其最大可被压缩的上限为 N∶1。如果使用 $M\times N$ 的长方形矩阵，其中 $N>M$，压缩上限仍然为 N∶1。我们称 N 为 I 帧图像编码压缩的上限。使用正交变换的原因是，正交变换的转置矩阵和逆矩阵是相等的，这在解码端做逆变换的时候，非常方便。

按照这个方向，霍特林（Hotelling）在 1933 年最先给出了 Karhunen-Loeve（卡鲁宁·勒夫）变换，简称为 K-L 变换。它是目前公认的在理论上基于均方误差（Mean Square Error，MSE）计算方式的最优变换，后续要介绍的变换都只能无限接近它，不能超越它。K-L 变换包含了余弦变换和正弦变换的部分，随后，人们使用了离散余弦变换（Discrete Cosine Transform，DCT）来代替 K-L 变换。DCT 具有不依赖于输入信号的统计特性，而且在一些并行处理单元不够多的处理芯片上有快速实现算法，所以在实际的工程中取得了很好的效果，得到了广泛、迅速的使用。在实际使用中，考虑到实现的复杂性，不是对整幅图像进行离散余弦变换，而是把图像分成不重叠的固定大小的块，然后对每个图像块进行离散余弦变换。MPEG-2、H.263 以及 MPEG-4 都采用 8×8 的 DCT。但是 DCT 也有自身的缺陷，就是这些标准中的 DCT 技术采用了浮点数来实现，浮点计算会引入较高的运算量，同

时如果对浮点精度不做一致的规定的话，解码器会出现“误差漂移”。Bjontegaard 于 1997 年提出了用整数变换技术来解决这个问题，同时整数变换只需通过加法和位移操作即可实现，计算复杂度大大降低。最新的 H.264/AVC 采用了整数 DCT 技术。DCT 技术的另一个重要进展是 H.264/AVC 标准中采用了自适应块大小变换（Adaptive Block-Size Transform，ABT）技术，而不再是针对固定大小的块进行运算，这部分改进主要是因为在最新的编码标准中块的大小非常灵活，根据图像的内容可以自适应，所以不同大小的块能够直接进行变换意义很大。ABT 的主要思想是用与预测块相同尺寸的变换矩阵对预测残差去相关，这样不同块尺寸的预测残差系数的相关性都可以被充分利用。ABT 技术可以带来 1dB 的编码效率的提高。

下面我们介绍在历史上占据重要地位的 8×8 的 DCT 的实现。通常我们用到的是 8 个像素点的 DCT，这里直接给出 8 个像素点的 DCT 公式，$F(\mu)$ 表示一维像素值，$f(n)$ 表示一维变换系数。

$$F(\mu)=\frac{c(\mu)}{2}\sum_{n=0}^{7}f(n)\cos\frac{(2n+1)\mu\pi}{16},\quad \mu=0,1,\cdots,7$$

$$f(n)=\sum_{n=0}^{7}\frac{c(\mu)}{2}F(\mu)\cos\frac{(2n+1)\mu\pi}{16},\quad n=0,1,\cdots,7$$

那么二维 DCT 的变换和反变换的公式如下，$F(u,v)$ 表示二维像素值，$f(n,m)$ 表示二维变换系数。

$$F(u,v)=\frac{c(u)}{2}\frac{c(v)}{2}\sum_{n=0}^{7}\sum_{m=0}^{7}f(n,m)\cos\frac{(2n+1)u\pi}{16}\cos\frac{(2m+1)v\pi}{16},\quad u,v=0,1,\cdots,7$$

$$f(n,m)=\sum_{n=0}^{7}\frac{c(u)}{2}\sum_{m=0}^{7}\frac{c(v)}{2}F(u,v)\cos\frac{(2n+1)u\pi}{16}\cos\frac{(2m+1)v\pi}{16},\quad n,m=0,1,\cdots,7$$

变换技术的另一个重要进展是离散小波变换（Discrete Wavelet Transform，DWT）技术，DWT 具有多分辨率多频率时域分析的特性，信号经过 DWT 分解为不同频率的子带后更易于编码，并且采用适当的熵编码技术编码，码流自然地具有嵌入式特性。JPEG 2000 图像编码标准建立在 DWT 技术之上，MPEG-4 标准也采用了 DWT 技术对问题信息进行编码。此外，很多人也对采用 DWT 技术的视频编码方案进行了深入研究。除了 DCT 和 DWT 外，视频编码标准中还会用到哈达玛（Hadamard）变换，理论上，哈达玛变换比傅里叶变换更利于小块的能量聚集，但会产生更多的块效应。由于哈达玛变换的计算复杂度低，仅仅需要加减操作就可以实现，因此常在运动估计或模式决策中被用来替代 DCT，得到和 DCT 相近的决策结果，再根据决策结果用 DCT 去编码。在最近的 H.265/HEVC 标准中，针对帧内预测残差系数的相关性分布，离散正弦变换（Discrete Sine Transform，DST）比 DCT 具有更好的去相关性。

$$\begin{pmatrix}1 & 1 & 1 & 1\\1 & -1 & 1 & -1\\1 & 1 & -1 & -1\\1 & -1 & -1 & 1\end{pmatrix}\quad\begin{pmatrix}1 & 1 & 1 & 1 & 1 & 1 & 1 & 1\\1 & -1 & 1 & -1 & 1 & -1 & 1 & -1\\1 & 1 & -1 & -1 & 1 & 1 & -1 & -1\\1 & -1 & 1 & 1 & 1 & -1 & -1 & 1\\1 & 1 & 1 & 1 & -1 & -1 & -1 & -1\\1 & -1 & 1 & -1 & -1 & 1 & -1 & 1\\1 & 1 & -1 & -1 & -1 & -1 & 1 & 1\\1 & -1 & -1 & 1 & -1 & 1 & 1 & -1\end{pmatrix}$$

4 阶的哈达玛变换　　　　8 阶的哈达玛变换

1.4.4 量化技术

从理论上来说，量化会降低数据的精度，简单来说，就是把一定范围内的数据分成多个小的区域，然后一个区域用一个数值来表示，划分的区域数量一般称作量化步长，或者量化系数。举个例子来说，从 0 到 255 的正整数，我们想平均地分成 8 个区域，每个区域里面就会包含 256÷8＝32 个数，然后在每个区域选择一个数作为代表，比如在 [0，31] 的区域选择 16，在 [32，63] 的区域选择 48，那么 [0，255] 的数据就会表示为 [16，48，80，…，240]，一共 32 个数。因为这 32 个数并不连续，不好处理，所以用 [0，31] 这 32 个连续的数来标识 [16，48，80，…，240]，整个过程可以看作量化和反量化的过程，如下所示：

$$\begin{pmatrix}0 & \cdots & 31\\32 & \cdots & 63\\\vdots & & \vdots\\224 & \cdots & 255\end{pmatrix}\xrightarrow{\text{量化}}\begin{pmatrix}0\\1\\\vdots\\31\end{pmatrix}\xrightarrow{\text{反量化}}\begin{pmatrix}16\\48\\\vdots\\240\end{pmatrix}$$

显而易见，通过量化，数据的数据量降低了，原来使用 8 比特才能表示的数据，目前只需要 4 比特就能标识了，节省了存储空间，达到了压缩的目的。但是与此同时，数据的精度也下降了，如果考虑这是一个灰度图像的话，细节部分的数据量会降低很多，看起来整个图像就变得不连续了。

在音频上，我们经常会在时域上采用量化的方式进行数据的压缩，但是对于图像来说，这种失真度就非常大了，人眼是不可接受的，所以在图像上，我们一般是针对变换后的图像数据，也就是在频域上进行量化操作。从前面的叙述可知，一幅图像经过变换处理后，时域上的采样信号会变换到频域的能量信号，能量比较集中的部分的数值范围就会比较大，对这部分数据进行量化，再恢复到时域信号的时候，对时域信号的影响就会降低。虽然影响会降低，但是量化始终是一种有损压缩技术，量化后的视频图像不能进行无损恢复，因此导致了源图像与重构图像之间的差异，这种差异通常称为失真。编码图像的失真主要是由量化引起的，所以失真可以看作量化步长的函数。量化步长越大，量化后的非零系数越少，视频压缩率越高，但重构图像的失真也越明显。从这里可以看出，图像质量和压缩率是一对矛盾体。通过在量化阶段调整量化步长，可以控制视频编码码率和编码图像质量，根据不同的需求，在两者之间进行选择和平衡即可。

理论上，量化有两种具体的实现方式：向量量化和标量量化。向量量化是一组数据联合量化，每个数据的量化步长可以不同；标量量化是使用统一的量化步长做量化。当然，标量量化也可以看作一维的向量量化。根据香农率失真理论，对于无记忆信源，向量量化编码总是优于标量量化编码，但设计高效的向量编码码本是十分复杂的问题，因此当前的编码标准通常采用标量量化。

在实际使用中，量化总是紧跟着变换，量化过程实际上就是对 DTC 系数的一个裁剪的过程，由于 DCT 具有能量集中的特性，变换系数的大部分能量都集中在低频范围内，很少的能量落在高频范围内。利用人的视觉系统对高频信息不敏感的特点，可以通过量化减少高频的非零系数，提高压缩率。

我们来具体看一个实际中使用的例子，下面公式中左边的 4×4 矩阵是 DCT 之后的矩阵，从数据的大小上看得出来，左上角的数据最大，也就是通常所说的能量最集中的部分。为了表征这种关系，把左上角的数据定义为直流分量，也叫 DC（Direct Current）系数，而把其他位置的数据定义为交流分量，也叫 AC（Alternating Current）系数。然后我们假设量化系数为 30，那么经过量化之后，除了左上角的 DC 系数比较大之外，其他系数都比较小，大部分都是 1 和 0，这样，我们编码所需要的码字就比较少了。

$$\begin{pmatrix} 243 & 32 & 23 & 33 \\ -62 & -15 & 23 & 31 \\ -17 & -35 & 14 & -7 \\ 9 & 8 & -11 & -7 \end{pmatrix} \div 30 = \begin{pmatrix} 8 & 1 & 0 & 1 \\ -2 & 0 & 0 & 1 \\ 0 & -1 & 0 & 0 \\ 0 & 0 & 0 & 0 \end{pmatrix}$$

在解码端会对这段数据进行反变换，也就是用上面的数据再乘以量化系数 30，得到恢复后的数据，而原始数据与其经过量化和反量化之后的数据并不一致，也就是说压缩前的数据和压缩后的数据不一致，这就是所谓的有损压缩。在实际应用过程中，针对不同的分量以及 DC 和 AC 系数，有时会采用不同的量化系数，甚至是使用不同的量化矩阵来进行量化，只要编码器的量化系数和解码器的反量化系数保持一致即可。

$$\begin{pmatrix} 8 & 1 & 0 & 1 \\ -2 & 0 & 0 & 1 \\ 0 & -1 & 0 & 0 \\ 0 & 0 & 0 & 0 \end{pmatrix} \times 30 = \begin{pmatrix} 240 & 30 & 0 & 33 \\ -60 & 0 & 0 & 31 \\ 0 & -30 & 0 & 0 \\ 0 & 0 & 0 & 0 \end{pmatrix}$$

比较一下量化前和反量化后的块的每个成员数据的值，就会发现误差，经过反变换后恢复到时域的差值就可以理解为失真。

$$\begin{pmatrix}243 & 32 & 23 & 33\\ -62 & -15 & 23 & 31\\ -17 & -35 & 14 & -7\\ 9 & 8 & -11 & -7\end{pmatrix}-\begin{pmatrix}240 & 30 & 0 & 33\\ -60 & 0 & 0 & 31\\ 0 & -30 & 0 & 0\\ 0 & 0 & 0 & 0\end{pmatrix}=\begin{pmatrix}3 & 2 & 23 & 3\\ -2 & -15 & 23 & 1\\ -17 & -30 & 14 & -7\\ 9 & 8 & -11 & -7\end{pmatrix}$$

1.4.5　预测技术

预测编码最早的系统模型是 1952 年贝尔实验室的 Culter 等实现的插值脉冲编码调制（DPCM）系统，其基本思想是不直接对信号进行编码，而是用前面的信号作为当前信号的参考，然后记录当前信号和参考信号的差异，再对差异值进行编码。同年，Oliver 和 Harrison 将 DPCM 技术应用到视频编码中。DPCM 技术在视频编码中的应用分为帧内预测技术及帧间预测技术，分别用于消除空间冗余和时间冗余。空间冗余也称为空域冗余，时间冗余也称为时域冗余。只使用帧内预测编码的图像称为独立编码帧（intra-coded），简称为 I 帧，使用帧间预测编码的帧称为非独立编码帧。按照参考帧的类型，如果只参考前向帧的使用帧间预测编码的帧称为前向预测帧，简称 P 帧；不仅使用前向参考帧，还使用后向参考帧的使用帧间预测编码的帧称为双向编码帧，简称 B 帧。

1.4.5.1　帧内预测

Harrison 在 1952 年首先对帧内预测（intra prediction）技术进行了研究，其方法是用已编码像素的加权和作为当前像素的预测值，研究中比较了一维（同一行内像素）DPCM 技术以及二维（多行内的相邻像素）DPCM 技术的性能，这一基本思想在无损图像编码标准 JPEG-LS 中得到了应用（ISO-14495-1/ITU-T.87），其核心算法的名称为 LOCO-I（Low Complexity Lossless Compression for Images）。在现代视频编码中，采用了基于块的帧内预测技术，例如，MPEG-4 标准中的相邻块频域系数预测，以及 H.264/AVC、H.265/HEVC 的多方向空间预测技术等。

帧内预测利用图像在空间上相邻像素之间具有相关性的特点，由相邻像素预测当前块的像素值，可以有效地去除块之间的冗余，也就是空间上的冗余。具体来说，设 $x=\{x_0, x_1, x_2, \cdots, x_n\}$ 为相邻像素点的集合，y 为当前像素，且有 $y=f(x)$，特别地，当 $f(x)$ 为一阶线性函数时，有如下公式：

$$y=f(x)=\sum_{i=0}^{n}\alpha_i x_i$$

其中 α_i 称为预测权重系数，n 称为预测阶数。一般有

$$\sum_{i=0}^{n}\alpha_i=1$$

很显然，根据香农第一定理，当预测阶数 n 为 0 时为无记忆信源，此时 I 帧编码压缩的理论上限为该图像所有像素的信息熵 $H(X)$，$x\in X$。

帧内预测包含多个方向，按照图像本身的特点选择一个最佳的预测方向，最大限度地去除空间冗余。多方向空间预测技术与 DCT 相结合，可以弥补 DCT 只能去除块内冗余的缺点，获得较高的编码性能，H.264/AVC 的 I 帧编码采用了多个预测方向的帧内技术，大大提高了帧内预测的效率。当下的 H.265/HEVC 则通过增加更多的帧内预测方向进一步解释了 I 帧图像的编码效率，对于图像的应用有重要意义。

1.4.5.2　帧间预测

帧间预测（inter prediction）是消除运动图像时域冗余的技术，Seyler 在 1962 年发表的关于帧间预测编码的研究论文奠定了现代帧间预测编码的基础。他提出视频序列相邻帧间存在着很强的相关性，因此对视频序列除了第一帧需要完整编码之外，其余帧就只需编码帧间的差异。通常来说相邻帧的差异较小，适合做差值编码，这里的相邻帧不一定是指按照播放顺序的相邻，也可以指在编码顺序上的相邻。他还提出相邻帧间的差异是由物体的移动、摄像机镜头的摇动以及场景切换等造成的。在此之后，帧间预测技术的发展经历了条件增补（conditional replenishment）、3D-DPCM、基于像素的运动补偿等几个阶段，最终从有效性和可实现性两方面综合考虑，确定了基于块的运动补偿方案。现代视频编码系统基本上都采用了基于块运动补偿的帧间预测技术，用于消除时域冗余。

通常来说，视频图像的相邻或相近图像中的场景存在着一定的相关性，因此可以在邻近参考帧中为当前块搜索最相似的预测块，并根据找到的预测块的位置计算出两者之间的空间位置的相对偏移量，即通常所说的运动向量。通过搜索找到运动向量的过程就称为运动估计，预测块和当前块的差异称为预测残差，根据运动向量从指定的参考帧中找到预测块的过程称为运动补偿。当然，由于视频场景中物体运动速度和视频采样间隔等的影响，当前块在参考帧上的运动位移很可能不在整像素的位置上。在这种情况下，整像素预测块的预测效果不好，而采用子像素插值的方法可以为当前块找到更好的子像素预测块，降低当前块的编码冗余。子像素插值的位置通常为$\frac{1}{2}$，$\frac{1}{4}$，$\frac{1}{8}$等。

前面介绍了寻找差异的方法，那么对于差异是如何衡量的呢？在基于块的预测编码中，通常会用绝对值差和（Sum of Absolute Difference，SAD）或者平均绝对值差（Mean of Absolute Difference，MAD）来衡量预测值与实际值的差异程度。实际像素值与预测值的 SAD 或者 MAD 值越小，表示实际值与预测值之间越相似。预测编码技术就是采用 SAD、MAD 或者其他类似方法作为评估最佳预测块的方法。

SAD 的定义如下：

$$\mathrm{SAD}=\sum_{i=0}^{n-1}\left|x_i-\hat{x}_i\right|$$

MAD 的定义如下：

$$\mathrm{MAD}=\sum_{i=0}^{n-1}\left|x_i-\hat{x}_i\right|/n$$

通过预测，可以得到实际像素值与预测像素值的差值，称为预测残差。其中 x_i 为实际像素值，$\hat{x}_i$是预测像素值。预测残差比实际值具有更好的统计特性。根据香农信息论可知，预测残差的编码需要的比特数更少。解码器通过采用与编码器相同的预测方法，得到完全相同的预测值，然后用解码出来的预测残差与预测值相加就可以得到类似原图像的图像，我们称为重构图像。

为了提高帧间预测的精度，基于块的运动补偿方案又从多个方面进行了完善。在 MPEG-1 标准制定过程中，发展出了双向预测技术，即当前帧的预测值可以同时从前向参考帧和后向参考帧获得。双向预测技术可以解决新出现区域的有效预测问题，并能够通过前后向预测的平均值来有效地去除帧间噪声。在 H.264/AVC 标准中，可支持的帧间预测结构更加灵活，如层次 B 帧（Hierarchical B）预测结构，在此结构下，可以根据参考帧的层级关系来进行更优的比特分配，从而提高整体编码效率。在预测精度上，从整像素预测到 1/2 像素预测以及 1/4 像素预测，编码效率分别提高了 2dB 以及 1dB 左右。在预测块尺寸以及预测模式上，16×16 块的整体预测演进为 H.264/AVC 标准中出现的最小块为 4×4 的可变块大小预测技术，预测模式也更加多样，以处理不同的帧间运动情况，如跳过模式（skip mode）、直接模式（direct mode）和对称模式等。在多参考方面出现了重叠块运动补偿（Overlapped Block Motion Compensation，OBMC）技术、多参考帧预测技术以及更一般化的多假设预测技术，这些技术都进一步提高了预测效率。

1.4.6　Z 字形扫描

变换量化系数在熵编码之前通常要进行 Z（Zigzag）字扫描。通过 Zigzag 扫描可将二维变换量化系数重新组织为一维系数序列，经过重排序的一维系数再经过有效组织，能够被高效编码。1976 年，Tescher 在他的自适应变换编码方案中首次提出了 DCT 系数的高效组织方式，即 Zigzag 扫描。图 1-3 表示分别按照水平和垂直方向对于 8×8 变换量化系数块的 Zigzag 扫描的顺序。扫描的顺序一般根据待编码系数的非零系数分布，按照空间位置出现非零系数的概率从大到小排列。排序的结果是使非零系数尽可能出现在整个一维系数序列前面，而后面的系数尽可能为零或者接近于零，这样排序非常有利于提高系数的熵编码效率。基于这一原则，在最新的 H.265/HEVC 标准中，针对帧内预测块的系数分布特性专门设计了垂直、水平和对角等新的扫描方式。

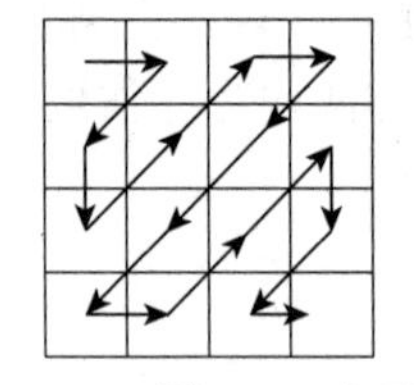
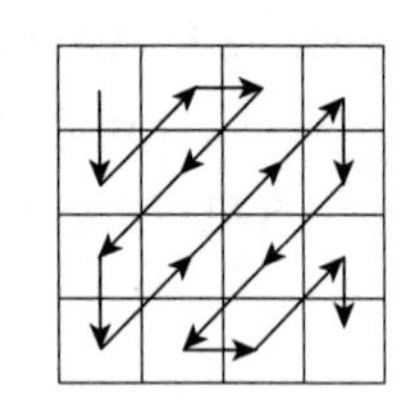

图 1-3　水平扫描、垂直扫描

1.4.7 熵编码

利用信源的信息熵进行码率压缩的编码方式称为熵编码，它能够去除经预测和变换后依然存在的统计冗余信息。视频编码常用的熵编码方法有两种：变长编码（Variable Length Coding，VLC）和算术编码（Arithmetic Coding，AC）。变长编码的基本思想是，为出现概率大的符号分配短码字，为出现概率小的符号分配长码字，从而达到总体平均码字最短。哈夫曼编码可以说是应用信息论进行可变长编码的最基本、最经典的编码技术，也是理解信息论最直观的编码技术，其应用范围非常广泛。哈夫曼的编码思想很简单，就是继承了信息论的思想，概率高的事件分配的码字比较少，概率低的事件分配的码字比较多，通过构建二叉树的方式来完成对整个信源的编码。对于给定的信源以及概率分布，哈夫曼编码是最佳编码方法。将哈夫曼编码用于视频编码有两个缺点：一是编码器建立哈夫曼树的计算开销巨大；二是编码器需要给解码器传送哈夫曼码字表，解码器才能正确解码，这会降低压缩效率。因此，在实际应用中，常使用有规则结构的指数哥伦布码（Exp-Golombus Code，EGC）代替哈夫曼编码。对于服从一般高斯分布的符号编码，指数哥伦布码在编码性能上不如哈夫曼编码，但因为指数哥伦布码的码字结构对称，解码复杂度较低，容易在编解码器中实现，所以被广泛采用。

算术编码是另一类重要的熵编码方法，在平均意义上可为单个符号分配码长小于 1 的码字，通常算术编码具有比可变长编码更高的编码效率。算术编码和可变长编码不同，不是采用一个码字代表一个输入信息符号的方法，而是采用一个浮点数来代替一串输入符号。算术编码计算输入符号序列的联合概率，将输入符号序列映射为实数轴上的一个小区间，区间的宽度等于该序列的概率值，之后在此区间内选择一个有效的二进制小数作为整个符号序列的编码码字。可以看到算术编码是对输入符号序列进行操作，而非单个符号，因此平均意义上可以为单个符号分配长度小于 1 的码字。算术编码的思想在香农信息论中就已提出，但直到 1979 年才由 Rissanen 和 Langdon 将算术编码系统化。由于算术编码技术对当前符号的编码需要依赖前一个编码符号的信息，因此很难并行实现，计算复杂度较高。

熵编码技术应用于视频编码的一次技术革新是在 H.264/AVC 标准的制定过程中引入了上下文自适应技术，从而解决了在编码过程中，熵编码器利用的全局统计概率分布与局部概率分布不一致所导致的问题，因此编码效率得到了进一步提高。

随着网络通信技术的迅猛发展及普及，基于网络的音视频应用得到了广泛使用，为应对网络带宽波动、网络异构和网络传输误码等问题，一些新的熵编码技术涌现了出来，例如，可分层熵编码和抗误码熵编码等。所以，技术永远是跟随着需求而发展的，这里就不赘述了，感兴趣的读者可以阅读相关文章。

1.4.8 可分层编码

可分层编码（SVC）在最近十年一直是研究热点。可分层编码方法将一个需要编码的

图像 / 视频内容编码成类似嵌入式的码流，其中最小的可截取码流通常码率较低，用户接收到它以后可以独立解码。当用户接收到更多的码流时，这些码流与基本码流一起被解码，用户可以获得更好的解码图像质量。可分层编码产生的码流可以在视频编解码服务器的发送端和传输的过程中被截取，以适应网络环境的带宽变化。

许多视频编码标准中都包括了分层编码技术。基于 H.264/AVC 扩展的 H.264 SVC 可分层编码技术支持时间、空间和质量等多种可分层编码方式。对于时间可分层编码，通过层次预测结构达到多种帧率的码流传输。对于空间可分层编码，引入一种新的层间预测编码机制，提高了空间分层的编码效率，即通过层间纹理、运动信息和残差系数预测来有效地去除层间冗余，分别称为层间帧内预测、层间运动预测和层间残差预测。

主流的分层功能实现有：时域分层编码（temporal scalability coding）、空域分层编码（spatial scalabilitycoding）和图像质量分层编码（quality scalability coding）。不管是哪一类编码方式，其编码思想都是一致的，就是用前一层的解码重构图像来做预测，其预测误差将作为增强层编码对象。分层编码产生的码流可以以层为单位截断，也就是通常所说的分层发送，在网络带宽不够的情况下，可以单独发送基本层（Base Layer，BL）码流，也可以实现解码看到基本图像，如果网络条件变好，可以发送增强层（Enhance Layer，EL）的数据，以得到质量更好、更清晰的图像。分层编码具有一定的网络带宽自适应能力，当然增强层可以不唯一，可定义多个增强层来实现码率控制的灵活性。与此同时，由于分层编码也限制了一些编码的模式，压缩效率要比单层码流低 10% 左右，而且分层数越多，效率下降得越多；分层编码增加了解码复杂度，需要缓存的帧数也更多；虽然分层编码已经是正式的标准，但各个厂商之间的兼容性和互通性还远没有单层编码的好。所以一般在使用的时候，都不会把分层数量定义得过多，也就是说不能做到精细划分，在一定程度上缓解网络带宽的影响就足够了。

在三种分层的架构中，时域分层编码可以说是相对简单的一种了，从概念上也比较好理解，就是增强层的图像都参考基本层的图像，或者是前一个增强层的图像，这样就能保证更高的码率会获得更高的质量。而相对于时域分层编码，空域分层编码就复杂多了。相对于增强层，基本层图像的尺寸和分辨率都会出现不同程度的降低，但是同时还需要给增强层提供最大限度的编码信息作为参考，以提升编码效率和性能，所以就产生了一系列层间预测参考技术。

层间帧内预测（Inter-Layer Intra Prediction，ILIP）就充分考虑了增强层图像帧内预测和基本层图像帧内预测的相关性，具体思路为，首先考虑增强层图像宏块是否有对应的基本层图像宏块，并且此宏块是否使用帧内预测，如果是，则对相应的基本层图像宏块进行上采样插值，将生成的图像宏块作为增强层宏块的预测块，同位置的宏块帧内编码模式保持一致。在具体实现上，亮度的采样可以使用一维四抽头有线滤波器，色度的采样则使用双线性滤波器，最终增强层就只需要传递原始图像和层间帧内预测的残差即可。

层间运动预测（Inter-Layer Motion Prediction，ILMP）则从增强层图像宏块的帧间预测和基本层图像宏块的帧间预测的相关性入手，尝试基于基本层图像宏块的帧间预测信息来生成参考图像宏块，以对增强层图像宏块进行帧间预测。增强层图像宏块的运动向量、宏块划分等规则可以根据基本层图像宏块的运动向量、宏块划分等信息经过适量缩放获得，此外，还可以对运动向量进行精细调整，以期获得更准确的预测，同位置的宏块帧间编码模式保持一致，参考的运动向量要做适当缩放来适应增强层图像和基本层图像的比例。这样，增强层图像也只需要传输残差信号，无须传输帧间预测模式、运动参数。

层间残差预测（Inter-Layer Residual Prediction，ILRP）则又进了一步，考虑到增强层图像宏块残差和基本层图像宏块残差的相关性，可以直接使用基本层图像宏块生成参考图像宏块来预测增强层图像宏块的残差，使用滤波来避免块效应，同时还可以提升图像的质量。

质量可分层编码模式可看作空间可分层编码模式的一类子集，基本层图像和增强层图像具有相同的尺寸与分辨率，但又具有不同的画面质量。在具体实现时可分为三种模式：粗粒度质量可分层（Coarse-Grain Quality Scalable，CGS）编码的实现方式是基本层图像的 DCT 变换系数使用较粗糙的量化器，增强层使用较精细的量化器；细粒度质量可分层（Fine-Grain Quality Scalable，FGS）编码的实现方式是基本层图像采用传统非可分层编码，增强层图像使用了位平面编码技术，由于计算复杂，后未纳入标准。中等粒度质量可分层（Medium-Grain Quality Scalable，MGS）编码则是上面两种粒度的折中。面对质量可分层编码中的运动补偿预测在编码端和解码端不同步的漂移效应（drift effect），中等粒度质量可分层编码引入了关键帧作为重同步点，并且增强层图像的关键帧必须由基本层图像重构实现，这样就将漂移控制在一个图像组中。

1.4.9　多视点视频编码

近年来，尽管传统媒体技术的发展极大地丰富了人们的生活，但随着视频服务的不断升级，人们已经不满足于传统视频所提供的简单视频信息。面对周围多元化的世界，人们需要从更加全面、更加立体的角度进行观察和分析。于是，三维视频技术应运而生。相对于传统的二维视频来说，三维视频可以提供某一事物或场景的不同角度、不同层面的信息，并且可以把这些信息进行合成，生成多角度、多视点视频以及全景视频。

多视点视频（multi-view）一般由多个摄像机组成的集合形成，然后由处理单元集中进行数据的处理和发送。根据摄像机的排列方式不同，多视点视频数据也可以分为不同的类型。由于组成集合的摄像机大都距离固定，拍摄的场景也大致相同，因此多视点视频数据往往表达了同一场景或物体的不同角度的视觉信息。这些视觉信息既有角度之间的相关性，又各自独立存在；既可以单独展现场景的某一方面的信息，也可以综合表达全部场景。因此，相对于传统的单点视频来说，多视点视频不仅可以带给人们视觉感官上的巨大冲击，也可以让人们更加方便地了解和透视身边的客观世界。基于多视点视频的这些特性，多视点视频广泛应用于三维立体电视系统、自由视点电视系统，以及视频网络监测、远程教育等方面。

立体视频编码是多视点视频的一个特例，或者说是双视点视频编码，它只包含两路视频信号，分别模拟人类的双眼特性，因此能够提供三维立体感觉。与单通道视频相比，立体视频一般有两个视频通道，数据量要远远大于单通道视频，所以对于立体视频的高效压缩尤为重要。传统的双视点视频编码采集的是同一时刻不同视点的图像，这两幅图像非常相似，当单独编码立体视频的两路视频时，通常采用的是基于时域运动补偿的方法。通过块运动估计找出运动向量，然后进行预测编码来压缩时域的统计信息冗余。由于立体视频的左右视频非常相似，因此可以采用一路视频图像预测另一路视频图像的方法来压缩左右视频之间的统计信息冗余。左右视频图像的相关性由左右视频图像之间的视差来描述。视差补偿类似于运动补偿，单视差向量的统计特性不同于运动向量的统计特性。视差向量是由于场景对象深度不同、在左右视频图像位置不同引起的，视差与场景对象的深度是反比关系。也就是说，离得越近的物体引起的立体视差越大，离得越远的物体引起的视差越小。对于平行的立体摄像机排列，视差通常要大于运动向量。

考虑到立体视频的时域相关性与左右视频图像之间的空间信息冗余特性，基于运动预测和视差预测的混合编码方式是压缩立体视频的一种最好的选择。传统的基于块结构的混合编码框架可以支持这种编码方法，MPEG-2 标准的多视点编码工具集就定义了这种编码技术。MPEG-2 的多视点编码工具集主要利用时间可分层模式实现立体视频的编码。两路视频中的一路被编码成为基本层，另一路被编码成为增强层。可以把编码成基本层的视频流定义为左视图，另一路视频流定义为右视图。对于左视图，图像用 I、P、B 预测模式编码，对于 B 帧和 P 帧，它们的参考帧仅仅来自左视图。对于右视图，图像采用 P 和 B 预测编码进行编码。在 P 帧的预测模式中，图像用左视图对应的帧作为参考帧进行预测编码。在 B 帧的预测模式中，一个参考帧来自右视图中前面的一帧，而另一参考帧来自左视图中对应的帧。这种编码方式实际上是把视差向量当成运动向量来处理，也就是说，利用原有的运动补偿框架来处理视差补偿。MPEG-2 的这种混合编码方式兼容了二维视频的显示应用，在解码时，完全可以单独解码左视图来后向支持二维显示。对于基于块的混合立体视频编码技术，编码效率通常取决于右视图中 B 帧的视差预测、运动预测和效率。一般情况下，视差预测的精度低于运动补偿预测，因此立体视频编码的总体性能不比单独编码每个视图的方法提高很多。尽管 MPEG-2 的多视点编码工具集可以支持立体视频编码，但由于立体视频中的遮挡等，其视间的预测效果并不能令人满意。

MPEG-4 的多重辅助组件（Multiview Auxiliary Component，MAC）和前面介绍的 MPEG-2 多视点编码工具集是实现多视点编码的框架，既保证了时域方向的压缩效率，又利用视间的视差补偿技术提高了压缩效率。到了 H.264/AVC 标准，又进一步提高了压缩效率。研究人员先后提出了一些适用于 H.264/AVC 的编码方案。这些技术基于运动补偿的思想，充分利用了 H.264/AVC 多参考帧预测结构的特点，结合率失真优化技术，获得了较高的压缩效率。这些方案结合了 H.264/AVC 标准的语法和句法，对预测结构针对不同的摄像机阵列进行调整，以达到最优的压缩效率。

1.5 常见视频图像处理算法

视频图像处理的对象主要是静态的视频图像数据，是完全意义上针对图像做的各种处理，其算法也是随着实际需求不断发展演进的，这里主要介绍 Media SDK 支持的主要功能，包括：去噪（denoise），颜色空间转换（Color Space Convert，CSC），去隔行（deinterlace），裁剪（crop），合成（composition），缩放（scale），调整帧率（frame rate conversion），反电视电影（inverse telecine），场交织（fields weaving），场分离（fields splitting），图像细节和边缘增强（picture details/edges enhancement），调整亮度（brightness）、对比度（contrast）、饱和度（saturation）、色调（hue），图像防抖（image stabilization），图像结构检测（picture structure detection）等。

1.5.1 去隔行扫描

隔行扫描视频存储以场为单位，所有的场都是按时间顺序排列的；而逐行扫描的视频的存储以帧为单位，同一帧的数据保存在一起。去隔行扫描是指找到一种方法来将场数据合并到帧数据的过程。

在图 1-4 中，左边的圆圈是图像线的“端视图”，相当于沿着二维平面的水平方向看过去。偏移显示了记录时的时差。这是顶场优先（Top Field First，TFF）的布局。底场优先（Bottom Field First，BFF）的布局也是类似的。基本上，隔行扫描意味着两个一半分辨率的帧会一起出现在屏幕上。当图像的运动不剧烈时，这是很好的，但运动发生时的捕捉时间差异会导致一种特征性的木梳齿效果，如图 1-4 右侧所示。

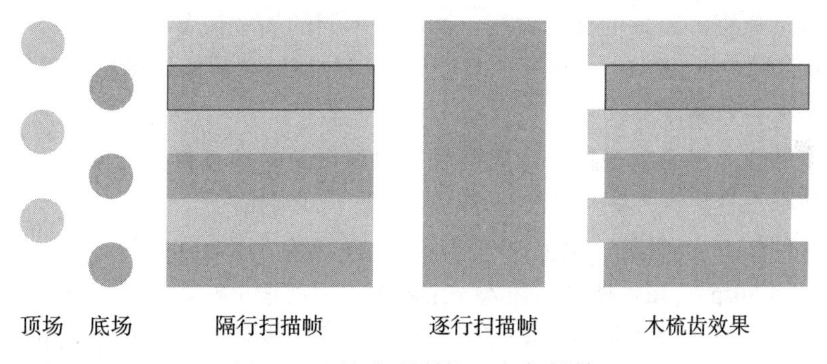

图 1-4 隔行扫描帧和逐行扫描帧

对于追求效率的实现，Media SDK 推荐使用线性去隔行扫描算法。而对于追求图像质量的实现，Media SDK 推荐使用高级去隔行（Advanced DeInterlace，ADI）算法实现，因为它需要很多复杂的操作来保证图像的质量，甚至在某些情况下需要花费比编码更长的时间。本节的其余部分将重点介绍 ADI。

ADI 算法可以通过时域或者空域来实现：

- 时域去隔行（Temporal DeInterlace，TDI）：用于运动场景变化不剧烈的区域。假设场之间的时间相关性很高，无须考虑运动向量，也就是说不需要通过插值奇偶场来得到融合的帧。

- 空域去隔行（Spatial DeInterlace，SDI）：用于运动场景变化剧烈的区域。需要通过插值相邻场来得到融合后的帧数据，通常情况下，同一场时间邻域内的场数据的权值更高。

那么，如何判断一个区域的运行是否剧烈呢？要实现这个目的，就需要对运行进行量化，在实际的执行中，主要通过时空运动度量（Spatial-Temporal Motion Measure，STMM）来实现。如果此度量显示当前像素周围的区域几乎没有运动，则通过对时域上的前一个和后一个字段的像素值求平均值来填充缺失的像素，同理可用于某行的重构；如果 STMM 显示存在运动，则通过从空域上相邻的像素插值来填充缺失的像素，同理可用于某行的重构。TDI 和 SDI 的结果可以按照某个比例进行混合来得到最终的 STMM 的结果，这样可以防止 TDI 和 SDI 模式之间突然转换。MBAFF（MacroBlock-Adaptive Frame-Field，宏块自适应帧场），对编码对象为帧的图片使用宏块对结构，允许 16×16 个宏块处于场模式，与 MPEG-2 相比，在编码对象为帧的图片中，场模式的处理导致了要处理 16×8 个半宏块。PAFF 或 PicAFF（Picture-Adaptive Frame-Field，图像自适应帧场）允许图片自由选择编码为完整的帧，还是其中两个场组合在一起进行编码，或者作为单独的场进行编码。

1.5.2　帧率转换

帧率是视频播放过程中一个常用的参数，表示每秒播放的帧数，以“fps（frames per second）为单位。为了流畅地播放视频，解码视频的速度一定要大于播放的速度，这样才不会造成卡顿、模糊等不好的观看体验。同时，不同的播放设备对帧率有不同的要求，例如 NTSC 使用 29.97fps，PAL 是 25fps，为了让不同的视频源数据能够在不同的设备上播放，帧率转换就非常必要了。

帧率转换的核心思想就是添加或删除帧，以便以新的帧率覆盖相同的时间轴。当输入帧率和输出帧率是整数倍关系的时候，这就很简单了，例如：

- 50fps 到 25fps：每隔一帧丢掉一帧，输出帧计数为原始帧数的 1/2。
- 25fps 到 50fps：在每帧之后插入一个新帧，因此输出帧数为原始帧数的 2 倍。

然而，对于一个通用的解决方案，就必须基于输入视频帧率和输出视频帧率的关系进行算法设计。例如，当将 60fps 转换为 50fps 时，每 6 帧将被丢掉一帧，剩下 5 帧。有一些特殊情况，例如，如果 VPP 被初始化为以 29.97（NTSC）的输入帧率和 23.976（胶片 / DVD/ 蓝光）的输出帧率执行逐行扫描，则使用逆电视电影算法。

1.5.3　电视电影刷新率转换

telecine 这个概念是为在标准视频设备中看电影而引入的，这个单词由电视（television）和电影（cinema）结合而成。传统电影的帧率为 24fps，也叫作 FLM24 格式，而电视的帧率为 25fps（PAL）或者 30fps（NTSC），如果简单地在电视设备上直接播放电影的话，画面就会出现抖动，为了避免这种现象，就需要在播放过程中适当加入一些帧或者场，这个过程就叫作 telecine。从 24fps 转到 30fps，正好是 4 帧到 5 帧的转换，也就是说，每 4 场会增加 1 场，例如，原始序列为 T0B0 T1B1 T2B2 T3B3，做了转换后的序列为 T0B0 T0B1 T1B2 T2B2 T3B3。还有一种 FLM30 格式，这种电影在拍摄时就是按 30fps 采样的，在 NTSC 电视上播放时不需要增加帧，而只是简单地将帧转换成场进行播放即可。

反电视电影刷新率转换过程是电视电影刷新率转换过程的逆过程，为什么要做反电视电影（inverse telecine）呢？很多 NTSC 流是从 FLM24 的源通过 4 帧到 5 帧转换得来的，用于电视播放。但现在的电视不像以前的电视，除了隔行扫描（interlace）模式外，还有逐行扫描（progressive）模式，也就是说，需要做去隔行处理。通常的去隔行算法都是考虑正常的 T0B0、T0B1 的输入的，如果出现了上面所说的 T1B2 这样的输入，则必然削弱去隔行算法的效果，于是反电视电影的处理就出现了。因此反电视电影处理一般包含两部分内容：电视电影的探测和重组帧。电视电影的探测指的是通过顶场和底场的校验，检测当前的帧率是不是从 4 帧到 5 帧转变过来的，因为如果是转变过来的，就会出现“底场 顶场 顶场 顶场 底场（底 顶 顶 顶 底）”这样的场排列，也就是说 2 个底场中间夹着 3 个顶场的数据。如果不是转变过来的，而是原始的视频序列，也就是说顶场和底场交替出现，那么就没有必要做反电视电影的处理了。当检测到是什么样的序列之后，重组帧的操作就变得简单了，对于前一种情况，把插入的那一场去掉就好，对于后一种情况就直接略过，不需要做任何处理。

1.5.4　缩放

缩放（scaling）是最常用的视频图像处理算法之一，一般包括裁剪（cropping）、尺寸调整（resizing）、拉伸（stretching）等操作。要执行裁剪操作，请使用 CropX、CropY、CropW 和 CropH 参数定义感兴趣的区域（Region Of Interest，ROI）。同时可以在 ROI 的上、下、左、右通过填充一些黑色的像素来达到裁剪的目的。同时，裁剪的功能和保持纵横比（aspect ratio）的功能可以联合使用，既裁剪了图像，又保持了裁剪后图像的纵横比。经过上述裁剪后的图像如图 1-5 所示。

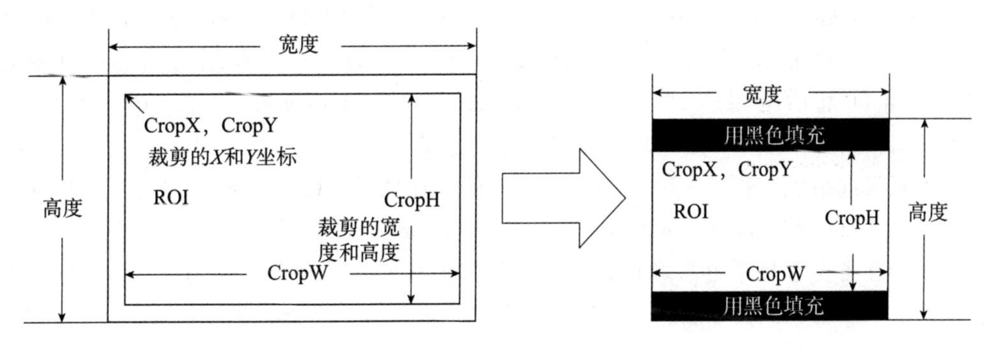

图 1-5　裁剪示意图

英特尔集成显卡支持两种类型的图像缩放算法：双线性（bilinear）法和高级视频缩放器（Advanced Video Scaler，AVS）法。这两种算法最关键的不同点是怎样处理像素插值。线性插值是根据两个点的值来估计两点之间的线上某个位置的点的值，即根据这个点和两个点的位置的线性距离进行线性插值。双线性图像缩放是使用基于周围像素的插值技术来产生更平滑的缩放，它只用到周围的 4（2×2）个点。而 AVS 比双线性图像缩放用到了更多的相邻点（8×8）。表 1-1 是两种缩放算法特点的对比。

表 1-1 双线性法和 AVS 法对比

图像缩放算法	插值用到的相邻点个数	计算消耗	内存带宽消耗	速度
双线性法	2×2	相对小	相对小	相对快
AVS	8×8	相对大	相对大	相对慢

1.6 视频行业主要标准

每一个行业的蓬勃发展，都不是一两家企业能够推动的，都需要有一套通用的标准，众多公司通力合作才能把产业做大做强，那么在多媒体领域，在电视、电影以及相关多媒体行业中，ISO/IEC 和 ITU 是负责制定标准的组织，对整个行业的发展起到了至关重要的作用。ISO（International Organization for Standardization，国际标准化组织）于 1947 年成立于伦敦，现在总部在瑞士的日内瓦，是目前世界上最大、最有权威的国际标准化专门机构。IEC(International Electrotechnical Commission，国际电工技术委员会）成立于 1906 年，主要负责有关电气工程和电子工程领域中的国际标准的编写等工作，总部也设在瑞士的日内瓦。ITU（International Telecommunication Union，国际电信联盟），原名为国际电报联盟（International Telegraph Union），1865 年就成立了，可以说是历史最悠久的联盟之一，侧重于电信号的交换协议等，它已经参与制定了 2000 多项国际标准。ITU 下面主要有三大部门负责具体事务，分别是无线电通信部门、国际标准化部门以及电信发展部门。我们常见的 CCIR 就是负责无线电通信部门的国际无线电咨询委员会（International Radio Consultative Committee）的缩写，现在更加直观地称之为 ITU-R。而与本书介绍的内容息息相关的部门则是国际电话电报咨询委员会（International Telephone and Telegraph Consultative Committee），简称 ITU-T。是不是觉得越来越熟悉了？

介绍完三大组织，我们顺便提一句学术界的“扛把子”IEEE，全称是电气和电子工程师协会（Institute of Electrical and Electronics Engineers）。IEEE 堪称全球最大的学术专业组织，每年会在各个领域举办多场顶级论坛，征集最权威、最有影响力的论文，同时参与制定电气与电子设备、试验方法、元器件等行业的标准，众多学子也把在 IEEE 上发表论文作为自己学术研究的起点。

1.6.1 电视制式

简要介绍完标准制定组织之后，下面介绍几个我们更加熟悉的组织，它们制定了与人们生活息息相关的电视、电影的播放标准，丰富了我们的生活。电视、电影的发明使得视频内容可以通过电信号长距离地传输到千家万户，并且可以通过仪器长时间保存，这不仅给人们带来丰富多彩的影像信息，也使得资讯得以快速传递，同时会记录很多珍贵的多媒体信息。但是在发展的早期，不同国家和地区使用了不同的播放方式，例如：

- NTSC 制式，简称为 N 制，是 1952 年 12 月由美国国家电视标准委员会（National Television Standards Committee）制定的彩色电视广播标准，属于同时顺序制，帧率为 29.97fps，扫描线为 525 行，隔行扫描，画面比例为 4∶3，常见分辨率为 720×480。这种制式的色度信号调制包括平衡调制和正交调制两种，解决了彩色、黑白电视广播兼容的问题，但存在相位容易失真、色彩不稳定问题。美国、加拿大、墨西哥等大部分美洲国家以及日本、韩国、菲律宾等亚洲国家均采用这种制式，中国香港的部分电视公司也采用 NTSC 制式广播，其中两大主要分支是 NTSC-US（又名 NTSC-U/C）与 NTSC-J。
- PAL 制式，又翻译成帕尔制，全称为逐行倒相（Phase Alternating Line）。这种制式在 1967 年由当时任职于德律风根（Telefunken）公司的德国人沃尔特·布鲁赫（Walter Bruch）提出，也属于同时顺序制，帧率为 25fps，扫描线为 625 行，隔行扫描，画面比例为 4∶3，分辨率为 720×576。发明 PAL 的最初目的是克服 NTSC 制式相位敏感造成色彩失真的缺点，它是在综合 NTSC 制式的技术成就的基础上研制出来的一种改进方案。所谓逐行倒相，是指每行扫描线的彩色信号与上一行的彩色信号倒相，作用是自动改正在传播中可能出现的相位错误。PAL 采用逐行倒相正交平衡调幅技术，对同时传送的两个色差信号中的一个色差信号采用逐行倒相，另一个色差信号进行正交调制。这样，如果在信号传输过程中发生相位失真，则会由于相邻两行信号的相位相反起到互相补偿的作用，从而有效克服了因相位失真而引起的色彩变化。因此，PAL 制式对相位失真不敏感，图像彩色误差较小，与黑白电视的兼容也好。英国、中国香港、中国澳门使用的是 PAL-I，中国内地使用的是 PAL-D，新加坡使用的是 PAL B/G 或 D/K。
- SECAM 制式，又翻译成塞康制，全称是按顺序传送的彩色与存储（Séquential Couleur Avec Mémoire），是 1966 年由法国研制成功的，所以它也是用法语命名的，属于同时顺序制，帧率为 25fps，扫描线为 625 行，隔行扫描，画面比例为 4∶3，分辨率为 720×576。在信号传输过程中，亮度信号每行传送，而两个色差信号则逐行依次传送，即用行错开传输时间的办法来避免同时传输时所产生的串色以及由其造成的彩色失真。SECAM 制式的特点是不怕干扰，彩色效果好，但兼容性差。采用 SECAM 制式的国家主要为大部分独联体国家，以及法国、埃及和非洲的其他一些法语系国家等。

目前隔行扫描基本上从电视领域消失了，但是为了让大家对整个制式有个系统的了解，在这里把历史上使用得比较多的制式做一下简要介绍，以防在以后的实际工作中遇到不同的制式时出现问题。

1.6.2 视频图像标准

视频图像的参数主要是由 ITU-R 来负责制定的，针对不同时期的应用、不同的处理设备和显示设备，ITU-R 制定了不同的标准化建议，我们大家所熟知的有面向标清数字电视（SDTV）标准的 ITU-R Rec.601、面向高清晰度电视（HDTV）标准的 ITU-R Rec.709、主要面向超高清晰度电视（UHDTV）标准的 ITU-R Rec.2020 以及主要面向 3D 电视系统的 ITU-R Rec.2100 等。首先，有的标准有很多名称，例如 BT.601、Rec.601、ITU.601 等，其实它们都是同一个标准，只是缩写方式不同。文档上的英文是 Recommendation ITU-R BT.601，BT 代表广播服务（**B**roadcasting Service），而 Recommendation 的缩写是 Rec，所以才会有上面那么多名字。而且每个标准都是在不停地向前演变的，即使是同一个标准，比如 BT.601，主要是面向数字电视的，但是后来又加入了宽屏的数字电视，既包含 4∶3 的纵横比，也包括 16∶9 的纵横比，所以大家不要固守某一个版本的协议，遇到具体问题具体分析即可。

除了负责制定标准的 ITU-R，许多行业内的软件和硬件供应商也制定了不同的标准，并得到了广泛应用，具体来看一看最常用的 RGB 色彩空间模型。

首先是标准红绿蓝（**s**tandard **R**ed **G**reen **B**lue，sRGB）色彩空间模型，这是惠普和微软于 1996 年共同开发的，用于显示器、打印机以及因特网。这种标准得到了许多业界厂商的支持，例如 W3C、Exif、英特尔、Pantone、Corel 等，目前仍然是 Windows 操作系统的主流色彩空间模型。

Adobe RGB 色彩空间模型是由 Adobe Systems 公司于 1998 年开发的，目的是尽可能在基于 CMYK 色彩模型的彩色印刷中囊括更多颜色。Adobe RGB 色彩空间模型主要在青绿（Cyan Green）色系上有所提升。

DCI-P3 或 DCI/P3 是美国电影行业推出的一种广色域标准，也是目前数字电影回放设备的色彩模型标准之一。DCI 是数字电影联合的缩写，P 表示 Protocol，即协议。因为色域较宽，DCI-P3 被很多厂家使用，但是应用的领域不同，所以衍生出了多个版本，苹果公司定义了其 Display P3 版本，而美国电影艺术与科学学院（Academy of Motion Picture Arts and Sciences，AMPAS）则定义了其专业色彩编码系统（Academy Color Encoding System，ACES）版以及其他版本等。

面向不同应用场景的色彩空间模型还在源源不断地涌现，这里不再赘述。对于一些新的色彩空间模型，可以重点看它们跟一些常用的空间模型的差异，这样就能了解其设计的初衷。相比于色彩空间模型，图像分辨率就混乱多了，因为不同的应用定义了适合于自己的分辨率，在早期的版本中主要使用了 ITU-T 推出的通用媒介格式（Common Intermediate Format，CIF）、ISO 旗下的运动图像专家组建议的源输入格式（Source Input Format，SIF），以及电影与电视工程师协会（SMPTE）主要用于数字磁带录像机（Digital Video Tape Recorder，DVTR）的 D1 等格式，因为具体的分辨率与逐行扫描、隔行扫描以及制式等都有关系，所以表 1-2 只给出最基本的分辨率对应关系，遇到具体应用时，请大家具体分析。

表 1-2 基本分辨率对应关系

格式	CIF	SIF	标清 480p	高清 720p	全高清 1080p	超高清 4K	超高清 8K	超高清 16K
宽 × 高	352×288	352×240	640×480	1280×720	1920×1080	3840×2160 （小 4K） 4160×2160 （大 4K）	7680×4320	15 360×8640

数字后面的 p 代表 progressive，表示逐行扫描；而 i 则代表 interactive，表示隔行扫描。也就是说 1080p 的图像的尺寸是 1920×1080，是按照逐行扫描的方式记录的；如果是 1080i 的话，则表示隔行扫描帧。

1.6.3 视频编解码行业标准

由于视频压缩的重要性，几十年来学术界和工业界都对视频编码技术进行了长期、深入的研究。国际上也一直有专门的标准化组织制定视频编码标准，国际标准化组织 / 国际电工委员会（ISO/IEC）旗下成立于 1986 年的运动图像专家组（MPEG）专门负责制定多媒体领域的相关标准，主要包括视频的 MPEG 系列标准，MP3、AAC 等音频标准，以及 MP4 等容器标准，还有跟多媒体相关的一系列标准等，主要应用于存储、广播电视、因特网或无线网上的流媒体等。国际电信联盟电信标准化部门（ITU-T）旗下的视频编码专家组（Video Coding Experts Groups，VCEG）则主要制定面向实时视频通信领域的视频编码标准，如视频电话、视频会议等应用，主要制定了 H.26X 系列标准，例如，H.261、H.263、H.263＋、H.263＋＋等。

ITU-T 的 H 系列和 ISO/IEC 的 MPEG 系列是开源组织在推动的主流的视频编码标准，而 VPx 系列是 Google 一家公司在推动的标准，就显得有些另类了。2006 年，Google 买下了当时全球最大的在线视频网站 YouTube。YouTube 的系统每天要处理上千万个视频片段，例如，视频上传、分发、展示、浏览服务，所以对于网络视频或者说在线视频的编解码需求非常强烈。与此同时，Google 收购了一家专门做编解码标准的公司 On2 Technologies，简称“On2 科技”。从 1992 年成立起，On2 科技就一直致力于打造基于网络的视频编码标准，并为 VP 命名，同时还需要规避众多 MPEG 的专利，也算是剑走偏锋。2010 年 5 月，

Google 宣布启动了一个新的开放性的媒体项目，致力于开发高质量的所有人都可以免版税使用的开放网络开放媒体格式 Web Media，简称 WebM。它不仅定义了文件容器结构，还定义了视频和音频格式，视频格式是 VP8，而音频是开源的 Vorbis 格式，文件结构则是基于 Matroska 容器。VP8 视频格式在当时也是号称可以跟 H.264/AVC 掰一掰手腕的，再后来，又推出了 VP9。到了 VP10 这一代，Google 又成立了开放媒体联盟（Alliance for Open Media，AOMedia）来推动其视频标准，随后 AOMedia 的第一代视频标准——基于 VP10 技术框架的 AV1 诞生，其良好的压缩率，特别是免费的特点，引得众多受 MPEG 专利费困扰的厂商蜂拥跟进，目前的势头很猛！

与此同时，在我国，2002 年 6 月成立的音视频编码工作组（Audio Video Coding Standard，AVS）也是异军突起，主要负责为国内多媒体工业界制定相应的数字音视频编码标准。经过多年的发展，AVS 已成功制定了一系列标准并获得应用。2006 年 2 月，AVS 国际标准《信息技术先进音视频编码——第二部分》成功颁布。2015 年 AVS 工作组制定了面向超高清视频应用的 AVS2 标准，并于 2016 年 5 月正式成为广播电视行业标准，已广泛应用于数字电视广播等。英特尔 GPU 目前还没有集成 AVS 标准。

1.6.3.1　MPEG/JPEG 标准

MPEG 系列的主要标准包括 JPEG、M-JPEG、JPEG2000、H.261、MPEG-1、H.262/MPEG-2、H.263、MPEG-4（Part2/ASP）、H.264/MPEG-4（Part10/AVC）、H.265/MPEG-H（Part2/HEVC）、H.266/VVC、VP8/VP9、AV1、AVS1/AVS2 等。而实际上，真正在业界产生较强影响力的标准均是由两个组织合作产生的，比如 MPEG-2、H.264/AVC 和 H.265/HEVC 等。

联合图像专家组（Joint Photographic Experts Group，JPEG）是第一个国际图像压缩标准。JPEG 算法能够在提供良好的压缩性能的同时具有比较好的重建质量，被广泛应用于图像、视频处理领域。JPEG 标准所依据的算法是 DCT（离散余弦变换）和可变长编码。JPEG 的关键技术有变换编码、量化、差分编码、运动补偿、霍夫曼编码和游程编码等。

M-JPEG（Motion- Join Photographic Experts Group）技术即运动静止图像（或逐帧）压缩技术，是把运动的视频序列作为连续的静止图像来处理。这种方式只针对帧内的空间冗余进行压缩，单独完整地压缩并保存每一帧，不对帧间的时间冗余进行压缩，它的优势是压缩的复杂度比较低，实现难度小，而且很容易对每帧图像进行精确编辑，所以被广泛应用于摄像头以及非线性编辑领域。缺点是压缩比不高，另外，M-JPEG 并不是一个完全统一的压缩标准，不同厂家的编解码器和存储方式并没有统一的规定格式，所以对兼容性的影响较大。

MPEG-1 标准制定于 1993 年，主要面向 VCD（Video Compact Disk）应用，数据速率在 1.5Mbit/s 左右；除了音频 MP3 还在广泛使用此标准外，其他领域已经用得不多了。MPEG-2 标准又称为 H.262，发布于 1995 年，主要面向 DVD、数字视频广播等应用，适用于 1.5～60Mbit/s 甚至更高码率，以实现音视频服务与应用互操作的可能性，正式标准规范定义在 ISO/IEC 13818 中。MPEG-2 不是 MPEG-1 的简单升级，而是在系统和传送方面做了更加详细的规定和进一步的完善，所以特别适用于广播级的数字电视的编码和传送，被认定为标清和高清电视的编码标准。英特尔的 GPU 支持 MPEG-2 硬件加速。

MPEG-4（ISO/IEC 14496）于 2000 年年初正式成为国际标准，主要面向低码率传输的应用。MPEG-4 与 MPEG-1 和 MPEG-2 有很大的不同。MPEG-4 不只是具体压缩算法，它是针对数字电视、交互式绘图应用（影音合成内容）、交互式多媒体等整合及压缩技术需求而制定的国际标准。MPEG-4 标准将众多多媒体应用集成在一个完整的框架内，旨在为多媒体通信及应用环境提供标准的算法及工具，从而建立起一种能被多媒体传输、存储、检索等应用领域普遍采用的统一数据格式。

1.6.3.2　ITU-T H.26x 系列标准

H.264/MPEG-4（Part10 AVC）是由 ISO/IEC 与 ITU-T 组成的联合视频组（Joint Video Team，JVT）制定的新一代视频压缩编码标准。在 ISO/IEC 中，该标准命名为高级视频编码（Advanced Video Coding，AVC），作为 MPEG-4 标准的第 10 个选项，在 ITU-T 中正式命名为 H.264 标准。

H.265/HEVC 是 ITU-T VCEG 继 H.264 之后制定的新的视频编码标准，围绕着现有的视频编码标准 H.264/AVC，保留原来的某些技术，同时对一些相关技术加以改进。新技术使用先进的技术来改善码流、编码质量、延时和算法复杂度之间的关系，达到最优化设置。具体的研究内容包括提高压缩效率，提高鲁棒性和错误恢复能力，减少实时的时延，减少信道获取时间和随机接入时延，降低复杂度等。英特尔的 GPU 支持 H.264/AVC 和 H.265/HEVC 的硬件加速。

1.6.3.3　Google VPx/AV1 系列标准

VP8 编码标准的开发是从 2008 年 9 月开始的，2010 年，Google 以 BSD（Berkeley Software Distribution）授权许可发布了 VP8 编码软件，VP8 的比特流格式则是以免费专利使用权发布的。2013 年 3 月，Google 与全球技术标准和平台的一站式许可打包方案及供应商 MPEG LA 达成协议：Google 获取 VP8 可能受影响的专利授权，同时 Google 也可以再次授权给 VP8 的用户。VP8 同样采用了 YUV420 采样，每通道 8 位色深，逐行扫描，图像尺寸最高可达 16 383×16 383 像素。

VP9 的开发从 2011 年第三季度开始，2013 年，Google 发布了 WebM 格式的更新版本，正式支持 VP9 和 Opus 音频。2014 年，Google 向 VP9 添加了两个高色彩深度工具集 Profile。作为 VP8 的下一代标准，VP9 提供了比 VP8 更高的压缩比，特别是对高清内容，而且复杂度与压缩比相比增加并不多。

AV1 是一种新兴的开源、免版税的视频压缩格式，由开放媒体联盟（AOMedia）于 2018 年年初联合开发并最终确定。AV1 开发的主要目标是在保持实际解码复杂度和硬件可行性的同时，实现比最先进的编解码器更大的压缩增益。AV1 开发的重点包括但不限于实现一致的高质量实时视频传输、可扩展到各种带宽的现代设备、可处理的计算占用空间、硬件优化以及商业和非商业内容的灵活性。

1.6.3.4　我国 AVS 系列标准

AVS 系列标准是由中国数字音视频编解码技术标准工作组（Audio Video coding Standard Workgroup of China，AVSWG）面向国内外信息产业需求，联合相关企业和科研机构，制定的数字音视频的压缩、解压缩、处理和表示等共性技术标准。AVS 系列标准旨在为数字音视频设备与系统提供高效、经济的编解码技术，服务于高分辨率数字广播、高密度激光数字存储媒体、无线宽带多媒体通信、互联网宽带流媒体等重大信息产业应用。自 2002 年成立以来，AVS 工作组已制定了 AVS1、AVS+、AVS2 以及 AVS3 等多代标准。

AVS1 标准作为我国第一个国产数字音视频编码标准，属于我国《信息技术先进音视频编码》（国家标准代号 GB/T 20090）系列，该系列于 2006 年 2 月颁布，压缩效率与同期国际标准 MPEG-2 基本相当；随后针对广播电视应用需求，AVS 工作组继续制定了广电行业标准《广播电视先进音视频编解码第 1 部分：视频》，该标准于 2012 年 7 月获批为 GY/T 257.1—2012，并被简称为 AVS+标准，目前 AVS+已经广泛应用于我国各类数字广播电视领域。

2016 年 5 月，我国第二代针对 4K 超高清视频内容的高效编码标准 AVS2 被广电总局正式颁布为行业标准，同年 12 月获颁国家标准，它在对标 H.265/HEVC 国际标准的同时具备了监控和视频会议等场景的针对性编码技术。AVS2 视频标准全面应用于 IPTV 和 4K 超高清行业，解码芯片迅速推向市场，极大助力了我国视频产业的发展。

AVS 工作组最新一代标准 AVS3 于 2019 年正式发布第一阶段标准，截至目前仍在蓬勃发展。AVS3 标准的主要目标是在控制编解码复杂度的基础上进一步实现性能的翻倍提升，不仅能够支持 8K 超高清视频编码，还能支持 VR、流媒体视频等领域的应用，为各种视频应用场景提供高效的解决方案。

AVS3 标准在制定过程中采用了分档制定与芯片集成技术协调研发的推进方式，同步全产业链应用开源合作，显著加速了我国超高清产业链的革新和落地，目前已经在技术创新、专利政策和生态建设等方面有全面的布局。

1.7　视频图像质量评价

评价不同的视频编解码性能需要通过比较几个指标来进行，这些指标包括码率（或压缩率）、计算成本（或复杂度）、质量（或失真）、可分层性、对错误的稳健性和互操作性等。压缩码率是传输一个编码的视频序列需要的单位时间内的比特数，单位是每秒比特数（bit per second），简写为 b/s。对一个压缩视频流计算或者测量码率是很容易的。计算成本指的是编码视频序列所需要的处理能力。

质量方面的评估意味着编码后的视频序列能在多大程度上恢复成编码前的视频序列。采用有损压缩的技术能够显著降低码率，但同时也会降低视频图像的质量，因此，对于有损压缩算法，需要建立一套评价标准，对编码质量进行评价。评价方法可以分为主观质量评价和客观质量评价两大类。

1.7.1　主观质量评价

主观质量评价是让观测者根据事先规定的评价尺度或者凭借自己的经验，对测试视频按视觉效果进行判断，并给出质量分数，然后对所有观测者给出的分数进行加权平均，所得数值即为待测信号的主观质量评价结果。人类心理学和视觉环境，如观察者的视力、感知质量和分数级别之间的翻译、对内容的偏好、自适应性、显示设备和周围的光线环境等因素的影响，导致了主观评测实验的复杂性。

平均主观意见得分（Mean Opinion Score，MOS）是衡量主观质量的标准之一。在主观实验中，一群人（通常是 15～30 个）被要求观察一组视频剪辑，并对它们的质量确定等级，然后把这些评分做平均，这就是 MOS，所以 MOS 表示的是所有观察者对于一个给定的视频片段给出的等级平均。国际电信联盟电信标准化部门（ITU-T）在各种建议中已正式确定了一些直接评级的方法，建议的测试过程包括：隐式比较法，例如双激励连续质量评级（Double Stimulus Continuous Quality Scale，DSCQS）法；显示比较法，例如双激励损伤评级（Double Stimulus Impairment Scale，DSIS）法；绝对评级法，例如单激励连续质量评价（Single Stimulate Continuous Quality Evaluation，SSCQE）法；绝对分类评级（Absolute Category Rating，ACR）法。其中，在给定一致的视觉环境和主观任务时，SSCQE 和 DSCQS 这两种评价方法被证明具有可重复的和稳定的结果，已经被国际电信联盟作为国际标准的一部分。

1.7.2　客观质量评价

要评估视频质量，最好是进行主观质量评价，也就是说由真实的观察者来进行评价。然而主观质量评价是很耗时且昂贵的，这是由于需要大量的观察者和大量要被评级的视频材料，而且对于实时系统，主观质量评价不能快速实现。而对图像和视频进行客观质量评价的目的是，在尽量保持与人类质量判断一致的前提下，自动评价图像或视频序列的质量。

由于主观质量评价方法费时费力，无法实时给出评价结果，因此在实际应用中，主要是使用可以自动测算的客观质量评价方法。常用的客观质量评价算法有均方误差（Mean Square Error，MSE）、信噪比（Signal Noise Ratio，SNR）、峰值信噪比（Peak Signal Noise Ratio，PSNR）等，其中最常用的是 PSNR，其数学公式如下。其中 MSE 表示原始图像和解码后的重构图像对应像素间的均方差。PSNR 的单位为分贝（dB）。

$$\mathrm{MSE}=\frac{\sum_{i=0}^{N-1}\sum_{j=0}^{M-1}\left(x_{ij}-y_{ij}\right)^2}{NM}$$

$$\mathrm{RMS}=\sqrt{\mathrm{MSE}}$$

$$\mathrm{NMSE}=\frac{\sum_{i=0}^{N-1}\sum_{j=0}^{M-1}\left(x_{ij}-y_{ij}\right)^2}{\sum_{i=0}^{N-1}\sum_{j=0}^{M-1}\left(x_{ij}\right)^2}$$

$$\mathrm{SNR}=-10\lg\left(\mathrm{NMSE}\right)$$

$$\mathrm{PSNR}=10\lg\left[\frac{(2^n-1)^2_{\max}}{\mathrm{MSE}}\right]$$

在公式中，N 是行数，M 是列数；x_{ij} 是位于第 i 行第 j 列的原始图像（视频序列）的像素值；y_{ij} 是位于第 i 行第 j 列的解码后的图像（视频序列）的像素值，而 n 表示图像像素采样的精度（b），通常为 8b，则像素的峰值为 $2^8-1=255$，如果采样精度到了 10b，或者 12b，那么这个值就要改成 $2^{10}-1=1023$，或者 $2^{12}-1=4095$ 了。例如当 $n=8$ 的时候，PSNR 值如下所示：

$$\mathrm{PSNR}=10\lg\left[\frac{(255)^2}{\mathrm{MSE}}\right]$$

PSNR 的计算简单，易于实现，对于一个特定的编解码系统和一个固定的视频内容，PSNR 的值总是随着图像主观质量的增加而单调增加，然而在跨越不同视频内容评价视频质量时，PSNR 可能不是一个可靠的方法。另一种常用的度量方法为结构相似性评估（Structural Similarity Index Measure，SSIM），其基本原理是真实的图像信号具有高度的结构化，它们的像素点之间具有强烈的相关性，特别是当这些像素点之间在空间位置近似时，这些相关性携带了重要的视觉物体的结构性信息。人眼的主要功能是从视觉区域提取图像的结构化信息，同时人眼视觉系统（Human Visual System，HVS）具有高度的适应此特性的功能。因此，结构相似性评估方法应该对图像失真的感知具有很好的近似性。

假设输入原始图像为 X，待测试图像为 Y，首先分别提取其亮度变化信息，然后再提取信号的对比度变化信息，在此基础上再提取结构变化信息，并对以上 3 种变化信息进行相似性比较，最后对比较结果进行综合，从而得到一种相似性度量指标，并以此指标作为图像质量好坏的评价尺度。具体方法如下：

首先定义图像信号的平均亮度，如下所示，其中 x_i 为图像 X 的第 i 个像素点的值，N 为图像像素的个数。

$$\mu_x=\frac{1}{N}\sum_{i=1}^{N}x_i$$

那么亮度对比函数如下，其中 C_1 是为了保证$\mu_x^2+\mu_y^2=0$时等式有意义。

$$l(X,Y)=\frac{2\mu_x\mu_y+C_1}{\mu_x^2+\mu_y^2+C_1}$$

其次，从信号中分离平均亮度后的信号 $X-\mu_x$ 与向量 $\boldsymbol{X}$ 在公式确定的超平面上投影一致。

信号对比度可用标准差来估计，其离散形式的无偏估计和由此得到的相似性如下，其中 C_2 是一个非负常量。

$$\sigma_x=\left(\frac{1}{N}\sum_{i=1}^{N}(x_i-\mu_i)^2\right)^{\frac{1}{2}}$$

$$C(X,Y)=c(\sigma_x,\sigma_y)=\frac{2\sigma_x\sigma_y+C_2}{\sigma_x^2+\sigma_y^2+C_2}$$

最后，用信号的标准差来对其进行归一化，因此，结构相似性比较函数可由其归一化信号来表示：

$$S(X,Y)=s\left(\frac{X-\mu_x}{\sigma_x},\frac{Y-\mu_y}{\sigma_y}\right)=\frac{\sigma_{xy}+C_3}{\sigma_x\sigma_y+C_3}$$

将以上 3 个因子相结合，并令 $C_3=\frac{C_2}{2}$，在 3 个因子权重都为 1 的情况下得到 SSIM 的函数：

$$\mathrm{SSIM}(X,Y)=\frac{(2\mu_x\mu_y+C_1)(2\sigma_{xy}+C_2)}{(\mu_x^2+\mu_y^2+C_1)(\sigma_x^2+\sigma_y^2+C_2)}$$

由于 HVS 的非均匀取样特性，在一个特定的观察距离范围内，信号中可能只有一个局部区域能被观察者在某一个瞬间感知，而且图像的统计特征经常是空间不稳定的，因此当运用 SSIM 指标来度量较大尺寸的图像时，对其局部进行计算比对全局进行计算效果要好。一般在 PSNR 相当的情况下，视觉质量好的视频其 SSIM 取值较高；当视觉质量较好的时候，即 PSNR 值比较大的情况下，SSIM 区分度较小；而当视觉质量较差时，即 PSNR 在 30dB 以下时，SSIM 对视频质量有较好的分区度。

1.8　本章小结

通过前面的介绍，相信读者对主流的视频编解码技术有了充分的了解，下面我们就把前面介绍的各个部分融会贯通，展示一套完整的视频处理流程。当然这里只是一个理论上的概念性流程图，具体的每个小部分都会有无穷多的变化，就好像武侠书里说的那样，招式是固定的，但是临阵对敌的变化是无穷的，而且每个小部分都有自己独特的定义。所以要具体实现某个标准的时候，差之毫厘，谬以千里，如果你不是要实现底层的编解码器的话，就没有必要去理会了。目前的应用都是调用具体的编解码库，所以基本上不需要考虑准确性，只需要考虑具体的参数配置。理论上视频编码操作的基本流程如图 1-6 所示。

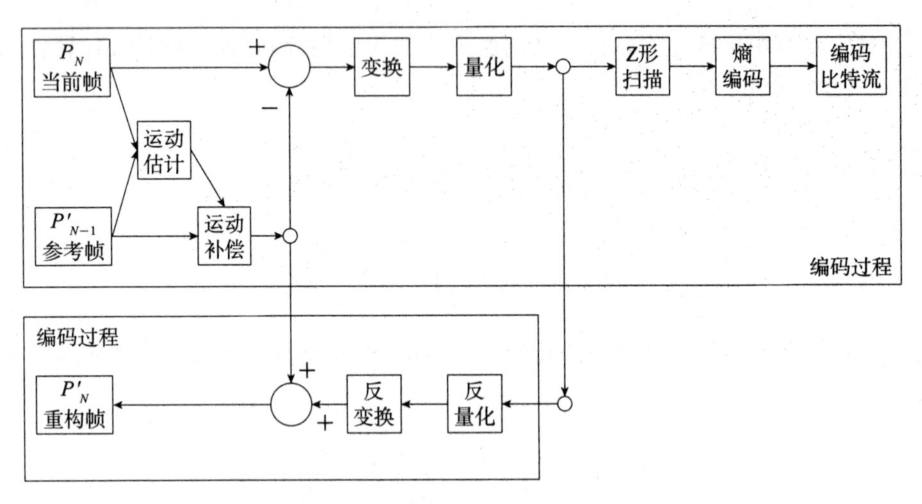

图 1-6　视频编码操作的基本流程

首先，当前图像被分割成多个块，对每个块进行时域到频域的变换，然后对变换后的残差系数进行量化，接着进行 Z 形扫描将低频分量集中，通过可变长编码（Variable Length Coding，VLC）得到比特流，就得到了一个独立压缩的静态图像，也就是常说的独立编码帧（I 帧），然后解码端对该比特流进行滤波、反量化、反变换等操作之后重新恢复成一帧图像，一般称之为重构帧（reconstructed frame），重构帧可以作为后续待编码图像的参考帧。对于一幅新进的图像，寻找与当前重构帧最匹配的部分，也就是常说的运动估计，按照当前系统的精度和算力要求，找到一幅合适的匹配图像之后，对当前图像和匹配后的图像进行差运算，得到图像残差值，然后再对残差值按照独立图像的编码方式进行编码，最后得到比特流，也就是常说的帧间编码帧，例如 P 帧和 B 帧。需要注意的是，重构图像可以有多幅，参考帧就可以有多幅，并不一定要参考前一幅图像，当然仅仅参考前一帧图像的重构帧是最简单的方式，这样一段视频图像就编码完成了。

CHAPTER 2

第2章

英特尔 GPU 概述

本书的主题是基于 GPU 加速的视频处理实现，GPU 就是实现的基础，本章会从 GPU 的架构、英特尔 GPU 的架构特点及指令集的特点等几方面来介绍英特尔 GPU，从底层介绍视频处理是如何被加速的，再辅助一些英特尔 GPU 的小知识，让大家对英特尔 GPU 有全面的了解。

在开始介绍之前，我们先来统一 GPU 和显卡的概念。其实显卡和 GPU 两个概念在某种程度上是可以互换的，只是前者更偏重于产品，而后者更偏重于核心部件。而显卡又经常被分为集成显卡和独立显卡，划分的依据是它们相对于 CPU 处理器的位置：和 CPU 在同一个带上的 GPU 就称为集成显卡，它和 CPU 共享系统缓存，共享散热和供电系统；而和 CPU 分开，通过各自的接口连接到主板上可以单独使用的，就是独立显卡。独立显卡因为可以独立供电，可以配备自己的风扇，所以功耗和性能都可以做得很高。而集成显卡相对于独立显卡具有空间、成本和能源效率优势，它们能够为常见任务，例如网页浏览、电影播放和休闲游戏等提供高效的处理。集成显卡对应的 GPU 称为 iGPU（integrated GPU），独立显卡则通过 dGPU（discrete GPU）来标识。因为无论是集成显卡还是独立显卡，和 GPU 的本质都是一致的，而本书又主要是介绍视频处理技术的，所以我们统一使用 GPU 来描述。

从功能上来说，最早的 GPU 处理器只是单纯为显示服务的，随着硬件的不断发展，GPU 的处理能力在不断增强，而且 GPU 天然具有并行能力，因为要做图像处理，每一个像素几乎都要做相同的操作，大量的同类型的并不复杂的操作要在同一时刻完成，这就造成了 GPU 独特、强悍的并行处理能力。而且随着时间的推移，GPU 的编程也变得更加灵活，这使得开发人员能够利用 GPU 的 3D 处理能力、并行处理能力、视频处理能力等来显著加速诸多领域的应用，例如高性能计算（High Performance Computing，HPC）、人工智能与深度学习、创意制作、游戏、超级计算机等。

从芯片架构上来说，GPU 是由数量众多、功能较单一、效率较高的核心组成，再辅以专用功能核心，例如几何引擎、渲染引擎、光栅引擎等，以提高吞吐量为导向，专为并行多任务设计的计算核心部件。而相对于 GPU 处理器，大家可能更熟悉 CPU 处理器，它是由数量较少、功能较复杂、核心频率较高的核心单元组成的以低延迟为导向、面向通用处理的计算核心部件。

CPU 和 GPU 设计思路的不同导致它们的微架构不同，进而导致 CPU 中大部分晶体管用于构建控制电路和缓存，只有少部分晶体管完成实际的运算工作，功能模块很多，擅长分支预测等复杂操作。所以，CPU 适合于那些对于延迟和单位内核性能要求较高的工作负载，可以将其数量相对较少的内核集中用于处理单个任务，并快速完成任务，这使它尤其适合用于处理从串行计算到数据库运行等类型的工作。而 GPU 的流处理器和显存控制器占据了绝大部分晶体管，而控制器相对简单，擅长对大量数据进行简单操作，拥有远胜于 CPU 的强大浮点计算能力，同时在线程数、寄存器数和单指令多数据流（Single Instruction Multiple Data，SIMD）处理方面都远强于 CPU。所以，GPU 的应用领域越来越广泛，只要有图形图像的地方，就有其身影。

关于 CPU 和 GPU 有一个形象的比喻——CPU 处理器就像一个大学教授，学问很渊博，知道很多事情，但是在单位时间内能完成的任务有限，而 GPU 处理器则像一群大学生，学问不高，但是人多量大，在单位时间内能完成大量相似的工作。在软件生态方面，GPU 无法单独工作，必须由 CPU 进行控制调用才能工作，而 CPU 在处理大量类型一致的数据时，可以调用 GPU 进行并行计算。所以，GPU 的生态和 CPU 的生态是高度相关的。

本章会先简要介绍英特尔图形处理器的基础架构，再介绍英特尔处理器的路线图以及命名、技术特点等。

2.1　英特尔 GPU 处理器架构概述

首先我们通过公开的第十一代 GPU（以下简称 Gen11）的架构图（见图 2-1）来总体了解一下英特尔 GPU 的设计思路。因为芯片架构的发展很快，而且现在英特尔又进入独立显卡领域，所以图 2-1 并不能代表英特尔最新的架构，但这是通过公开渠道能拿到的最具代表性的架构图，我们依然可以从总体上了解英特尔 GPU 的架构特点，这对于我们基于英特尔 GPU 进行视频加速处理仍然有指导意义。感兴趣的读者可以去英特尔的官网搜索 Intel Processor Graphics Gen11 Architecture 以及 The Compute Architecture of Intel Processor Graphics Gen9 来获得更详细的介绍。

从图 2-1 可以看到整个 GPU 从功能模块上可以大致分成两个区域，上面的一排小模块代表 GPU 对内对外的接口，包括电源管理，例如 GTI 表示图形图像技术接口（graphics technology interface）、二维（2D）的位块移动（blitter）单元模块以及视频加速处理硬件单元，英特尔的命名为媒体固定功能（media fixed function）单元模块；而在小模块下面占据了大量面积的，则是通用核心计算部件执行单元（Execute Unit，EU）以及辅助执行单元的一些固定功能单元模块，例如高效的缓存数据加载 / 存储单元模块（Data Port，DP）、采样单元（sampler）、光栅化处理单元（raster）、深度信息探测单元并支持多层次的深度（Hierarchical Z-buffer，HiZ）、像素分发（pixel dispatch）单元、负责处理颜色的像素后端（Pixel Backend，PB）单元，以及三级缓存（L3）等。

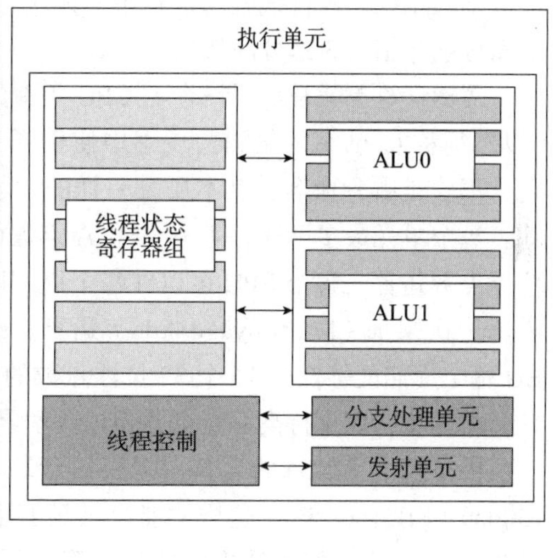

图 2-1　英特尔第十一代 GPU 切片和执行单元的架构图

执行单元是英特尔 GPU 的最基本也是最核心的运算执行单元，其地位就好像 CPU 里面的 ALU，但是并行度要更高。那么为了更好地管理数量众多的执行单元以及更好地把子任务及时分派到空闲的执行单元上面，提高整个系统的并行度，英特尔采用了 GPU 设计里面普遍采用的分区管理方法，就好像军队里面为了更好地管理士兵，定义了班、排、连等各级别单位，并且每一级单位都委任一个管理者，并相应地配备一些资源一样，英特尔定义了子切片（sub-slice）和切片（slice），可以形象地理解为把众多执行单元分成多个子切片，然后再组合成一个切片，并且不同算力的 GPU 执行单元的数量可以是不同的，也就是通常所说的“刀法”，通过定制执行单元的不同数量的组合形成不同档次的 GPU。

从图 2-1 可以看到有些辅助模块是为整个切片（slice）服务的，称为切片共享资源模块（slice common），而有些则是服务于某个子切片（Sub-Slice，SS）的，可以理解为子切片共享资源模块。下面我们分别从执行单元、子切片共享资源模块和切片共享资源模块这 3 个逻辑资源区来介绍 GPU 的架构和功能。

1. 执行单元

在每个 EU 中，从硬件配置上，基于图 2-1 可以很容易从颜色上看到分成 3 个功能区，左上半部是寄存器组，与之关联的有数据交互的一对单指令多数据流的逻辑计算单元（Single Instruction Multiple Data - Arithmetic Logic Unit，SIMD ALU）主要负责计算，下半部分则表示控制硬件线程的逻辑单元模块“分支（branch）模块”和“发射（send）模块”，下面分别介绍这 3 部分的架构。

逻辑计算单元是取了一个与 CPU 类似的名字，以方便大家理解。在英特尔第九代 GPU（以下简称 Gen9）的架构白皮书中使用了浮点运算单元（Floating-Point Unit，FPU）的命名，不管是哪种命名，其本质是一样的，就是负责实际计算的模块同时支持浮点和整数计算。每个单元最多可执行 4 个 32 位浮点数或 32 位整数运算，或者执行 8 个 16 位整数或 16 位浮点数运算。每个 FPU 可以在每个周期同时完成加法和乘法的 MAD 浮点数指令［MAD 表示一次乘加（Multiplyand Add）运算，经常被用来衡量计算单元的性能］。因此，每个 EU 每个周期能够执行 16 个 32 位浮点数的乘加运算。同时还有一个单元会提供扩展的数学计算的支持，以支持高吞吐量的超越数学函数和双精度 64 位浮点。

为了配合 SIMD 的运算，需要给运算 EU 配备大量的通用寄存器组（General purpose Register File，GRF），这样才能提供足够多的数据来满足逻辑计算单元的计算需求，避免数据延迟导致的整体计算性能的下降。同时为了满足多线程切换的需求，英特尔在每个 EU 中设计实现了不同粒度的硬件线程，配备了大量状态寄存器组（Thread State Register File），用来保存一个线程的上下文信息。这样，当执行不同的线程操作时就不用保存当前线程的状态，再重新加载新线程进行计算，然后重复上述步骤进行切换，也就是说多个硬件线程就以几乎零消耗的成本进行切换，大大增加了系统的吞吐率。另外，每一代 GPU 的硬件线程也不完全相同，例如 Gen9 的每个 EU 包含 7 个硬件线程。每个硬件线程包含 128 个通用寄存器，每个寄存器占 32 字节，可以同时访问 8 个整型变量数据，一个整型变量通常占有 4 字节（32 位），同时包含 128 个 32 字节的状态寄存器组。Gen9 的定义为 ARF（Architecture specific Registers File，架构寄存器组），名字不一样，但是内涵是一样的。

根据软件工作负载的不同，一个 EU 中的硬件线程可能都在执行相同的计算内核代码，或者每个 EU 线程可能都在执行完全不同的计算内核的代码。每个线程的执行状态，包括它自己的指令指针，都保存在特定于线程的 ARF 寄存器中。在每个周期中，EU 最多可以同时发射 4 个不同的指令，当然，这些指令必须来自 4 个不同的线程。EU 的线程调度器（thread arbiter）将这些指令分派给 4 个线程单元中的一个执行。极限情况是，线程调度器选择了那些已经准备好执行的指令，然后送到了所有 7 个线程，这样这些指令就可以同时执行，最大化了 EU 的指令级并行能力。

由于 GPU 的能力越来越强了，不仅处理并行数据，为了灵活地处理任务，也加入了分支、预测等操作，分支单元就是处理这些运算的，这样会保证分支、跳转等指令不会影响整体并行处理的性能。而内存操作、采样器操作和其他延迟较长的系统通信都是通过发送单元执行的"发送"指令进行调度的。

2. 子切片共享资源模块

从图 2-1 中我们可以看到每个子切片，都配备了一些辅助的硬件模块，它们包括：

- 数据端口（Data Port，DP），是一个高效的缓存数据加载 / 存储单元模块，主要支持各种通用缓冲区访问的高效读操作和写操作，灵活的 SIMD 聚集和分散操作以及共享本地缓存的访问。为了最大化缓存带宽，该单元动态地将分散的内存操作合并为少量的非重复的宽字节的缓存区访问请求。例如，针对 16 个 32 位浮点数值的 16 个唯一偏移地址执行的 SIMD-16 聚集操作，如果所有地址都在一条缓存线内，则可以合并为一个 64 字节的读取操作。
- 采样器（texture sampler），又分为两种，一种是纹理采样器，是一个只读的存储器读取单元，可用于平铺或未平铺的纹理和图像表面的采样。图 2-1 中用 Tex$ 表示是因为空间关系写不下了。采样器包括两级缓存，分别称为一级采样器缓存（L1）和二级采样器缓存（L2）。两个缓存之间有一个专用逻辑来支持块压缩纹理格式的动态解压缩，例如，DirectX BC1-BC7、DXT 和 OpenGL 压缩纹理格式。采样器还包括固定的功能模块来支持图像的一些处理，例如，图像横纵坐标上的地址转换，以及镜像（mirror）、环绕（wrap）、边框（boarder）和限制（clamp）等操作，而且采样器还支持多种采样滤波模式，如逐点、双线性、三线性和各向异性等模式。纹理是只读的，所以采样器对外只有一条 64 byte/cycle 的读取通道。采样器内具有 L1 和 L2 缓存用来提高吞吐量。还有一类是视频采样器（media sampler），这部分我们在视频引擎中再做详细介绍。

3. 切片共享资源模块

服务于整个切片的辅助功能模块则主要是针对像素的后期处理的，因为到了这一步，基本上需要进行大量并行计算的部分还没开始，或者已经结束了，所以主要是一些数据的搬移，任务的划分、分派，渲染前期的几何引擎以及渲染后期的深度信息检测、颜色处理等的加速处理模块，毕竟渲染显示处理仍然是 GPU 的首要任务。

光栅化处理单元除了基本的功能外，还包括测试像素的部分覆盖，并将其标记为覆盖光栅化，用于碰撞检测、遮挡剔除、阴影或可见性检测的高级渲染算法。光栅化处理单元的使用将光栅化操作的吞吐量提高了约 8 倍。

而深度信息探测单元、像素信息汇聚分发（pixel dispatch）单元和像素后端（Pixel Backend，PBE）单元都是用在对于 Z 缓存区（Z-Buffer）的处理上的，深度测试功能可用于执行 Z-Buffer 的隐藏面移除，并且可以在粗粒度和细粒度两个粒度级别上进行处理。PBE 可以说是渲染管道的最后一个阶段了，主要包括颜色值的缓存以及处理跨多个源曲面格式和目标曲面格式的颜色混合函数等。由于本书主要面向视频处理，因此这里就不再赘述了。

另外，每个 GPU 中都涉及线程的整合和分派单元，同时配合切片的层级结构，线程的分派单元也分布在各级单元中，也就是切片、子切片甚至是 EU 内部都有线程管理单元来辅助多线程的执行。

2.2　视频引擎

前面已经介绍了英特尔 GPU 的整体架构，本节重点介绍相对独立的视频固定功能单元模块 MediaFF（FixedFunction）。因为是固定功能硬件模块，所以从公开的资料上很难看到其内部的硬件布局，请大家理解。图 2-2 来自英特尔发布的视频处理指导手册（Intel_Media_Developers_Guide.pdf），可以让大家形成一个比较直观的概念。

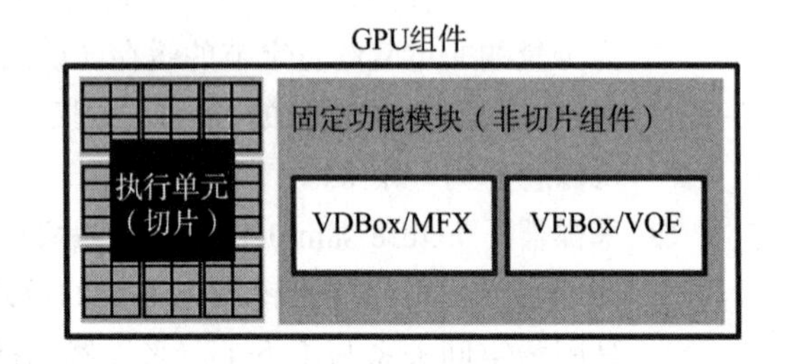

图 2-2　视频引擎架构

视频引擎是独立于执行单元的固定功能模块，同时显示里面包含两个逻辑单元，一个是 VDBox/MFX，另一个是 VEBox/VQE。VDBox 表示视频解码模块（Video Decode Box），也许因为早期的视频加速处理只局限于解码，所以当时就取了这个名字，一直沿用至今，但是编码也同样是在 VDBox 里面执行的；VEBox 表示视频像素处理模块（Video Enhancing Box），是用来进行视频图像处理的，例如进行颜色空间转换、缩放等操作，与编解码就没什么关系了。因为 VEBox 用了字母 E，使得很多视频处理的开发者理所当然地认为 VDBox 是做解码的，VEBox 是做编码的，其实并不是，再强调一下，VDBox 包含编码和解码的所有操作，而 VEBox 是用来做视频图像处理的，当然命名给大家造成了误会，也请大家谅解。

另外，VDBox 和 VEBox 是目前较常使用的描述具体功能模块的名词，而与它们相关的名字则更多的是从逻辑功能模块的角度来表述的。MFX 表示多格式编解码（Multi-Format Codec）引擎，包括多格式解码（Multi-Format Decoding，MFD）模块和多格式编码（Multi-Format enCoding，MFC）模块。而 VQE 则表示视频质量引擎（Video Quality Engine），尽管 VQE 也许会更直观地表示本引擎工作的主要领域，但是 VEBox 更加常用，VQE 目前已经慢慢淡出历史舞台。相反，有些技术文档还在使用 MFX 来描述编解码引擎。但是在本书中，我们后续会使用 VDBox 和 VEBox 来描述视频引擎中的编解码模块和视频图像处理模块。

当然，使用了固定管线功能模块并不意味着会用到 EU，某些灵活多变的算法，例如运动估计、帧内预测以及码率控制等功能的计算，甚至是客户自己设计的算法，都会用到 EU，从图 2-3 所示的视频引擎早期逻辑处理管线中可以看到，早期的很多模块仍然是运行在 EU 上的，即使当前的编码实现也有部分是需要运行在 EU 上的。从图 2-3 可以看到，英特尔的视频引擎主要有两个相对独立的逻辑功能模块，一个编码模块 ENC 里用到的主要硬件单元是 EU，另一个是固定功能模块 PAK，里面的各个功能模块都已经固化，是完全采用硬件执行的管线，效率和能耗方面都比编码模块好很多，只是灵活性和扩展性不够。这也是英特尔视频引擎能够同时兼顾高效的编解码需求，也能兼容一些新格式需求的原因，对于一些成熟的视频编码标准，例如 MPEG-2 的视频部分、H.264/AVC 等标准，就可以使用固定管线来做，而对于一些较新的标准，例如 H.265/HEVC、AV1 等，就可以通过编码模块先用 EU 进行计算，然后慢慢转到使用固定管线来计算。这样，随着 GPU 功能和性能的发展，越来越多的功能会从 EU 转到使用固定管线来运行，这样用户就能够拥有更好的产品体验了。

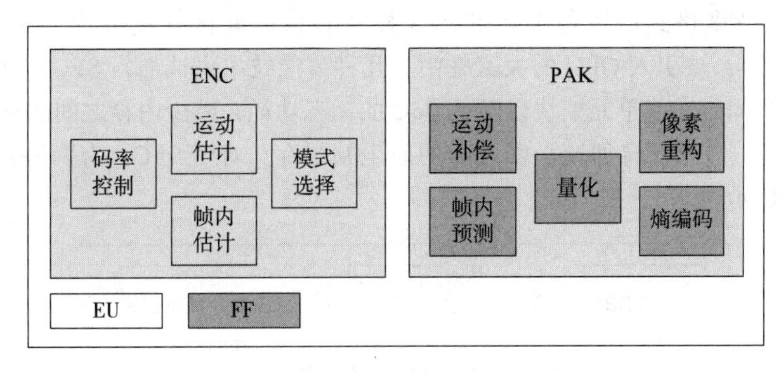

图 2-3　视频引擎早期逻辑处理管线

为了减少对 EU 的占用，进一步提高编解码的性能，从 Gen9 开始，英特尔增加了一个专门的固定功能编码引擎，称作 VDENC，它就是专门用来做编码的硬件管线，从命名上可以理解为 VDBox 中专门用来做编码（encode）的模块，即 VDBox-Encode。VDENC 不依赖于 EU 和 VME 进行运动估计和模式决策。这节省了带宽和功率，并提供一个独立的编码管线，可以更好地管理服务质量特性，主要用途是进行低功耗视频会议和视频捕获。

正是因为英特尔的视频引擎有了两种实现架构，所以从软件开发的角度看，英特尔的 GPU 会提供两种视频加速处理的模式：QSV-PG（Quick Sync Video Processor Graphic）模式和 QSV-FF（Quick Sync Video Fixed Function）模式。它们的主要差异在于运动估计、编码模式选择，以及码率控制任务是哪个模块完成的。在 QSV-FF 模式下，运动估计和编码模式选择是固定功能模块（Fixed Function，FF）来完成的，但是码率控制任务则是由硬件模块 HuC 来完成的。在 QSV-PG 模式下，ENC 阶段是在 EU 里面执行的，在 QSV-FF 模式下，ENC 阶段是在 VDENC 里面执行的。所以，QSV-FF 模式相对于 QSV-PG 模式具有低延迟、低功耗的特点，典型的使用场景包括无线显示、截屏、摄像头采集、视频会议等。另外，其总体设计编码吞吐量也许不如 PG 模式。H.264/AVC 是从 Gen9 开始支持 QSV-FF 模式编码的，而 H.265/HEVC 则主要是从 Gen11 开始支持的。

随着 H.264/AVC 取得巨大成功，越来越多的焦点开始汇聚到 H.265/HEVC 上面，顺应潮流，英特尔的 GPU 中也加入了高效视频编解码管道（HEVC/VP9 Codec Pipeline，HCP），它是一种具有固定功能的硬件视频编解码管道，负责对 HEVC 流进行编码和解码，目标分辨率为 8K（7680×4320 像素），每秒 30 帧。HCP 的硬件管道设计支持两种编解码器标准——HEVC 和 VP9。它实现了完整的解码过程，而且 HEVC 和 VP9 的解码器都完全符合标准。HEVC/VP9 编码器体系结构主要由两个硬件组件组成：VDENC 和 PAK。此外，HEVC 架构还支持通用执行单元+运动估计模块（Video Motion Estimation，VME）的组件模式，同时它还支持多编码通道模式来提升编码效率。需要强调的一点是，每个 HCP 编解码器的命令序列都是基于帧的。

除了 VDBox 模块以及 VEBox 模块，为了加强低功耗显示的需求，从 Gen9 开始，又一个专用的支持多格式的图像缩放和图像格式转换的硬件管线模块（Scaler & Format Converter，SFC），被引入 GPU 的大家庭中。几种节能技术也被加入 SFC 的架构中：把负载从 EU 转移到固定功能单元模块以降低 SoC 的动态功耗，减少内存之间的通信来降低 IO 和 DDR 的功耗，以及支持加速引擎之间的原生帧缓存。对于 SFC，有两种基本的应用场景，如图 2-4 所示。

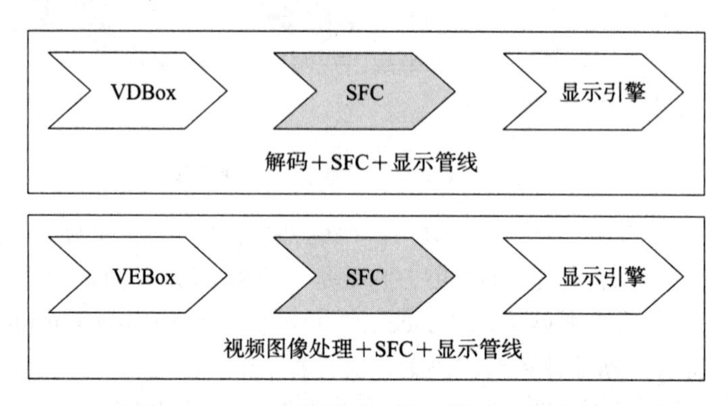

图 2-4 SFC 在视频处理显示管线中的应用

- 作为一个功能固定的硬件加速模块，SFC 模块必须直接连接在 VDBox 或 VEBox 模块的后面，从而可以与它们并行运行，这样可以减少对 EU 的使用，例如，解码和缩放将同时执行，或者图像增强和缩放将同时执行。这种设计通过将视频图像处理的缩放操作负载转移到功耗更小的专用模块 SFC 来运行，从而达到高效省电的目的。

- 在这两种使用场景中，SFC 模块的数据由解码器（VDBox）或图像增强器（VEBox）直接送入，而不是由它们把数据写入存储器后再从存储器读回来。在 VDBox 到 SFC 以及 VEBox 到 SFC 之间各自增加了一条直接数据总线。SFC 模块还包括一个内部存储缓冲区，用于获得列 / 行之间的重叠像素数据。所有操作都在 GPU 内部处理，等都处理完之后，才通过 IO 接口把数据写回内存中，这样就减少了与外部的数据交换，提高了效率。
- 不管是跟 VDBox 相连还是跟 VEBox 相连，在这两种情况下，缩放操作都是把图像像素数据发送给显示引擎（display engine）之前的最后一个处理步骤，而且 SFC 还被设计用于生成显示引擎所需要的原生的图像格式，这就消除了因为不同引擎处理的图像格式的不同而造成的额外的内存复制操作，从而减少了对内存的操作。此外，SFC 还支持图像沿顺时针 90° 旋转，非常适合用于移动平板的设计。

由上面的描述可知，SFC 管道是一种共享资源，通过与 VDBox/VEBox 直接相连，并由 VDBox 或 VEBox 控制参数，而图像像素数据则直接发送给 SFC 模块进行调用和访问，这有助于通过消除到内存的通信量来降低 IO 通信消耗，并允许 VDBox/VEBox 与 SFC 管道并行运行。

通过前面的介绍我们知道，对于视频处理应用，英特尔 GPU 有理想的特性组合。

- 硬件加速编解码功能支持多个主流标准，例如 AVC、HEVC、VP9 等。
- 这些编解码器可以直接访问硬件的加速模块，即使是运动估计部分，也可以用硬件模块来加速客户的算法。
- 硬件加速模块可以加速很多常用的图像处理算法。
- 可以创建客户自己的管道，把客户自己的算法和系统提供的模块进行融合。
- 高端 GPU 提供大于 1TFlops 的算力来提升用户自定义模块、计算机视觉的效果，改进编码质量等。
- 编解码器的操作，需要使用 CPU、EU、GPU 共同完成。
- 低功耗，高运算密度，低综合成本。

2.3 英特尔 GPU 路线图和命名

英特尔在 1998 年推出了第一款独立显卡英特尔 i740，之后该显卡被整合进了 810/815 芯片组，从此诞生了英特尔的集成显卡家族，此时显卡还是集成在北桥内的，直到 2010 年的 Clarkdale CPU 处理器，才开始将显卡整合进 CPU 内部，称为集成显卡。现在最新的 Xe 架构集成显卡已经是英特尔的第十二代显卡架构，英特尔 GPU 的性能每一代较上一代都有较大的提升和变化。因为是集成显卡，所以每一代的 GPU 都会搭载对应的 CPU，因此，从 CPU 的路线图里也会看到 GPU 的发展，下面我们就来简要回顾一下英特尔 GPU 的进化历程。

2010年推出的Clarkdale处理器是首款整合英特尔GPU的CPU，这款处理器由32nm制程CPU和45nm的GPU共同封装在一块PCB板上，两颗芯片使用快速通道互联（QuickPath Interconnect，QPI）总线相连。当时的英特尔把Clarkdale上的GPU统称为Intel HD Graphics，这个名字一直用到现在。而真正把CPU和GPU做到同一块芯片上的是在2011年推出的Sandy Bridge架构的CPU处理器，在这款全新设计的处理器中使用了环形总线设计，所有的核心模块全部整合到一个核心里面，例如CPU、GPU、内存控制器、显示/媒体控制器等，并且共享三级（L3）高速缓存。同时，这一代的GPU已经在架构上初现现在GPU的雏形，包含指令流处理器、执行单元、统一执行单元阵列、媒体取样器、纹理采样器以及指令缓冲等，在视频方面，已经实现并集成了视频解码和编码两部分的硬件加速功能模块。

而第四代Haswell CPU处理器搭载的第7.5代GPU又是一个小的分水岭，英特尔从这一代GPU开始了模块化、可扩展的设计，首次采用两级切片结构设计，每个子切片拥有10个执行单元，2组子切片组成了1组切片，这一代在GT1和GT2两个级别之上又诞生了GT3核心。Haswell的GT1、GT2、GT3集成显卡分别拥有10个、20个和40个执行单元，此外还有一个带128MB的嵌入式缓存eDRAM（embedded DRAM）的GT3e，位宽为512bit，带宽可达64GB/s。这个嵌入式eDRAM是作为四级缓存（L4）存在的，可以同时提升CPU和GPU的性能。从Haswell处理器的核心显卡开始，英特尔将引入新的名字“锐炬Iris”和“锐炬Iris Pro”，分别对应GT3以及GT3e集成显卡，具体型号则是Iris Graphics 5100和Iris Pro Graphics 5200。

第六代Skylake CPU处理器使用的Gen9 GPU其实与Gen8 GPU有很多地方都是相似的，只是每组子切片包含的执行单元的数目略有不同，但是最多的执行单元数达到了72个，也使得Skylake CPU数多出GT4这个级别的集成显卡。此外，在视频处理方面，Gen9 GPU增加了低功耗的VDENC固定功能编解码单元，降低了延迟，也大大增加了编码效率。此后，英特尔GPU的发展就进入了寒冬，从第七代酷睿CPU一直到第十代酷睿CPU，使用的都是Gen9.5 GPU，这也是受到了制程的限制，升级比较缓慢，尽管每一代GPU也都有小范围的改进。到了第十代酷睿Ice Lake CPU处理器才和Gen11集成显卡一同出现，不过Ice Lake CPU处理器只用在第十代酷睿低功耗处理器上，桌面与移动端的处理器都是Comet Lake CPU，而Comet Lake CPU搭载的依然是Gen9.5集成显卡，所以使用Gen11集成显卡的处理器并不多。英特尔一共提供了G1、G4和G7三种配置的集成显卡，分别有32/48/64组执行单元，低端的G1命名仍为UHD，而G4和G7都以“锐炬Plus”的品牌出现。英特尔的第12代GPU终于告别了“裸奔”时代，有了自己的品牌名Xe。同时基于Xe的架构，英特尔也发展出了独立显卡产品线，而由于功耗的限制，对集成显卡使用了Xe-LP（低功耗LowPower）的设计，而在第十一代Tiger Lake CPU处理器上，低端的GPU名称中依然沿用原来的HD。通过图2-5，我们可以看到英特尔GPU的进化历程。

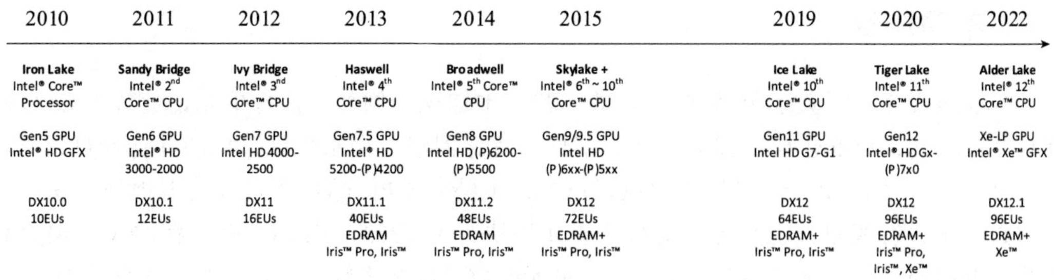

2010
Iron Lake
Intel® Core™ Processor
Gen5 GPU
Intel® HD GFX
DX10.0
10EUs

2011
Sandy Bridge
Intel® 2nd Core™ CPU
Gen6 GPU
Intel® HD 3000-2000
DX10.1
12EUs

2012
Ivy Bridge
Intel® 3rd Core™ CPU
Gen7 GPU
Intel HD 4000-2500
DX11
16EUs

2013
Haswell
Intel® 4th Core™ CPU
Gen7.5 GPU
Intel® HD 5200-(P)4200
DX11.1
40EUs
EDRAM
Iris™ Pro, Iris™

2014
Broadwell
Intel® 5th Core™ CPU
Gen8 GPU
Intel HD (P)6200-(P)5500
DX11.2
48EUs
EDRAM
Iris™ Pro, Iris™

2015
Skylake +
Intel® 6th ~ 10th Core™ CPU
Gen9/9.5 GPU
Intel HD (P)6xx-(P)5xx
DX12
72EUs
EDRAM+
Iris™ Pro, Iris™

2019
Ice Lake
Intel® 10th Core™ CPU
Gen11 GPU
Intel HD G7-G1
DX12
64EUs
EDRAM+
Iris™ Pro, Iris™

2020
Tiger Lake
Intel® 11th Core™ CPU
Gen12
Intel® HD Gx-(P)7x0
DX12
96EUs
EDRAM+
Iris™ Pro, Iris™, Xe™

2022
Alder Lake
Intel® 12th Core™ CPU
Xe-LP GPU
Intel® Xe™ GFX
DX12.1
96EUs
EDRAM+
Xe™

图 2-5　英特尔 GPU 进化历程

Xe 架构的高度可扩展性让它能够针对不同市场推出不同分支的架构和产品，有从面向高性能计算市场（High Performance Computing）的 Xe-HPC，面向数据中心、AI 计算的 Xe-HP，到面向游戏玩家的 Xe-HPG，面向移动端的 Xe-LP 等多种类型的独立显卡产品线。关于独立显卡的部分这里不再赘述。

前面简要介绍了英特尔 GPU 的发展，这里再简单总结一下其命名规则，毕竟大家直接面对的都是 GPU 的具体型号。与英特尔酷睿 CPU 通过 i3、i5、i7、i9 表示不同的性能类似，英特尔 GPU 也通过 GT1、GT2、GT3 来表示性能的差异，而且 CPU 和搭配的 GPU 的性能是匹配的，高端 CPU 搭载高端 GPU。高端 GPU 为了增强性能，会通过增加 EDRAM 来增加整体的吞吐率，所以，在命名上会增加后缀 e 来标识本款 GPU 搭载了 EDRAM，例如 GT3e、GT4e。早期的 GPU 命名是通过高清图形（HD Graphics）加上四个数字表示的，例如 Sandy Bridge 的 HD Graphics 2000 显卡，而从第六代 Skylake 处理器开始使用了三位数字来表示，同时专业高端显卡使用了前缀 P 字母，例如 Skylake 的 P580 显卡。一般来说，GPU 的首位数字表示其架构，第二位的字母表示其性能，数字越大，性能越高。表 2-1 简单列举了英特尔 CPU 和集成显卡型号的对应关系。

表 2-1　英特尔 CPU 和集成显卡型号的对应关系

正式代号	发布日期	显卡架构代号	显卡型号
Tiger Lake	2020	Gen12	Intel Iris Xe Graphics
Ice Lake	2019	Gen11	Intel Iris Plus Graphics
Coffee Lake	2018	Gen9.5	Intel UHD Graphics 630
Kaby Lake	2017	Gen9.5	Intel HD Graphics 630
Skylake	2016	Gen9	Intel Iris Pro Graphics 580
Broadwell	2014	Gen8	Intel Iris Pro P6300
Haswell	2013	Gen7.5	Intel Iris Pro Graphics 5200
Ivy Bridge	2012	Gen7	Intel HD Graphics 4000
Sandy Bridge	2011	Gen6	Intel HD Graphics 2000 / 3000

2.4 本章小结

本章简要介绍了关于英特尔 GPU 的一些基本知识。例如，执行单元是英特尔 GPU 的核心计算单元，里面包含了强大的计算部件和寄存器组，用来保证数据的并行计算，英特尔通过切片和子切片来组织和管理执行单元，英特尔 GPU 的分级可以简单地通过执行单元的数量来进行衡量；视频处理的核心单元模块为 VDBox、VEBox 以及新加入的 SFC 模块等，视频处理的性能基本上和这些核心单元的数量以及主频有关系，在一些高端 GPU 中配备两个 VDBox 模块以及两个 VEBox 模块，这样它们编码的性能总体来说就是配备一个 VDBox 模块和一个 VEBox 模块的两倍，但是对于一路编码的性能是一致的，因为一路编码目前还不能分别在两个 VDBox 模块中进行，也许将来可以。所以，如果要衡量某个 GPU 的 3D 性能或者通用计算能力，就看执行单元的数量以及主频；如果要衡量 GPU 的视频处理能力，就看 VDBox 模块和 VEBox 模块的数量和主频。

CHAPTER 3

第3章

Media SDK 总览

通过前面对英特尔 GPU 架构的介绍，大家了解到英特尔 GPU 能够提供高性能、低功耗的视频加速处理功能，英特尔为这个功能起了一个通俗易懂的名字，叫作 Intel Quick Sync Video，简称 QSV 技术，翻译过来就是英特尔视频快速同步技术。QSV 也算是英特尔的一个品牌，它代表的是英特尔精心打造的运行在英特尔 GPU 里面的硬件视频加速处理技术，为了追求更好的编码质量以及兼容新的视频编码格式，部分功能运算也会用到英特尔 GPU 的通用执行单元。“快速同步”的含义可以理解为“从一种视频格式快速转换成另一种视频格式”，例如，将一个 DVD 或者蓝光光盘格式的视频数据转换到适合手机播放的格式。这种转码在视频专用领域非常重要，因为输入的视频源的格式千差万别，如果想在某台设备上播放，则必须把它转换成合适的格式。

既然硬件已经有了，那么要方便快捷地使用这些功能就需要软件的支持了。通常使用硬件加速处理功能的软件有两大类。一类是通用的框架，例如微软的基于 Windows 的 DirectX 系列标准；在 Linux 上的 VA-API；Khronos Group 组织推荐的统一的标准接口，例如 OpenCV、OpenCL、Vulcan 等；还有一些开源的软件框架使用得也非常广泛，例如 FFmpeg、GStreamer 等。这类软件架构的优势是屏蔽了硬件的差别，提供统一的编程接口架构，使得基于它们开发的程序可以方便地移植到其他硬件平台；与其对应的就是因为要兼容多个硬件平台，所以在效率上难免会损失一些。还有一类就是专用软件方案，只能运行在某个指定的硬件平台上，这就是本章要重点介绍的英特尔推出的开源并且免费的视频处理开发套件 Intel Media Software Development Kit，简称为 Intel Media SDK，它提供了基于英特尔 GPU 的视频加速功能的软件开发包，开发者可以基于 Media SDK 简洁高效的 API 开发出适合各类应用的解码、编码和视频图像处理等的视频应用程序。当然不管是通用统一的编程接口，还是英特尔推出的只适用于英特尔平台的 Media SDK，下层都是调用了英特尔 GPU 的驱动来完成对硬件资源的调用，它们之间的架构关系如图 3-1 所示。

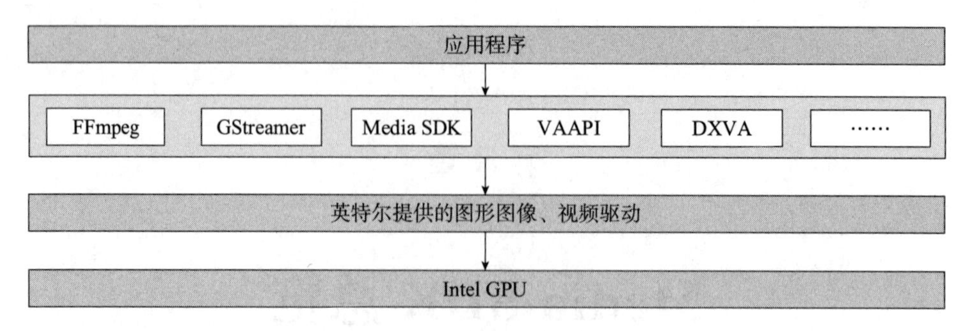

图 3-1 软件架构图

为了方便广大开发者能够快速便捷地使用 Media SDK 进行性能评估、测试、开发、优化、集成等，英特尔除了推出开发包，还提供了例程和教程供大家学习，本章就从理论方面入手，重点介绍 Media SDK 的设计理念、基本架构，内部运行和调度逻辑，以及基本的编程流程和方法，介绍其内部的逻辑关系和设计原则。

3.1 处理对象

本节首先介绍 Media SDK 处理的对象，再介绍其处理流程的设计理念，以及各个组成部分之间的关系，通过本节的介绍，相信读者会对 Media SDK 有一个整体认知。

在介绍 Media SDK 面向的对象之前，先来介绍一些多媒体文件的基本知识。通常来说，信息的主要载体是文字（字幕）、音频、视频等，而为了把这些信息通过人们能够理解的方式展现出来，就需要一些辅助信息，比如首先需要把同一个时间段发生的音频、视频以及文字等其他所有信息同时播放出来，就这需要一种信息来标记这个时间段的所有媒体数据，并且把它们整合在一起，然后再送到播放设备去进行播放，这种标记的信息类似于时间戳，也就是为每一类媒体数据都附上时间的信息，如果音频和视频的时间戳有问题，就会出现人说话的时候，只看到嘴在动，声音没有，等人说完话了才听到声音，会非常影响观看效果，另外，字幕与音频不同步也属于类似问题。

所以，为了把音频、视频、文字等一些信息按照其自然发生的状态组合在一起，人们创造了各种多媒体封装格式，就是根据实际需求把各类多媒体数据按照一定的顺序打包在一起，也可以形象化地描述为一个容器（container），把各类信息按照一定的顺序放到这个盒子里面，用的时候再按照需求一样一样拿出来就好了。打包的过程称为复用（multiplexing），使用的过程称为解复用（demultiplexing）。这类格式除了主体的音频、视频等信息外，还有很多辅助信息，例如前面介绍的时间戳、音频和视频的编码格式、尺寸、标题、作者信息、字幕文件等。面向不同的应用场景的容器封装的侧重点也不尽相同，面向本地播放的 mp4、mkv 文件，面向浏览器播放的 webm 文件等，某个具体格式的细节这里不再赘述。为了便于描述，一个完整的多媒体文件中的音频流和视频流称为基本流（Elementary Stream，ES），而负责这些信息管理的就称为系统流（System Stream），或者系统层（System Layer）。英特尔的 Media SDK 的处理对象是视频流的数据，原始未压缩的以及压缩后的，并不包含系统层的数据。

很多客户在刚开始接触到 Media SDK 的时候，首先关心的问题也是为什么不支持容器，因为使用 Media SDK 打不开常见的多媒体文件，例如 mp4 等。这是因为容器的种类千差万别，规范标准也是不停地更新发展，维护解析多种格式的工作量非常大，而且算力需求很小，所以作为一家硬件厂商，英特尔主要提供的是对算力要求较高的视频应用的加速处理能力，并不是播放器或者具体应用的开发，所以 Media SDK 支持最消耗计算资源的视频编解码和视频图像处理的部分，并不包含系统层以及音频流的处理等。

3.2　功能模块

从功能上讲，Media SDK 就是要实现视频数据的硬件加速处理，而主要的视频处理主要有编码、解码、视频图像处理等。视频编码（video encoding）和视频解码（video decoding）比较好理解，视频图像处理（video processing）通常指的是对视频图像序列中的每一幅图像进行处理，以达到提高压缩比、增强质量、方便显示等作用，针对编码以及解码过程，视频图像处理过程又可称为图像前处理（VideoPre-Processing）以及图像后处理（VideoPost-Processing），简称都是 VPP。所以 Media SDK 的三个核心功能模块就是编码、解码和视频图像处理 VPP。

除了核心功能模块，还有一些辅助功能模块，例如硬件类型的查询、访问；各个任务、线程之间的锁定、同步等功能模块。因为要使用英特尔 GPU 进行硬件加速视频处理，首先要做的工作就是找到英特尔 GPU，特别是在一些双显卡、多显卡的环境下尤其重要，同时作为 CPU 芯片的主要供应商，英特尔的 CPU 处理器也支持丰富的多媒体数据处理指令，例如多媒体扩展指令集（Multi-Media eXtension，MMX）、单指令多数据流扩展（Streaming SIMD Extension，SSE）、高级向量扩展指令集（Advanced Vector Extension，AVE）等，所以在一些英特尔 GPU 硬件不支持的情况下，Media SDK 还支持在英特尔 CPU 上运行所有的核心功能，所以，就需要一种机制来定向到某个具体的硬件，这就是硬件类型的查询、访问功能的意义。

其他的例如多任务、多线程的锁定、同步等功能模块基本上是软件开发包必备的基本功能，在工作流中再进行介绍，这里还需要介绍的就是 Media SDK 对扩展功能的支持。很多具备较强研发能力的开发者则希望在实现中加入自己的算法，并且得到硬件加速的支持，这样就对开发包的扩展能力提出了较高的要求，为了满足这部分开发者的需求，Media SDK 专门加入了对客户自定义算法的支持，例如较常见的运动估计算法的支持等，具体实现可以采用插件的方式。所以总结下来，Media SDK 支持三类功能模块：

- 功能类功能模块，包括视频解码、视频编码、视频图像处理。
- 辅助类功能模块，例如硬件接口的查询、访问、多线程、任务的同步等。
- 扩展类功能模块，包括各种插件、用户自定义的函数实现等。

3.3 API 设计

鉴于 Media SDK 是偏向底层的面向开发者提供二次开发的软件套件，所以 Media SDK 主要提供了 C 语言的编程接口 API 的定义，同时为了配合广大开发者，也提供了 C＋＋语言的编程接口 API 的定义，其中核心功能模块的 C 语言和 C＋＋语言的接口定义分别在 mfxvideo.h 文件和 mfxvideo＋＋.h 文件中，其他 API 定义在开发包的 include 文件夹下面，请开发者自行查看，可以在这两种语言中选择一种来开发自己的产品。

在命名上，C 语言的每个函数接口都使用了相同的前缀 MFX，代表 Multi-Format Codec，接下来就是其核心功能模块的类别以及其具体函数的功能，例如异步解码函数的命名如图 3-2 所示。

MFXVideoDECODE_DecodeFrameAsync

前缀 领域 核心功能 具体名字

图 3-2 函数命名规则

而对于 C＋＋语言，主要通过定义各种类来实现，使用了相同的前缀 MFX，例如核心功能类的定义如表 3-1 所示。

表 3-1 视频核心处理类

类名	用途
MFXVideoDECODE	解码类
MFXVideoENCODE	编码类
MFXVideoVPP	视频图像处理类
MFXVideoENC	用于编码过程中的码率控制、运动估算、帧间预测、模式抉择的类
MFXVideoPAK	用于编码过程中的运动补偿、前向量化、像素重构、熵编码

同时为了配合异步操作的核心函数实现，Media SDK 定义了大量状态码（status code）作为交互的桥梁来反映当前处理的状态。状态码能完美地展示某个具体任务在当前硬件中运行的状态，可以看作硬件为自己开的一扇窗，合理利用状态码能够使我们了解和解决当前硬件运行时遇到的问题，保证系统健壮稳定地运行。状态码的定义在 mfxdefs.h 文件

中。同时 mfxdefs.h 文件里也定义了专属于自己的变量类型，建议大家不要使用 C 语言或者 C++语言的原生变量类型，而是直接使用 Media SDK 定义的变量类型，这样可以保证在 32 位平台或者 64 位平台上无缝切换。与 C、C++语言一致，大写的字母 U 表示无符号数，大写的字母 I 表示有符号数。

3.4　软件架构

总体来说，Media SDK 开发包秉承了目前较流行的管线化（pipeline）的异步架构设计理念，每个功能模块就好比这条管道上的一个节点，视频数据作为被处理的对象依次流过每个节点，流过每个节点之后就完成了对应的操作，最后得到了期望的数据，而用户只需要配置一些简单的参数就可以驱动整个功能模块运行，这样既考虑了功能性，也兼顾了扩展的鲁棒性。举个例子，如果把 Media SDK 开发包比作一条高速公路，实现核心功能的模块就好像高速公路上一个接一个的收费站，而数据缓冲区则作为一个个并排的车道连接着各个收费站，而具体的某路视频流的图像数据就好像一辆辆车按照既定方向行驶在这条公路上，从某个地方出发依次通过这些收费站之后到达终点，而这些车辆需要做的事情，是确定自己的车辆参数，例如是小客车，还是大卡车等，然后就是确定好方向，之后开足马力向前冲就好了。

虽然视频流处理的核心功能简单直接，但是实际应用还是很复杂的，有解码一路的，有编码多路的，也有的是解码多路，合成一路再编码的，等等，所以，为了管理好纷繁复杂的视频处理任务，Media SDK 引入了几个重要概念：异步流水线、会话（session）、分配器（dispatcher）、帧缓存等。下面分别介绍这些概念。

3.4.1　会话

会话的概念常用于通信协议以及网络应用，用于描述一次交谈以及建立交谈所需要的数据，一个会话周期通常包括会话的创建、初始化、事务处理以及结束等。在 Media SDK 里，会话用来描述一路视频处理管线任务，并为视频处理流水线存储所需要的数据，以及维护上下文环境、任务调度等。在单个会话的内部，Media SDK 会自动创建多个线程，形成一个线程池（thread pool），而多个线程同时工作在英特尔的 GPU 上，这样就不可避免地造成线程之间的干扰，所以 Media SDK 设计了服务于多个并行处理架构的逻辑单元。

- 调度器（scheduler）模块主要负责线程管理、任务分配以及资源调度等。为异步操作管理任务之间的依赖关系和优先级，并负责同步以及在查询同步点时报告状态。调度器对外部程序是透明的，外部程序不需要关心调度器如何工作。
- 线程池模块从会话初始化开始创建来避免线程创建的开销。
- 内存管理核心（memory management core）负责会话的内存分配、共享、映射及访问等，旨在管理通过 CPU 和 GPU 的内存分配、内存复制的最小化、快速复制操作

以及原子锁 / 解锁操作等内存访问操作以期待获得最高的性能。它支持 Media SDK 内部默认实现的以及外部实现的（例如应用程序传入）帧缓存分配器和显卡设备管理器。

为了对视频核心处理功能进行细粒度的管理，Media SDK 规定在一个会话中每个核心功能的一个实例，也就是说各个视频操作核心类在同一个会话中只有出现一次，所以，会话的 mfxSession 数据结构体中为每个视频操作类只定义了一个指向该类对象的 unique_ptr 指针的成员。而会话内部的数据流动通过缓存来实现，数据的正确性通过同步点来确认，基于 CPU 的软件实现和基于 GPU 的硬件实现管线可以同时存在，这可以平衡 GPU 和 CPU 的使用，以获得更高的吞吐量。由于在最新的平台中加入了 SFC（Scalable Format Converter）模块，这样某些应用可以在一个会话中实现一个解码、编码、SFC 和 VPP。具体细节后面的章节中会继续介绍。

在实际的视频应用中，很多场景都需要复杂的视频处理组合，例如视频会议场景，为了适应网络带宽的影响，从网络摄像头出来的编码数据经过一路解码后，要编码成多路不同分辨率的视频流送出，在这种情况下，Media SDK 的单会话功能就不够用了，需要创建多个会话来实现，也就是所说的多会话场景。多会话指的是多个管线的工作负载需要同步运行，这样为了避免重复每个会话所需的资源，就需要进行一个多会话之间的资源共享、整体协调调度的机制来整体分配调度具体执行的任务，从而达到提升并行度、提高系统吞吐率的目标。

在多会话场景下，Media SDK 仿照 C++类的管理思想制定了一套机制来管理多个会话。首先，不同的会话可以通过耦合（Join）或者克隆（Clone）的方法联合在一起，而且联合在一起的一组会话会有父会话和子会话两种角色，其中父会话只有一个，通常是第一个创建的会话，子会话可以有多个。会话之间会创建连接，共享资源。子会话统一由父会话的任务调度器来管理操作线程和调度任务，子会话的调度器会被移除，但是每个会话会有自己独立的硬件加速管理器和缓冲区 / 帧分配器。在图 3-3 所示的联合会话的架构中，父会话（Parent Session）框里有完整的会话管理模块和结构，而在子会话（Child session）框里，整个任务调度器（包括线程池和任务队列）被移除。也就是说子会话线程都在父会话调度程序的控制之下，所有子会话调度程序的请求都被转发，同时父会话还会检查子会话和父会话之间以及子会话之间的依赖性以及一致性，保证各个会话能够有条理、连贯地运行。

不管是通过耦合的方式还是克隆的方式联合的多会话实现方式，都通过线程池的共享降低了多线程创建和维护的开销，对于提升 CPU 的性能最明显，而对于硬件会话的好处则相对没有那么明显。而且在某些情况下，会话的耦合可以减少总体内存的占用量。另外，父会话和子会话之间的关系可以通过优先级设置进行细粒度的调整，但通常这对性能来说影像并不大。当任务结束之后，在关闭父会话之前，必须解耦（disjoin）所有子会话，并在关闭所有子会话之后再关闭父会话。

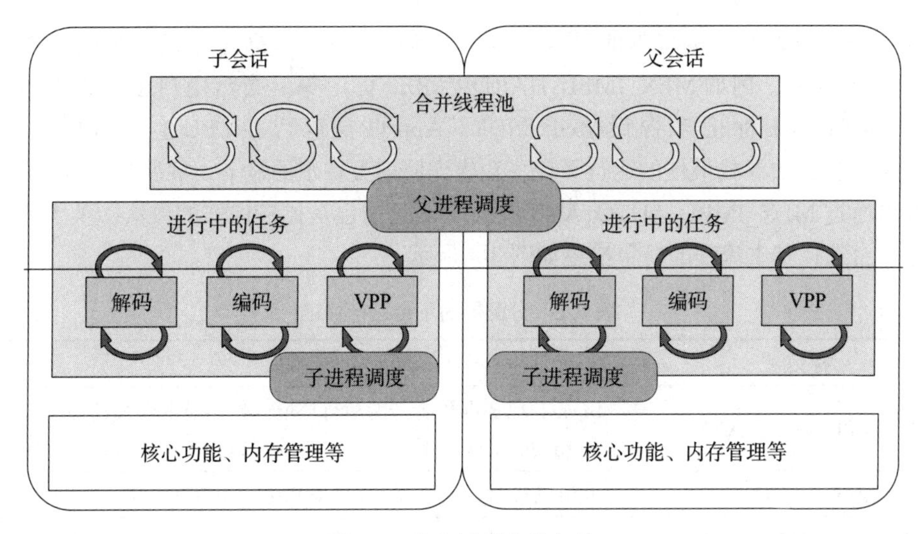

图 3-3　多会话联合的架构

3.4.2　分配器

通过上文介绍可知，会话是用来管理具体要执行的任务的，而在哪个硬件上运行，在哪个软件框架下运行则是分配器（dispatcher）的职责了。分配器是应用程序调用视频处理核心功能模块的入口点，它会根据应用程序的设置选择合适的硬件平台，并负责检测、链接和加载对应的链接库在当前的系统下来实现相应的功能，所以，分配器也是 Media SDK 实现硬件与软件实现切换的控制者。

运行在不同平台的实现有不同的特点。运行在英特尔的 CPU 平台上的软件实现的好处是方便灵活，开发者可以自由地添加各种实现，但是效率不高；而运行在英特尔的 GPU 平台上的硬件实现的特点是效率高，并且功耗低，但是扩展性一般，只能处理某些固定的标准，而且出于系统稳定性的考虑，在 GPU 的硬件出问题的时候，整个系统还可以流畅地运行在 CPU 平台上。

除了定向到指定的硬件平台，链接到指定的软件框架之外，分配器还需要定向到 API 的版本，因为 Media SDK 经过十多年的发展，每一次发布的 API 实现都会有所增减，所以最好的方法是指定最低版本，然后 Media SDK 自己会去匹配到最佳的 API 版本的实现。通过 Media SDK 提供的标记来说明分配器是如何工作的，部分标记的释义如表 3-2 所示，IMPL 来源于 Implementation（实现）这个单词，而且各个类型之间可以通过“或”操作进行组合。

在应用程序初始化一个视频处理应用的时候，会通过表中的标记来告诉 Media SDK 它所期待的处理的运行方式，Media SDK 就会通过分配器机制静态地链接到适合需求的平台实现。如果当前机器已经包含了英特尔的集成显卡 iGPU 或者独立显卡 dGPU，并且安装了对应的显卡驱动程序，那么通过 MFX_IMPL_HARDWARE 标记 Media SDK 的分配器就会找到合适的访问硬件的方法，包含各种链接库，这样就可以使用硬件加速功能了。如果在多显卡的情况下，并且英特尔的显卡不是主显卡时，也可以通过标记来明确地告诉系统要使用哪块显卡，例如 MFX_IMPL_HARDWARE2 标记等。当然用户也可以通过 MFX_IMPL_SOFTWARE 标记来告诉 Media SDK，App 想要运行在 CPU 上。如果客户想让 Media SDK 自己去寻找最佳的运行平台，会优先使用英特尔的显卡，然后是英特尔的 CPU，那么可以通过 MFX_IMPL_AUTO_ANY 标记，而且这也是比较保守的方法，至少程序不会崩溃。平台选择基本流程的简单描述如图 3-4 所示。

表 3-2 分配器的平台运行标记

标记	释义
MFX_IMPL_AUTO_ANY	SDK 自己去匹配合适的运行环境，包括显卡以及各种加速卡，甚至是 Media SDK 的软件库上，查找可以指支持的 Media SDK 实现
MFX_IMPL_AUTO	此值已过时，建议改用 MFX_IMPL_AUTO_ANY
MFX_IMPL_HARDWARE_ANY	SDK 自己去匹配合适的运行环境，包括显卡以及各种加速卡，查找可以支持的硬件加速实现
MFX_IMPL_HARDWARE2	使用硬件加速实现在显卡的第二个设备
MFX_IMPL_HARDWARE3	使用硬件加速实现在显卡的第三个设备
MFX_IMPL_HARDWARE4	使用硬件加速实现在显卡的第四个设备
MFX_IMPL_SOFTWARE	使用基于 CPU 的实现方式
MFX_IMPL_HARDWARE	在默认的英特尔显卡设备上使用硬件加速的实现方式
MFX_IMPL_RUNTIME	这个标记不能在会话初始化的时候作为输入参数使用 它只是有可能被 MFXQueryIMPL( ) 函数作为返回值返回给应用程序，表示当前的会话被初始化为 run-time 模式（表示运行的时候再决定）
MFX_IMPL_UNSUPPORTED	一般作为返回值使用 表示不满足应用程序的运行条件，例如没有英特尔的硬件等

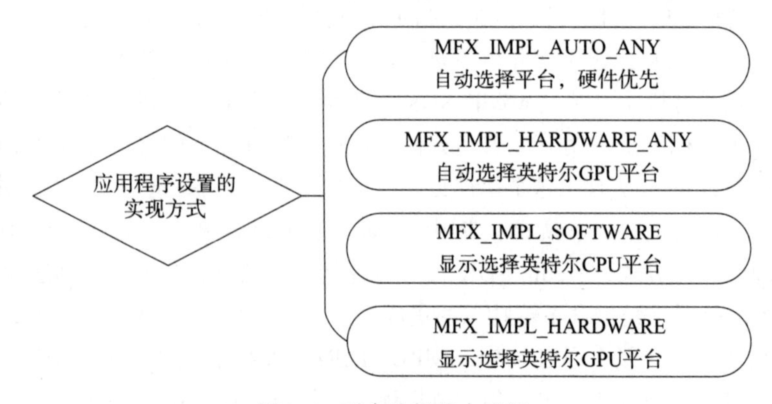

图 3-4 平台选择基本流程

为了更好地利用操作系统提供的接口或者资源管理，Media SDK 也制定了针对不同操作系统的标记。有针对 Windows 的 D3Dx 系列，也有针对 Linux 的 VA-API 等，如表 3-3 所示。

表 3-3 分配器的操作系统运行标记

标记	释义
MFX_IMPL_VIA_D3D9	在 Windows 操作系统上使用基于微软的 D3D9 架构
MFX_IMPL_VIA_D3D11	在 Windows 操作系统上使用基于微软的 D3D11 架构
MFX_IMPL_VIA_VAAPI	在 Linux 操作系统上使用基于开源架构的 VA-API 架构
MFX_IMPL_VIA_ANY	硬件加速可以通过任何受支持的操作系统基础架构实现。这是默认值，如果应用程序未指定 MFX_IMPL_VIA_xxx 标志，则 SDK 将使用它

由上面的介绍可知，分配器会根据当前系统的配置以及应用程序的实际需求来把具体的实现链接到合适的库函数，并最终运行到合适的硬件平台上。实现过程也非常简单，但是为了稳定实现，大家每次在初始化应用之前还是要先去查询一下当前系统的配置和 API 的版本，这样会使得我们的程序更加稳定。

3.4.3 数据缓存

内存管理一直是多媒体处理中的核心部分，内存管理的设计目的是使各个模块能够高效地并行计算，减少模块与模块之间的内存复制，提高系统整体的性能。本节首先介绍 Media SDK 所支持的缓存类型，然后介绍内置的缓存机制，再给出缓存池的设计，最后给出建议。

首先我们从两方面来介绍缓存，一方面是缓存的存放位置，另一方面是缓存中保存的内容。从图像数据缓存保存的地方来看，系统有两类内存可以用，一类称之为系统缓存（system memory），主要是为系统中各类应用使用的，也是 CPU 能够访问的内存地址空间；另一类称之为视频缓存（video memory），主要是为运行在显卡上面的应用准备的，是 GPU 能够访问的。视频缓存对于不同的显卡有着不同的含义，独立显卡 dGPU 提供片上的缓存，对于显卡的计算资源单元来说，容量大，访问速度快，适合显卡的计算特点。而对于集成显卡 iGPU 而言，虽然没有片上的缓存，但是我们可以把内存预留出一块分配给显卡来使用，就好像独立显卡的片上内存一样。

从存放的视频图像数据特点来说，编解码一般有两类数据需要缓存，一类是针对图像的缓存，用来存放解码或者编码前的完整的 YUV 图像，对于 VPP 的输入和输出则都是图像的缓存，因为一个图像是二维的，就好像一个平面，所以对于保存图像的缓存，我们采用一个形象的名字——表面（surface），但是为了用中文更直观地表示，同时，在编解码里面，我们一般称图像为帧（frame），就叫作帧缓存。另一类缓存是用来存放解码前或者编码后的经过压缩处理的二进制比特流，也叫位流，这类缓存我们称为位流缓存。通常来说，位流缓存都是从系统缓存里分配的，因为：首先，视频图像数据被压缩后所占空间比较小；其次，经过压缩后的位流数据经常是为了通过网络发送到远端去，或者保存到磁盘上，也就是说需要提供给其他应用来处理。所以，常常需要在系统内存中分配。

而帧缓存的情况就比较复杂了，针对不同的应用需求，同一个应用的不同处理阶段都可以分配不同的缓存类型。例如，对于单独的编码器，输入的帧缓存最好在系统缓存中，因为需要从磁盘或者摄像头等应用程序中读入视频图像数据，分配到系统缓存就不需要进行数据复制了，而如果分配在视频缓存中，还需要做数据复制，这就会影响效率；但是如果是在会话的内部进行处理，例如，视频图像处理 VPP 再接编码的应用场景，就可以把编码的输入帧缓存和 VPP 输出的帧缓存都设置在视频缓存中，这样，就可以最大限度地利用 GPU 的算力，减少数据获取的延迟。图 3-5 所示为一路从磁盘读取图像数据，经过 VPP 处理之后，再送入编码器进行编码处理的帧缓存类型举例。所以，针对不同的需求，我们要仔细设计帧缓存的类型来获得比较好的效率。从编程的角度来说，Media SDK 通过每个编程阶段的 IOPattern 标记来为每个核心模块分配缓存类型，IOPattern 还分为输入模式（IOPATTERN_IN）和输出模式（IOPATTERN_OUT）。

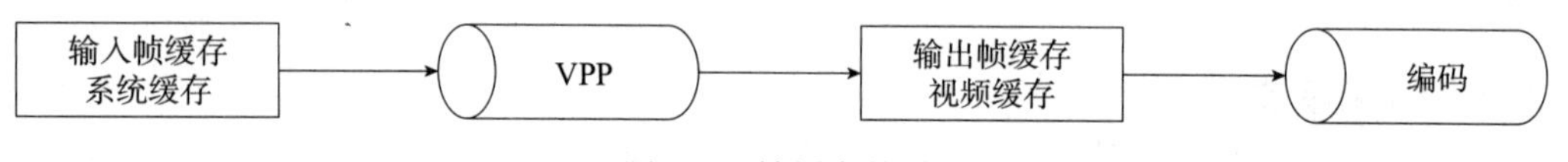

图 3-5　帧缓存管道

帧缓存锁机制的工作原理与其他锁实现非常相似。在内部，Media SDK 会话在使用帧缓存时会增加锁定计数，完成后会减少锁定计数。应用程序应考虑帧锁定时的限制。如果需要额外的锁监督，例如多线程使用，应用程序必须添加自己的附加锁状态管理。

3.4.4　异步流水线

Media SDK 的视频处理核心操作都支持异步架构，也就是说函数不需要等待实际操作完成再返回，通常在没有错误的情况下会直接返回，并设置同步点标记，在后续的操作中通过检测同步点的状态来判断真实的操作是否完成。Media SDK 主要支持的异步函数包括 MFXVideoDECODE_DecodeFrameAsync（解码）、MFXVideoVPP_RunFrameVPPAsync（图像处理）、MFXVideoENCODE_EncodeFrameAsync（编码），应用程序通过调用 MFXVideoCORE_SyncOperation 方法获得结果。注意，在操作成功完成之前，应用程序要确保不改变其输入的视频帧或者视频流以及参数，也不能访问其输出的视频帧或视频流。而且 Media SDK 还会根据异步函数的参数依赖关系，在程序运行时动态地构建出异步流水线，应用程序只需要把前一个视频异步处理函数的输出作为后一个视频异步处理函数的输入，Media SDK 就会根据输入输出参数帧缓存以及相应的参数自动构建出满足要求的最优流水线方案，而不需要显式调用同步函数 MFXVideoCORE_SyncOperation 来管理同步问题。这样的设计不但减少了开发的复杂度和难度，还在很大程度上提高了并发度，提升了整体性能。

所以，Media SDK 的流水线包含两个级别，一个是视频异步处理函数的内置流水线，另一个是不同的视频异步处理函数之间的流水线，所以，为了支持这两个级别的流水，就需要综合考虑所有流水的深度信息来统一创建帧缓存的数量。视频异步处理函数的内置流水线的深度可以通过参数 AsyncDepth 由应用程序指定，而帧缓存的数据量还与具体的编码格式有关，所以，Media SDK 在每类视频处理函数中都提供了一个函数用来确认当前操作需要多少个帧缓存的函数 QueryIOSurf。把连续几个视频操作的帧缓存数量相加就得到了最终应该分配的帧缓存的数量，这样在帧缓存的层面上就能够支撑 Media SDK 的流水线机制了。

帧缓存的数量确定以后，一般采用循环缓存池（bufferpool）来管理多个帧缓存的使用和释放。因为数量众多，大家熟知的乒乓缓存（ping-pangbuffer）在这里的效率就不高了，因为很多时候，我们需要多个缓存轮转，也就是所谓的循环缓存。Media SDK 在内部维护了一个缓存的列表，每次填充完一个帧缓存，会把这个缓存锁定，并把它送入视频处理管线，当这个帧缓存被处理完之后，再把它解锁返回到可用的缓存列表中，如图 3-6 所示。所以每次当有新的图像需要处理的时候，Media SDK 都会去检索当前未被锁定的帧缓存来填充图像。

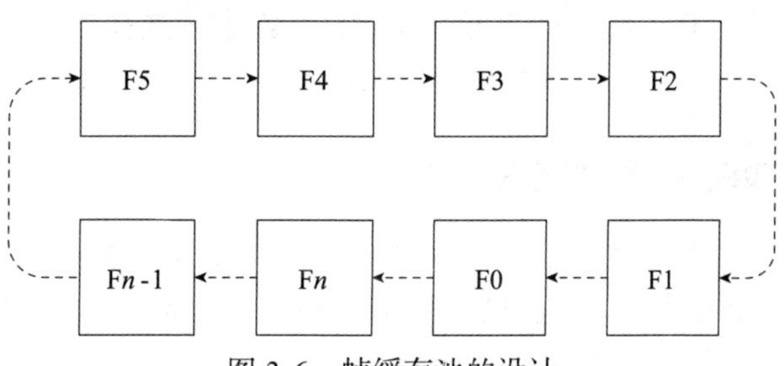

图 3-6　帧缓存池的设计

也正是因为 Media SDK 的内部的缓存机制，在开发中有一个容易被忽视的细节就是，在主循环处理结束之后，需要发送空的帧缓存指针到视频异步处理函数来把内部缓存的帧拿到，这个工作可以形象地比喻成把一根水管里面的水排空的操作。当用一个水管来接水的时候，一头连着水龙头，一头连接着水桶，当我们把水龙头关闭之后，水管里面还有一部分水，就需要我们把这部分水也排出来，当然对于一些网站应用，视频的最后几帧也可以丢掉了，那么这部分直接注销就可以了，但是对于一些存储引用，最后几帧也是需要保留的，为了确保系统的完整性，就需要一个排水的操作，英特尔定义它为 Drain，这个操作经常会被忘记。

总体说来，我们要开发视频处理的时候，想要得到极致的性能，对帧缓存进行精心设计和小心管理是必不可少的，同样，类似于指令的流水，增加帧缓存的个数，理论上会增加系统的吞吐率，提高处理的性能，但是同时也存在增加系统延迟的风险，所以，针对不同的应用场景，不同的需求，建议选择不同的帧缓存的数量以及不同的流水级数。对于一些对延迟不敏感，但是对编解码效率非常关注的视频编解码服务器之类的应用，就可以加大帧缓存的个数，特别是对于一些大尺寸的视频的效果明显，因为处理 4K、8K 的图像还是会消耗一定的时间的。某些对延迟特别敏感的应用，比如视频会议系统，对于整体编码能力的要求其实并不高，但是对延迟的敏感度很高，这时就可以降低流水的级数以及帧缓存的数量，每次送进来一帧数据，等待它完成之后再送入新的数据。尽管没有利用流水化的处理，但是对于分辨率不高，或者码率控制要求不高的场景，英特尔的硬件加速平台的处理速度已经完全能够满足需求了。

3.5　例程和教程概述

为了帮助广大开发者快速上手基于英特尔硬件平台的视频加速能力开发出自己独特的视频产品，在推出 Media SDK 的同时，英特尔还提供了例程（sample code）以及教程（tutorial）来帮助广大开发者快速熟悉英特尔平台的功能特点和使用。例程和教程都是通过 C＋＋语言开发的，不同的是例程的功能较完善，实现也比较复杂，要求不太高的客户可以直接拿来使用；而教程的功能则比较单一，但是完美展现了一个完成编码或者解码的实现过程，所以读者可以按照自身需求来选择参考哪个部分。教程以 sample 开头，例程则以 simple 开头，本节主要以例程为例进行介绍。

3.5.1　基本开发流程

为了简化实现过程，Media SDK 设计了一套简单实用的架构，不管是编码、解码还是 VPP，都遵循这个逻辑，具体过程请参考图 3-7，大致流程介绍如下：

1）创建会话（Session）。

2）根据当前平台和应用程序需求设置参数。

3）分配帧缓存和码流缓存。

4）执行具体的视频处理任务的主循环，并获取处理后的数据。

5）在没有更多的输入帧的情况下，运行辅循环把内部缓存的数据处理完，并获取处理后的数据。

6）在任务完成后释放资源，退出程序。

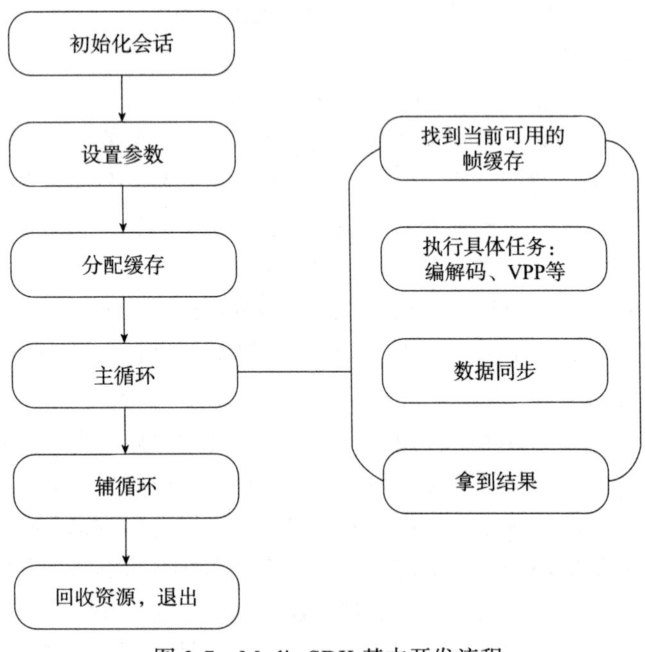

图 3-7　Media SDK 基本开发流程

对于编码和 VPP 的应用，基本上就可以遵循这个流程，解码的应用有些特殊，因为编码和 VPP 的参数在程序开始的时候就已经知道了，完全可控，可是解码的应用只有在解码了码流的头文件以后才能确定，所以要在设置参数前加上解码头信息的步骤，获得整个码流的参数之后，再进行主循环的解码。下面分别介绍几个核心功能模块。

3.5.2 解码过程

视频解码模块包含一系列核心函数，把视频压缩流转换为原始图像输出。解码的过程相对特殊，因为在解码头信息之前，码流的信息对于解码器是未知的，也就没有办法配置解码器的参数，所以，解码器要解码搜索序列头，比如 H.264 中的 NAL（Network Abstraction Layer）头、MPEG-2 中的起始序列头等，然后解码器跳过任何序列头之前的比特流，在序列头之后解码获得视频流的参数，其中包含用于编码后续视频帧的视频配置参数等，比如帧的宽、高、工具集（profile）、层次（level）等。在比特流中有多个序列头的情况下，解码将会采用新的配置参数，确保后续帧的正确解码。解码完头信息之后，所有解码所需要的信息都得到了，接下来就是配置参数，然后就可以进行解码了。常见的解码流程如图 3-8 所示。

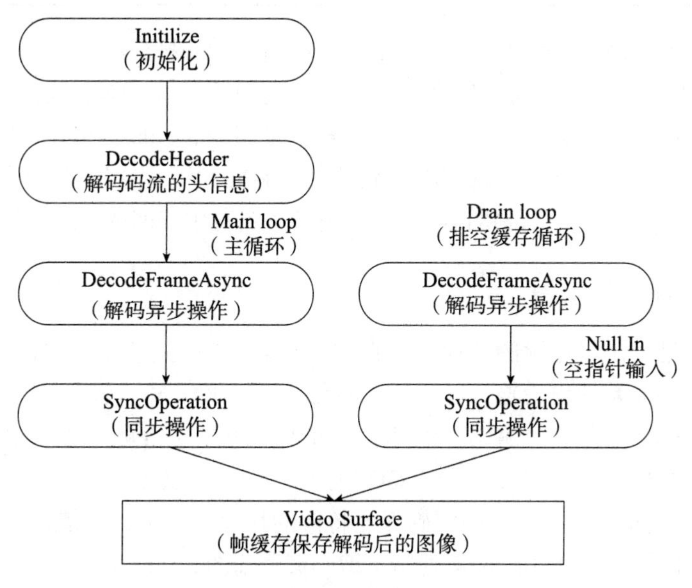

图 3-8 基础解码流程

按照上面的介绍，在异步模式下，解码需要两个循环，一个是有码流输入的主循环，用来解码队列中的码流；一个是没有输入的副循环，用来排空内部缓冲区中的数据。如果是同步模式，正如上面伪代码所示的，只需要一个循环即可。

常见的状态码

如果解码过程正常，会返回 MFX_ERR_NONE 状态码，标识没有任何异常。如果需要外部 App 进行协助，或者有错误的话，会返回一些状态码，通过这些状态码，我们会了解解码过程的状态。虽然这些状态码都是以错误（Error）来标识的，但不是所有的“错误”

都是真的错误，只是告诉你一些解码的状态。一些常见的状态含义如表 3-4 所示。

表 3-4　状态码释义

标记	释义
MFX_ERR_MORE_SURFACE	需要空的帧缓存来存放解码后的数据，应该是你输入的帧缓存被锁定了，所以解码器提示你需要一个空帧缓存
MFX_ERR_MORE_DATA	解码已读取到所提供的位流的末尾，输入的码流不足以解码一帧，需要 App 输入更多的码流数据
MFX_ERR_INCOMPATIBLE_VIDEO_PARAM	解码器检测到了当前码流中有跟已知设置不兼容的视频参数信息。这个错误通常是解析一个新的跟原来差别很大的序列头信息（SPS）导致的
MFX_WRN_VIDEO_PARAM_CHANGED	解码器解析到了一个新的序列头，解码器可以基于现有的缓存继续解码；当然，App 也可以选择通过调用 MFXVideoDECODE_GetVideoParam( ) 函数来重新获取视频参数

有些错误代码则表示常说的硬件内部逻辑发生了问题，需要重新初始化了，例如 MFX_WRN_DEVICE_BUSY 表示硬件设备忙碌，暂时无法无响应。通常情况下，这是一个正常的情况，因为硬件在干活，暂时无法接收外部指令，一般在很短的时间内就会恢复，但是如果过了很久还没有响应，就要考虑硬件真的有问题了。这里只是列举了一些常见的错误状态码，如果想要获取全部错误状态码，请参考英特尔官网的帮助文档。

3.5.3　编码过程

视频编码的过程是将连续的图像序列按照某种表去除冗余信息，编成二进制码流的过程。编码类函数将原始帧作为输入，并将其压缩成比特流。输入帧通常以一种称为图片组（GOP）序列的重复模式进行编码。例如，GOP 序列可以从 I 帧开始，然后是几个 B 帧、P 帧等。ENCODE 使用 MPEG-2 样式的 GOP 序列结构，可以指定序列的长度和两个关键帧（I 帧或 P 帧）之间的距离。GOP 序列确保比特流的片段不完全相互依赖。它还允许解码应用程序重新定位比特流。Media SDK 的基本编码流程如图 3-9 所示。

编码输出是一段二进制比特流（码流），没有时间戳的概念，如果要实现音频同步，应用程序必须自己提供多路复用的功能。编码器支持以下多种码率控制算法，例如，恒定码率（CBR）、可变码率（VBR），以及恒定量化参数（CQP）。在恒定码率模式下，当最小压缩帧的大小小于满足假设参考解码器（HRD）缓冲区要求所需的大小时，为了保持码率恒定，编码器会执行比特填充过程，就是在编码帧的末尾附加零。

编码状态码

与解码器一样，编码器也被实现为一个状态机，可以通过循环的方式多次调用编码器，在每次调用的过程中，编码器会通过状态码通知应用程序下一步需要什么。表 3-5 显示了编码器的一些常见状态 / 返回代码。

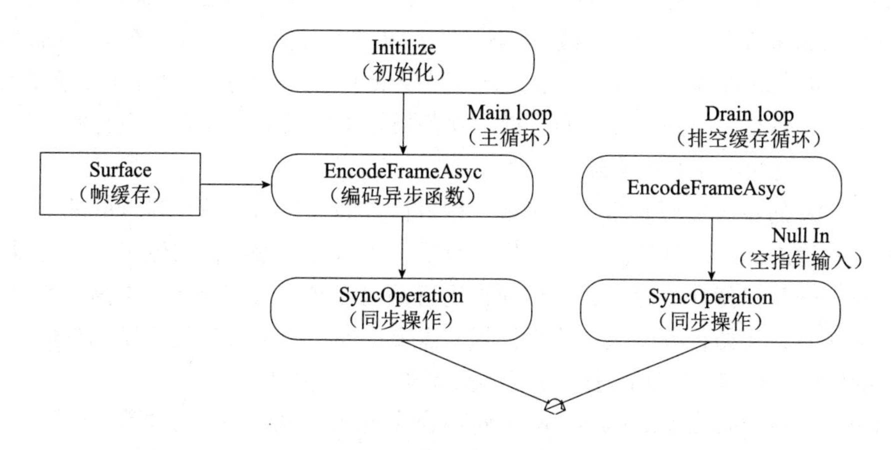

图 3-9 基础编码流程

表 3-5 编码状态码释义

标记	释义
MFX_ERR_MORE_DATA	标识需要更多的输入帧缓存数据才能继续编码过程
MFX_WRN_DEVICE_BUSY	标识硬件设备无法响应 这时正常操作的预期输出在很短的等待之后就会清除。但是，如果此状态持续超过几毫秒，可能表示有问题，需要应用程序 App 干预
MFX_ERR_NOT_ENOUGH_BUFFER	标识位流输出缓冲区不够大，无法包含所有编码后的数据，通常需要重新分配缓存
Other	其他错误代码可能是错误，请联系英特尔技术支持代表咨询更多相关信息

3.5.4 转码过程

一般来说，视频转码（video transcoding）是指将一个已经压缩编码的视频码流转换成另一个视频码流，同时可以改变视频标准、分辨率、码率等参数，以适应不同的网络带宽、不同的终端处理能力和不同的用户需求。所以，本质上转码就是一个先解码，再编码的过程，而且转换前后的码流可能遵循相同的视频编码标准，也可能不遵循相同的视频编码标准。例如，MPEG-2 主要用作电视上播放的内容，如果转到网络传输，就需要转成 H.264/AVC 来节省带宽。

从转码的具体实现角度来说，主要分为“全解全编”和“半解半编”，所谓的“全解全编”，指把要转码的视频流先完全解压缩成图像序列，然后再按照新的标准要求压缩编码成新的视频流。这种方法实现灵活，可以满足几乎所有转码的需求，因为其本身就是做了一遍解码和编码，但是计算复杂度较高。另一种方法不需要把每一帧图像都解码重构到图像，而是充分利用原来编码的系数，例如运动向量、DCT/量化的系数等，在解码的过程中直接编码成目标标准的视频流。这种方法的好处是降低了计算复杂度，增加了系统的吞吐率，降低了时延，效率高，但是存在误码扩散、视频质量下降较大等缺点，而且实现框架也不够成熟，能够适应的场景不够丰富。

Media SDK 的转码实现是基于"全解全编"模式的，因为英特尔显卡的编解码速度足够快，并且支持内部多线程的编解码操作，只要解码后的数据不需要输出，就可以把解码后的图像数据一直保持在缓存里面，后面再进行编码操作，效率就会非常高。所以，针对某些特定的场景，比如视频会议、流媒体等，需要把同一个采集后的视频流分成多个分辨率、帧率的码流，再编码发送出去，或者存储起来，效率都是非常高的。

转码例程（sample_multi_transcode）使用命令行可以快速评估英特尔平台的 QSV 能力，而且它可以评估多种能力。跟其他的可执行例程一样，通过"-？"可以获得完整的参数列表。因为命令行有时候会比较复杂，所以我们使用一个文本文件来保存命令行，这个文本文件使用扩展名 par 来标识。转码例程读取保存在 par 文件中的参数，来执行具体的任务。par 文件里面的每一行表示一个具体的任务。par 文件不仅能构造出单路视频流的简单编码、解码、转码业务，还可以构造出丰富的多路视频操作的业务逻辑。

3.5.5　视频图像处理

本节介绍 Media SDK 的视频图像处理（VPP）功能。首先，我们不区分前处理和后处理，统一使用 VPP 来描述。其次，VPP 的处理对象主要是静态的视频图像数据，例如，解码重构后的图像以及编码前的图像等。而 VPP 实现的功能也是随着实际需求不断地发展演进的，目前的主要功能包括去噪（de-noise），颜色空间转换（Color Space Convert，CSC），反交织（de-interlace），裁剪（crop），合成（composition），缩放（scale），调整帧率（frame rate conversion），反电视电影（inverse telecine），场交织（fields weaving），场分离（fields splitting），图像细节和边缘增强（picture details/edges enhancement），调整亮度（brightness）、对比度（contrast）、饱和度（saturation）、色调（hue），图像防抖（image stabilization）以及图像结构检测（picture structure detection）等。每一个版本的推出都会对功能进行增强，具体功能列表请参考发行说明（release note）。

每一个小的领域，也有很多细分算法可以选择，因为不同算法的精度和复杂度不尽相同，开发者的需求也不尽相同，同时不同的应用需要的功能也不尽相同，不是每一个功能都需要使能，这就需要一个方便管理使能又能最大化地利用硬件加速特性的机制。针对这些需求，Media SDK 秉承了一贯的设计思想——充分利用英特尔显卡的异构计算架构，采用管线式的处理方式，将每一个小的逻辑功能模块都设计成一个相对独立的模块，可以单独开启或者关闭（bypass），而且 VPP 模块的处理对象都是 YUV/RGB 格式的图像数据，只有一个模块把当前图像数据中的每一个像素都处理完了，才能进入下一个模块，如图 3-10 所示，每一个逻辑功能模块又可以形象地称为“过滤器（filter）”，这样，Media SDK 设计的 VPP 实际的处理过程是一个带有许多单一功能函数过滤器的链式操作。

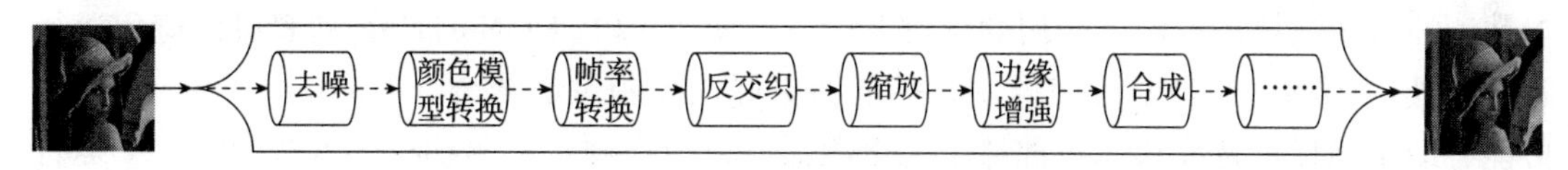

图 3-10 VPP 的逻辑功能管线

针对比较常用的某些功能，VPP 里面定义了一些基础的过滤器。这些过滤器存在于所有版本的 Media SDK 中。然而，基于硬件生成、操作系统和驱动程序版本的组合，底层算法和功能可能会有所不同。建议使用查询机制来确定运行时所涵盖内容的细节。这类过滤器称作强制（mandatory）的过滤器，因为从编程开发的角度，这些过滤是必须存在的，然后从理解上来说，基础过滤器更加便于理解，一些常用的基础过滤器如表 3-6 所示。另外，有些功能相对来说不是很常用，并且这些功能也不一定适用于所有系统，VPP 定义它们为可选（secondary/hint）过滤器，如表 3-7 所示。在编程开发上，需要通过在 VPP 初始化时将扩展参数缓冲区附加到 VPP 参数来激活。有时候，软件实现也许不可用，所以应该在运行时添加检查，以确定这些特性是否存在。

表 3-6 基础过滤器（强制过滤器）

VPP 过滤器	校验的参数	描述
图像格式转换	ColorFourCC, ChromaFormat	图像格式的转化，通常针对帧缓存的图像数据
去隔行扫描 / 转电视格式为电影格式	PicStruct	把隔行扫描的片源转换成逐行扫描的图像
缩放 / 裁剪	Width, Height, Crop {X, Y, W, H}	通过缩放裁剪等方法改变输入图像的尺寸
帧率准换	FrameRateExtN, FrameRateExtD	通过简单的掉帧、重复帧等方法来转换帧率

表 3-7 可选过滤器

VPP 过滤器	配置的标记	描述
合成	MFX_EXTBUFF_VPP_COMPOSITE	使用 Blending 技术把多张图片叠加在一起
去噪	MFX_EXTBUFF_VPP_DENOISE	移除图像背景噪声，与 H.264/H.265 里面使用的去块滤波器不同
细节增强	MFX_EXTBUFF_VPP_DETAIL	提高图像对比度
综合处理	MFX_EXTBUFF_VPP_PROCAMP	调整图像的亮度、对比度、饱和度、色度等设置

在具体实现中，可以通过 USE/DONOTUSE 列表来把算法标识数组作为附加信息传递给 VPP 初始化过程。VPP_DONOTUSE 列表对于性能优化是非常重要的。在某些情况下，某些默认的算法可能会被执行，即使它不是特别请求的。例如，即使没有配置附加的扩展参数，细节增强算法也可以使用默认设置运行。使用 VPP_DONOTUSE 列表可以避免运行冗余的处理步骤。这种配置使开发人员能够更好地控制过滤器链。类似地，VPP_DOUSE 可能有助于确保可选模块（过滤器）完全激活，以便在硬件和驱动程序支持的情况下运行各个模块（过滤器）。

3.5.6 例程的使用

目前的例程还仅仅提供基于命令行的操作模式，因为 Media SDK 提供的是软件开发包，所以就没有提供额外的可视化的界面。本节介绍例程的基本使用规则以及部分主要参数的含义。

例程经过编译之后会生成几个独立的可执行程序，程序的命名都是由 sample 开始的，然后是对应功能的名字，例如解码（sample_decode）、编码（sample_encode）、转码（sample_multi_transcode）以及视频图像处理（sample_vpp）等，在最新发布的 Media SDK 上又多了一个 sample_camera 例程，是专门针对摄像头应用的。每个例程运行的命令行都大同小异，最基本的命令行如下所示：

```
sample_xxx<codecid> [<options>] -i InputBitstream -o OutputFrames
```

sample_xxx 表示上述的几个例程；<codecid> 表示编解码标准，目前主要支持 h264|h265|vc1 等；-i 表示输入文件的完整路径名；-o 表示输出文件的完整路径名；[<options>] 表示可选的参数。表 3-8 列出了一些常用的基础参数。

表 3-8 基础参数列表

参数	说明
[-?]	打印帮助信息
[-i]	输入文件完整路径名
[-o]	输出文件完整路径名
[-hw]	启用 GPU 硬件加速（默认配置）
[-sw]	使用软件实现，运行在 CPU 上
[-dGfx]	优先运行在独立显卡上
[-iGfx]	优先运行在集成显卡上
[-f]	帧率
[-async]	异步缓存的深度信，默认值为 4，取值范围为 1～20

（续）

参数	说明
<codecid>	h264|mpeg2|vc1|mvc|jpeg|vp9|h265|vp9|capture
[-u usage]	目标用途，主要用于编码器，默认值为 4，可选值为 1～7

实际应用示例如下：

```
sample_decode h264 -hw -iGfx -i InputBitstream.h264 -o OutputFrames.yuv
```

其中需要重点说明的是表 3-8 中 -U 这个参数，为了适应不同的客户对性能和质量的需求，Media SDK 也设计了不同的实现方式，有速度优先的，有质量优先的，通过参数目标用途（Target Usage，TU）来定义。这些实现方式被预先分成了 7 个级别，开发人员不需要理解和管理多个参数之间的相互关系。其中，TU1 表示最佳质量，TU7 表示最佳速度，默认的 TU4 为折中级别，如图 3-11 所示。

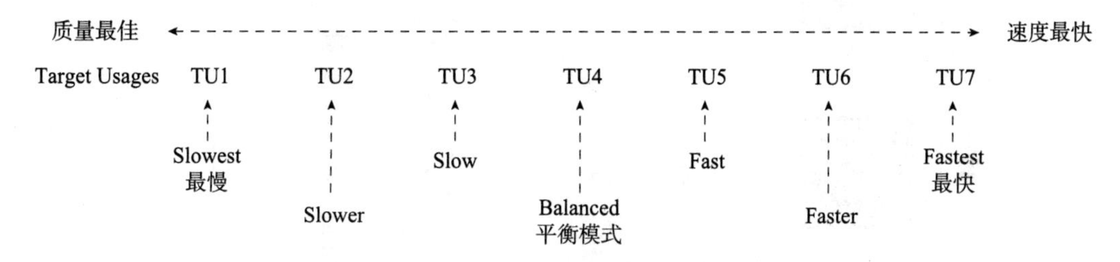

图 3-11 目标用途 TU 级别

不同的编解码器有不同的参数分组，并且 TU 的实现具体的硬件平台和驱动程序版本有所不同，不过开发者不需要关注这些信息，只需要按照需求使用即可。

3.6 新一代开发套件 OneVPL

作为 Media SDK 的继任者，视频处理库 OneVPL 提供了用于视频解码、编码和视频图像处理的编程接口，用于在 CPU、GPU 以及其他硬件模块上构建便携式视频处理管线。OneVPL 具有后向兼容和跨平台的特性，可确保在当前的硬件平台以及英特尔未来发布的硬件平台上都可以高性能地执行，而无须更改代码实现。同时也将完美地支持英特尔的集成显卡和独立显卡，并且努力做到显卡间的零拷贝缓冲区的 API 原语实现，是广大以视频处理为核心的负载实现（例如视频分析工作站，视频处理服务器等）的首要选择。同时作为英特尔 Media SDK 的继任者，OneVPL 完美兼容 Media SDK，使用 Media SDK 开发应用程序的用户无须修改代码，当然一些老的算法支持也会从 OneVPL 中被拿掉，如果你开发 OneVPL 程序时遇到了问题，请及时联系英特尔的技术支持团队，它们将快速帮助你解决问题。OneVPL 相比于 Media SDK 提供了很多新的功能，总结如下：

- 统一的编程模型可以运行在英特尔众多的硬件平台上，例如 CPU、GPU、FPGA 等。
- 任务会更加灵活地分配到多个硬件设备上，提供了更好的易用性。
- 简化解码器的初始化过程。
- 增加新的内存管理和组件（会话）互操作性。
- 核心功能依旧不变，依然只面向视频处理应用。
- 后向兼容旧的平台，旧的开发包，同时又适配于新的平台。

随着英特尔平台的增多，特别是独立显卡的引入，如何增强单一负载的能力就会成为优化的关键，原来的 Media SDK 在具有多个视频处理引擎的情况下，可以把多个独立的视频处理任务分派到不同的硬件设备上，如图 3-12 所示，这样两路流可以并行计算，提高了效率。

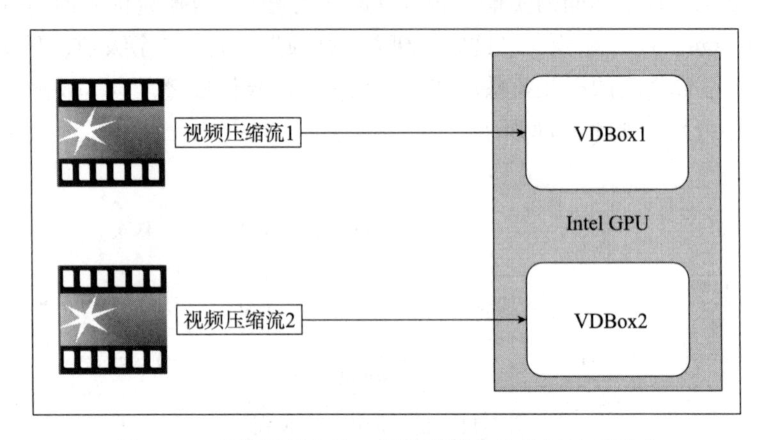

图 3-12　多路视频在单一视频引擎内的并行处理模式

现在我们有了独立显卡，那么我们依然可以通过这种方式把不同的独立视频流发送到集成显卡和独立显卡上，如图 3-13 所示。

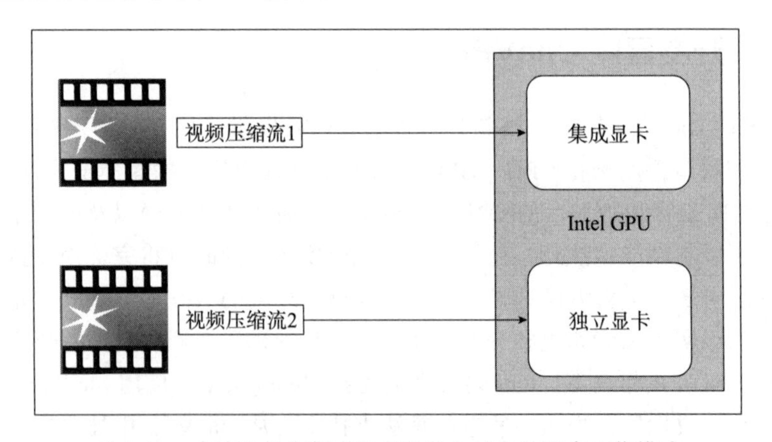

图 3-13　多路视频在集成显卡和独立显卡的混合工作模式

如果只有一路流，我们该怎么分配呢？如果只让一个硬件工作，其他的休息，就造成了性能的浪费，所以，针对单路工作流的情况，VPL 给出了答案，如图 3-14 所示，这样一路视频流就可以分成多个不相干的任务，效率粗略估计可以提升一倍。

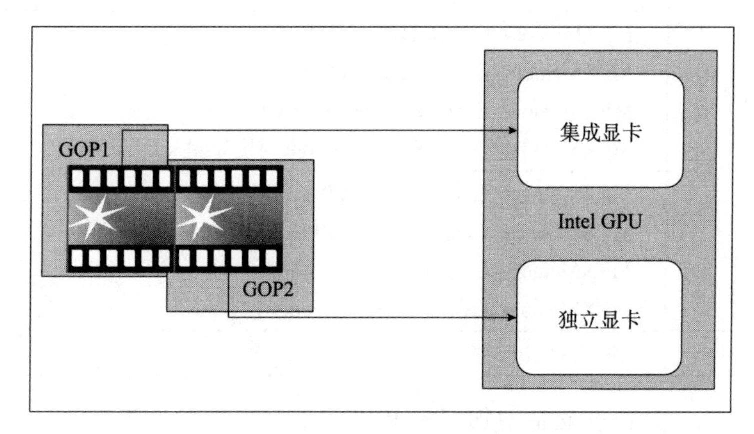

图 3-14 一路视频在集成显卡和独立显卡的混合工作模式

OneVPL 的整体架构与 Media SDK 还是保持一致的，如图 3-15 所示。

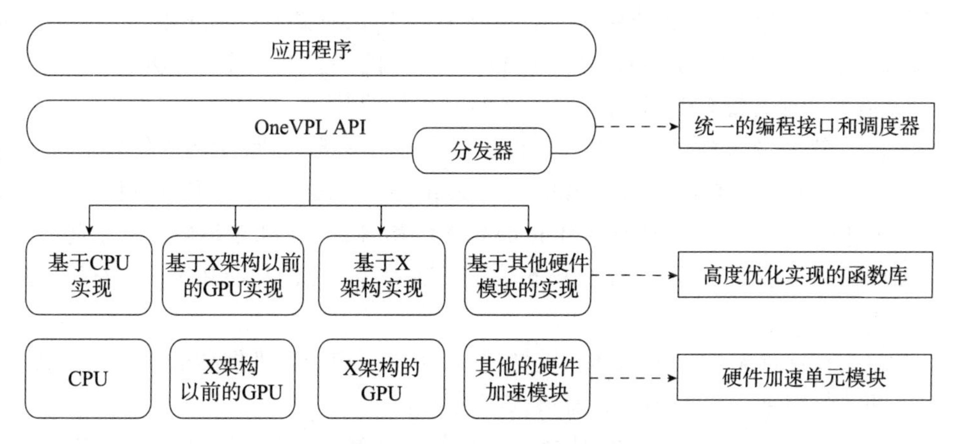

图 3-15 OneVPL 整体架构图

函数的命名也保持了原有的风格，目前定义的函数如表 3-9 所示。

表 3-9 OneVPL 新增加的 API 列表

函数类型	函数名
调度函数	MFXLoad( ) MFXUnload( ) MFXCreateConfig( ) MFXSetConfigFilterProperty( ) MFXEnumImplementations( ) MFXCreateSession( ) MFXDispReleaseImplDescription( )

（续）

函数类型	函数名
内存管理函数	MFXMemory_GetSurfaceForVPP( ) MFXMemory_GetSurfaceForVPPOut( ) MFXMemory_GetSurfaceForEncode( ) MFXMemory_GetSurfaceForDecode( )
能力查询函数	MFXMemory_GetSurfaceForVPP( ) MFXMemory_GetSurfaceForVPPOut( ) MFXMemory_GetSurfaceForEncode( ) MFXMemory_GetSurfaceForDecode( )
会话初始化函数	MFXInitialize( )

OneVPL 的另一大看点就是增加了对 Python 语言的支持，因为在深度学习领域中 Python 使用得极为广泛，而视频处理和深度学习有着天然绑定的关系，所以增加对 Python 语言的支持可以大大减少开发者的开发成本，缩短研发周期。当然在实际部署和使用中，必须同时安装 OneVPL 以及 Python 语言，并配置好 Python 路径。有增必定有减，前面介绍了很多新功能、新机制，那么针对旧的 Media SDK 的一些不太常用的功能，经过多年的客户反馈，有些功能并没有得到广泛使用，OneVPL 也适度做了减法，主要包括：

- 不再支持音频 API，VPL 的功能将更加集中于视频处理。ENC 和 PAK 接口被删除。灵活编码基础架构（Flexible Encode Infrastructure，FEI）和插件接口的一部分，ENC 和 PAK 接口，在视频标准 H.264/AVC 和 H.265/HEVC 编码过程中能够更加精细地控制其中某些算法的部分被删除了，因为这部分的功能和接口没有被客户广泛使用。
- 不再支持插件架构。OneVPL 通过支持多个不同视频处理框架的 API，实现性能强大的视频加速，不再提供对用户自定义插件的支持。
- 视频处理扩展运行时的功能被删除。视频处理功能函数 MFXVideoVPP_RunFrameVPPAsyncEx( ) 仅用于用户自定义的视频图像处理算法，已过时。
- 不再支持外部缓冲管理。用于替换内部内存分配的一组回调函数已过时。
- 多帧输入合成一帧的功能是特定于设备且不常用的，所以被删除。
- 不透明内存（opaque memory）被内部内存分配模式取代。

OneVPL 目前仍然在开发中，很多功能和机制依然在不断开发和完善中，英特尔提供了很多在线帮助文档和开源代码供大家参考：

- 关于开源代码的最新进展请参考 https://github.com/oneapi-src/oneVPL。
- 关于开发的支持请参考 https://spec.oneapi.io/versions/latest/elements/oneVPL/source/index.html。

3.7　本章小结

综上所述，Media SDK 作为英特尔推出的面向开发者提供使用英特尔硬件平台加速视频处理应用的软件开发包，提供了对视频处理完整的支持，其基本流程如图 3-16 所示，同时在具体的设计中既考虑了功能性，也考虑鲁棒性、扩展性，除了提供了供开发使用的开发包之外，还提供了例程和教程供初学者了解、学习和使用。这里对其特点简单描述如下：

- Media SDK 只提供针对视频流的编解码以及视频图像处理的 API 应用。
- Media SDK 是一个高级的全功能异步架构的 SDK 框架，它不会直接操作硬件，而是通过任务的设计、安排、调度来合理地使用 GPU/CPU 的硬件加速模块来实现其功能。
- GPU 的驱动（就是我们常说的显卡驱动）是加速硬件实现的中间介质、中间件。
- 提供了 C/C＋＋的链接库。
- 基于 NV12 颜色格式：解码 / 编码和 VPP 操作使用 NV12 作为默认图像格式。
- 最小化内存复制：管线各节点间共享帧缓存，而不是在 CPU 和 GPU 之间复制帧缓存。

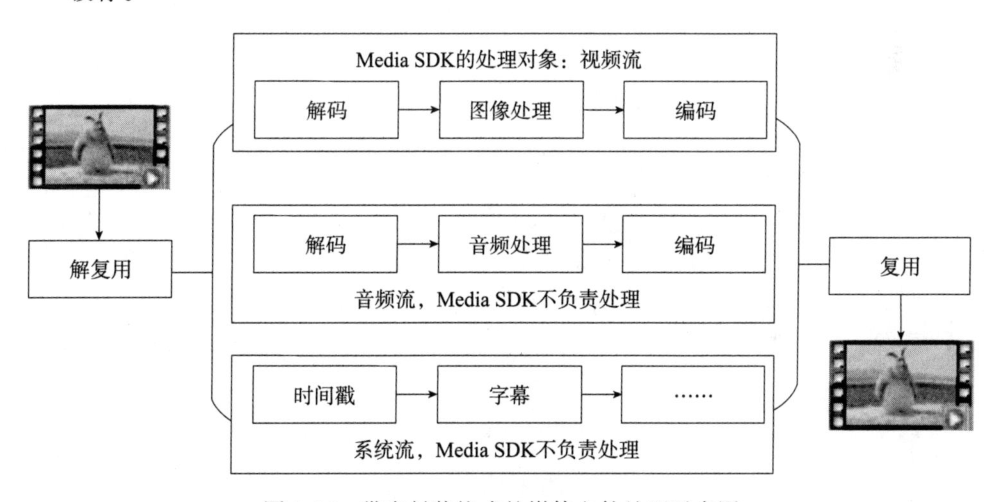

图 3-16　带有封装格式的媒体文件处理示意图

Media SDK 的功能组织可以分为下面 3 部分，客户开发的应用程序的主要工作就是为这 3 个基本模块提供参数，同时在初始化之后的具体执行阶段，应用程序所关心和做的就是引导数据通过管线的各个阶段，同时做好恢复工作。

- 功能类函数，例如解码、编码、图像处理等。
- 辅助类函数，例如接口的查询、访问、同步等。
- 扩展类函数，包括各种插件、用户自定义的函数实现等。

最新平台上的 Media SDK 支持的解码标准有：H.264/AVC、MPEG-2、VC-1、VP8、H.265/

HEVC（8b，10b，12b）、VP9（8b，10b，12b）、AV1（8b，10b）；编码标准有 H.264/AVC、H.265/HEVC（8b，10b）、VP9（8b，10b，12b）。因为解码和编码的实现在算法上有巨大的差异，所以编码的实现一般都会晚于解码的实现，每个平台实现的编解码标准略有不同，详细的关于 Media SDK 支持标准的介绍和图像格式的信息请参考附录。

CHAPTER 4

第4章

Media SDK 环境搭建

本章主要介绍 Media SDK 开发环境的搭建。我们推荐至少使用 6 代以上的 CPU 以及 9 代以上的集成 GPU，操作系统推荐使用 Windows10、Yocto、Ubuntu 等。具体的环境要求在每一个 Media SDK 的发布文档中都有详细描述。由于 Linux 和 Windows 环境的搭建过程差异显著，因此我们会分别介绍。

4.1 Linux 环境搭建

在 Linux 上，Media SDK 主要依赖于 libva、media-driver。其中 media-driver 会进一步依赖于 gmmlib 来做显卡内存管理，例如内存大小、对齐方式等。因此，在安装 Media SDK 之前需要先安装这些依赖库。这些依赖库（包括 Media SDK）已于 2018 年通过 GitHub 开源。下文将在 i3-1115G4 平台上基于 Ubuntu 18.04，配合 Intel 5.10.41 LTS 版本的内核演示如何部署 Media SDK 环境。

4.1.1 选择内核版本

Linux 内核的主线在不断演进，同时又有很多不同的发行方，例如芯片公司、Linux 系统发行商，所以单纯由版本号无法唯一标识内核。对于 Media SDK 而言，其对内核的主要依赖来源于对特定平台的支持。一旦某个版本的内核支持选定平台，Media SDK 本身的实现对于内核没有太强的依赖。对于如何选择合适的内核版本做产品，有一些常规的建议：

- 避免使用通过 i915.preliminary_hw_support 对选定平台进行支持的内核。
- 避免使用主线版本的内核，因为没有经过充分的验证。
- 避免使用 Prepatch 或者 RC（Release Candidate，候选发布）版本的内核，其主要面向内核开发者。

- 如果你的产品可以接受频繁地切换内核版本，可以考虑使用最新发布的稳定版内核。需要注意的是，这些版本的内核通常只会接受很少的问题修复，因为开发者需要切换到一个稳定版本进行开发。
- 最好选择支持所选平台的 LTS（Long Term Support，长期支持）版本的内核。

对于 LTS 和最新的内核，Media SDK 提供了一个列表来大致说明哪些版本的内核支持哪些平台，如图 4-1 所示。

Kernel	LTS, EOL	BDW	CHV	SKL	BXT	KBL	GLK	CFL	CNL	ICL	TGL	RKL	EHL, JSL, DG1, ADL-S
3.16	LTS, April 2020	☑											
4.4	LTS, February 2022	☑	☑	☑									
4.9	LTS, January 2023	☑	☑	☑	☑	☑							
4.14	LTS, January 2024	☑	☑	☑	☑	☑	☑						
4.19	LTS, December 2024	☑	☑	☑	☑	☑	☑	☑	☑				
5.4	LTS, December 2025	☑	☑	☑	☑	☑	☑	☑	☑	☑			
5.10	LTS, December 2026	☑	☑	☑	☑	☑	☑	☑	☑	☑			
mainline		☑	☑	☑	☑	☑	☑	☑	☑	☑	☑	☑	
	Legend	☑	Named platform graphics is officially supported by this kernel										

图 4-1　LTS 和主线内核对英特尔平台的支持情况

但上述列表只是针对 Linux 主社区的版本，英特尔也有维护自己的 LTS 版本的内核，因此在选择内核版本之前，我们建议开发者与英特尔的客户支持团队取得联系，获取在指定平台上最新发布的经过广泛验证的 LTS 版本的内核。

4.1.2　选择 Media SDK 版本

Media SDK 的 GitHub 地址为 https://github.com/Intel-Media-SDK/MediaSDK。其每一个季度会发布一个版本，版本命名规则为 [年份的最后两位].[当年的第几个版本].[小版本]，例如 22.1.0 代表 2022 年的第一个版本。在发布页面 https://github.com/Intel-Media-SDK/MediaSDK/releases 可以看到所有的版本，以及相关依赖库的版本和发行说明，我们推荐开发者使用最新的版本，如图 4-2 所示。本节以 Media SDK22.1.0 版本为例。

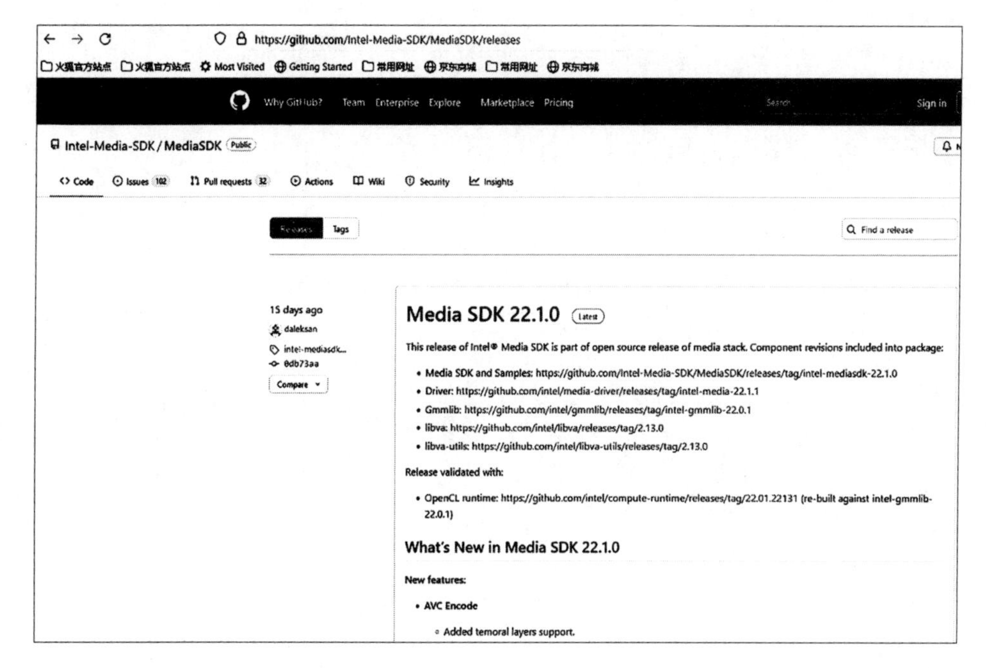

图 4-2　Media SDK GitHub 发布页面

4.1.3　安装依赖库和例程

首先安装 libva 相关程序到系统目录。安装 libva 的命令行如下所示：

```
wget https://github.com/intel/libva/archive/refs/tags/2.13.0.tar.gz -O libva.tar.gz
tar -xzf libva.tar.gz --one-top-level=libva --strip-components 1
cd libva
./autogen.sh --prefix=/usr --libdir=/usr/lib/x86_64-linux-gnu/
make -j4
sudo make install -j4
```

然后进入和 libva 同级的目录，按照如下命令安装 libva-utils：

```
wget https://github.com/intel/libva-utils/archive/refs/tags/2.13.0.tar.gz -O
libva-utils.tar.gz
tar -xzf libva-utils.tar.gz --one-top-level=libva-utils --strip-components 1
cd libva-utils
./autogen.sh --prefix=/usr --libdir=/usr/lib/x86_64-linux-gnu/
make -j4
sudo make install -j4
```

然后进入和 libva 同级的目录，按照如下命令安装 gmmlib：

```
wget https://github.com/intel/gmmlib/archive/refs/tags/intel-gmmlib-22.0.1.tar.gz
-O gmmlib.tar.gz
tar -xzf gmmlib.tar.gz --one-top-level=gmmlib --strip-components 1
mkdir -p gmmlib/build
cd gmmlib/build
cmake ../ -DCMAKE_INSTALL_PREFIX=/usr
make -j4
sudo make install -j4
```

然后进入和 libva 同级的目录，按照如下命令安装 media-driver：

```
wget https://github.com/intel/media-driver/archive/refs/tags/intel-media-
22.1.1.tar.gz -O media-driver.tar.gz
tar -xzf media-driver.tar.gz --one-top-level=media-driver --strip-components 1
mkdir -p media-driver/build
cd media-driver/build
cmake ../ -DCMAKE_INSTALL_PREFIX=/usr
make -j4
sudo make install
```

安装完毕后，iHD_drv_video.so 会被安装到 /usr/lib/x86_64-linux-gnu/dri 目录下。接下来按照如下命令安装 Media SDK 和例程（samplecode）：

```
wget https://github.com/Intel-Media-SDK/MediaSDK/archive/refs/tags/intel-mediasdk-
22.1.0.tar.gz -O mediasdk.tar.gz
tar -xzf mediasdk.tar.gz --one-top-level=mediasdk --strip-components 1
mkdir -p mediasdk/build
cd mediasdk/build
cmake ../ -DCMAKE_INSTALL_PREFIX=/usr
make -j4
sudo make install -j4
```

安装完成后，Media SDK 的 samples 位于 /usr/share/mfx/samples/ 目录下。

4.1.4　通过 vainfo 验证安装结果

首先可以运行 vainfo 来确认 libva 和 media-driver 是否安装成功。正常情况下，可以看到如图 4-3 所示的输出，可以发现所使用的 media-driver 为 /usr/lib/x86_64-linux-gnu/dri/iHD_drv_video.so，版本为 22.1.1，并且列出了支持的视频工具集（profile）以及硬件加速的切入点。

通常有一系列原因会导致 vainfo 运行错误，例如 libva 版本不匹配、media-driver 未安装、LIBVA_DRIVERS_PATH 没有正确设置、Linux 内核等版本太旧等。接下来我们基于 Ubuntu 18.04 详细介绍如何通过 vainfo 错误表现分析错误原因并进行修复。如果你使用的是其他 Linux 发行版，如 CentOS、Fedora 和 Yocto，那么本节内容仅供参考。

```
tgl@uzeltgli3:~/work/cvs_sample/libva/va$ vainfo
libva info: VA-API version 1.13.0
libva info: User environment variable requested driver 'iHD'
libva info: Trying to open /usr/lib/x86_64-linux-gnu/dri/iHD_drv_video.so
libva info: Found init function __vaDriverInit_1_13
libva info: va_openDriver() returns 0
vainfo: VA-API version: 1.13 (libva 2.11.0)
vainfo: Driver version: Intel iHD driver for Intel(R) Gen Graphics - 22.1.1 ()
vainfo: Supported profile and entrypoints
      VAProfileNone                   : VAEntrypointVideoProc
      VAProfileNone                   : VAEntrypointStats
      VAProfileMPEG2Simple            : VAEntrypointVLD
      VAProfileMPEG2Simple            : VAEntrypointEncSlice
      VAProfileMPEG2Main              : VAEntrypointVLD
      VAProfileMPEG2Main              : VAEntrypointEncSlice
      VAProfileH264Main               : VAEntrypointVLD
      VAProfileH264Main               : VAEntrypointEncSlice
      VAProfileH264Main               : VAEntrypointFEI
      VAProfileH264Main               : VAEntrypointEncSliceLP
      VAProfileH264High               : VAEntrypointVLD
      VAProfileH264High               : VAEntrypointEncSlice
      VAProfileH264High               : VAEntrypointFEI
      VAProfileH264High               : VAEntrypointEncSliceLP
      VAProfileVC1Simple              : VAEntrypointVLD
      VAProfileVC1Main                : VAEntrypointVLD
      VAProfileVC1Advanced            : VAEntrypointVLD
      VAProfileJPEGBaseline           : VAEntrypointVLD
      VAProfileJPEGBaseline           : VAEntrypointEncPicture
      VAProfileH264ConstrainedBaseline: VAEntrypointVLD
      VAProfileH264ConstrainedBaseline: VAEntrypointEncSlice
      VAProfileH264ConstrainedBaseline: VAEntrypointFEI
      VAProfileH264ConstrainedBaseline: VAEntrypointEncSliceLP
      VAProfileVP8Version0_3          : VAEntrypointVLD
      VAProfileHEVCMain               : VAEntrypointVLD
      VAProfileHEVCMain               : VAEntrypointEncSlice
      VAProfileHEVCMain               : VAEntrypointFEI
      VAProfileHEVCMain               : VAEntrypointEncSliceLP
      VAProfileHEVCMain10             : VAEntrypointVLD
      VAProfileHEVCMain10             : VAEntrypointEncSlice
      VAProfileHEVCMain10             : VAEntrypointEncSliceLP
      VAProfileVP9Profile0            : VAEntrypointVLD
      VAProfileVP9Profile0            : VAEntrypointEncSliceLP
      VAProfileVP9Profile1            : VAEntrypointVLD
      VAProfileVP9Profile1            : VAEntrypointEncSliceLP
      VAProfileVP9Profile2            : VAEntrypointVLD
      VAProfileVP9Profile2            : VAEntrypointEncSliceLP
      VAProfileVP9Profile3            : VAEntrypointVLD
      VAProfileVP9Profile3            : VAEntrypointEncSliceLP
      VAProfileHEVCMain12             : VAEntrypointVLD
      VAProfileHEVCMain12             : VAEntrypointEncSlice
      VAProfileHEVCMain422_10         : VAEntrypointVLD
      VAProfileHEVCMain422_10         : VAEntrypointEncSlice
      VAProfileHEVCMain422_12         : VAEntrypointVLD
      VAProfileHEVCMain422_12         : VAEntrypointEncSlice
```

图 4-3　vainfo 输出

- ❑ vainfo 结果分析

如果在远程 ssh 终端运行 vainfo 或者在 Ubuntu 的 Textmode 终端运行 vainfo，首先会打印一行错误“error: can't connect to X server!”，接着所有信息正常打印，这种情况是正常的，该错误可以忽略，因为 vainfo 默认会先连接 x11 作为 display，这两种方式的终端都没有 X Windows。我们也可以通过添加参数设置指定 vainfo 使用 DRM 作为 display，命令为“vainfo --display drm”，添加之后将不会有“error: can't connect to X server!”错误输出。

❑ 错误一：环境变量没有设置，找不到 iHD_drv_video.so

vainfo 的错误输出如图 4-4 所示。

```
root@uzeltgli3:~# vainfo
MoTTY X11 proxy: Unsupported authorisation protocol
error: can't connect to X server!
libva info: VA-API version 1.13.0
libva info: User environment variable requested driver 'iHD'
libva info: Trying to open /lib/iHD_drv_video.so
libva info: va_openDriver() returns -1
vaInitialize failed with error code -1 (unknown libva error),exit
```

图 4-4　vainfo 定位 iHD 驱动失败

根据代码清单 4-1 可以查看当前设置的环境变量：

代码清单 4-1　libva 相关环境变量

```
$ echo $LIBVA_DIRVER_NAME
$ echo $LIBVA_DRIVERS_PATH
$ echo $LD_LIBRARY_PATH
```

代码清单 4-2 是安装 Media Stack 时不指定路径，默认安装的情况下环境变量的设置。

代码清单 4-2　设置 libva 相关环境变量

```
$ export LD_LIBRARY_PATH=$LD_LIBRARY_PATH:/usr/lib/x86_64-linux-gnu
$ export LIBVA_DRIVERS_PATH=/usr/lib/x86_64-linux-gnu/dri
$ export LIBVA_DRIVER_NAME=iHD
```

如果设置了环境变量，但是在 LIBVA_DRIVERS_PATH 下没有找到 iHD_drv_video.so，这就是第二种错误。

❑ 错误二：iHD Media Driver 没有安装成功

vainfo 的错误输出如下：

```
libva info: VA-API version 1.11.0
libva info: User environment variable requested driver 'iHD'
libva info: Trying to open /usr/lib/x86_64-linux-gnu/dri/iHD_drv_video.so
libva info: va_openDriver() returns -1
vaInitialize failed with error code -1 (unknown libva error),exit
```

iHD Media Driver 安装到 LIBVA_DRIVERS_PATH 下，例如“/usr/lib/x86_64-linux-gnu/dri/iHD_drv_video.so”，如果在这个目录下没有找到 iHD_drv_video.so，则说明 media-driver 没有安装成功，可以通过代码清单 4-3 所示的方法安装。这里以 19.4.1 发布版本为例，如果要安装其他版本，请到 Media SDK 仓库下载对应的 gmmlib 和 media-driver 版本，网址为 https://github.com/Intel-Media-SDK/MediaSDK/releases。

代码清单 4-3　安装 media-driver

```
cd gmmlib
git checkout ebfcfd565031dbd7b45089d9054cd44a501f14a9 #intel-gmmlib-19.4.1
```

```
mkdir -p build; cd build
cmake ../; make -j4; sudo make install
cd ../
git clone https://github.com/intel/media-driver.git
cd media-driver
git checkout 12b7fcded6c74377ecf57eb8258f5e3d55ca722e #media-driver Q4' 19 release
mkdir -p ../build_media
cd ../build_media
cmake ../; make -j4; sudo make install
cd ../
```

- 错误三：iHD_drv_video.so init 失败

图 4-5 所示为 iHD 驱动初始化失败的截图。

```
$ vainfo
libva info: VA-API version 1.6.0
libva info: va_getDriverName() returns -1
libva info: User requested driver 'iHD'
libva info: Trying to open /usr/lib/x86_64-linux-gnu/dri/iHD_drv_video.so
libva info: Found init function __vaDriverInit_1_6
libva error: /usr/lib/x86_64-linux-gnu/dri/iHD_drv_video.so init failed
libva info: va_openDriver() returns 18
vaInitialize failed with error code 18 (invalid parameter),exit
```

图 4-5　iHD_drv_video.so 初始化失败

iHD_drv_video.so 是 iHD Media Driver 库，该错误说明 iHD_drv_video.so 初始化过程失败。首先我们可以怀疑 i915 内核驱动有没有被正确加载。执行命令 sudo dmesg | grep "i915" 查看内核启动日志，如果 i915 内核驱动正确加载并初始化，会有如下类似的日志打印：

```
[drm] Initialized i915 1.6.0 20180514 for 0000:00:02.0 on minor 0
```

如果没有如上的 Initialized i915 日志输出，则说明 i915 驱动没有加载成功，继续通过 dmesg 查看内核启动日志。

导致错误三的原因有以下三点：

- 如果有如下错误信息：

  “Your graphics device xxxx is not properly supported by the driver in this kernel version.”则说明 Linux 内核版本不兼容 iGPU device xxxx，需要升级 Linux 内核到兼容 device xxxx（iGPU device ID）的新版本。可以访问 intel/media-driver (github.com) 的“Know Issues and Limitations”查看不同硬件平台对 Linux 内核的版本要求。

可以通过查看 Linux 内核源码的 include/drm/i915_pciids.h 文件来确认其支持的 GPU 型号。如果不想安装最新的内核版本，也可以通过查看上述文件的修改历史，找到包含需要支持的 GPU 设备的最新版本。

- 如果在 dmesg 中没有其他明显的 i915 的错误，则可以通过“sudo dmesg | grep "Kernel command line"”查看 kernel boot command line 是否设置了“nomodeset”。
- 如果在 sudo dmesg | grep "i915" 命令中没有任何 i915 的信息输出，需要查看 CPU 是否带 iGPU，CPU 的名字可以通过命令“lscpu”获得，然后通过 CPU 的名字在网页 https://ark.intel.com/ 上查找该 CPU 对应的“Processor Graphics”，比如图 4-6 所示的是 CPU i7-7500U 的查询结果，iGPU 型号为 Intel HD Graphics 620，如果 Processor Graphics 那行为空，则表示查询的 CPU 没有内嵌的 iGPU。

Processor Graphics	
Processor Graphics ‡ ?	Intel® HD Graphics 620
Graphics Base Frequency ?	300 MHz
Graphics Max Dynamic Frequency ?	1.05 GHz

图 4-6 Intel HD Graphics 620 信息

如果 i915 module 加载成功，也可以看到两个文件：/dev/dri/card0 和 /dev/dri/renderD128。

❑ 错误四：iHD_drv_video.so 和 vainfo 引用的 libva 库版本不一致

iHD_drv_video.so 和 vainfo 要基于同一个 libva 版本编译，否则在运行 vainfo 时也会因为 libva 版本不匹配引起错误。

可以通过运行“ldd vainfo”查看 vainfo 是否连上正确的 libva 库，如果通过“apt install libva”安装的 libva 就是在 /usr/lib 下，建议通过“sudo apt remove libva”删除。

❑ 错误五：权限问题，当前 user 不在 video groups 里

如果 vainfo 输出错误信息“no access to graphic files under /dev/dri/”，则可以通过“groups”命令查看当前 user 是否被加到 video groups 里，如果没有，则执行命令“sudo usermod -a -G video user_name”。

❑ 错误六：使用了错误的显卡

如果机器上有两张显卡，除了英特尔的集成显卡，还有一张独立显卡，则“英特尔 iGPU”的文件名可能会有所不同，具体取决于加载 i915 的顺序和独立显卡的内核模块。可能有“/dev/dri/card1”和“/dev/dri/render128”。

要检查哪些显卡文件是由 i915 创建的，请运行代码清单 4-4 中所示的命令。

代码清单 4-4 获取显卡文件名称

```
$ sudo cat /sys/kernel/debug/dri/128/name
$ sudo cat /sys/kernel/debug/dri/129/name
```

如果它是由 i915 创建的，则输出“i915 dev=0000:00:02.0 unique=0000:00:02.0”。然后，你可以使用指定设备名称的选项运行 vainfo，例如“--display drm --device/dev/dri/renderD129”。

当 vainfo 可以正常运行后，接下来可以尝试运行 Media SDK 自带的例程。这里以解码例程（sample_decode）为例来确认安装是否存在问题。出现如图 4-7 所示的结果代表运行成功。

```
root@uzeltgli3:/usr/share/mfx/samples# ./sample_decode h264 -i /home/tgl/video/2.h264 -o /home/tgl/james/test.yuv -vaapi
libva info: VA-API version 1.10.0
libva info: User environment variable requested driver 'iHD'
libva info: Trying to open /opt/intel/mediasdk/lib64/iHD_drv_video.so
libva info: Found init function __vaDriverInit_1_10
libva info: va_openDriver() returns 0
Decoding Sample Version 8.4.27.0


Input video     AVC
Output format   NV12
Input:
  Resolution    1920x1088
  Crop X,Y,W,H  0,0,1920,1080
Output:
  Resolution    1920x1080
Frame rate      30.00
Memory type             vaapi
MediaSDK impl           hw
MediaSDK version        1.34

Decoding started
Frame number:  848, fps: 166.153, fread_fps: 0.000, fwrite_fps: 182.508
```

图 4-7　解码例程的运行结果

需要注意，Media SDK 只接收纯视频流，因此如果使用的视频带有封装格式，则需要通过工具做转换。例如，使用 FFmpeg 来做转换的命令如下：

```
ffmpeg -i classroom.mp4 -vcodec copy -an -bsf:v h264_mp4toannexb classroom.h264
```

4.2　Windows 环境搭建

在 Windows 上有两个版本的 Media SDK 可以选择，一个是通过英特尔开发者官网发布的针对 Windows 的安装版本进行安装和开发，这也是目前在 Windows 环境中开发者比较常用的版本；还有一个版本就是通过开源网站 GitHub 上发布的版本，这一版本是跟 Linux 以及 Android 平台共用的源代码版本。下面我们就分别针对通过两个渠道发布的版本进行介绍。

4.2.1　开发环境部署

首先是 Windows 版本的选择。我们选择 Windows10 作为主要开发平台，具体的 Windows 版本请根据你的英特尔处理器（CPU）的类型来选择，因为我们针对不同的英特尔处理器在不同的 Windows 版本上会发布不同的驱动，所以请不要选择太旧的英特尔 CPU 处理器以及 Windows 的版本，因为有些功能在旧的处理器或者 Windows 版本上不支持。至于 Windows Server，我们可以按照类似的方法搭建环境，而且一些旧的 Windows 操作系统，例如 Windows 7、Windows Visa 以及 Windows XP，因为微软（Microsoft）官方宣布不再支持，所以英特尔也不再为这些操作系统发布新的驱动，你可以尝试安装调试，但是英特尔不保证其可行性。

其次是开发环境，也就是集成化编程环境（Integrated Development Environment，IDE）的选择。在 Windows 上，首选当然就是微软提供的 Visual Studio（VS）。在本书的写作过程中，VS2019 是最新的版本，我们就采用这个版本作为参考开发环境来给大家提供源码，当然也可以选择 VS2017、VS2015，甚至 VS2013、VS2012。有些高手也会选择用 Visual Studio Code 来查看代码，这确实很方便，但是 Visual Studio Code 一般只提供查看文本功能，没有编译 / 调试（debug）的功能，所以，如果你只想看代码是没问题的，如果还想编译 / 调试，那么还是推荐 Visual Studio 系列。另外，Visual Studio 的版本分为企业版（enterprise）、专业版（professional）和社区版（community），具体版本的差别这里就不赘述了。针对 Intel Media SDK，社区版已经够用了，开发者可以根据自己的实际情况选择。本书选择社区版作为参考版本。

再次就是下载 Media SDK 的安装包了。从 Intel Media SDK 的官方网站下载 .msi 的安装文件包，具体流程如下：

1）打开网页后，依次单击下面方框内的按钮，如图 4-8 所示，就会跳转到注册提示页面。

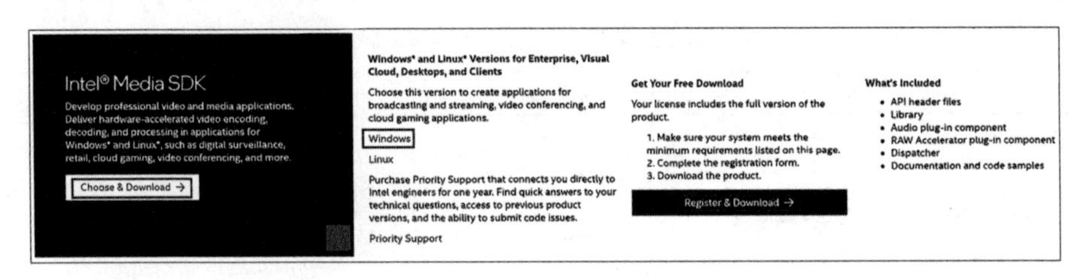

图 4-8　Media SDK 官网下载步骤 1

2）在跳转到注册提示页面后，如图 4-9 所示，填入你的基本信息，单击提交（Submit）按钮之后就可以下载最新的 Media SDK 2021 R1 开发包了。

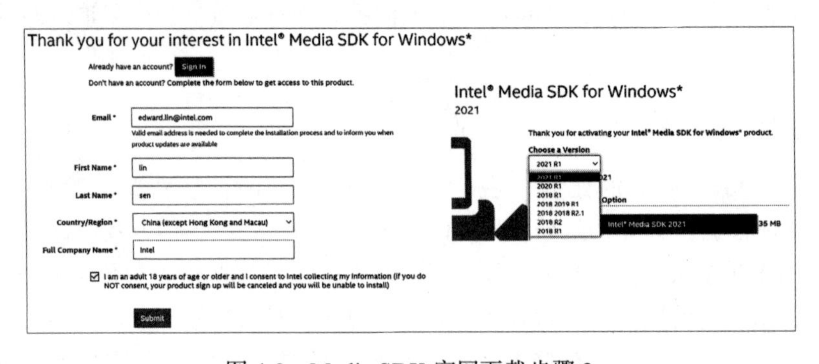

图 4-9　Media SDK 官网下载步骤 2

3）下载之后双击安装即可。

4.2.2 例程编译过程

前面介绍了 Windows Media SDK 的安装，在 Media SDK 安装完成以后，在 Documents 下会自带安装 Media SDK 的例程（Sample Code），如图 4-10 所示，在演示环境中的目录为 C:\Users\iotg\Documents\Intel(R) Media SDK 2021 R1 - Media Samples 8.4.35.0。

> This PC > Documents > Intel(R) Media SDK 2021 R1 - Media Samples 8.4.35.0

Name	Date modified	Type	Size
_bin	8/20/2021 1:32 PM	File folder	
sample_common	8/20/2021 1:32 PM	File folder	
sample_decode	8/20/2021 1:32 PM	File folder	
sample_encode	8/20/2021 1:32 PM	File folder	
sample_multi_transcode	8/20/2021 1:32 PM	File folder	
sample_plugins	8/20/2021 1:32 PM	File folder	
sample_vpp	8/20/2021 1:32 PM	File folder	
AllSamples.sln	5/14/2021 1:22 PM	Visual Studio Solu...	11 KB
Media_Samples_Guide_windows.pdf	5/14/2021 1:22 PM	Microsoft Edge P...	55 KB

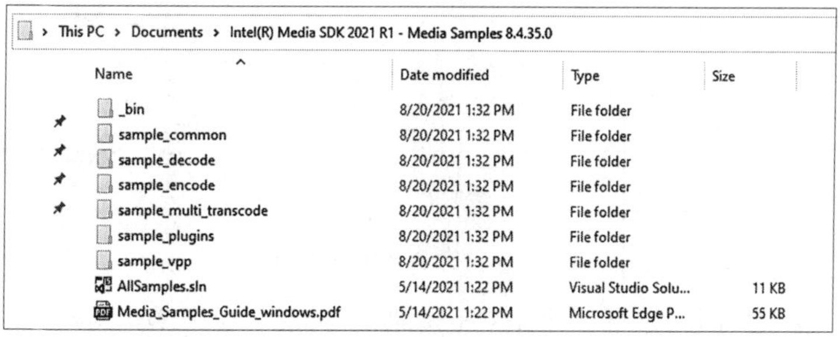

图 4-10 例程编译步骤 1

例程的 _bin 目录中有已经编译好的可执行文件以及一些小尺寸的视频流，可以直接验证例程能否正常运行。具体运行是以 DOS 命令行的方式，在 Windows 控制台窗口（console）中运行，图 4-11 演示了最简单的解码例程。

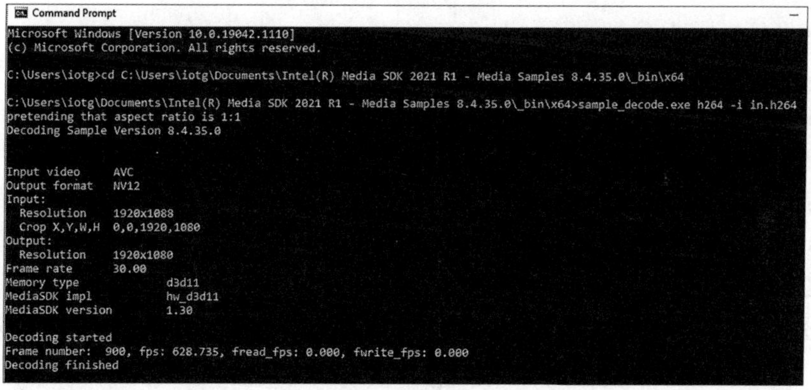

```
Command Prompt
Microsoft Windows [Version 10.0.19042.1110]
(c) Microsoft Corporation. All rights reserved.

C:\Users\iotg>cd C:\Users\iotg\Documents\Intel(R) Media SDK 2021 R1 - Media Samples 8.4.35.0\_bin\x64

C:\Users\iotg\Documents\Intel(R) Media SDK 2021 R1 - Media Samples 8.4.35.0\_bin\x64>sample_decode.exe h264 -i in.h264
pretending that aspect ratio is 1:1
Decoding Sample Version 8.4.35.0


Input video      AVC
Output format    NV12
Input:
  Resolution     1920x1088
  Crop X,Y,W,H   0,0,1920,1080
Output:
  Resolution     1920x1080
Frame rate       30.00
Memory type              d3d11
MediaSDK impl            hw_d3d11
MediaSDK version         1.30

Decoding started
Frame number:  900, fps: 628.735, fread_fps: 0.000, fwrite_fps: 0.000
Decoding finished
```

图 4-11 例程编译步骤 2

如果想修改其中的代码，就需要编译这些例程。以解码例程为例，我们用 Visual Studio 2019 来编译，当然，首先你需要安装 Visual Studio 2019 的开发环境，现在安装过程很简单，直接去微软的网站上下载并运行 Visual Studio Installer，选择合适的版本，例如企业版、专业版或者社区版即可。图 4-12 演示了运行 Visual Studio 2019 安装程序的初始界面。

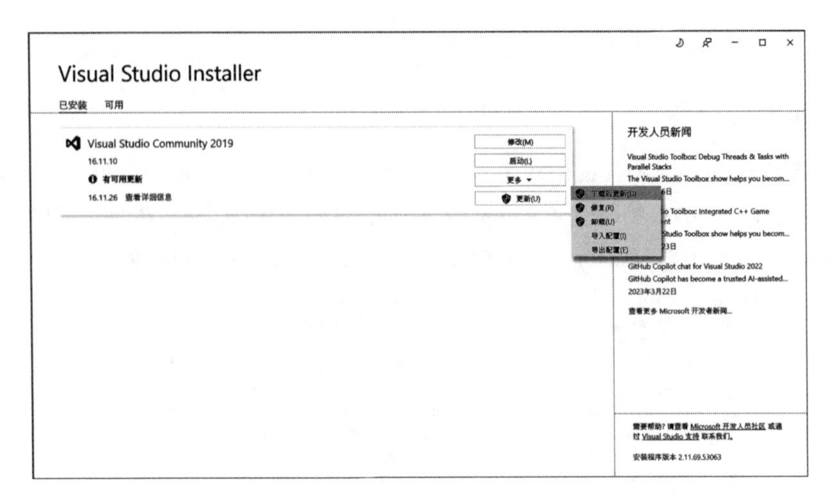

图 4-12　例程编译步骤 3

在“工作负载”页面，选择“使用 C++桌面开发”“通用 Windows 平台开发”，基本可以满足需求，如果想要精准控制，可以参考第 4 项。选择单个组件确认一下组件已经安装，选择结束之后，单击右下角的修改进行安装。

- VC++ 2017 version v141 生成工具（包括 spectre 缓解针对 X86/x64）。
- VC++ 2019 version v142 生成工具（包括 spectre 缓解针对 X86/x64）。
- Visual C++ ATL for x86 and x64。
- Visual C++ MFC for x86 and x64。
- Visual C++ ATL (x86/x64) with Spectre Mitigations。
- Windows 10 SDK（10.0.18362.0，这个版本只是参考，具体按照 Installer 里面的提示安装）。

在安装结束之后，就可以打开例程开始修改代码进行个性化开发了。因为例程是基于 Visual Studio 2015 开发的，所以使用 Visual Studio 2015 可以直接打开 AllBuild.sln 工程进行编译。这里使用 Visual Studio 2019 作为开发工具来介绍如何搭建开发环境，其他开发环境的搭建过程与之类似，就不赘述了。首先进入解码例程（Sample Decode）的目录，如图 4-13 所示。

This PC › Documents › Intel(R) Media SDK 2021 R1 - Media Samples 8.4.35.0 › sample_decode ›

Name	Date modified	Type	Size
include	8/20/2021 1:32 PM	File folder	
src	8/20/2021 1:32 PM	File folder	
readme-decode_windows.pdf	5/14/2021 1:22 PM	Microsoft Edge P...	59 KB
sample_decode.sln	6/2/2020 11:52 PM	Visual Studio Solu...	3 KB
sample_decode.vcxproj	5/14/2021 1:22 PM	VC++ Project	14 KB

图 4-13　例程编译步骤 4

双击其中的 sample_decode.vcxproj 文件，会默认使用系统上已经安装好的 Visual Studio 打开。打开后选择重定向到最新的 Windows SDK 版本，升级到最新的平台工具集，单击 OK 按钮，如图 4-14 所示。

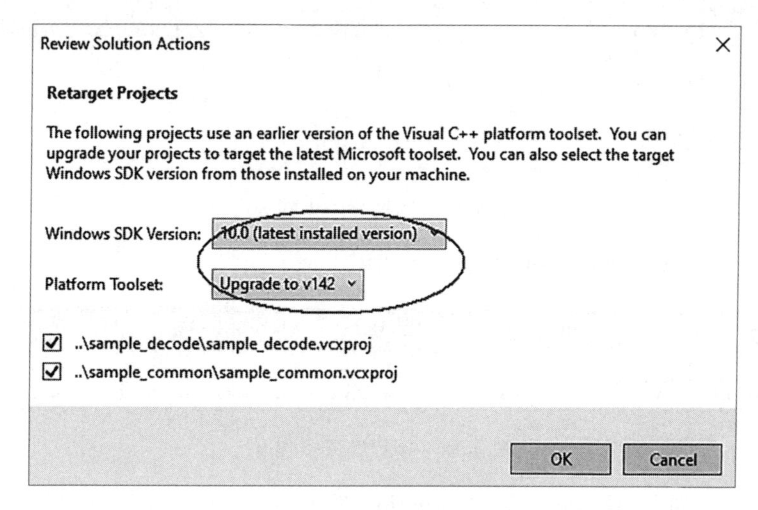

图 4-14 例程编译步骤 5

解决方案资源管理器（Solution Explorer）会显示如图 4-15 所示的代码状态，表示代码加载成功。

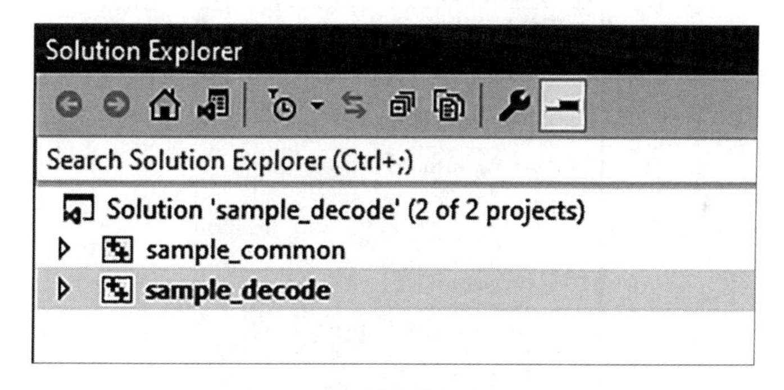

图 4-15 例程编译步骤 6

默认情况下，会选择编译 Debug Win32 版本，我们可以修改成 Release/ x64 版本，毕竟现在大部分系统是支持 64 位的，如图 4-16 所示。

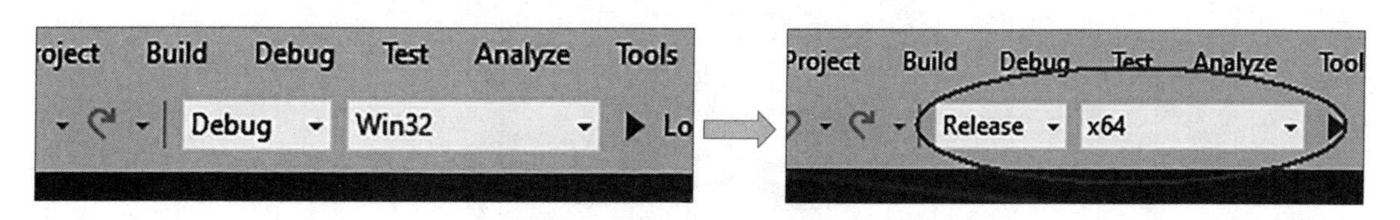

图 4-16 例程编译步骤 7

选择 Build（生成）菜单下的 Build Solution（生成解决方案）对代码进行编译，如图 4-17 所示。

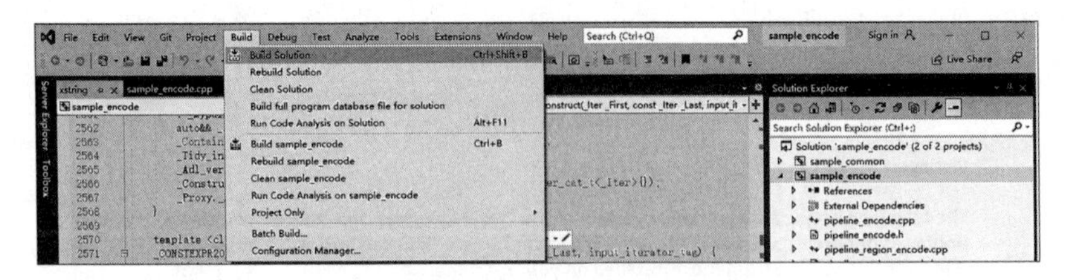

图 4-17　例程编译步骤 8

编译过程中，可能会遇到图 4-18 所示的错误。

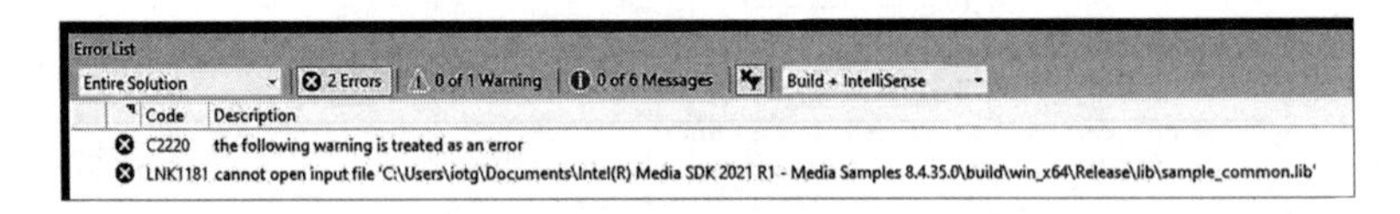

图 4-18　例程编译步骤 9

我们需要改变如下编译选项，在 Solution Explorer（解决方案资源管理器）中选择 sample-common 代码选项，选择 Properties（属性），如图 4-19 所示。

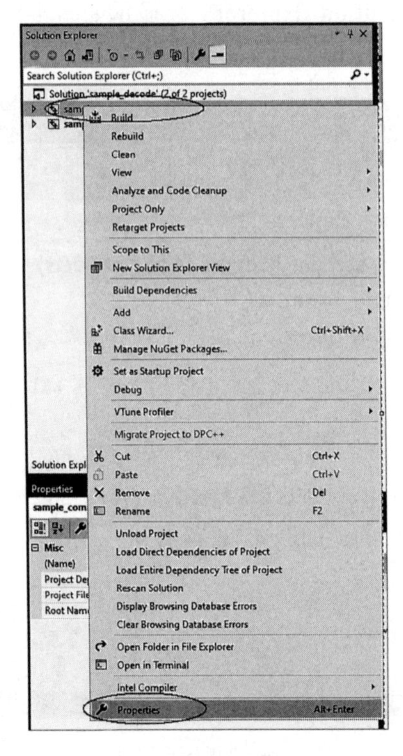

图 4-19　例程编译步骤 10

在弹出的对话框中，在 C/C++目录下面的 General（通用）条目下找到 Treat Warnings As Errors，把 Yes 改成 No，如图 4-20 所示，单击确定后退出对话框。

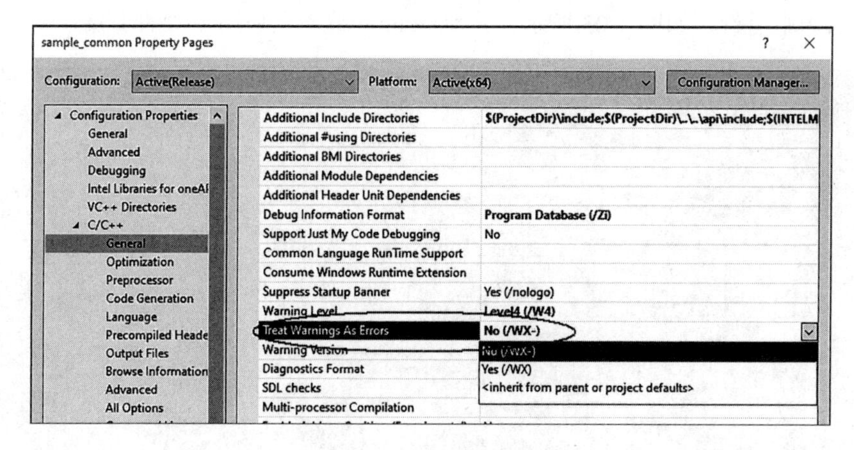

图 4-20　例程编译步骤 11

同样，在解决方案资源管理器中选择 sample decode 代码选项，选择 Properties（属性），在弹出的对话框中 C/C++目录下的 General（通用）条目下找到 Treat Warnings As Errors（将警告视为错误），把 Yes 改成 No，如图 4-21 所示，单击确定后，重新编译。

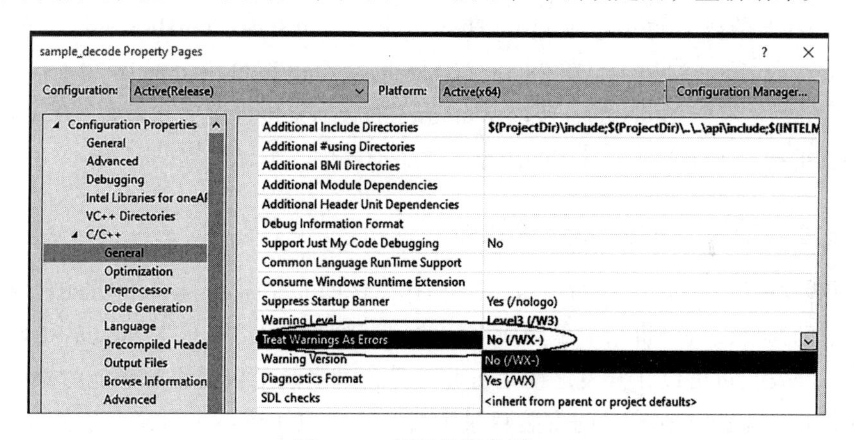

图 4-21　例程编译步骤 12

编译成功后，Output（输出）窗口会显示如图 4-22 所示的信息。

```
Output
Show output from: Build
1>Done building project "sample_common.vcxproj".
2>------ Build started: Project: sample_decode, Configuration: Release x64 ------
2>sample_common.lib(time.obj) : MSIL .netmodule or module compiled with /GL found; restarting link with /LTCG; add /LTCG to the link command line to improve linker performance
2>Generating code
2>Finished generating code
2>LINK : warning LNK4199: /DELAYLOAD:dwmapi.dll ignored; no imports found from dwmapi.dll
2>sample_decode.vcxproj -> C:\Users\iotg\Documents\Intel(R) Media SDK 2021 R1 - Media Samples 8.4.35.0\build\win_x64\Release\bin\sample_decode.exe
2>Done building project "sample_decode.vcxproj".
========== Build: 2 succeeded, 0 failed, 0 up-to-date, 0 skipped ==========
```

图 4-22　例程编译步骤 13

编译成功的 binary 会被放在 C:\Users\iotg\Documents\Intel(R) Media SDK 2021 R1 - Media Samples 8.4.35.0\build\win_x64\Release\bin>sample_decode.exe 目录中。可以在控制台（console）中运行，如图 4-23 所示，其他 sample 编译也采用类似的步骤。

```
C:\Users\iotg\Documents\Intel(R) Media SDK 2021 R1 - Media Samples 8.4.35.0\build\win_x64\Release\bin>sample_decode.exe
h264 -i ..\..\..\..\_bin\x64\in.h264
pretending that aspect ratio is 1:1
Decoding Sample Version 8.4.35.0


Input video     AVC
Output format   NV12
Input:
  Resolution    1920x1088
  Crop X,Y,W,H  0,0,1920,1080
Output:
  Resolution    1920x1080
Frame rate      30.00
Memory type             d3d11
MediaSDK impl           hw_d3d11
MediaSDK version        1.30

Decoding started
Frame number:  900, fps: 677.873, fread_fps: 0.000, fwrite_fps: 0.000
Decoding finished
```

图 4-23 例程编译步骤 14

4.2.3 基于 GitHub 的例程编译过程

熟悉 GitHub 的读者也可以通过 GitHub 下载 Media SDK，GitHub 最新版本的链接为 https://github.com/Intel-Media-SDK/MediaSDK/releases/tag/intel-mediasdk-20.1.1，但是因为开源的项目主要是基于 Linux 的，所以 Windows 的版本只包含例程和发布的库文件，Media SDK 的动态链接库（DLL）由具体的图形图像驱动提供，编译过程没有变化。

4.2.4 查看当前平台的视频处理能力

随 SDK 包一起分发的是针对 Windows 操作系统的 mediasdk_system_analyzer 工具。该工具可以帮助开发人员分析当前平台所支持的软 / 硬件版本，并报告 Media SDK 的相关功能。所以，开发人员可以在开发之前运行此工具，对当前平台的编解码能力做一个初步的了解。在例程（sample code）的安装目录下有一个工具（tools）目录，里面有 mediasdk_system_analyzer.exe 可执行程序，在 DOS 窗口下运行本程序，可以看到当前系统的编解码能力以及所支持的 API 版本号。

4.2.5 自带 Tracer 工具

在 Media SDK 安装目录下的 tools 里面，本机的安装目录是 C:\Program Files (x86)\IntelSWTools\Intel(R) Media SDK 2020 R1\Software Development Kit\tools\mediasdk_tracer，英特尔提供了一个在例程运行的过程中实时记录日志的小工具 tracer.exe，它可以在例程执行的过程中，实时地把日志文件记录到指定的文件中，以方便进行过程的跟踪、bug 的调试等。因为每个版本的 Media SDK 的安装目录也许会有少许不同，所以在当前安装的 Media SDK 的目录下打开 \tools\mediasdk_tracer 这个目录，里面除了有可执行的 tracer.exe 文件外，还有几个库文件是运行时需要的。双击打开 tracer.exe 就可以得到图 4-24 所示的界面。

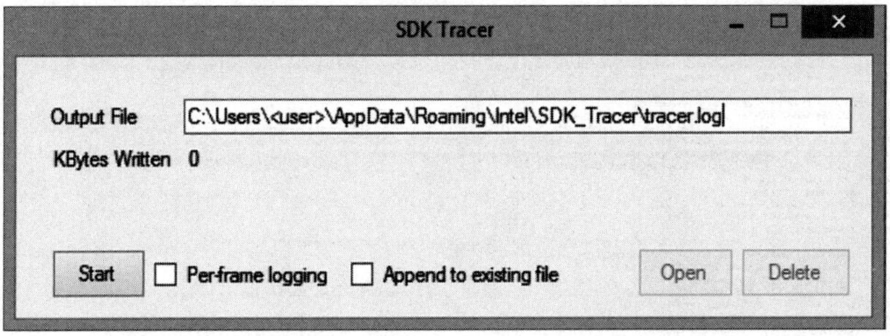

图 4-24　Tracer 基于 Windows 的日志界面

下面的两个选项，第一个选项标识是否打印每一帧的日志信息，在默认设置下，除了那些视频异步操作负责驱动任务执行的函数外，Tracer 程序几乎从所有的 API 函数里面捕获有用的信息，也不会对性能有多少影响。当然还可以把“每帧记录”的选项打开，这样就会得到一个全部信息的记录，当然这个选项将会影响系统的整体性能，因为记录的信息比较多，所以写文件会花费一定时间。

第二个选项标识是否把每次调试的信息放到上一次记录的日志信息的后面，如果加上，会导致日志文件很大，但是会保存多次日志信息，使用者可以按照自己的需求进行选择。在每次需要记录日志信息的时候，要先运行 tracer.exe 文件，单击 Start（开始）按钮开始记录，就好比打开了一个记录日志信息的通道，等待着视频处理例程的输入，而这时这个按钮会显示 Stop（结束）；然后在目标程序退出后，或者想要停止记录的时候，再次单击这个按钮来停止记录，这时按钮的显示会变回到 Start。

当然也可以通过修改文件的路径，直接把鼠标放到文本栏中，把想要的日志文件的地址直接复制过去即可，tracer.exe 可执行文件就可以把日志信息记录到当前的文件 C:\work\Temp.log 中。当然，我们也需要注意一下文件的写权限，保证当前的 tracer.exe 可执行程序具有写入 C:\work\Temp.log 的权限。附一个解码 H.264/AVC 的日志信息的开始部分的信息，如图 4-25 所示。

通过上面的信息，我们可以看到 Media SDK 在解码一个文件的时候内部是如何工作的，如何把任务分派到指定的硬件，以及如何创建元数据信息等几乎全部有用的信息。当然探究其内部的机制，原理很简单，就是 tracer.exe 和 Media SDK 的例程通用了一个宏定义，tracer.exe 可执行程序在 Start 按钮被单击以后打开了记录日志信息的开关，Media SDK 的例程就会把所有定义好的日志信息发送到指定的文件中，记录的过程就是一个简单的打开文件，写入文本，关闭文件的过程。想要了解具体内容的读者，可以通过 https://github.com/Intel-Media-SDK/MediaSDK/tree/master/_studio/shared/mfx_trace 一探究竟，也可以在其中加入你感兴趣的日志，这样对于调试和开发都起到事半功倍的作用。

```
20476 2022-6-14 19:46:0:366 function: MFXInitEx(par.Implementation=MFX_IMPL_HARDWARE|MFX_IMPL_VIA_D3D11 par.Versin=00000052650FBB74, mfxSession *session=000001E958F938B0) +
20476 2022-6-14 19:46:0:366     LoadLibrary: none
20476 2022-6-14 19:46:0:367     MFXInitEx (impl=MFX_IMPL_HARDWARE|MFX_IMPL_VIA_D3D11, pVer=1.0, ExternalThreads=0 session=0x000001E958F938B0
20476 2022-6-14 19:46:0:367     Required API version is 1.0
20476 2022-6-14 19:46:0:367     [WINREG]: Opening key "HKEY_CURRENT_USER\Software\Intel\MediaSDK\Dispatch" : RegOpenKeyExW()==0x2
20476 2022-6-14 19:46:0:367     Can't open HKEY_CURRENT_USER\Software\Intel\MediaSDK\Dispatch : RegOpenKeyExA()==0x2
20476 2022-6-14 19:46:0:367     Inspecting HKEY_LOCAL_MACHINE\Software\Intel\MediaSDK\Dispatch
20476 2022-6-14 19:46:0:367     found subkey: tracer
20476 2022-6-14 19:46:0:367     opened key: tracer
20476 2022-6-14 19:46:0:367     loaded VendorID : 0x8086
20476 2022-6-14 19:46:0:367     loaded DeviceID : 0x3ea0
20476 2022-6-14 19:46:0:367     loaded Merit : 2147483646
20476 2022-6-14 19:46:0:368     loaded Path : C:\Program Files (x86)\IntelSWTools\Intel(R) Media SDK 2020 R1\Software Development Kit\tools\mediasdk_tracer\mfx-tracer_64.dll
20476 2022-6-14 19:46:0:368     Library type is MFX_LIB_HARDWARE
20476 2022-6-14 19:46:0:368     [WINREG]: EnumKey with index=1: RegEnumKeyExW()==0x103
20476 2022-6-14 19:46:0:368     no more subkeys : RegEnumKeyExA()==0x103
20476 2022-6-14 19:46:0:368     loading library C:\Program Files (x86)\IntelSWTools\Intel(R) Media SDK 2020 R1\Software Development Kit\tools\mediasdk_tracer\mfx-tracer_64.dll
20476 2022-6-14 19:46:0:368     invoking LoadLibrary(C:\Program Files (x86)\IntelSWTools\Intel(R) Media SDK 2020 R1\Software Development Kit\tools\mediasdk_tracer\mfx-tracer_64.dll)
20476 2022-6-14 19:46:0:368     loaded module C:\Program Files (x86)\IntelSWTools\Intel(R) Media SDK 2020 R1\Software Development Kit\tools\mediasdk_tracer\mfx-tracer_64.dll
20476 2022-6-14 19:46:0:368     MFXInitEx(MFX_IMPL_HARDWARE|MFX_IMPL_VIA_D3D11,ver=1.0,ExtThreads=0,session=0x000001E957601010)
20476 2022-6-14 19:46:0:368     library can't be load. MFXInit returned MFX_ERR_ABORTED
20476 2022-6-14 19:46:0:368     found subkey: tracer
20476 2022-6-14 19:46:0:368     opened key: tracer
20476 2022-6-14 19:46:0:368     loaded VendorID : 0x8086
20476 2022-6-14 19:46:0:368     loaded DeviceID : 0x3ea0
20476 2022-6-14 19:46:0:368     loaded Merit : 2147483646
20476 2022-6-14 19:46:0:368     merit conflict: lastMerit = 0x7ffffffe, requiredMerit = 0x7ffffffe, libraryMerit = 0x0, lastindex = 0, index = 0
20476 2022-6-14 19:46:0:368     [WINREG]: EnumKey with index=1: RegEnumKeyExW()==0x103
20476 2022-6-14 19:46:0:368     no more subkeys : RegEnumKeyExA()==0x103
20476 2022-6-14 19:46:0:368     loading library C:\0work\github_msdk\Intel(R) Media SDK 2020 R1 - Media Samples 8.4.32.0\_bin\x64\libmfxsw64.dll
20476 2022-6-14 19:46:0:368     invoking LoadLibrary(C:\0work\github_msdk\Intel(R) Media SDK 2020 R1 - Media Samples 8.4.32.0\_bin\x64\libmfxsw64.dll)
20476 2022-6-14 19:46:0:368     can't find DLL: GetLastErr()=0x7e
20476 2022-6-14 19:46:0:368     loading default library libmfxhw64.dll
20476 2022-6-14 19:46:0:368     invoking LoadLibrary(libmfxhw64.dll)
20476 2022-6-14 19:46:0:373     loaded module C:\WINDOWS\SYSTEM32\libmfxhw64.dll
20476 2022-6-14 19:46:0:373     MFXInitEx(MFX_IMPL_HARDWARE|MFX_IMPL_VIA_D3D11,ver=1.0,ExtThreads=0,session=0x000001E957601010)
20476 2022-6-14 19:46:0:379     MFXQueryVersion returned API: 1.35
20476 2022-6-14 19:46:0:379     library loaded succesfully
20476 2022-6-14 19:46:0:379     [WINREG]: Opening key "HKEY_CURRENT_USER\Software\Intel\MediaSDK\Plugin" : RegOpenKeyExW()==0x2
20476 2022-6-14 19:46:0:380     [HIVE]: Found Plugin: HKEY_LOCAL_MACHINE\Software\Intel\MediaSDK\Plugin\(15DD9368-25AD-475E-A34E-35F3F54217A6)
20476 2022-6-14 19:46:0:380     [HIVE]: Type          : 1
20476 2022-6-14 19:46:0:380     [HIVE]: CodecID       : HEVC
20476 2022-6-14 19:46:0:380     [HIVE]: GUID          : 15-DD-93-68-25-AD-47-5E-A3-4E-35-F3-F5-42-17-A6
20476 2022-6-14 19:46:0:380     [HIVE]: Path          : C:\Program Files (x86)\IntelSWTools\Intel(R) Media SDK 2020 R1\HEVC Decoder & Encoder\Plugin\15DD936825AD475EA34E35F3F54217A6\mfxplugin64_hevcd_sw.dll
20476 2022-6-14 19:46:0:380     [HIVE]: Default       : false
20476 2022-6-14 19:46:0:380     [HIVE]: PluginVersion : 1
20476 2022-6-14 19:46:0:380     [HIVE]: APIVersion    : 1.28
20476 2022-6-14 19:46:0:380     [HIVE]: Found Plugin: HKEY_LOCAL_MACHINE\Software\Intel\MediaSDK\Plugin\(2fca9974-9fdb-49ae-b121-a5b63ef568f7)
20476 2022-6-14 19:46:0:380     [HIVE]: Type          : 2
20476 2022-6-14 19:46:0:380     [HIVE]: CodecID       : HEVC
20476 2022-6-14 19:46:0:380     [HIVE]: GUID          : 2F-CA-99-74-9F-DB-49-AE-B1-21-A5-B6-3E-F5-68-F7
20476 2022-6-14 19:46:0:380     [HIVE]: Path          : C:\Program Files (x86)\IntelSWTools\Intel(R) Media SDK 2020 R1\HEVC Decoder & Encoder\Plugin\2fca99749fdb49aeb121a5b63ef568f7\mfxplugin64_hevce_sw.dll
20476 2022-6-14 19:46:0:380     [HIVE]: Default       : false
20476 2022-6-14 19:46:0:380     [HIVE]: PluginVersion : 1
20476 2022-6-14 19:46:0:381     [HIVE]: APIVersion    : 1.28
20476 2022-6-14 19:46:0:381     [WINREG]: EnumKey with index=2: RegEnumKeyExW()==0x103
20476 2022-6-14 19:46:0:383 >> MFXInitEx called
20476 2022-6-14 19:46:0:383     par.Implementation=MFX_IMPL_HARDWARE|MFX_IMPL_VIA_D3D11
20476 2022-6-14 19:46:0:383     par.Version.Major=1
```

图 4-25　H.264/AVC 的部分日志记录信息

4.3　本章小结

在实际的开发过程中，部分开发者不知道开发套件的下载地址，或者不知道如何下载最新的开发套件，部分开发者下载了开发套件之后却不知道如何搭建开发环境，因此本章对此类问题进行了总结。对于使用 Windows 操作系统的开发者，建议去英特尔的官方网站下载并安装开发套件，例程的套件不需要再单独下载安装了；对于使用 Linux 操作系统的开发者，建议去 GitHub 网站下载发行版，因为主分支（main branch）上有一些新提交的代码，所以不是稳定版。对于想要自己添加、修改代码的开发者，可以自行决定，有了一个好的代码基础，有助于快速验证平台性能，加速开发进度。

CHAPTER 5

第5章

Linux视频加速软件框架

如前所述，英特尔酷睿和凌动产品线的处理器都拥有集成显卡，进而也都拥有了视频处理加速的能力。除了桌面市场普遍采用的Windows操作系统外，在很多物联网应用场景中，Linux操作系统也被广泛使用。例如公共安全领域的网络录像机、视频墙，商务及教育场景中的视频会议终端、多点控制器、录播系统等。这些产品形态对并发视频处理性能要求都很高，因此必须利用平台的视频加速功能。Linux系统之所以能在这些场景中得到广泛应用，有如下几个原因：

- 在嵌入式时代，行业中积累了大量Linux系统开发人才，包括从Bootloader到内核，再到应用开发。对企业来说，人才招聘相对容易。
- 如上所述，由于这些产品形态对系统综合性能要求很高，很多时候会需要针对特定场景做一些深度定制，相对于封闭的Windows，开源的Linux系统是更好的选择。
- 虽然Linux系统的应用程序生态不太好，但这些产品面向的通常是相对独立的封闭系统，对生态要求不高。

一直以来，英特尔对开源社区都保持着大力的投入。在视频处理加速领域，如图5-1所示，英特尔平台Linux系统软件栈的所有组件全部都是开源的。

在内核态，使用直接渲染管理器（Direct Rendering Manager，DRM）框架来实现对集成显卡命令的提交和同步、显存的管理，显示控制器的控制等。因此不仅可以用于视频处理，其他处理，例如3D渲染、通用GPU计算（GPGPU）等相关业务都可以通过使用DRM访问GPU硬件实现。DRM是一个通用框架，同时支持不同厂家的显卡，针对英特尔平台的驱动有3个版本，分别是gma500、i810和i915。其中gma500和i810都是针对早期平台的驱动。gma500针对GMA（Graphics Media Accelerator）产品线集成了PowerVR SGX系列产品的平台驱动，i810是针对1999年发布的i810平台的显卡驱动，而i915则包含对 i810 之后所有集成显卡产品的驱动支持。从支持的平台上可以看到，gma500 和 i810 都是针对早期平台的驱动，现在已经不用了。libdrm 是 DRM 用户态封装库，包括常量、结构体和其他帮助函数。使用 libdrm 可以避免直接暴露内核态的接口，同时也方便在程序之间共用代码。

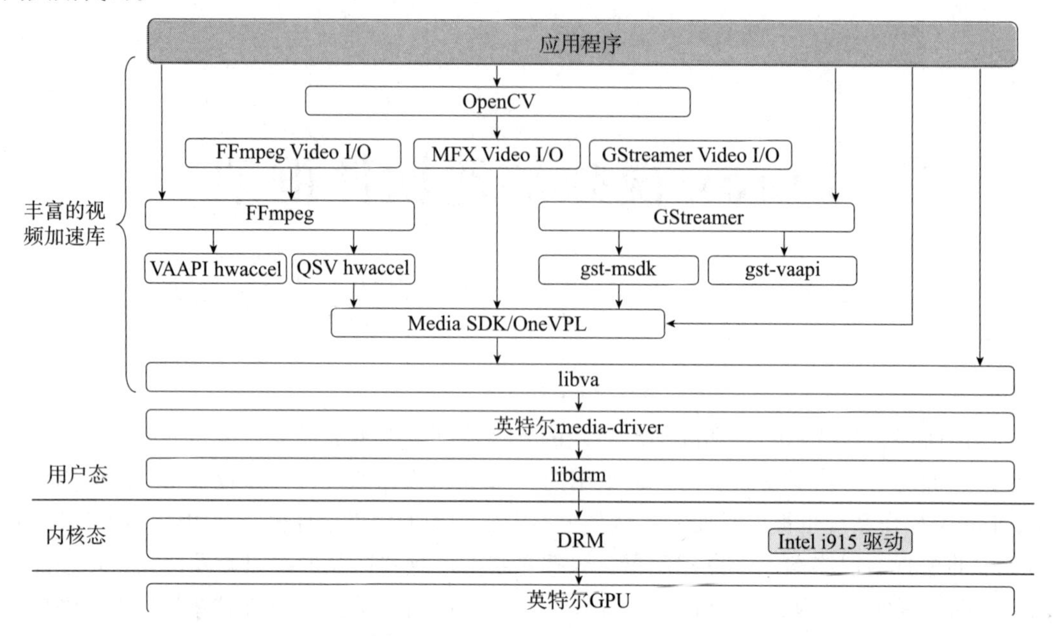

图 5-1　Linux 视频处理软件栈

英特尔在 2008 年通过 libva 实现了开源的 VA-API（Video Acceleration API）规范来支持基于 GMA 系列显卡的视频处理加速，包括解码、编码、后处理、渲染等操作。其视频编解码接口是平台和窗口系统独立的，可以和 X Window、libdrm 或者 Wayland 等不同的显示方式配合。libva 通过和硬件相关的用户态驱动来支持不同的硬件平台。详细来说，VA-API 从接口层面支持如下编解码过程中的加速：运动补偿、反离散余弦变化、环路去块滤波器、帧间预测、可变长编解码、CAVLC/CABAC 流处理。VA-API 的定义相对底层，更接近于硬件本身进行视频加速的逻辑。

在 libva 之上有多条分支，一方面英特尔实现了 Media SDK 来提供更易于普通用户使用的接口，同时提供跨操作系统的支持，另一方面也支持通过 FFmpeg/GStreamer 框架的 VA-API 插件直接访问 libva，同时这两个框架也提供了对应插件来支持对 Media SDK 的访问。

如 3.6 节介绍的，OneVPL 并非全新的接口，它还可以称为 Media SDK 2.0，两者的核心接口是完全一致的，不同点在于 OneVPL 移除了部分使用频次低的功能，例如音频、FEI（Flexible Encoding Infrastructure）、插件机制、非透明内存（opaque memory），同时简化了会话初始化流程，新增了对内部内存分配机制和解码后直接后处理的支持。

随着 AI 的发展，Open CV 被广泛使用，其通过 Video I/O 的方式来支持视频处理加速，包括对 FFmpeg、GStreamer 以及直接 Media SDK 的调用。

总的来说，在 Linux 系统下，英特尔平台提供了对主流多媒体框架的支持来访问视频处理加速的功能，同时也允许用户直接基于 Media SDK/libva 来实现应用程序，获得更多定制化的可能。Media SDK/OneVPL 以及多媒体框架在第 6 章会专门介绍，因此从下至上，本章的重点会放在 DRM、libdrm 和 VA-API 部分，尝试将这些组件在解决其核心问题的过程中遇到的各种概念和基础原理梳理清楚，便于读者形成相对完整的总体认知。另外，由于 libdrm 为 DRM 的用户态封装，因此更多的篇幅也会放在 DRM 部分。

5.1　直接渲染管理器

如前所述，DRM 模块为用户态提供统一的接口来管理对现代 GPU 的访问，包括四大主要功能：权限控制、内核模式设置（Kernel Mode Setting，KMS）以及最为复杂的内存管理和 GPU 命令提交。在大部分客户的实践中，虽然很少对 DRM 模块以及 i915 驱动做实际的修改，但了解其实现对于调试以及深刻理解硬件工作逻辑会有很大帮助。因此本节会介绍 DRM 模块在提供上述 3 种功能的过程中会涉及的各种概念和基础原理，以备不时之需。限于篇幅，本节的介绍重心会放在最为复杂的内存管理和命令提交部分，对模式设置和权限控制只进行简要介绍。图 5-2 展示了 DRM 框架从用户态到内核态的软件栈。

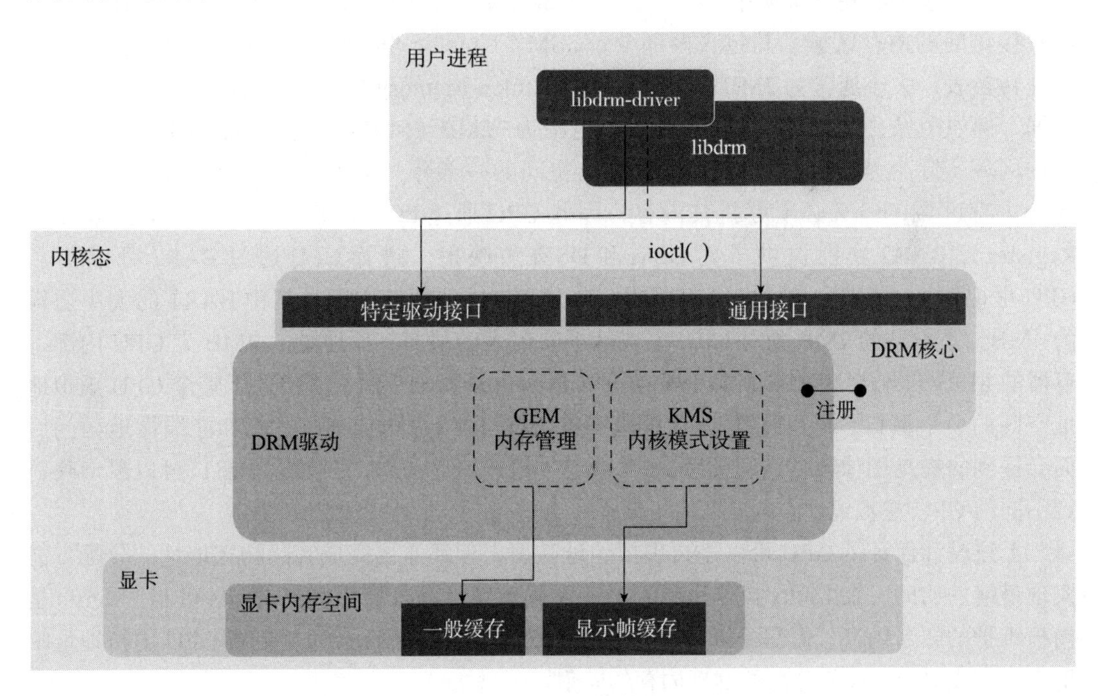

图 5-2　DRM 软件栈

5.1.1 内存管理

为了能对视频处理、3D 渲染、GPGPU 运算、AI 运算做加速，现代 GPU 需要访问各种形式的缓存，例如纹理缓存、视频编码时的原始数据缓存、帧缓存、GPU 的命令缓存等。无论是独立的显存，还是和 CPU 共享的系统内存，都需要关心缓存同步，提供 CPU 访问 GPU 内存的方式，并且同步两者对缓存的访问。对于英特尔集成显卡，由于共享系统内存，还需要考虑系统内存到 GPU 虚拟地址空间的映射管理。虽然这些操作都是和特定硬件驱动相关的，不过有两个比较通用的框架提供了统一的接口来允许用户态创建、销毁和访问缓存。一个是 TTM（Translation Table Manager），另一个是 GEM（Graphics Execution Manager）。i915 驱动采用了 GEM 作为内存管理和命令提交的框架。我们会看到一些特有概念，接下来的 7 个小节将逐一解释其中比较重要的概念。

5.1.1.1 内存区域

在英特尔平台上，和诸多子系统一样，集成显卡也被挂载在 PCIe 总线上，设备号为 00:02:0。GPU 运行过程中主要需要访问如下几种不同类型的存储区域：寄存器、虚拟地址转换表、实际数据以及一些特殊缓存，例如 VGA 帧缓存等。集成显卡使用统一内存架构，除了寄存器之外，其他内存实际上是和 CPU 共享系统内存。类似于 CPU，GPU 也支持通过虚拟地址进行内存访问，从而在实际物理地址空间不连续的情况下，也能够连续地访问成片的内存区域。后文会详细介绍的虚拟地址转换表正是为了支持此功能。

在集成显卡的硬件手册中，经常会看到 Stolen Memory 的概念，其含义为操作系统不可直接访问的内存区域。其包含两部分：GSM（Graphic Stolen Memory），用于存储虚拟地址转换表，大小通常为 2MB；DSM（Data Stolen Memory），用于存放 GPU 需要处理的数据，例如图像、命令等，大小可配置，范围为 32MB～512MB。需要说明的是，DSM 包含的区域实际上是被映射为 GPU 虚拟地址空间的一部分。操作系统不能直接访问上述两部分内存区域，但又必须更新其内容，因此 GPU 通过 PCIe 设备的 BAR1（Base Address Register）、BAR2 分别提供了对 GSM 和 DSM 的映射。进而 CPU 通过 BAR1 可以更新 GPU 虚拟地址映射表，通过 BAR2 可以访问 GPU 虚拟地址空间。其中 BAR1 的大小通常为 4MB，高地址的 2MB 为对 GPU 虚拟地址映射表的映射，低地址的 2MB 为 GPU 内部寄存器的 MMIO 映射。BAR2 所指向的空间又称为 Aperture 空间，其类似于整个 GPU 虚拟地址空间的一个窗口，可以帮助 CPU 屏蔽 GPU 实际的内存布局细节，例如能线性地访问后面会提到的提高图像数据访问效率的片（tile）格式内存布局，并且这个窗口可以滑动映射到不同的 GPU 虚拟地址空间。

上述设计保证了 GPU 可以进行虚拟地址映射，但还需要完成实际物理地址的分配方能实现最终的访问。在 Linux 操作系统下，实际物理地址的分配使用了 shmfs 机制。shmfs 是内核维护的匿名内存，但是可以被用户态映射访问，i915 驱动会通过更新 GPU 虚拟地址映射表来完成对 shmfs 所分配的物理内存的映射。

5.1.1.2　地址空间

5.1.1.2.1　全局 GTT

接下来我们详细介绍上述提到的 GPU 完成虚拟地址映射的过程。GPU 有自己的虚拟地址空间，我们称作 GTT（Graphics Translation Table）。所有 GPU 功能，包括显示单元、渲染单元、视频处理单元，在访问内存时都需要经过 GTT 虚拟地址空间。在英特尔最新的 Gen12 集成显卡上，GTT 转换表的大小本身可以被配置为 2MB/4MB/8MB。GTT 中会存放若干 PTE（Page Table Entry）来完成对物理地址的映射。每个 PTE 可以寻址一个页，4KB 大小的物理空间。每个 PTE 大小为 4B。在 32 位地址模式下，GTT 虚拟地址空间的范围为 4GB。如图 5-3 所示，每一个虚拟地址的前 20 位为地址索引，指向全局 GTT 的一个 PTE，而一个 PTE 则指向了一个 4KB 的物理页，虚拟地址的低 12 位则被用于寻址这个物理页内部的空间，从而完成虚拟地址到物理地址的映射。对于优先级很高的 GPU 用户，比如显示控制器，其总会使用全局 GTT 模式。

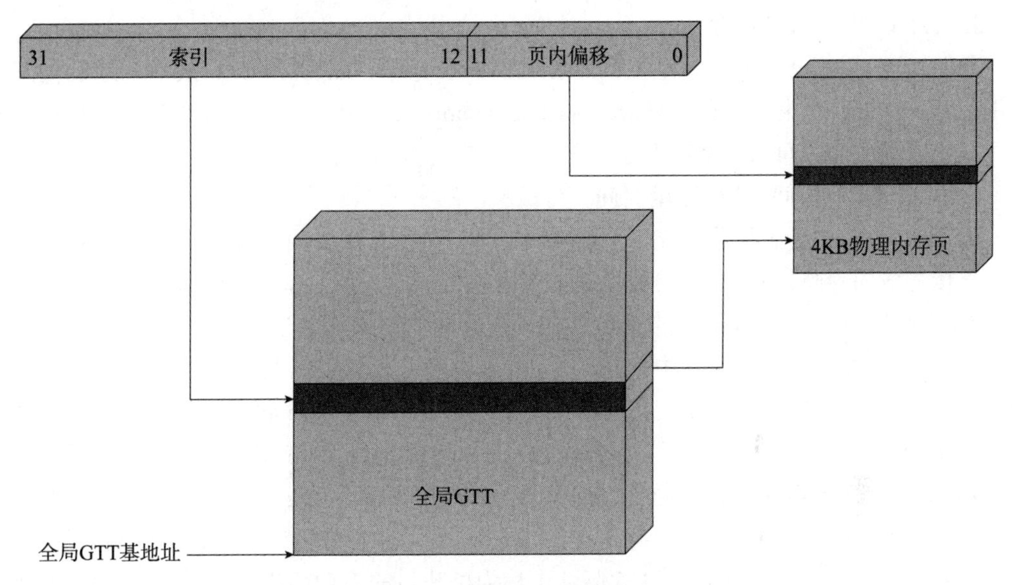

图 5-3　全局 GTT 映射关系

图 5-4 给出了最简单的 PTE 的 32 位地址模式的详细结构，其中 12～39 位为对物理地址的映射，还有几个状态位来表明缓存模式、是否有效等信息。在 32 位地址模式下，32～39 位必须为 0。

5.1.1.2.2　进程独立 GTT

从第七代 GPU 开始，除了全局 GTT 这种地址映射模式外，英特尔引入了进程独立 GTT（Per-Process Graphics Translation Table，PPGTT），每一个 GPU 进程会有自己独立的 GTT 地址空间，其大小和 Global GTT 的大小保持一致。这里的每个进程其实是指每个 GPU 任务的上下文。使用 PPGTT 的好处在于可以隔离两个不同任务的上下文，其不会相互干扰。同时 PPGTT 的 PTE 可以存放在可缓存内存中，因此其查找过程会受益于大型 LLC 缓存。相比较而言，全局 GTT 的 PTE 查找过程总是命中主存。

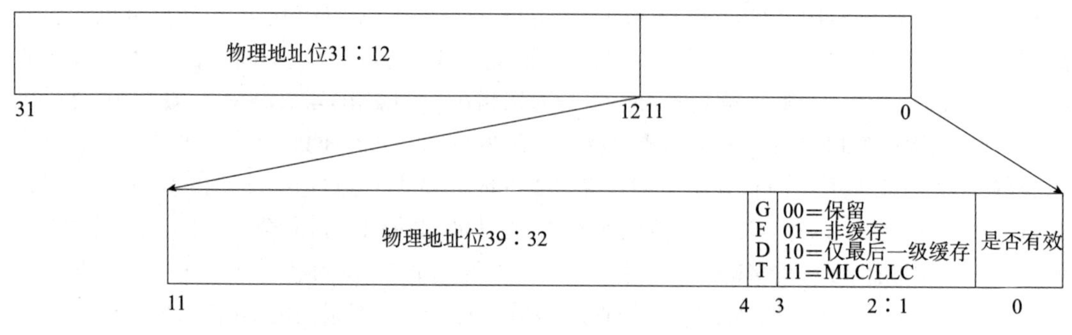

图 5-4　PTE 详细结构

5.1.1.2.3　共享虚拟内存

我们知道 CPU 也有虚拟地址空间，在之前的设计中，GPU 和 CPU 的虚拟地址空间是不相关的。有了共享虚拟内存（Shared Virtual Memory，SVM）之后，GPU 和 CPU 可以使用同一个虚拟地址访问同一个物理地址。

5.1.1.3　CPU 访问 GPU 地址空间

由于英特尔集成显卡采用统一内存架构，当 CPU 需要访问 GPU 操作的内存地址时，其实直接将该内存映射到 CPU 的虚拟地址空间就可以了。但是基于各种原因，我们经常需要让 CPU 通过 GPU 的虚拟地址空间间接访问实际的物理地址。

因为 GPU 在英特尔的架构中也是一个 PCIe 设备，为了实现上述目的，全局 GTT 的低地址空间是可以通过这个 PCIe 设备的第二个基地址寄存器（base address register）BAR2 的 MMIO 地址空间来访问的。我们可以将 CPU 的 PTE 指向那个 MMIO 的窗口，然后将对应的 GTT 指向最终的实际主存。通常发起这些 CPU 访问的设备是系统代理（System Agent，SA）。需要注意的是 PPGTT 是没有这样的窗口的，其地址空间是只能被 GPU 访问的。这个针对 CPU 的 GTT 窗口通常在 i915 驱动中称为可映射的 GTT 空间，它是通过写合并缓存的方式进行映射的。

5.1.1.4　GTT 页表存储

我们知道到 GPU 需要访问内存的时候，是通过 GTT PTE 的设置来进行虚拟地址空间和物理地址的映射的。那么 GTT PTE 这个地址转换表本身放在什么地方？为什么 GPU 可以直接访问这一段地址而不用进行映射呢？

首先 GTT PTE 也是放在系统内存中的，其空间是由 BIOS 从 Stolen Memory 区间分配的。如前面内存区域章节提到的，这个部分的内存是不被 Linux 内核管理的。对于这些 PTE 的更新则是通过 MMIO BAR 的方式进行的，原因是为了让系统代理更新 TLB（Table Lookaside Buffer，旁路转换缓存，是用于缓存虚拟地址和物理地址映射关系的高速缓存）。

需要注意的是，这里的更新只是针对 CPU 访问的页表缓存 TLB，其他对 GTT 的访问有自己独立的规则来进行页表缓存 TLB 的更新。

图 5-5 所示为 BIOS 分配的整个地址空间，加框的部分预留给 GPU 的 Stolen Memory，地址为 7c000001～7fffffff。

```
root@intel-corei7-64:/sys/kernel/debug/dri/0# cat /proc/iomem
00000000-00000fff : reserved
00001000-00057fff : System RAM
00058000-00058fff : reserved
00059000-0009dfff : System RAM
0009e000-000fffff : reserved
  000a0000-000bffff : PCI Bus 0000:00
  000c0000-000dffff : PCI Bus 0000:00
  000e0000-000fffff : PCI Bus 0000:00
    000f0000-000fffff : System ROM
00100000-0effffff : System RAM
  01600000-01f8d041 : Kernel code
  01f8d042-0252e03f : Kernel data
  0267c000-02781fff : Kernel bss
0f000000-12151fff : reserved
12152000-78190fff : System RAM
78191000-79f40fff : reserved
79f41000-79f8dfff : ACPI Non-volatile Storage
79f8e000-79f8efff : reserved
79f8f000-79fa0fff : ACPI Non-volatile Storage
79fa1000-79fd0fff : ACPI Tables
79fd1000-7ab78fff : System RAM
7ab79000-7ab79fff : ACPI Non-volatile Storage
7ab7a000-7aba3fff : reserved
7aba4000-7affffff : System RAM
7b000000-7fffffff : reserved
  7c000001-7fffffff : PCI Bus 0000:00
    7c000001-7fffffff : Graphics Stolen Memory
80000000-cfffffff : PCI Bus 0000:00
  80000000-8fffffff : 0000:00:02.0
  90000000-90ffffff : 0000:00:02.0
  91000000-91ffffff : 0000:00:03.0
  92000000-927fffff : 0000:00:00.2
  92800000-928fffff : 0000:00:00.2
  92900000-929fffff : 0000:00:0e.0
    92900000-929fffff : ICH HD audio
  92a00000-92afffff : PCI Bus 0000:02
    92a00000-92a1ffff : 0000:02:00.0
      92a00000-92a1ffff : igb
    92a20000-92a23fff : 0000:02:00.0
      92a20000-92a23fff : igb
  92b00000-92b0ffff : 0000:00:15.0
    92b00000-92b0ffff : xhci-hcd
  92b18000-92b1bfff : 0000:00:0e.0
```

图 5-5　BIOS 分配地址空间

从图 5-6 可以看到 GPU 的 PCI 寄存器中 BAR 0x70 地址存放的就是这个 Stolen Memory 中存放 GTT 页表的基地址。

Graphics PCI Registers

GFX PCI Registers

Address Space	Address	Symbol	Name
PCI: 0/2/0	00000h	DID	Device ID and Vendor ID
PCI: 0/2/0	00004h	PCICMD_STS	PCI Command and Status
PCI: 0/2/0	00008h	RID_CC	Revision ID and Class Code
PCI: 0/2/0	0000Ch	HDR_CC	Header Type
PCI: 0/2/0	0000Ch	GTTMMADR_LSB	Base Graphics Translation Table and Memory Mapped Range
PCI: 0/2/0	00014h	GTTMMADR_MSB	Base Graphics Translation Table Modification and Memory Mapped Range
PCI: 0/2/0	00018h	GMADR_LSB	Graphics Aperture Location Masks
PCI: 0/2/0	0001Ch	GMADR_MSB	Graphics Aperture Location
PCI: 0/2/0	00020h	IOBAR	I/O Base Address
PCI: 0/2/0	0002Ch	SSID_SID	Subsystem ID
PCI: 0/2/0	00034h	CAPPOINT	Pointer to linked list of Capabilities for device
PCI: 0/2/0	0003Ch	INTRLINE	Interrupt Line Routing
PCI: 0/2/0	00050h	GGC	GMCH Graphics Control Register
PCI: 0/2/0	0005Ch	BDSM	Base address of Data Stolen DRAM Memory
PCI: 0/2/0	00060h	MSAC	Size of the Graphics Memory Aperture
PCI: 0/2/0	00070h	BGSM	Base of the GTT table in Gfx Stolen Memory
PCI: 0/2/0	00090h	MSI_CAPID_MC	Message Signaled Interrupts Capability ID and Control Register
PCI: 0/2/0	00094h	MA	Message Address
PCI: 0/2/0	00098h	MD	Message Data
PCI: 0/2/0	000A4h	AFLC	Advanced Features, Length and Capabilities
PCI: 0/2/0	000A8h	AFCTLSTS	Advanced Features Control and Status
PCI: 0/2/0	000B0h	VCID	Vendor Capability ID
PCI: 0/2/0	000B4h	VC	Vendor Capabilities
PCI: 0/2/0	000C4h	FD	Functional Disable
PCI: 0/2/0	000D0h	PMCAPID	Power Management Capabilities and ID
PCI: 0/2/0	000D4h	PMCS	Power Management Control Status
PCI: 0/2/0	000E0h	SWSMISCI	Software System Management Interrupt and System Control Interrupt Event Source and Trigger

图 5-6　Intel GPU PCI 寄存器

如图 5-7 所示，通过 lspci 可以看到 0x7c080001 就是存放 GTT 页表的地址，其正好指向了 Stolen Memory 的一部分区域，Stolen Memory 空间的其他部分会有其他用途，比如作为 BIOS 的启动帧缓存。

如果 CPU 需要更新 GTT PTE，就可以通过图 5-8 高亮部分的 GTT Memory 区域来进行更新，CPU 之所以可以实现此访问，是因为 GPU 在设计上将存放 GTT 页表的 Stolen Memory 再次映射到 CPU 可以访问的 PCI BAR 地址区间。

```
root@Storage:~# lspci-xxxx-s 00:02.0
00:02.0 0300: 8086:22b1(rev 35)
00: 86 80 b1 22 07 04 10 00 35 00 00 03 00 00 00 00
10: 04 00 00 90 00 00 00 00 0c 00 00 80 00 00 00 00
20: 01 30 00 00 00 00 00 00 00 00 00 00 86 80 70 72
30: 00 00 00 00 d0 00 00 00 00 00 00 00 07 01 00 00
40: 00 00 00 00 00 00 00 00 00 00 00 00 00 00 00 00
50: 09 02 00 00 00 00 00 00 00 00 00 00 00 00 c0 7c
60: 00 00 01 00 00 00 00 00 00 00 00 00 00 00 00 00
70: 01 00 80 7c 07 00 00 00 00 00 00 00 00 00 00 00
80: 00 00 00 00 00 00 00 00 00 00 00 00 00 00 00 00
90: 05 b0 01 00 0c f0 e0 fe c2 41 00 00 00 00 00 00
a0: 00 00 00 00 13 00 06 03 00 00 00 00 00 00 00 00
b0: 09 00 07 01 00 00 00 00 00 00 00 00 00 00 00 00
c0: 00 00 00 00 00 00 00 00 00 00 00 00 00 00 00 00
d0: 01 90 22 00 00 00 00 00 00 00 00 00 00 00 00 00
e0: 00 80 00 00 01 00 00 00 00 00 00 00 00 00 00 00
f0: 00 00 00 00 00 00 00 00 00 00 00 00 00 a0 f3 7b
```

图 5-7　Intel GPU PCI 地址空间内容

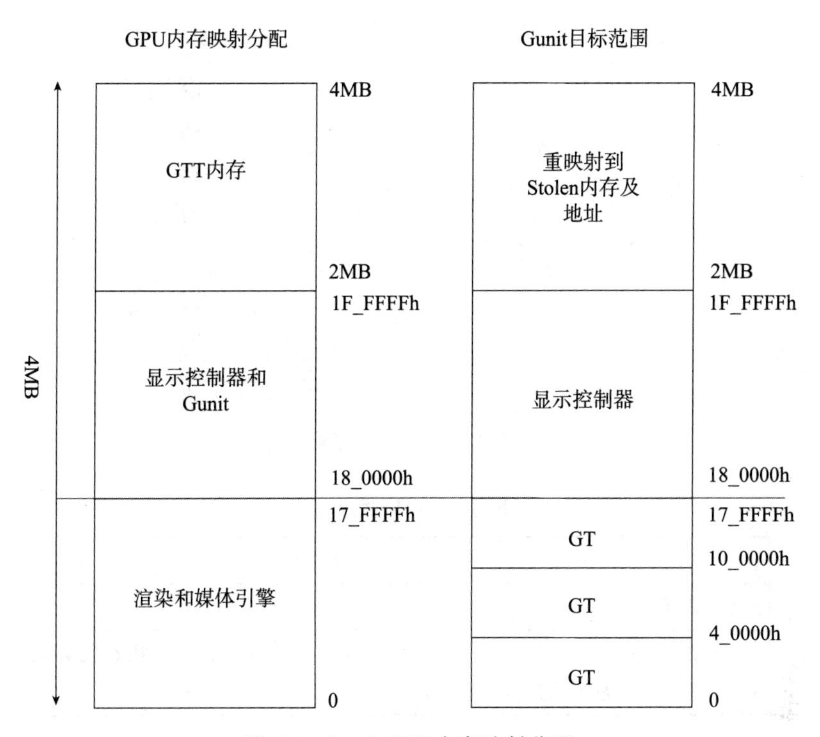

图 5-8　Intel GPU 内存映射分配

5.1.1.5　片机制

GPU 通常处理的都是二维的图像数据，其对内存的访问模式和 CPU 的通用处理需求很不一样。我们可以想象一下 GPU 在绘制一条垂直线的场景（这里假设每一条水平线都是按顺序连续存储在内存当中的）：当绘制第一个像素的时候只会访问 4 个字节，而绘制第二个像素则需要访问若干字节后的内存中的 4 个字节（取决于一条水平线的长度）。这不仅意味着我们会遇到缓存未命中（Cache Miss），并且同时有 TLB 未命中。因此，当我们要绘制一条 1 像素宽，长度与屏幕高度相同的竖线时，将会遇到上千次的缓存未命中和 TLB 未命中，而此时的数据量其实只有 1～2KB。没有足够的缓存和 TLB 能够将如此大的数据一次性缓存进来。

对于需要顺序访问的一维数据来说，线性格式是高效的。但对于二维数据来说，线性存储格式就比较低效了。为了解决这个问题，我们的方案是重新组织二维缓冲的内存存放格式，从顺序存放调整为以固定大小的块为单位进行，通常每个块的大小为一个页的大小，也就是 4KB，并且其起始地址是和物理内存的页对齐的。那么只要我们的数据访问是在这个块中进行的，就不会有 TLB 未命中。

英特尔 GPU 提供多种片的布局，在这里介绍两种最常用的：X 片格式和 Y 片格式，图 5-9 所示为两种格式的二维分布。表 5-1 则给出了两种格式更细节的规范描述。[⊖]

⊖ 5.1.1.5 ～ 5.1.1.8 节的内容整理自 2012 年 Daniel Vetter 的 i915/GEM Crash Course。新版本内核的实现可能会有变化。

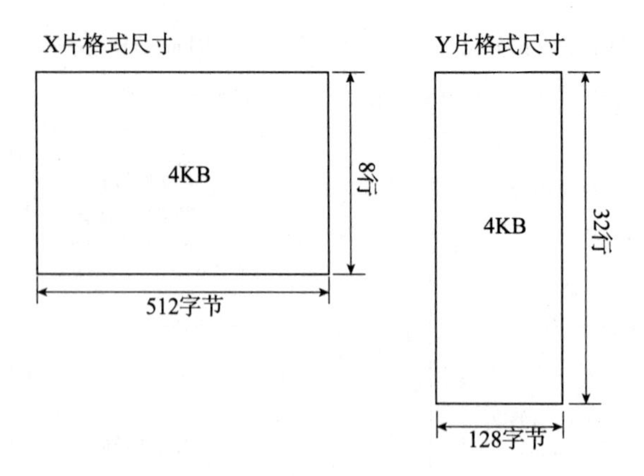

图 5-9　X 片和 Y 片格式

表 5-1　片格式规范

片格式	详细内容
X 片	512B/ 行 ×8 行
Y 片	128B/ 行 ×32 行。对于 32 比特 / 像素的帧缓存来说，这意味着 32×32 像素布局，因此在 *X* 和 *Y* 方向都是很好地对称的

片格式区域的水平间距必须以整数个片为单位。如图 5-10 所示，这个片格式的帧缓存的水平间距为 8 个片，所以其宽度为 8×512B=4KB。需要注意的是，这是指内存区域本身的对齐要求，帧缓存本身的大小可以是任意的。

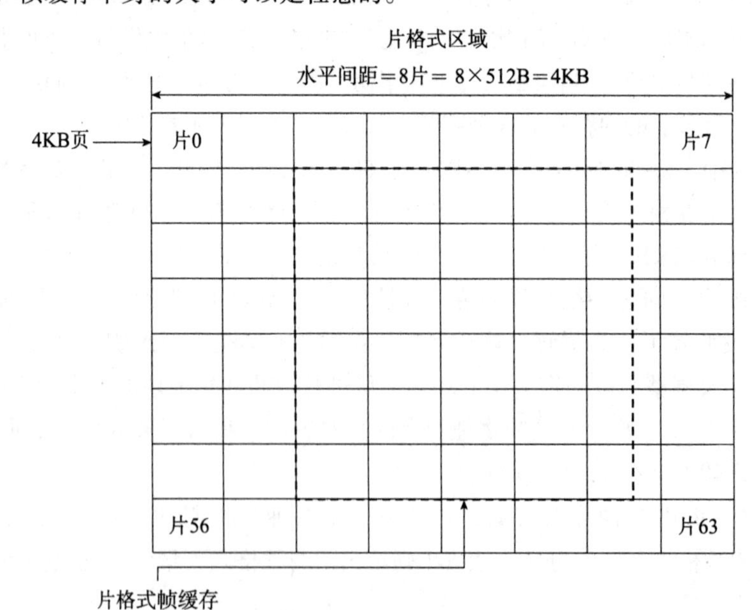

图 5-10　片格式区域的间距对齐

如果某个帧缓存是作为显示缓冲，通常需要是线性模式或者 X 片模式。

对于片格式，如果我们同时使用双通道内存，那么会带来更高的复杂度。从效率的角度考虑，我们希望一次性从一个通道读取整个 64B 的数据块（其正好是缓存行的大小）。为了做两个通道的负载均衡，我们通常会从第一个通道加载偶数号的缓存行，从第二个通道加载奇数号的缓存行。

但不幸的是，这种内存通道的交叉和 X 片格式放在一起会带来如下内存访问路径：还是假想我们要绘制一条垂直的线，读取每个像素时都提前读取 512B（因为 X 片格式的一行为 512B），这意味着我们将始终命中相同的内存通道（因为 512%64==0，每个有效像素的访问都发生在相同的内存通道）。绘制水平线时，Y 片格式也会发生同样的情况。查看内存地址，我们看到第 6 位决定了选择使用哪个内存通道，因此可以通过将额外的更高位异或到第 6 位（称为 swizzling）来平衡访问模式。

在 Sandybridge 之后的平台上，驱动可以动态地控制 swizzling 功能，当发现有对称的 DIMM 内存配置时使能它。简单来说，swizzling 功能为我们提供了平衡双通道内存访问的能力。

5.1.1.6　Fence 机制

通常来说，Fence 这个词在图形加速领域拥有一个广为人知的含义，那就是一种用于追踪 GPU 命令执行结束的机制。其代表了一个同步点被插入 GPU 的命令中，以便 CPU 精准地知道 GPU 何时完成了这个命令的执行。而在英特尔 GPU 内存管理的场景中，Fence 是一种按照线性方式访问片格式内存的机制。在英特尔 GPU 的各种子引擎中，很多引擎拥有额外的状态位来表示一段内存为片格式，但也有部分引擎没有这样的状态位，例如早期平台的 2D 引擎（BLIT）。那么对于这些引擎，GPU 提供了一组 Fence 寄存器来显示地描述一段内存区域为片格式。因为没有找到一个合适的中文翻译，也为了避免和更普遍接受的含义冲突，在后续的描述中，我们将保持使用英文 Fence 来代表这个机制。

英特尔 GPU 通常会提供 16 个 Fence 寄存器，以供驱动自由地设置一段全局 GTT 空间的片内存的开始和结束地址，从而完成去片的功能，通常开始和结束地址需要按页对齐。需要注意的是 Fence 仅支持 X 片格式和 Y 片格式，不支持新的 W、Ys 和 Yf 等的片格式。

对于早期英特尔 GPU、显示引擎、2D 渲染引擎，都会需要 Fence 机制来完成去片的功能。在第四代 GPU 之后，这些引擎开始拥有自己的片状态位，不再需要 Fence 机制了。不过该机制对于 CPU 通过 MMIO（Memory Mapped I/O）窗口线性地访问 GPU 地址空间非常重要。这里介绍一下关于 GPU 的 MMIO 访问。由于英特尔 GPU 也是一个 PCIe 设备，因此可以拥有通过 PCIe 协议访问器片内存储的能力，也就是通过我们常说的 MMIO 方式进行，而其片内存储就包含全局 GTT 地址空间。

由于 Fence 寄存器的资源非常有限，因此其是动态按需和 GEM 对象进行绑定的。和对有限的内存资源的管理方法类似，i915 通过 LRU（最近最少使用）算法来管理 Fence 寄存器，也就是认为最近一段时间经常访问的 Fence 寄存器后续也会被经常访问，因此在有新的请求时，算法就会选择释放最近最不常用的 Fence 寄存器来存放新的映射。

5.1.1.7 处理 GTT 地址空间不足

GPU 指令的执行需要分配很多 GEM 对象来存放各种各样的数据，而创建 GEM 对象的开销很大，因此 GEM 驱动通常会尽量缓存所有分配过的 GEM 对象以备不时之需。其创建开销通常包含需要为每一个 GEM 对象分配对应的 shmfs 存储；同时为了保证缓存和主存内容的一致性，有可能需要刷新缓存；最后在第一次使用这个对象时还需要创建内存映射。当然这种机制避免了频繁的 GEM 对象分配带来的性能问题，但同时也带来了新的问题：内存总是有限的，当内存不足时，我们应该按照什么策略来释放这些可能已经不再被使用的 GEM 对象缓存呢?

GEM 子系统提供了一个 gem_madvise 的 IOCTL 接口，允许用户态程序通过 I915_MADV_DONTNEED 标志来告知内核当前的 GEM 对象是可以在内核需要的时候被回收的。当然其并没有销毁这个对象，因为用户态可能还保留对其的引用。当用户态程序需要重用这个对象时，可以再调用 gem_madvise 接口，并提供 I915_MADV_WILLNEED 标志来告知内核。最终由内核来确认这个对象对应的 shemfs 存储是否被释放。如果已经释放了，那么需要用户态释放对这个对象的引用，同时内核本身也会尝试尽量长时间地保留 GEM 对象的缓存。任何已经没有被 GPU 使用的对象都会被放入称为 inactive_list 的链表中，当 GTT 地址空间不足时，内核就可以按照最近最常使用的顺序（LRU）将使用率最低的对象销毁。然而 GEM 对象的大小千差万别，如果仅按照 LRU 的顺序从 inactive_list 中将对象逐出（Eviction）GTT 地址空间将是低效的，因为很有可能逐出了一系列很小的对象，释放的地址空间完全不足以放下新的需要更大空间的对象。

为了避免上述情况，GEM 实现了一个逐出烘焙器，其工作原理为：首先扫描 inactive_list，将对象添加进这个烘焙器中，直到可以组装出所需大小的 GTT 虚拟地址空间。然后倒序遍历这个列表，将落入该地址空间的对象标记为可以被释放的类别。最后，解除绑定所有被标注为可以释放类别的对象，创建新的请求的对象，以此来尽量减少重新映射到 GTT 地址空间的开销。如果遍历 inactive_list 无法满足需求，逐出烘焙器也会尝试去扫描正在被 GPU 使用的对象链表，不过这需要等待对象被使用完毕。如果还是不行，那么 GEM 就会返回 -ENOSPC 到用户态，表明这要么是内核子系统，要么是用户态驱动的 bug。

通常上述方式针对只需要新增一个 GEM 对象到 GTT 地址空间的情况。但如果我们是需要添加一个 BatchBuffer 到 GTT 地址空间，就需要确保和这个 BatchBuffer 相关的所有其他对象都不会被逐出。为了解决这个问题，我们需要将这些对象都标记为保留的、不可逐出的对象。在 i915 中是通过 pin 的方式将 GEM 对象常驻在 GTT 地址空间的。

5.1.1.8 保证缓存一致性

基于统一内存架构（UMA）设计，英特尔的 CPU 和 GPU 共享相同的系统内存。同时两者又都拥有自己的各级缓存，因此在两者之间保证数据一致性是不得不处理的问题。对于 CPU 而言，有我们常见的一二级数据缓存。而 GPU 同时拥有通用缓存和大量具有特定功能的缓存，同时还能够通过指令对缓存进行显式地管理来提高性能。

在 Gen6 GPU 之前（Sandy Bridge），GPU 和 CPU 之间没有共享的终极缓存（Last Level Cache，LLC）设计，GPU 写入的数据直接进入主存，如果 CPU 需要读取，则首先需要使 CPU 缓存中的内容无效，因为其可能包含过时的内容，这通常是通过 clflush 指令来完成的；同样，为了确保 CPU 写入的内容进入了主存，在 GPU 读取之前，也必须刷新 CPU 缓存，如此频繁的缓存更新操作会导致数据交换的效率降低。在 Gen6 之后，通过共享的 LLC，GPU 的读取和写入都可以和所有 CPU 缓存保持一致。

i915 GEM 驱动暴露了一组 IOCTL——pwrite 和 pread 来允许用户态程序读取和写入线性 GEM 对象。为了讨论这组接口如何选择最高效的方式来传递数据到 GPU，我们先看一看当通过 CPU 侧的映射方式来访问 GEM 对象时，如何处理不足一个缓存线（Cache Line）数据访问的情况。CPU 读取 GPU 写入的数据比较简单。无论大小如何，都需要保证在读取之前，所有对于区域的 CacheLine 都被同步到主存。而对于数据写入，只有在数据量小于一个 CacheLine 时，才需要在写入数据前进行缓存的数据无效操作，以避免 CPU 缓存中过时数据覆盖已经被 GPU 更新的部分。而当数据大小为整个 CacheLine 时，由于逻辑上就要更新所有的内容，因此我们直接进行写入操作就可以，不用在写入之前再做 CPU 缓存的无效操作。基于此，用户态会尽量保证不进行非完整 CacheLine 大小的数据写入操作。当然在写入数据后，我们也必须进行 CPU 缓存的刷新操作，以保证数据被写入主存，可供 GPU 访问。在 3.1.1.3 节我们介绍了两种从 CPU 访问 GPU GEM 对象的方法：通过 CPU 直接映射到物理地址和通过可映射的 GTT 地址空间映射到物理地址。上述所有缓存无效或刷新操作对于拥有 LLC 的平台来说是不适用的。在这些平台上，通过 CPU 直接映射到物理地址进行写入是效率最高的访问方式。如果通过可映射的 GTT 地址空间映射到物理地址的方式来进行写入，虽然可以避免手动执行 Tiling 和 Swizzling 的操作，但却是低效的。原因在于这种方式绕过了 LLC，直接操作内存，访问速度会被主存的吞吐量限制。而在没有 LLC 的平台上，通过可映射的 GTT 地址空间映射物理地址的方式进行写入相对而言则是高效的，因为第一种方式中频繁的无效操作和刷新 CPU 缓存的操作消耗更大。同时，无论在什么情况下，通过第二种方式进行的读取操作都是非常慢的，因为这种情况下是写合并（Write Combined）的映射方式，没有缓存的加速。

在 GPU 执行命令之前，无论是 GPU 指令还是数据，其存储和访问都是基础。因此，在前面的章节中，我们介绍了 GPU 如何访问内存，为什么片格式可以帮助 GPU 高效访问图形内存，如何平衡片格式在双通道内存上的访问能力，以及 Fence 机制如何帮助各种引擎实现对片内存的线性访问，接下来我们来看一下如何提交命令给 GPU。

5.1.2 命令提交

我们在第 2 章介绍过英特尔集成显卡内部有多个子引擎，例如 VDBox、VEBox。它们执行的任务各不相同，因此拥有彼此独立的命令流。如图 5-11 所示，集成显卡中每个子引擎都拥有自己接收命令流的硬件单元，称为 Command Streamer。每个 Command Streamer 由通用前端单元和引擎特有后端单元两部分组成，其中前者为引擎提供了一致的软件交互接口来完成命令流提交与同步，后者通过处理与引擎相关的命令与协议来完成对相应引擎的控制。

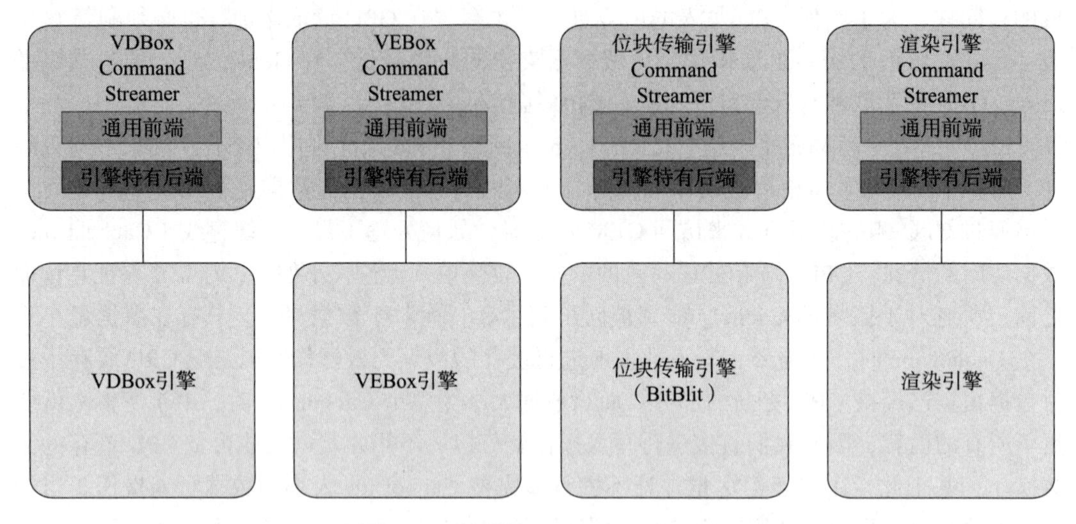

图 5-11　子引擎 Command Streamer

具体来说，为了存储命令流，Command Streamer 定义了环形缓冲区（ring buffer）和批处理缓冲（batch buffer）区。为了管理一组连续并相关的命令流，定义了逻辑上下文（Logical Context，LC），即保存在内存中的各种硬件状态。在此之上，实现了两种基于逻辑环上下文的任务调度和抢占模式：环形缓冲区模式和执行列表（execlist）模式。本章将具体介绍这些命令提交过程中会涉及的基础原理，并在最后简要介绍 i915 内核驱动中批处理缓冲区命令提交的具体实现。

5.1.2.1　命令缓冲区

每个子引擎都拥有自己的环形缓冲区来存储命令流，和常规实现一样，其通过头尾指针来标识缓冲区的读写状态。头指针为读索引，代表下一个集成显卡将要读取的命令地址，由集成显卡硬件更新；尾指针代表写索引，代表可以写入新命令流的起始地址，由软件更新。环形缓冲区本身必须位于非缓存模式映射的主存，且必须通过全局 GTT 进行地址映射，同时起始地址必须按照 4KB 对齐。

环形缓冲区的空间最大为 2MB，因此更多的命令流需要存储在其外部，也就是批处理缓冲区。批处理缓冲区的起始地址需要以 8B 对齐，理论上其长度没有限制，但需要是 8B 的倍数。通过分别在缓冲区前后插入 MI_BATCH_BUFFER_START 和 MI_BATCH_BUFFER_END 指令可以标识批处理缓冲区的开始和结束，因此其支持多级缓冲区，也就是批处理缓冲区中可以引用其他批处理缓冲区。图 5-12 展示了两种类型缓冲区的关系。

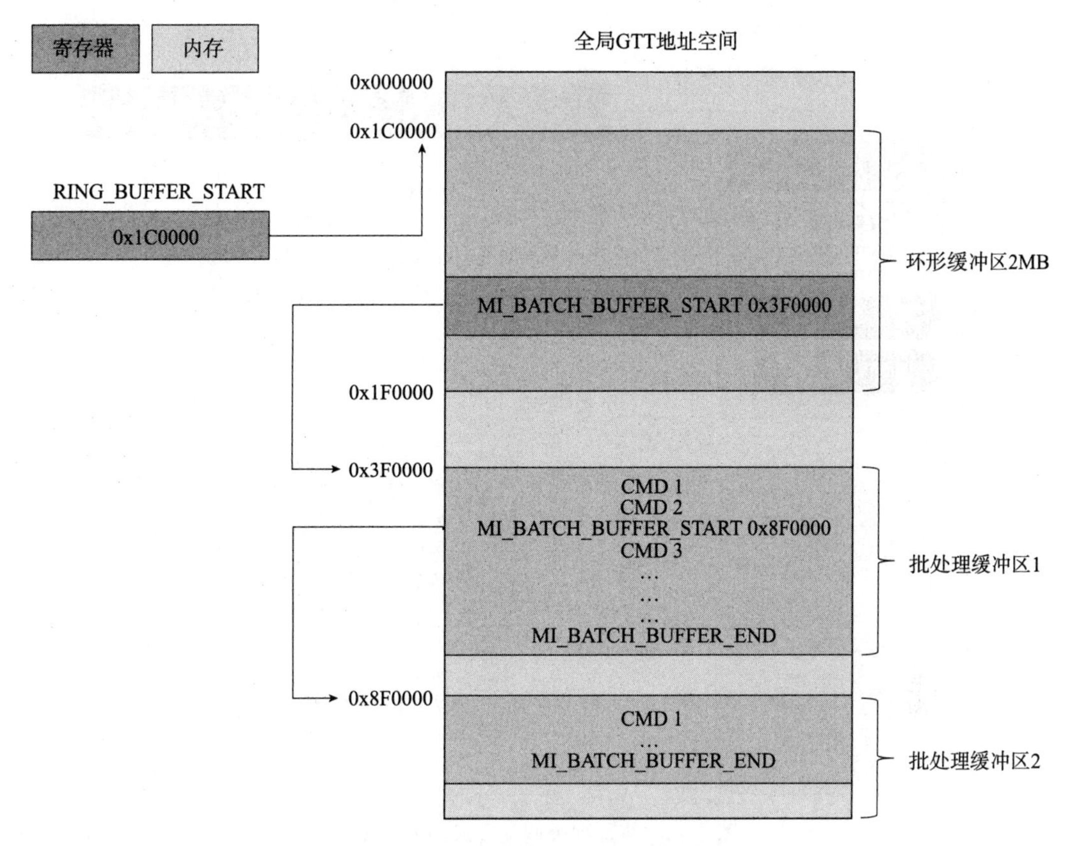

图 5-12　环形缓冲区和批处理缓冲区

5.1.2.2　逻辑上下文

随着命令流的执行，集成显卡的状态会产生变化，例如环形缓冲区的头尾指针、当前执行的批量处理缓冲区地址及头尾指针、子引擎状态寄存器赋值等。在进行任务切换前，这些状态和子引擎的配置寄存器设置必须被保存，以便任务恢复时可以根据这些状态从中断的位置重新开始。集成显卡的硬件只可能拥有一种运行时状态，因此这些状态的保存是通过被存储在内存而得以实现。本章开头提到的两种任务调度模式均需要 LC 支持，由于执行列表模式（execlist）的逻辑上下文更完整，下面主要介绍该种模式下的格式。需要注意的是，英特尔集成显卡从 Gen8 开始支持执行列表模式，接下来介绍更加成熟的 Gen12（Tiger Lake）的规格。

图 5-13 展示了执行列表调度模式下 LC 的详细格式。首先，任务提交以 LC 为单位，一次最多提交 8 个。每个 LC 拥有 8B 的描述符，包含了用于软件追踪的编号、LCA（Logical Context Address）以及该 LC 的优先级、错误处理机制、地址模式、是否有效等信息。其中 LCA 为全局 GTT 地址空间的指针，指向了完整的逻辑上下文。需要说明的是，在执行列表调度模式下，每个 LC 都拥有自己独立的逻辑环形缓冲区。

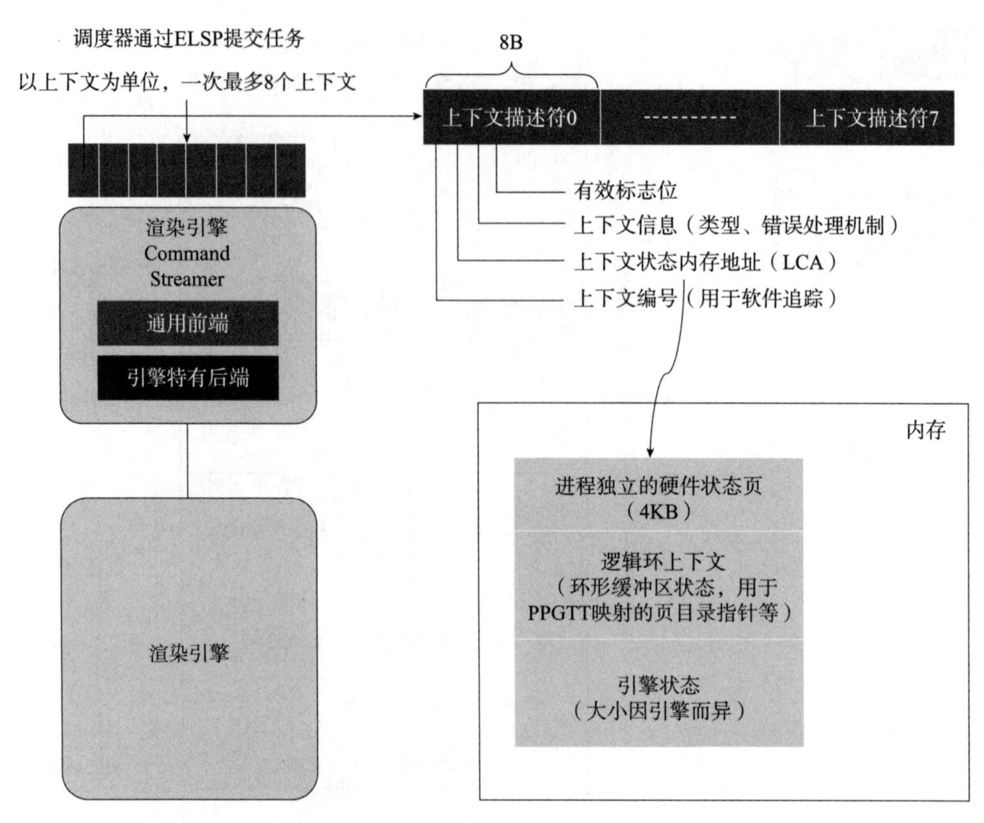

图 5-13　执行列表调度模式的 LC 格式

LC 包含了子引擎恢复执行被中断业务前必需的所有信息，其被划分为三个部分：传统的 4KB 硬件状态页，代表环形缓冲区的逻辑上下文状态，以及引擎自身的运行状态。表 5-2 所示为不同类别状态中所包含的典型信息。

表 5-2　逻辑上下文信息

类别	大小	信息
硬件状态页	4KB	该上下文累计运行时间、是否为执行列表首个上下文、上下文切换状态、抢占请求接收时间戳、上下文恢复完成时间戳、上下文保存完成时间戳
逻辑上下文状态	5 倍缓存线	包含一些列 MMIO 寄存器的映射，例如逻辑环形缓冲区起始地址及头尾指针寄存器、批处理缓冲区头尾及状态寄存器、PPGTT 映射页目录寄存器
引擎状态	因引擎而异	和引擎强相关的内部状态寄存器

5.1.2.3　任务调度和抢占

LC 使得驱动有办法以上下文来标识一组命令流，同时能够保存所有相关的硬件状态到内存并从中恢复，进而让以 LC 为粒度的任务调度变得可能。如前所述，调度方式又细分为环形缓冲区模式和执行列表模式。后者是从 Gen8 开始的主流模式，我们先介绍其实现原理。该模式为每个子引擎提供了专属的 MMIO 寄存器，称之为执行列表提交端口（Execution List Submission Port，ELSP）。正是通过向 ELSP 不断写入新的 LC 描述符，命令流得以按照 LC 为粒度执行。图 5-14 展示了 Gen12 ELSP 的内部工作原理。

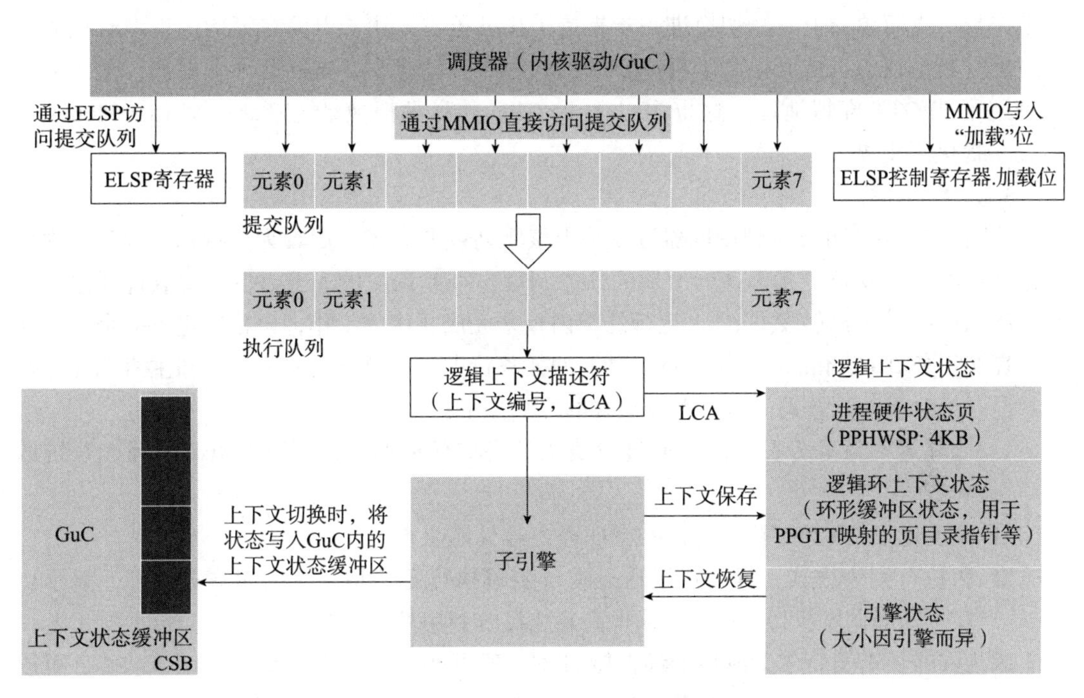

图 5-14 Gen12 ELSP 内部工作原理

从图中可见，ELSP 内部包含两个队列：提交队列和执行队列，分别简称为 SQ 和 EQ。存放的元素为前面提到的逻辑上下文描述符，用以标识运行一组命令流所需要的所有信息。调度器通过写入 ELSP 寄存器提交描述符到 SQ，最多可以缓存 8 个。该寄存器的一次写入仅能更新 4 个字节，也就是半个元素。因此，要完成 8 个元素的更新需要进行 16 次写操作。同时，SQ 也支持通过 MMIO 直接修改。相比前者，这种方式更为灵活，可任意修改需要的元素。进入 SQ 并不意味着上下文立即执行，还需要调度器显式地写入 ELSP 控制寄存器的"加载"位才能触发 EQ 同步 SQ 内容，进而从 EQ 的元素 0 开始顺序执行有效的上下文所代表的业务，自动跳过无效的上下文。当元素 7 执行完毕后，引擎恢复空闲。EQ 的顺序执行所触发的上下文切换称为同步上下文切换。另一种情况是，在 EQ 的执行过程中，调度器写入了 ELSP 控制寄存器的"加载"位，此时会触发抢占，被抢占的上下文会被自动保存到内存，之后 EQ 立即同步 SQ 内容并开始从元素 0 执行。执行完毕后，被抢占上下文会被自动恢复执行。这种形式的上下文切换称为异步切换。需要注意的是，VDBox 和

VEBox 的业务是不允许抢占的。即使对于支持抢占的渲染（render）和位操作（bitBlit）引擎，也并非所有指令都可以被中断，通常以下类型的指令会允许被打断，例如等待硬件信号量、事件或者部分 3D/GPGPU 操作指令。

简而言之，LC 的设计虚拟化了子引擎，让每个上下文都好像独占了子引擎。对于集成显卡驱动而言，这让上下文的切换调度变得像 CPU 进程切换一样方便，大大减少了软件的工作量。更简单的上下文切换进一步支持了任务抢占，让子引擎在等待过程中有机会被调度执行其他任务，从而提高了集成显卡的利用率。同时为了支持此种虚拟化，命令流内部采用了 PPGTT 虚拟地址，这也为 CPU 和 GPU 共享虚拟地址（Shared Virtual Memory，SVM）提供了支撑。

5.1.2.4　GuC

从图 5-14 中还可以看到调度器可以是内核驱动或者 GuC，后者为英特尔集成显卡内部的微处理器，主要负责多个并行引擎的任务调度。在此调度模式下，主机端软件通过"门铃（Doorbell）"机制触发 GuC 上运行的微内核来完成相应的工作，包括决定下一个运行任务，提交任务到 Command Streamer，可能的任务抢占，以及进度监测并通知主机端任务执行状况。相对于其他方式，GuC 调度模式的优势如下：

- 低延迟的任务分发，因其通过自身固件完成任务调度，所以可以减少操作系统的开销。
- 调度过程无 CPU 参与，保留 CPU 算力给其他业务。
- 和执行列表方式一样，可以通过在子引擎执行等待指令（例如缺页处理、显示更新）期间调度执行其他任务来提高集成显卡利用率。

因为并非所有英特尔集成显卡都支持 GuC，所以 i915 内核驱动默认关闭该功能，可以通过 i915.enable_guc 内核启动参数来启动，在第 8 章的表 8.1 中有具体的配置方法。

5.1.2.5　i915 批处理命令缓冲区提交流程

前面主要从硬件角度介绍了给集成显卡提交命令的基础原理，接下来我们从软件角度了解一下 Linux 内核驱动（i915）提交命令的过程。后续则分别从总流程以及其中 3 个重要步骤（地址重定位、序列化、命令退出和同步）简要介绍 i915 的核心实现原理。

5.1.2.6　命令提交

首先，驱动是通过批处理缓冲区（Batch Buffer，BB）来组织命令流，然后通过 i915_gem_execbuffer_ioctl 函数调用来提交。通常来说，批处理缓冲区中会引用各种其他缓存，例如针对 3D 业务的纹理、深度缓存，针对视频编解码的视频流信息数据，片数据（slice data），对 VDBox 的配置信息等。同时，内核还会在用户提交的缓冲区之上再添加一系列额外的指令来确保其正确运行。

1）依次在缓冲区最前端添加：

i　加载硬件上下文指令。

ii　无效集成显卡高速缓存指令。

iii 批处理缓冲区开始指令。

iv 流水线刷新的指令。

2）依次在缓冲区末尾添加：

i 一个写内存指令来记录集成显卡已经完成这个批处理缓冲区的执行。在 i915 驱动中，其写入的是 i915_request::global_seqno。

ii 用户中断指令通知驱动缓冲区以及添加的所有指令都已执行完毕，避免驱动一直轮询。

3）更新环形命令缓冲区的尾指针来告知硬件新的批处理缓冲区添加完毕。

i915_gem_execbuffer_ioctl 可以被分为如下几个阶段。

1）验证（validation）：确保所有的指针、句柄和标志位均有效。

2）保留（reservation）：给每一个 GEM 对象分配运行时的 GPU 虚拟地址。

3）地址重定位（relocation）：部分地址在提交时不确定运行时的实际地址，这个过程会更新所有地址指向最终运行的 GPU 虚拟地址。

4）序列化（serialization）：根据依赖关系重新排序所有请求。

5）构建（construction）：构建一个请求来执行此批处理缓冲区。

6）提交（submission）：和 GPU 硬件交互，完成命令缓冲区提交。

验证过程比较直接，i915 根据各种规则来确保所有数据的正确性。为 i915_gem_execbuffer_ioctl 保留资源的过程相对复杂，我们既不想迁移地址空间中的任何对象，也不想更新任何指向该对象的重定位。理想状况下，我们希望可以保持对象所在的位置。因为如果一个对象被分配了新的地址，我们就不得不解析所有重定位链表来更新对这个对象的引用。接下来，我们详细说明一下地址重定位和序列化的过程。

我们知道英特尔 GPU 操作的地址都在其虚拟地址空间，而为了多用户共享 GPU 资源，这个虚拟地址空间的管理是在内核完成的。其管理过程是通过修改前面章节提到的 PTE（Page Table Entry）指向新的物理地址来完成的。也就是说，GPU 虚拟地址和物理地址的映射关系会随着 GPU 的运行不断发生变化。因此这里引出了一个关键问题：用户态驱动在提交命令时，需要填充各种缓冲区（buffer）的地址，然而它并不知道这些缓冲区的实际地址。

这个问题的解决办法是在用户态提交批处理命令缓冲区的同时，一并提交一个需要重定位的缓冲区列表，告知内核这些缓冲区需要重新定位，获得真实的虚拟地址（GTT 地址空间）。为了提高效率，内核在一个批处理缓冲区执行成功之后，都会将更新过的真实虚拟地址返回给用户态。用户态就可以根据这个信息在下次提交时预先把上一次的正确地址填入。如果碰巧内核没有对地址映射做调整，那么就可以减少做重定位的开销。由于批处理缓冲区的引用可能有多个层次，例如批处理命令缓冲区先引用帧缓存（surface）状态缓冲区，而状态缓冲区又进一步引用纹理缓冲区，以此类推，因此命令缓冲区中所有引用的缓冲区都会拥有自己的重定位链表，只是对于那些只有数据，没有其他引用的缓冲区来说，这个列表为空。在确保所有对象及其引用都被放到了正确位置之后，我们需要对指令进行串行化的操作。

5.1.2.7　序列化

同一个上下文内部执行会按照提交顺序进行。对任何 GEM 对象的写操作都是按照提交顺序排序，并且是独占的。GEM 对象的读取需要按照写入进行排序，也就是说一个在读取操作之后提交的写操作不能出现在这个读操作之前，类似的任何在写操作之后提交的读操作不能出现这个写操作之前。i915 驱动会通过硬件信号量或者 CPU 序列化来保证多个引擎对同一个 GEM 对象的写操作在同一时间只有一份。同时任何写操作（通过 set_domain 中的 mmap 或者 pwrite）必须在开始之前刷新（flush）所有的 GPU 读取操作，任何读取操作（通过 set_domain 或者 pread）必须在开始之前刷新所有的 GPU 写操作，以保证数据的更新符合提交时的逻辑。

5.1.2.8　命令退出和同步

在 5.1.2.6 节中，我们介绍了如何提交命令给 GPU，但是对于内核来说，尚有一个问题需要解决：GPU 何时完成命令的执行？对于用户态程序，很显然，必须知道这一点以避免读回尚未处理完成的内容。同时内核也需要知道这一点来避免释放仍然在被 GPU 使用的缓冲区。举个例子：一个 3D 渲染业务分配了一个存放纹理的临时缓冲区，用户态可能会在调用了 execbuf 之后立即释放这个缓冲区，但内核需要延迟这个缓冲区的取消映射操作以及后续的实际内存释放操作，直到 GPU 不再使用它。

因此，如在 5.1.2.5 节提到的，内核会为每一个批处理命令缓冲区分配一个序列号，同时在该缓冲区的最后添加一个指令来写入这个序列号到特定内存。在此之上，驱动就可以通过判断特定内存是否被写入了某个指定的序列号来判断批处理缓冲区是否完成了执行。因为每个 GPU 子引擎都有一个硬件状态页，其可以被用于这样的同步功能。另外，内核也在写入序列号的操作之后再添加一个发送用户中断的指令（MI_USER_IRQ），这样就可以及时通知内核，避免其在等待 GPU 返回结果前持续性地去做轮询操作。

上述办法可以帮助内核来追踪 GPU 的执行情况，但是还缺少一个方式来避免正在被 GPU 使用的缓冲区被内核取消到 GPU 虚拟地址空间的映射或者被释放。为了解决此问题，内核为每一个 GPU 子引擎都维护了一个活跃的缓冲区列表，并且用最近引用了该缓冲区的批处理缓冲区的序列号标记了每一个缓冲区。与此同时，i915 还为每个子引擎维护了一个请求列表来存放当前尚在执行中的批处理缓冲区的序列号。只要批处理缓冲区在上述任何一个活跃列表中，内核都会额外地增加一个引用到此缓冲区。基于这样的实现，即使用户态释放了一个缓冲区，在 GPU 完成所有的访问之前它也不会被错误地取消映射或者释放。i915 维护了一个工作队列线程去定期更新上述两个活跃缓冲区列表，当有任何 GPU 命令执行完毕时，其列表会被更新。

为了避免用户态对所使用缓冲区的轮询，内核也给用户态提供了等待 GPU 完成对某一个缓冲区处理的接口。I915_GEM_WAIT ioctl 等待 GPU 执行完毕，同时也支持 timeout 参数，以便在指定时间后退出。内核也提供 I915_GEM_BUSY ioctl，方便在用户态查询一个缓冲区是否依然被 GPU 使用，以及具体被哪个子引擎所使用。

5.1.3　模式设置

如前所述，除了内存管理和命令提交之外，DRM 也负责显示控制器的管理，图 5-15 展示了其对显示管线的抽象。

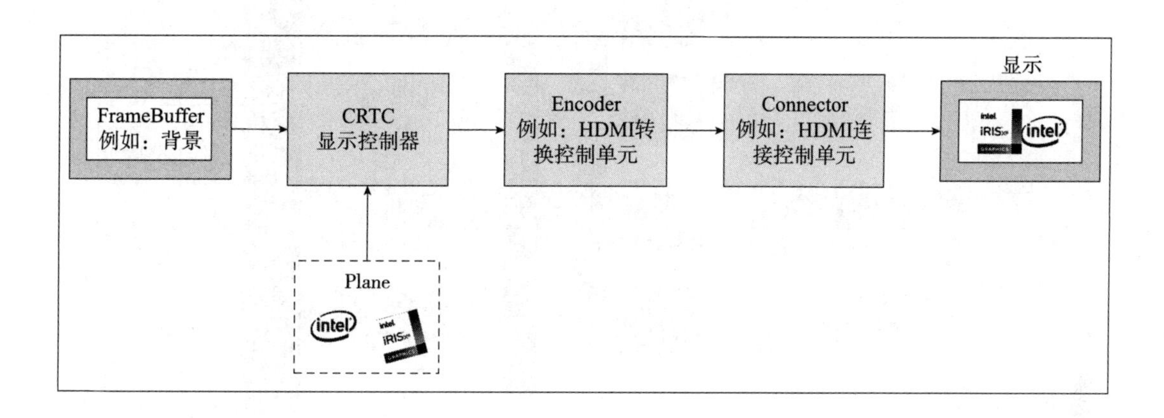

图 5-15　DRM 显示管线

其中 FrameBuffer（FB）为通用概念，用于存储待显示数据，包含大小、颜色格式、对齐等信息，DRM 下 FB 通过 GEM 进行分配和管理。CRTC（CRT Controller）沿用了早期阴极射线管控制器的名字 CRT，代表显示控制器，管理显示分辨率和时序，一个 CRTC 对应一个显示输出。Connector 代表显示连接器，将显示信号传递到显示器，例如 HDMI、DP、VGA、DVI，同时负责连接检测、热插拔处理、获取显示器支持的模式等。Encoder 将从 CRTC 获取到的像素数据转换为可通过 Connector 传输的数据，例如 HDMI Connector 传输 TMDS 编码数据，那么我们就需要一个 TMDS Encoder。Plane 代表图层，一个 CRTC 可以对应多个 Plane。依然如图 5-15 所示，最终的显示内容就是根据 Plane 之间的上下层次顺序和叠加方式（例如 Alpha 透明）逐步混合的结果。图 5-16 为英特尔 Gen12 集成显卡显示控制器的内部结构图（硬件图层 Plane 未在图中体现）。

其中硬件单元和 DRM 抽象概念之间的对应关系为：CRTC 对应 Pipe，Encoder 对应 Transcoder，Connector 对应 DDI ＋ PHY，Plane 直接对应 Plane。基于上述抽象，DRM 可以在内核直接完成显示模式设置（Kernel Mode Setting，KMS）。相对于早期的用户态模式设置（User Mode Setting，UMS），KMS 可以在内核启动，虚拟控制台中也利用集成显卡显示控制器实现更炫的显示效果，同时也可快速完成 X Server 和虚拟控制台之间的切换，并避免闪烁。

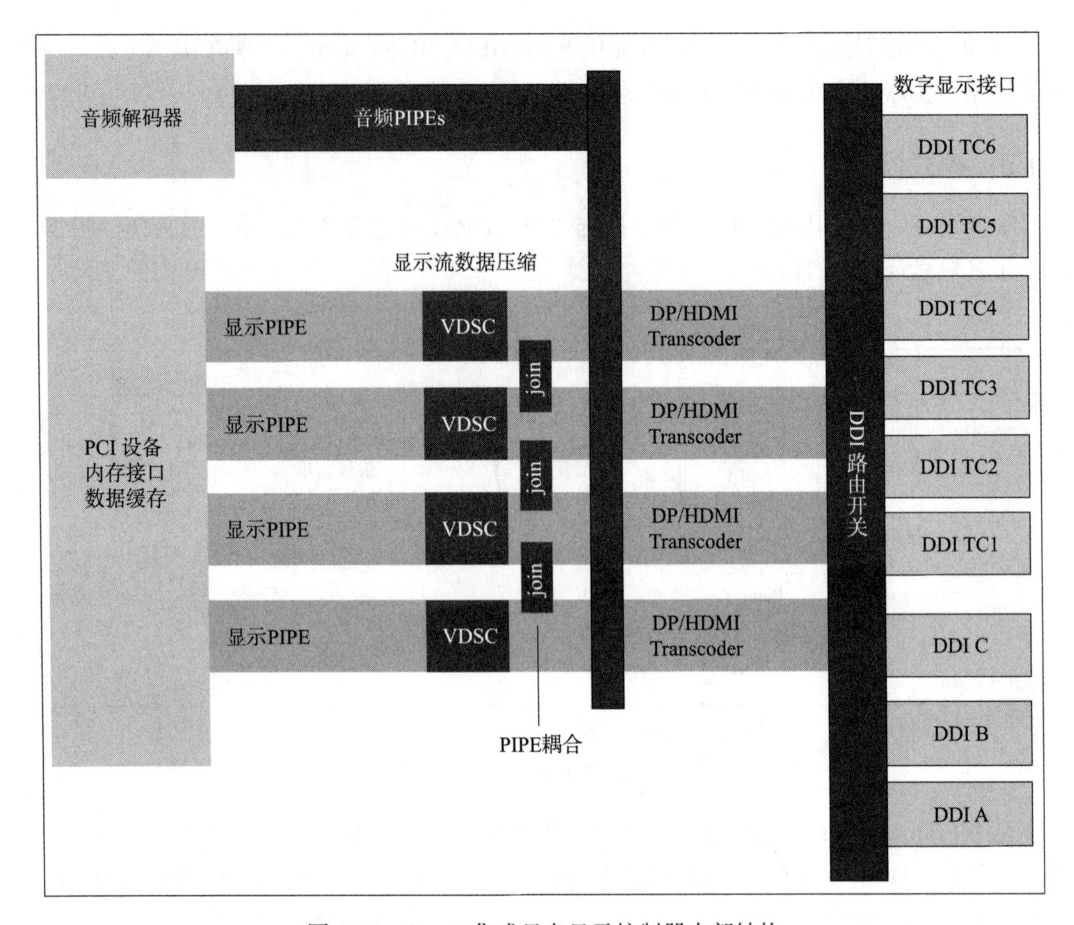

图 5-16　Gen12 集成显卡显示控制器内部结构

除了常规的模式设置外，DRM 还支持针对 CRTC 的翻页（page flip）操作，通过直接切换 FB 的方式来更新显示内容并避免闪烁。传统的 DRM 接口通常仅能完成一项针对显示控制器的操作，例如启用某个特定的显示端口或者更新某个特定硬件图层的 FB。现代的图形系统有了更高的同步更新需求，例如同一个显示端口内不同硬件图层的同步更新，不同显示端口的同步更新。这些需求推动了 DRM 原子提交（atomic commit）功能的演进，其目标为在一次执行 ioctl 的过程中完成尽可能多的显示端口和图层更新。

5.1.4　权限管理

DRM 所提供的操作分为两类：特权操作（模式设置和其他显示控制器控制）和非特权操作（离屏渲染和 GPGPU 运算），核心区别在于是否有会产生全局影响的显示控制器的操作。DRM 早期只为用户态程序提供 /dev/dri/cardX 设备节点，同时支持上述两类操作，只有 root 用户才能打开，与此同时，通过 DRM Master 机制仅允许一个用户进程执行所有操作的原则来避免混乱。具体方式为：该用户进程通过调用 SET_MASTER ioctl 将自己标记为 DRM Master 之后，其他进程就无法再做此操作，并且所有来自非 DRM Master 进程的集成显卡操作请求均会失败，从而实现对系统的保护。同时 DRM 也允许 DRM Master 进程通过 DROP_MASTER ioctl 放弃此身份。具体实践中，X 服务器或者 Wayland Compositor 会扮演 DRM Master 的角色。在这个时期，即使其他进程仅希望做非特权操作，也必须通过 DRM 认证机制获得 DRM Master 的许可。具体流程如下：

1）客户端通过 GET_MAGIC ioctl 从 DRM 设备获取唯一的 32 位整数的令牌，并通过任何方式（通常是某种 IPC；例如在 DRI2 中，任何 X 客户端都可以向 X 服务器发送一个 DRI2 认证请求）将其传递给 DRM Master 进程。

2）DRM Master 进程如果同意授权，则会通过调用 AUTH_MAGIC ioctl 将令牌发送给 DRM 设备。

3）DRM 设备通过将 DRM Master 传过来的令牌和客户端在 DRM 设备获取的令牌相匹配，找到该客户端进程的文件句柄，并向其授予特殊权限。

此流程比较繁杂，且 DRM Master 必须存在。为了简化该流程，后期 DRM 实现了 /dev/dri/renderDX 设备节点（渲染节点）来支持非特权操作。如果用户进程仅需做非特权操作，则可以选择打开此设备节点，并且不要求 DRM Master 存在。和标准设备节点相比，渲染节点除了不支持模式设置和其他显示控制器控制外，也没有 DRM Master 概念，进而不支持 DRM 认证。另外，我们知道在进程间共享 GEM 对象有两种方式——FLINK 和 PRIME，前者基于 GEM 的全局名称，后者基于 DMA-BUF 共享机制。FLINK 方式有两个缺陷：不能跨驱动共享，存在安全隐患（全局名称为 32 位整数，容易被恶意程序猜测）。PRIME 方式通过文件句柄共享 GEM 对象，因而支持跨进程跨驱动，同时其共享必须显式地通过域套接口（domain socket）来完成，不容易被猜测，因此提高了安全性。因此，渲染节点也不支持 FLINK 方式的共享。

5.2 libdrm

作为对 DRM 的封装，libdrm 为用户态程序提供了一致的接口。libdrm 项目提供了 modeprint、modetest、vbltest 来演示如何实现模式设置以及对显示端口 VBlank 中断的处理方法。其中 modetest 的应用最为广泛，可以完成多 CRTC、Plane 的显示输出，调整图层颜色格式和位置，并且支持原子模式提交。另外，xorg-intel-gpu-tools 开源项目在 tests 目录中包含了大量使用 libdrm 进行 GEM 对象和 KMS 操作的示例程序，非常适合初学者学习验证。

5.3 VA-API

VA-API 是一个开源 API，它允许 VLC 媒体播放器或 GStreamer 等应用程序使用通常由 GPU 提供的硬件视频加速功能。VA-API 规范最初是由英特尔为其 GMA（图形媒体加速器）系列 GPU 硬件设计的，其目的是取代 UNIX 系统的 XvMC 标准［类似于 Microsoft Windows DirectX 视频加速（DxVA）API］。早期 VA-API 也曾考虑通过扩展 XvMC 的方式来达到对当今流行的编码（MPEG-2、MPEG-4 ASP/H .263、MPEG-4 AVC/H.264、H.265/HEVC 和 VC-1/WMV3）的加速处理，但由于 XvMC 的原始设计仅适用于 MPEG-2 的运动补偿，因此最终选择了从头开始设计一个可以充分展示当今 GPU 视频编解码功能的接口标准。发展至今，VA-API 不再局限于英特尔的 GPU，其他硬件制造商可以自由地利用这个开放标准来使用自己的硬件进行视频加速处理，而无须支付版税。

如果设备驱动程序和 GPU 硬件都支持，VA-API 可以加速如下的视频解码和后处理过程：

- 运动补偿（mocomp）。
- 反离散余弦变换（iDCT）。
- 去块滤波器。
- 帧内预测。
- 可变长度解码（VLD），通常为切片级加速。
- 熵编码（CAVLC/CABAC）。

VA-API 视频解码 / 编码接口独立于平台和窗口系统，但主要针对类 UNIX 操作系统（包括 Linux、FreeBSD、Solaris）和 Android 上的 X 窗口系统中的直接渲染基础设施（Direct Rendering Infrastructure，DRI）。同时它也可以与 DRM（直接渲染管理器）联合使用，用于视频输出。加速处理包括对视频解码、视频编码、子画面混合和渲染的支持。VA-API 由免费的开源库 libva 实现，而 libva 只是一个硬件抽象层，不同的硬件设备需要实现自己的驱动。具体软件框架如图 5-17 所示。VA-API 提供了最接近硬件逻辑的接口，Linux 操作系统的 Media SDK 内部也基于 libva 来完成视频加速处理。

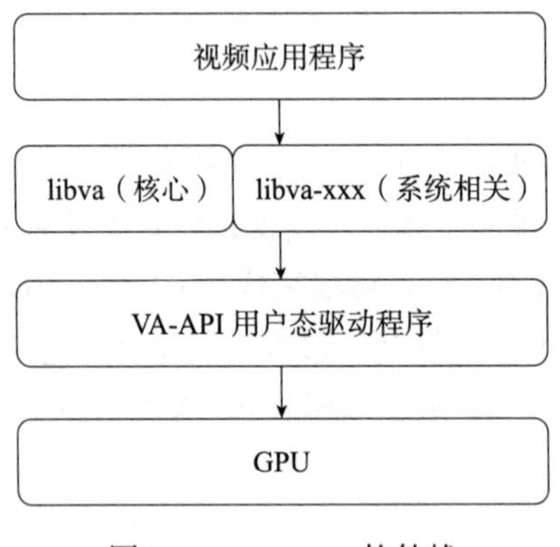

图 5-17　VA-API 软件栈

libva 提供的 API 包含 6 部分：

- 核心 API。

- 和编码标准相关的解码 API（H264、HEVC、AV1、VC-1、JPEG、MPEG2、VP8、VP9）。
- 和编码标准相关的编码 API（H264、HEVC、AV1、VC-1、JPEG、MPEG2、VP8、VP9）。
- 后处理 API。
- 处理受保护内容 API：播放受 DRM 保护的视频流。
- FEI（灵活编码框架）API：允许开发者对编码过程有更细粒度的控制。

5.3.1　核心概念

为了更好地描述 VA-API 对硬件进行抽象的方式，本书会梳理其中的核心概念。我们以提交一个解码任务给 GPU 做加速为例，来看看都需要做哪些工作：

- 准备：
  - 提供待解码视频的格式（核心的为编码格式、颜色格式）。
  - 提供希望加速的入口点（指定从解码环接中开始加速的起点，例如可变长解码、运动补偿、去块滤波）。
  - 提供待解码视频的其他信息，比如分辨率。
  - 提供待解码视频流本身的数据。
- 提交和执行任务
  - 将上述任务提交给 GPU。
  - 等待任务执行完毕。
- 结果处理
  - 获取解码完成的 YUV 数据保存成文件。
  - 输出解码内容到屏幕。

VA-API 的抽象层次和上述的硬件逻辑接近，如表 5-3 所示。

表 5-3　VA-API 核心概念

类型	数据结构或操作	功能描述
GPU 任务提交准备	VADisplay	全局句柄，记录窗口系统相关信息
	VAProfile VAEntrypoint	视频编码格式及处理加速切入点
	VAConfig	整合所有视频处理配置
	VAContext	代表一次视频处理过程
数据存储	VASurface VAImage	存储二维原始视频数据
	VABuffer	所有其他视频处理过程中需要的配置数据、编码结果数据等

（续）

类型	数据结构或操作	功能描述
GPU 任务提交操作	vaMapBuffer	提供 CPU 对 VABuffer 的访问
	vaBeignPicture vaRenderPicture vaEndPicture	提交参数
	vaSyncSurface	等待 GPU 视频处理完成
	vaPutSurface	显示 Surface 到窗口系统

接下来我们就按照这 3 种类型分别介绍相应的数据结构和操作。

5.3.1.1 GPU 任务提交准备

为了向 GPU 提交并追踪任务，VA-API 需要一系列数据结构来描述所提交任务的类型和管理该次任务提交的上下文。其会涉及如下 5 个数据结构：VADisplay、VAProfile、VAEntroypoint、VAConfig、VAContext。

5.3.1.1.1　VADisplay

在上述所有接口中都会有 VADisplay 作为输入参数。VA-API 利用它作为全局句柄，包括和窗口系统相关的信息。对于不同的窗口系统，有不同的接口来获取 VADislay。例如 vaGetDisplayWl、vaGetDisplay、vaGetDisplayDRM、vaGetDisplayGLX，通过它们可以将特定窗口系统的句柄转换为 VADisplay。

5.3.1.1.2　VAProfile

在准备阶段，VA-API 用 VAProfile 概念来描述视频流最核心的格式，包含了编码标准及具体的工具集（profile）。例如 VAProfileHEVCMain444_12 描述了 HEVC、main profile、YUV444 12bit 的码流。VAProfileNone 描述后处理过程。由于是一个和硬件逻辑接近的底层接口，为了获取硬件的实际能力，VA-API 通常会提供接口来获取各种各样的硬件信息。例如，其提供了 vaQueryConfigProfiles 接口来获取当前硬件所支持的所有工具集。

```
VAStatus vaQueryConfigProfiles (
    /* in */  VADisplaydpy,
    /* out */ VAProfile *profile_list, int *num_profiles
);
```

5.3.1.1.3　VAEntrypoint

确定视频的工具集（profile）之后，我们需要配置硬件加速的切入点。VAEntrypoint 概念被用于描述切入点，在英特尔平台上比较常见的两个切入点分别是针对解码的变长编码 VAEntrypointVLD，以及针对编码的切片编码 VAEntrypointEncSlice。根据前面的介绍，英特尔平台的视频编码有两种方式：基于执行单元或者基于 VDENC（低功耗编码的固定功能单元模块）。其中 VAEntrypointEncSlice 是指基于执行单元的编码，而

VAEntrypointEncSliceLP 是基于 VDENC 的编码。视频后处理拥有自己特别的切入点 VAEntrypointVideoProc。类似地，libva 也提供了 vaQueryConfigEntrypoints 接口来获取驱动针对指定工具集所支持的所有切入点。

```
VAStatus vaQueryConfigEntrypoints (
    /* in */  VADisplaydpy, VAProfile profile,
    /* out */ VAEntrypoint *entrypoint_list, int *num_entrypoints
);
```

5.3.1.1.4 VAConfig

在确定了视频处理最核心的编码格式以及加速切入点之后，VA-API 提供了 VAConfig 概念来整合一组视频处理相关的所有配置，通过 vaCreateConfig 接口结合 VAProfile、VAEntryPoint 以及其他相关的属性来分配 VAConfig ID，从此以这个 ID 来代表这一组视频处理的参数配置。

```
VAStatus vaCreateConfig (
    /* in */  VADisplaydpy, VAProfile profile, VAEntrypointentrypoint,
    /* in */  VAConfigAttrib *attrib_list, int num_attribs,
    /* out */ VAConfigID *config_id
);
```

5.3.1.1.5 VAContext

VA-API 使用 VAContext 来表示一次视频处理的上下文，通过 vaCreateContext 接口将刚才创建的 VAConfig 以及目标 VASurface 关联起来，VA-API 驱动则可以通过该接口返回的 VAContextID 获取相应视频处理过程的相关信息。

```
VAStatus vaCreateContext (
    /* in */  VADisplaydpy, VAConfigID config_id,
    /* in */  int picture_width, int picture_height, int flag,
    /* in */  VASurfaceID *render_targets, int num_render_targets,
    /* out */ VAContextID *context
);
```

5.3.1.2 数据存储

在视频处理过程中，必然会涉及 3 种类型的数据：原始图像数据、视频流数据、元数据（例如描述视频解码过程中切片数据的大小等基本信息）。VABuffer 用来存储视频流数据以及各种元数据，而 VASurface、VAImage 则用来存储原始图像数据。

5.3.1.2.1 VABuffer

接下来是最为重要的数据结构 VABuffer。在视频处理过程中，有大量的非 Surface 参数需要提交给 GPU，例如 Picture 参数、反量化矩阵、Slice 参数、Slice 数据等，这些数据都使用 VABuffer 来表示。通过 vaCreateBuffer 接口，开发者可以创建 VA-API 支持的任何 VABufferType。

```
VAStatus vaCreateBuffer (
    /* in */  VADisplaydpy, VAContextID context,VABufferType type,
    /* in */  unsigned int size, unsigned int num_elements, void *data,
    /* out */ VABufferID *buf_id
);
```

在上述接口中，data 代表数据内容的指针，其会被复制到 buf_id 对应的 VABuffer 中供 GPU 使用，这意味着此时有复制的动作发生。同时每一个 VABuffer 都是和 VAContext 相关的。当视频处理过程中有多个数据需要传输时，只需要多次调用 vaCreateBuffer 来分配资源。

每一种 VABufferType 都会有对应的数据结构定义，例如对于 VAPictureParameterBufferType，不同的编码格式有不同的数据结构与之对应，如 VAPictureParameterBufferMPEG2、VAPictureParameterBufferMPEG4、VAPictureParameterBufferVC1、VAPictureParameterBufferH264 等。

在创建 VABuffer 时，有两种方式来传递数据，一种是在执行 vaCreateBuffer 时，直接将对应的数据通过 data 指针传递；另一种是在执行 vaCreateBuffer 之后，通过 vaMapBuffer 将其映射到 CPU 地址空间，通过 CPU 填充数据后再通过 vaUnmapBuffer 完成数据传递。映射机制是我们修改 VABuffer 内容的主要途径。

```
VAStatus vaMapBuffer (
  VADisplay dpy,
  VABufferID buf_id,  /*in*/
  void **pbuf       /*out*/
);
```

```
VAStatus vaUnmapBuffer (
  VADisplay dpy,
  VABufferID buf_id  /*in*/
);
```

到此为止，对于解码过程中所需要的所有数据（码流数据和管理数据）都已经准备就绪，接下来需要提交这个任务给 GPU。

5.3.1.2.2　VASurface

视频处理过程中总会需要原始的二维 YUV 视频图像数据，例如解码的输出、编码的输入。VA-API 通过 VASurface 来表示原始的二维 YUV 视频图像数据，其核心属性包括颜色格式和分辨率。通过 vaCreateSurface 接口可以创建一个或者多个相同配置的 VASurface 以 VASurfaceID 表示。同时，该接口还可以通过 VASurfaceAttrib 来设置 VASurface 的其他属性，例如内存类型（本地分配还是从外部导入）、应用场景（帮助驱动优化内存分配，例如使用片还是线性内存布局格式）。

```
VAStatus vaCreateSurfaces(
    /*in*/ VADisplaydpy,unsigned int format,unsigned int width, unsigned int height,
    /*out*/  VASurfaceID *surfaces,
    /*in*/ unsigned int num_surfaces,
    /*in*/  VASurfaceAttrib *attrib_list, unsigned int num_attribs
);
```

从上述接口可以看出，VASurface 本身是独立的，和 VAConfig 没有绑定关系。对于刚才提到的解码过程，我们也需要 VASurface 来存放输出结果。

5.3.1.2.3 VAImage

当 GPU 完成解码任务之后，如果需要存储输出结果或者基于该输出做视频分析，可以通过 vaDeriveImage 接口从 VASurface 获得 VAImage 结构，在调用映射接口之后，CPU 就可以直接访问了。因为这个操作并没有做额外的复制，而是对 VASurface 的映射，因此需要保证 VASurface 支持 CPU 直接访问，并且可以通过 VAImage 结构表示。如果不能支持，vaDeriveImage 会返回 VA_STATUS_ERROR_OPERATION_FAILED。此时如果要获取 VASurface 的内容，则需要通过 vaCreateImage 和 vaGetImage 方式来复制一份 VASurface 的内容，之后依然通过 vaMapBuffer 的操作来进行 CPU 的直接访问。需要注意的是，要在执行 vaSyncSurface 操作之后再执行 vaDeriveImage 操作，以保证不会出现 CPU 和 GPU 同时操作同一个 VASurface 的情况。最后，需要通过 vaDestroyImage 来销毁 vaDeriveImage 获得的 VAImage，当然其背后的 VASurface 并不会因为上述接口的调用而释放，而是通过 vaDestroySurface 来销毁。

基于上述描述，对于 2D 的原始图像数据，VA-API 提供了 3 个数据结构——VASurface、VAImage、VABuffer 来应对不同的需求。其中 VASurface 负责和 GPU 硬件打交道，VABuffer 可以通过映射被 CPU 直接访问，VAImage 作为前面两者的中间数据结构，包含了自己的 VABuffer，负责在 CPU 和 GPU 之间传递数据。

5.3.1.2.4 VASubpicture

在 VA-API 的定义中，VASubpicture 是一种特殊类型的 VAImage，其可以通过 vaCreateSubpicture 函数从 VAImage 创建 VASubpicture，然后通过 vaAssociateSubpicture 函数和一个或者多个 VASurface 关联。之后，当使用 vaPutSurface 接口渲染该 VASurface 时，VASubpicture 也会被一并渲染。两者的关联支持通过多种方式将 VASubpicture 的指定区域叠加到 VASurface 的指定区域之上，例如基于全局 Alpha 透明值或者基于指定色度抠图的方式。不过由于使用得不多，目前英特尔平台的 media-driver 并没有支持这一功能。

5.3.1.3 GPU 任务提交操作

5.3.1.3.1 提交任务

libva 通过 3 个接口 vaBeginPicture、vaRenderPicture、vaEndPicture 来完成 GPU 任务的提交，具体定义如下所示。其中 vaBeignPicture 和 vaEndPicutre 用来保证针对同一个视频处理过程中的操作是互斥的，vaRenderPicture 接口则负责提交具体的参数。在一次 GPU 指令提交过程中，允许多个 vaRenderPicture 调用出现。在这种情况下，libva 驱动会保证将多次 vaRenderPicture 提交的命令整合，一次性提交给 GPU。需要注意的是，vaEndPicture 只是将命令提交给了 GPU，并不会等待其指令执行完毕才返回。

VAStatus vaBeginPicture (VADisplay dpy, VAContextID context, VASurfaceID render_target);	VAStatus vaRenderPicture (VADisplay dpy, VAContextID context, VABufferID *buffers, int num_buffers);	VAStatus vaEndPicture (VADisplay dpy, VAContextID context);

5.3.1.3.2 等待任务执行

每一次提交的 GPU 任务都有一个目标 Surface，由于 vaEndPicture 是非阻塞的，因此我们需要其他接口来等待针对一个 Surface 的操作结束，vaSyncSurface 就是帮我们达成此目的的。当然，如果当前的目标 Surface 又会被后续的 VA-API 操作使用，而我们又只关心所有操作的最终输出结果，那么可以仅针对最后一次操作的目标 Surface 执行 vaSyncSurface 操作。例如解码后又缩放的流水线，我们可以只针对缩放操作的目标 Surface 做同步操作，获取结果。如果 vaSyncSurface 返回 VA_STATUS_ERROR_DECODING_ERROR，则可以调用 vaQuerySurfaceError 来获取详细的错误。

VAStatus vaSyncSurface (VADisplay dpy, VASurfaceID render_target);	VAStatus vaQuerySurfaceError(VADisplay dpy, VASurfaceID surface, VAStatus error_status, void **error_info);

通过给 error_status 赋值 VA_STATUS_ERROR_DECODING_ERROR，我们可以在 error_info 中获取详细的错误，其会是一个由 VASurfaceDecodeMBErrors 组成的数组。它能够返回当前解码错误的类型，例如是片丢失还是宏块错误。如果是宏块错误，则一并返回起始和结束的宏块地址。

5.3.2 编程流程

根据前面的描述，VA-API 的编程流程主要包含初始化、缓冲分配、任务提交几个过程。其中初始化包含了 VADisplay 的获取、VAProfile/VAEntrypoint 及 VAConfig 指定（在此体现了此次操作的类型，编码、解码还是后处理），对应上下文 VAContext 的创建。缓冲分配包含了所需的图像原始数据 VASurface 以及其他过程相关数据的分配（以 VABuffer 的形式，例如解码的片数据、编码的图片参数配置数据等）。接下来就是任务的提交，通过 vaBeignPicture、vaRenderPicture、vaEndPicture 的方式实现。任务提交之后，还需要进行获取处理结果、进行处理等步骤。其流程图如图 5-18 所示。

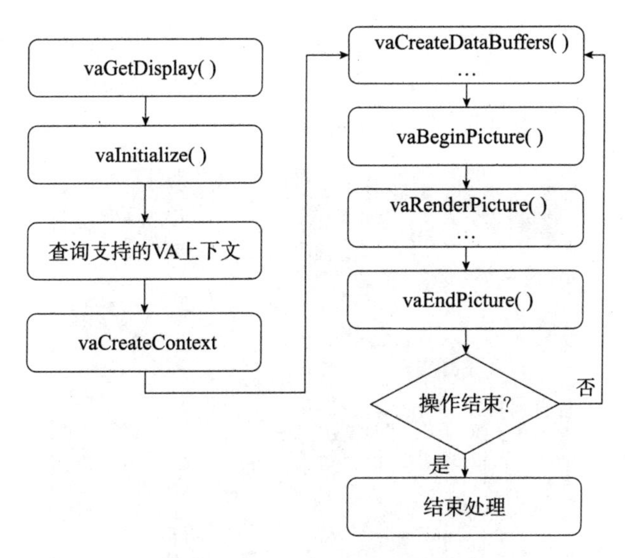

图 5-18 libva 应用程序流程图

5.3.3 示例程序

libva-utils 项目提供了一些基础的示例程序来指导开发者使用 libva 完成一些功能，包括通用示例程序和针对特定厂商的示例程序两个部分。通用的部分包括解码、编码、后处理以及 vainfo 等示例程序。接下来我们针对常用的示例程序做简单介绍。

5.3.3.1 vainfo

通过 vainfo，用户可以全面了解 VA-API 驱动的能力。通过下面的命令，可以列出完整的信息，包括支持的视频编码标准的 Profile、支持硬件加速的切入点（Entrypoint），以及每一组 Profile、Entrypoint 组合下支持的详细属性列表及支持的配置，比如颜色格式、最大宽高、码率控制算法等。

```
$ vainfo -a
```

从图 5-19 可以看出，在运行的平台上，其支持 HEVC SCC（屏幕内容编码）低功耗编码的 CBR、VBR、VCM、CQP、MB、QVBR 码率控制方式，之前的最大图像宽高为 16 384×12 288。

因为 libva 本身可以支持很多不同的驱动，所以其提供了两个环境变量来选择加载哪一个驱动程序：

- LIBVA_DRIVERS_PATH，指定查找驱动程序的路径。
- LIBVA_DRIVER_NAME，指定驱动程序的名字，比如图 5-19 中的 i965。VA-API 驱动的命名规则为 x_video_drv.so，这个环境变量不需要指定完整的驱动文件的名字，只需要提供 x 部分就可以。

如图 5-20 所示，若不使用 -a 选项，vainfo 可以列出当前使用的用户态驱动路径（/usr/lib64/dri/i965_drv_video.so）、VA-API 的版本（0.37）、libva 的版本（1.5.2.pre1）、用户态驱动的版本 1.6.0.pre1、支持的 Profile/Entrypoint 简表。

```
VAProfileHEVCSccMain444_10/VAEntrypointEncSliceLP
    VAConfigAttribRTFormat                    : VA_RT_FORMAT_YUV420
                                                VA_RT_FORMAT_YUV422
                                                VA_RT_FORMAT_YUV444
                                                VA_RT_FORMAT_YUV420_10
                                                VA_RT_FORMAT_YUV422_10
                                                VA_RT_FORMAT_YUV444_10
                                                VA_RT_FORMAT_RGB32
                                                VA_RT_FORMAT_RGB32_10
                                                VA_RT_FORMAT_RGB32_10BPP
                                                VA_RT_FORMAT_YUV420_10BPP
    VAConfigAttribRateControl                 : VA_RC_CBR
                                                VA_RC_VBR
                                                VA_RC_VCM
                                                VA_RC_CQP
                                                VA_RC_MB
                                                VA_RC_QVBR
                                                VA_RC_TCBRC
    VAConfigAttribEncPackedHeaders            : VA_ENC_PACKED_HEADER_SEQUENCE
                                                VA_ENC_PACKED_HEADER_PICTURE
                                                VA_ENC_PACKED_HEADER_SLICE
                                                VA_ENC_PACKED_HEADER_MISC
                                                VA_ENC_PACKED_HEADER_RAW_DATA
    VAConfigAttribEncInterlaced               : VA_ENC_INTERLACED_NONE
    VAConfigAttribEncMaxRefFrames             : l0=3
                                                l1=3
    VAConfigAttribEncMaxSlices                : 196611
    VAConfigAttribEncSliceStructure           : VA_ENC_SLICE_STRUCTURE_ARBITRARY_MACROBLOCKS
                                                VA_ENC_SLICE_STRUCTURE_MAX_SLICE_SIZE
    VAConfigAttribMaxPictureWidth             : 16384
    VAConfigAttribMaxPictureHeight            : 12288
    VAConfigAttribEncJPEG                     : rithmatic_coding_mode=0
                                                progressive_dct_mode=0
                                                non_interleaved_mode=0
                                                differential_mode=0
                                                differential_mode=0
                                                max_num_components=3
                                                max_num_scans=1
                                                max_num_huffman_tables=2
                                                max_num_quantization_tables=3
    VAConfigAttribEncQualityRange             : number of supported quality levels is 7
    VAConfigAttribEncQuantization             : VA_ENC_QUANTIZATION_NONE
    VAConfigAttribEncIntraRefresh             : VA_ENC_INTRA_REFRESH_ROLLING_COLUMN
                                                VA_ENC_INTRA_REFRESH_ROLLING_ROW
    VAConfigAttribEncROI                      : num_roi_regions=16
                                                roi_rc_priority_support=0
                                                roi_rc_qp_delta_support=1
    VAConfigAttribProcessingRate              : VA_PROCESSING_RATE_ENCODE
    VAConfigAttribEncDirtyRect                : number of supported regions is 16
    VAConfigAttribFEIMVPredictors             : number of supported MV predictors is 4
    VAConfigAttribEncTileSupport              : supported
    VAConfigAttribMaxFrameSize                : max_frame_size=1
                                                multiple_pass=1
    VAConfigAttribPredictionDirection         : VA_PREDICTION_DIRECTION_PREVIOUS
                                                VA_PREDICTION_DIRECTION_FUTURE
```

图 5-19　HEVC SCC Main Profile/ 低功耗编码模式支持的属性详情

```
[james@localhost ~]$ vainfo
error: can't connect to X server!
libva info: VA-API version 0.37.1
libva info: va_getDriverName() returns 0
libva info: Trying to open /usr/lib64/dri/i965_drv_video.so
libva info: Found init function __vaDriverInit_0_37
libva info: va_openDriver() returns 0
vainfo: VA-API version: 0.37 (libva 1.5.2.pre1)
vainfo: Driver version: Intel i965 driver for Intel(R) CherryView - 1.6.0.pre1 (1.3.2-249-gd5cd551)
vainfo: Supported profile and entrypoints
      VAProfileMPEG2Simple            : VAEntrypointVLD
      VAProfileMPEG2Simple            : VAEntrypointEncSlice
      VAProfileMPEG2Main              : VAEntrypointVLD
      VAProfileMPEG2Main              : VAEntrypointEncSlice
      VAProfileH264ConstrainedBaseline: VAEntrypointVLD
      VAProfileH264ConstrainedBaseline: VAEntrypointEncSlice
      VAProfileH264Main               : VAEntrypointVLD
      VAProfileH264Main               : VAEntrypointEncSlice
      VAProfileH264High               : VAEntrypointVLD
      VAProfileH264High               : VAEntrypointEncSlice
      VAProfileH264MultiviewHigh      : VAEntrypointVLD
      VAProfileH264MultiviewHigh      : VAEntrypointEncSlice
      VAProfileH264StereoHigh         : VAEntrypointVLD
      VAProfileH264StereoHigh         : VAEntrypointEncSlice
      VAProfileVC1Simple              : VAEntrypointVLD
      VAProfileVC1Main                : VAEntrypointVLD
      VAProfileVC1Advanced            : VAEntrypointVLD
      VAProfileNone                   : VAEntrypointVideoProc
      VAProfileJPEGBaseline           : VAEntrypointVLD
      VAProfileJPEGBaseline           : VAEntrypointEncPicture
      VAProfileVP8Version0_3          : VAEntrypointVLD
      VAProfileVP8Version0_3          : VAEntrypointEncSlice
      VAProfileH264MultiviewHigh      : VAEntrypointVLD
      VAProfileH264MultiviewHigh      : VAEntrypointEncSlice
      VAProfileH264StereoHigh         : VAEntrypointVLD
      VAProfileH264StereoHigh         : VAEntrypointEncSlice
      VAProfileHEVCMain               : VAEntrypointVLD
```

图 5-20　vainfo 运行结果

5.3.3.2　解码示例程序

在 libva-utils/decode 目录下有两个示例程序：mpeg2vldemo 和 loadjpeg。

mpeg2vldemo 主要实现了一个 MPEG2 编码的 16×16 I 帧的解码过程，其中 slice 参数及数据、图像参数、反量化矩阵等数据都内嵌在代码中（mpeg2vldemo.cpp）。通过这个程序，开发者可以熟悉 VA-API 解码的基本流程，对于其他类型编码的视频解码，参考这个过程提供类似参数则有机会完成解码。但由于仅有一帧，因此无法给出参考帧管理的方法。

loadjpeg 支持解码使用者提供的 JPEG 文件，并进行窗口系统的显示。

5.3.3.3　编码示例程序

编码示例程序相对比较丰富，支持 h264、hevc、vp8、vp9、MPEG2、jpeg6 中视频标准的编码，同时还包含了 H.264 的 SVC-T 编码（时域的可扩展编码）。由于编码过程中可配置的参数很多，因此针对每种标准都提供示例能给开发者更有用的参考。图 5-21 所示为 h264encode 支持的所有参数，接下来我们以它为例，介绍一下部分参数的含义。

```
tgl@uzeltgli3:~/work/cvs_sample/libva-utils/encode$ ./h264encode -?
./h264encode <options>
   -w <width> -h <height>
   -framecount <frame number>
   -n <frame number>
      if set to 0 and srcyuv is set, the frame count is from srcuv file
   -o <coded file>
   -f <frame rate>
   --intra_period <number>
   --idr_period <number>
   --ip_period <number>
   --bitrate <bitrate>
   --initialqp <number>
   --minqp <number>
   --rcmode <NONE|CBR|VBR|VCM|CQP|VBR_CONTRAINED>
   --syncmode: sequentially upload source, encoding, save result, no multi-thread
   --srcyuv <filename> load YUV from a file
   --fourcc <NV12|IYUV|YV12> source YUV fourcc
   --recyuv <filename> save reconstructed YUV into a file
   --enablePSNR calculate PSNR of recyuv vs. srcyuv
   --entropy <0|1>, 1 means cabac, 0 cavlc
   --profile <BP|MP|HP>
   --low_power <num> 0: Normal mode, 1: Low power mode, others: auto mode
```

图 5-21　h264encode 支持的编码参数

1）-framecount 和 -n 是同样的含义，均表示总共编码的帧数。

2）-intra_period 代表两个 I 帧之间的间隔。

3）-idr_period 代表关键帧的间隔（接收到 IDR 帧意味着需要将所有 PPS、SPS 参数都进行更新）。

4）-ip_period 代表 I 帧和 P 帧之间的间隔。设置为 1，表示不编码 B 帧。

5）-syncmode 如果启用，则代表不创建线程来进行编码后数据的存储，而采用同步的方式，编码好一帧，则存储一帧。启用这个选项可以让程序执行结束的编码过程的统计时间更为准确。

6）-recyuv 代表将重构图像存储到文件。

7）-enablePSNR 必须和 -srcyuv、recyuv 合用，代表根据存储的重构图像和原始图像进行 PSNR 计算，以获得编码器的 PSNR 值。

其中 hevcencode 的参数和 h264encode 类似，vp8/vp9 会有略有不同。相对而言，前者的使用范围会更广。示例程序中还包含了 svctenc 来完成基于时域的 H.264 可扩展编码，通常在视频会议的场景中使用，以通过层级的参考帧关系来实现支持多帧率解码的编码。

5.3.3.4　后处理示例程序

在 videoprocess 目录下包含了多个后处理的示例程序，如表 5-4 所示。

表 5-4　后处理示例程序详情

后处理程序	说明
vacopy	需要在 VA-API 1.10 版本以上支持显卡加速的两个对象的复制，例如 VASurface 或者 VABuffer，并支持 3 种模式：性能优先、功耗优先和平衡模式
vavpp	支持所有的后处理操作，包括混合（blending）、去噪（denoise）、缩放（scaling），颜色格式转换 CSC 等的调整。可以参考 process.cfg.template 进行参数配置
vablending	对多个输入图像进行混合处理并保存。支持三种图像混合方式，分别为全局 Alpha、预乘过的逐点 Alpha 以及基于指定亮度的抠图，同时支持对输入源的裁剪。可参考 process_blending.cfg.template 进行参数配置
vppdenoise	对输入图像进行降噪处理，可以参考配置文件 process_denoise.cfg.template 来指定参数，其中降噪值范围为 0～64，值越大，降噪越明显。其会利用到 GPU 内部的固定功能单元来进行处理
vppscaling_csc	对输入图像进行缩放和颜色格式转换，可参考配置文件 process_scaling_csc.cfg.template 来指定参数
vppscaling_n_out_usrptr	支持单输入多输出的后处理
vppsharpness	对输入图像进行锐度的调整，可以参考配置文件 process_sharpness.cfg.template 来指定参数，其中锐度值范围为 0～64，值越大，锐度越大。其会利用到 GPU 内部的固定功能单元来进行处理

5.3.3.5　putsurface 示例程序

libva 支持 5 种窗口系统：X Window、GLX、Wayland、DRM、Android。其提供 vaPutSurface 接口将 surface 内容显示到 X Window 窗口系统中，其他的窗口系统有不同的方法来显示 surface。

```
VAStatus vaPutSurface (
    VADisplaydpy,
    VASurfaceID surface,
    Drawable draw, /*X Drawable*/
    short srcx, short srcy, unsigned short srcw, unsigned short srch,
```

```
    short destx, short desty, unsigned short destw, unsigned short desth,
    VARectangle *cliprects, /*client supplied destination clip list*/
    unsigned int number_cliprects, /*number of clip rects in the clip list*/
    unsigned int flags /*PutSurface flags*/
);
```

其中 draw 为 X Window 窗口系统的句柄。此接口支持对源 Surface 的任意区域抓图显示到窗口的任意区域。cliprects 和 number_cliprects 可以指定多个针对目标窗口的裁剪区域，从而只显示这些指定区域的内容。其内部会完成必要的颜色格式转换和缩放。

该示例程序演示了如何基于 X Window 和 Wayland 进行窗口渲染。其可以指定刷新帧率，并且每一帧数据会随机生成两个裁剪区域，同时支持两个线程创建两个不同的窗口来进行更新。

5.3.3.6　厂商定制示例程序

在 vendor/intel 目录下有两个英特尔特有的扩展示例程序：sfcsample 以及 avcstreamoutdemo。sfcsample 演示如何启用 VDBox＋SFC 的处理来完成解码后直接利用 SFC 进行缩放和颜色格式转换的功能。avcstreamoutdemo 实现了一路内嵌的只拥有 I 帧和 P 帧的 H.264/AVC 码流的解码过程。

5.3.4　调试

作为相对底层的接口，libva 需要给驱动提供大量信息。当程序出现问题时，需要手动完成逐条信息的对比，工作量非常大。因此 libva 提供了代码追踪功能，可以按类别记录所有函数调用及参数的日志，同时支持获取交互过程中的 YUV 帧缓存，这对于调试问题或学习视频编码 / 解码流非常有用。YUV 帧缓存获取功能可以存储视频解码的输出帧和视频编码的输入帧，有助于缩小导致图像异常的问题范围。例如在常见的视频解码并显示的业务中，若发现显示器输出的图像有异常，但 libva 获取的解码器输出 YUV 数据并无异常时，则说明问题发生在视频后处理或者显示环节，而解码本身没有问题。

5.3.4.1　如何启用日志功能

启用日志功能不需要重新编译 libva。

5.3.4.1.1　方法一：通过配置文件启动

通过 root 权限创建 libva 的配置文件 /etc/libva.conf 并写入以下配置内容，保证应用程序对该目录有读写权限：

```
LIBVA_TRACE=/tmp/trace_directory/trace_file_prefix
```

变量 LIBVA_TRACE 定义了日志文件的存储路径以及文件名前缀。图 5-22 所示为将日志保存到 /tmp/va/vatrace.xxx.xxx 的示例。在程序执行时，日志的完整文件名会在 libva 的输出信息中打印出来。在本例中共有两个日志文件：/tmp/va/vatrace.103941-0x00007744 和 /tmp/va/vatrace.103941-0x00007745，因为 Media SDK 示例程序的视频解码由两个线程并行运行。在非调试阶段，建议删除该配置文件，否则应用程序在调用 libva 时会生成日志文件影响执行效率。

```
media-dev$ cat /etc/libva.conf
LIBVA_TRACE=/tmp/va/vatrace
media-dev$ ls /tmp/va
media-dev$ /opt/intel/mediasdk/samples/sample_decode h264 -i ~/video/2.h264 -o 1080p.yuv -n 2
pretending that aspect ratio is 1:1
libva info: Open new log file /tmp/va/vatrace.103941.thd-0x00007744 for the thread 0x00007744
libva info: LIBVA_TRACE is on, save log into /tmp/va/vatrace.103941.thd-0x00007744
media-dev$ ls /tmp/va/
vatrace.103941.thd-0x00007744  vatrace.103941.thd-0x00007745
```

图 5-22　通过命令文件启动日志

5.3.4.1.2　方法二：通过命令行启用

在启用 libva 的应用程序前，可以先在 Bash Shell 上通过以下命令行设置环境变量启动日志：

```
export LIBVA_TRACE=/tmp/trace_directory/trace_file_prefix
```

或者按图 5-23 所示直接在启动应用程序的同一命令前设置参数。

```
media-dev$ LIBVA_TRACE=/tmp/va/1080pencode /opt/intel/mediasdk/samples/sample_encode h264 -i 10
80p.yuv -o 1080p.h264 -w 1920 -h 1080 -n 2
libva info: Open new log file /tmp/va/1080pencode.104814.thd-0x000077e3 for the thread 0x000077
e3
```

图 5-23　通过命令行启动日志

5.3.4.2　如何分析日志

要分析 libva 的日志文件，可以参考 va.h 和其他 libva 头文件。图 5-24 展示了视频解码日志文件中各参数及赋值的含义分析。

图 5-24　libva 日志分析

5.3.4.3　如何启用 YUV Dump

在程序运行过程中，我们经常需要保存一些运行状态以便后续进行分析，这个保存的动作我们通常称其为 Dump，例如 Linux 中程序异常时的 coredump。libva 支持对 YUV 数据的保存，要启用该 Dump 功能，可以在 LIBVA_TRACE 已经设置的情况下添加 LIBVA_TRACE_SURFACE 变量到前面提到的 libva 配置文件或者命令行。以下是通过命令行运行解码程序并保存 YUV 数据到本地文件的例子：

```
LIBVA_TRACE=/tmp/va/vatrace
LIBVA_TRACE_SURFACE=/tmp/va/decodeyuv.nv12
/opt/intel/MediaSDK/samples/sample_decode h264 -i ~/video/2.h264 -n 5
```

图 5-25 所示是日志文件和 YUV Dump 的打印输出。

```
libva info: Save context 0x10000000 into log file /tmp/va/vatrace.143739.thd-0x000003e6
libva info: LIBVA_TRACE_SURFACE is on, save surface into /tmp/va/decodeyuv.nv12.143739.ctx-0x10
000000
```

图 5-25　libva 打印输出

如果读者只是想保存帧缓冲里的一部分内容，可以通过 LIBVA_TRACE_SURFACE_GEOMETRY 变量指定特定区域，该变量的值的格式为 XxY＋Wdith＋Height。以下命令行表示 Dump 区域的大小为 300×400，区域起始点为 (100, 20)：

```
LIBVA_TRACE=/tmp/va/vatrace
LIBVA_TRACE_SURFACE=/tmp/va/decodeyuv.nv12
LIBVA_TRACE_SURFACE_GEOMETRY=100x20+300+400
/opt/intel/mediasdk/samples/sample_decode h264 -i ~/video/2.h264 -n 5
```

5.3.4.4　如何指定 YUV Dump 对象

由于 YUV Dump 操作非常耗时，所以尽量只保存需要的帧。如果只需要输入视频编码，可以指定 YUV Dump 文件名为 enc_xxx, 例如 LIBVA_TRACE_SURFACE =/tmp/trace_directory/enc_trace。如果只保存视频解码输出，可以指定文件名为 dec_xxx，例如 LIBVA_TRACE_ SURFACE =/tmp/trace_directory/dec_trace。

libva 会通过文件名的前缀决定 Dump 对象为编码输入还是解码输出，其不会保存后处理的 YUV 数据。

5.3.4.5　如何查看 YUV 数据

在 Linux 系统上通常可以通过 mplayer 来显示，以下是命令行示例：

```
mplayer -demuxerrawvideo -rawvideo w=1920:h=1088:format=nv12
/tmp/va/decodeyuv.nv12.143716.ctx-0x10000000 -loop 0
```

YUV 文件 /tmp/va/decodeyuv.nv12.143716.ctx-0x10000000 是解码 1080p 的输出。需要注意的是因为解码器的输出 Surface 要求 16 位对齐，所以这里保存的 YUV 数据的像素高是 1088 而不是 1080。

5.3.4.6 如何启用编码输出 Dump

如果需要保存编码输出缓冲区，可以添加 LIBVA_TRACE_CODEDBUF 到 libva 的配置文件或者命令行。其输出的数据是 Element Stream（也就是我们通常说的 ES 文件，其仅包含视频编码数据）。以下是 Dump 编码输出缓冲区的命令行示例：

```
LIBVA_TRACE=/tmp/va/vatrace
LIBVA_TRACE_CODEDBUF=/tmp/va/encoded.h264
/opt/intel/mediasdk/samples/sample_encode h264 -i 1080p.yuv -w 1920 -h 1080 -o
1080p.h264
```

5.4 GmmLib

GmmLib 是开源的英特尔 GPU 内存管理帮助函数库，项目地址为 https://github.com/intel/gmmlib，同时支持 Windows 和 Linux 操作系统。其被 Linux 内核的 i915 驱动以及多个用户态驱动使用，例如 OpenCL 的 NEO 驱动，VA-API 的 media-driver 驱动等。GmmLib 支持以下功能：

- 内存资源基本规格的计算，例如大小、行对齐、QPitch 对齐等。
- Surface 状态编程的帮助函数。
- 片格式内存的翻译表（TR-TT）。
- 和 GPU 硬件相关的内存对象控制状态 MOCS 初始化和编程。
- 页属性表 PAT 编程。

图 5-26 归纳了 GmmLib 的内外部的类。

其中只有 GmmResource 对用户可见，其他均为内部类。用户必须通过 GmmLib::Context::InitContext( ) 进行上下文初始化之后才能使用 GmmLib 的各种功能。每一个进程会拥有一个统一的 GmmLib 的上下文，因此多个用户态驱动如果在同一个进程中，会共享同一个上下文。

初始化的方式如代码清单 5-1 所示。

代码清单 5-1 GmmLib 上下文初始化

```
GmmLib::Context *pGmmLib = new Gmm::Context;
pGmmLib->InitContext(Platform, pSkuTable, pWaTable, pGtSysInfo, ClientType);
```

GmmResource 是和用户交互最主要的类，支持获取多种类型资源的大小、对齐、Surface 状态等信息。由于很多资源类型是 3D 处理情况下才会涉及，因此这里不做赘述，感兴趣的读者可以到 Source/GmmLib/inc/External/Common/GmmFormatTable.h 查看支持的资源类型细节。总而言之，GmmLib 封装了大量 GPU 在使用内存资源上的细节，各个用户态驱动通过它来保证使用统一规则。

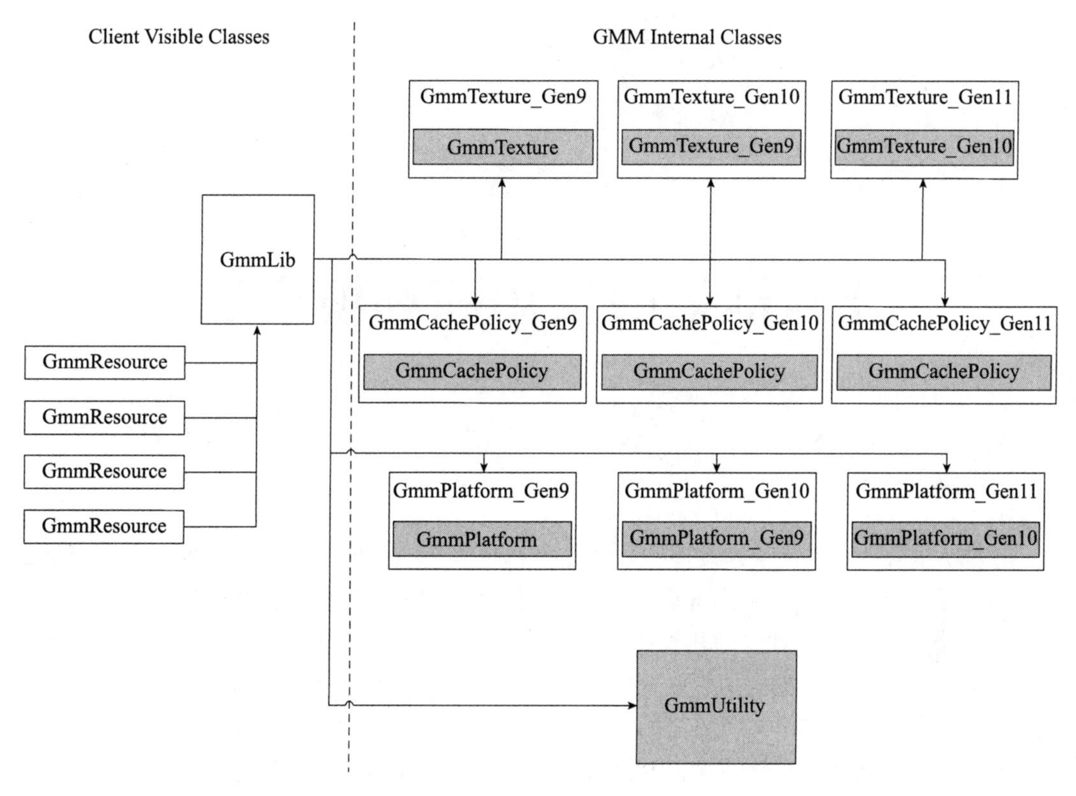

图 5-26　GmmLib 类图

5.5　本章小结

因为其开放性，Linux 系统被广泛用于需要硬件加速视频处理的产品实现中。与此同时，也为读者了解 GPU 的运行原理提供了很好的学习材料。其中 DRM 框架解决了启用 GPU 的最基本问题，例如内存管理、命令提交和权限管理，而 VA-API 则提供了最接近硬件工作原理的视频处理的接口。本章详细介绍了上述两部分内容，希望为读者阅读后续应用实践章节打下扎实的基础。

CHAPTER 6

第6章

开源框架的使用和环境搭建

随着现代软件技术的快速发展，软件变得越来越复杂，硬件的种类也越来越多，很少有人会从零开始去开发一套商业软件了，取而代之的是从某些开源的开发框架开始，因为这些框架具有的开放性、通用性、跨平台、模块化以及易维护性等特点，都使得开发者可以快速加入某些特别的功能就开发出有特点的软件产品。在视频处理领域，FFmpeg、GStreamer、OpenCV都是久负盛名的，英特尔为了使这些经常使用的开源框架能够充分地利用硬件的加速能力，在软件优化上投入了大量的人力和物力。本章将针对这三个业界常用的软件展示如何通过打开一些编译选项或者程序运行选项来实现使用英特尔的GPU硬件对视频流做加速处理。

6.1 FFmpeg

FFmpeg的名字是由两部分组成的，前面的FF表示“Fast Forward”，后面的mpeg就是前面介绍过的MPEG（Moving Picture Experts Group，运动图像专家组）。作为出色的开源软件架构，FFmpeg能够实现几乎所有关于视频的处理，例如解码、编码、转码、多路复用、解复用、流式传输、过滤和播放等。它支持几乎所有的视频格式，还支持常用的网络传输协议、视频封装格式（容器），以及编解码视频格式等，同时得益于广大开源社区以及硬件厂商的开发人员的大力支持，它还具有非常好的跨硬件平台以及跨操作系统的特性。它是采用最具效率的C语言开发的，具有非常好的模块化设计架构，并提供给最终客户可以直接使用的用于转码、播放等的可执行程序，如表6-1所示。

表 6-1 FFmpeg 核心库和编译好的可执行程序

核心库	可执行程序
libavcodec：多媒体编码格式，包括音视频等 libavutil：各种实用工具 libavformat：各种视频封装格式 libavfilter：过滤器 libavdevice：硬件平台	FFmpeg：转码 FFplay：播放 FFprobe：查看媒体信息

FFmpeg 早期主要在 Linux 平台下开发，现在它也可以在其他操作系统环境中编译运行，包括 Windows、Mac OS X 等。关于 FFmpeg 的所有资源都可以在它的官网 https://ffmpeg.org 找到。例如，https://ffmpeg.org/download.html 提供了丰富的下载链接，如图 6-1 所示，不管是源代码还是可以直接运行的程序，不管是 Linux 还是 Windows、Mac 系统，都可以找到适合的下载链接。如果在 Windows 上想要下载可以执行的程序的话，可以点击第一个链接，进去之后，选择 release build（发布版本）中的扩展名为 zip 的文件下载，然后解压缩到某个文件夹就可以通过控制台窗口输入命令来使用它了。而对于某些想要基于 FFmpeg 在英特尔的平台上进行二次开发的读者，可以参考 FFmpeg 官网给出的安装过程指南，具体链接为 https://trac.ffmpeg.org/wiki/CompilationGuide/Ubuntu，本节分 Linux 和 Windows 简要介绍环境的搭建过程。鉴于 Mac 系统已经使用自己研发的 GPU 了，所以这里不再介绍 Mac 系统的环境搭建。

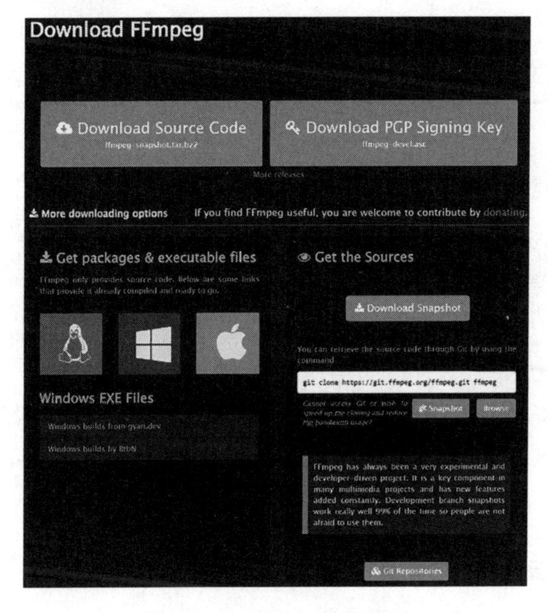

图 6-1 FFmpeg 下载界面

在 FFmpeg 中使用英特尔 GPU 的加速处理非常简单，只需要记住 QSV 这个关键字即可。前面已经介绍了 QSV 就是英特尔的快速同步视频（Quick Sync Video）的英文缩写，也就代表了英特尔平台，表 6-2 给出了 FFmpeg 5.0 版本所支持的格式。

表 6-2　FFmpeg 5.0 支持的 QSV 类型

操作	解码	编码	VPP
编解码类型	h264_qsv hevc_qsv mpeg2_qsv vc1_qsv av1_qsv mjpeg_qsv vp8_qsv vp9_qsv	h264_qsv hevc_qsv mpeg2_qsv mjpeg_qsv vp9_qsv	deinterlace_qsv scale_qsv vpp_qsv

在命令提示符窗口（Console）通过 ffmpeg -h full 命令就可以查看 FFmpeg 的完整参数列表，其中关于英特尔平台的参数与 Media SDK 保持一致，所以熟悉了 Media SDK 的参数可以无缝切换到 FFmpeg 中来。而且英特尔已经开始支持自家的独立显卡了，因为英特尔支持的硬件加速都通过 QSV 标记，所以可以通过 -child_device 或者 -qsv_device 参数指定编解码运行的 GPU 设备，一般来说集成显卡（iGPU）是 0，独立显卡（dGPU）是 1，如果有多个独立显卡，则可以按照顺序来调用，但是也不是绝对的，所以可以通过一些实时工具来观察具体运行到了哪个硬件上。这里给出一个解码 H.265/HEVC 的媒体文件转化为 H.264/AVC 的媒体文件的基于 Windows 操作系统的命令行示例：

命令行 1	ffmpeg.exe -y -v verbose -hwaccelqsv -init_hw_device qsv=qsv:hw_any,child_device=0,child_device_type=d3d11va -c:v hevc_qsv -i ..\video\<input_name>.mp4 -preset 7 -low_power 1 -c:v h264_qsv..\video\<output_name>.mp4
命令行 2	.\ffmpeg.exe -y -v verbose -hwaccelqsv -init_hw_device d3d11va=dx -init_hw_device qsv@dx -c:v hevc_qsv -i ..\video\<input_name>.mp4 -preset veryfast -low_power 1 -qsv_device 0 -g 30 -c:v h264_qsv ..\video\<output_name>.mp4

另外，Media SDK 只能处理纯视频流，经常需要从一个视频容器文件中提取其视频文件来作为 Media SDK 解码器的输入，具体命令行如下：ffmpeg -i input.mp4 -an -vcodec copy video.h264。

6.1.1　Linux 编译指南

要想使用 FFmpeg 调用 Media SDK，需要重新编译 FFmpeg，并在编译过程中打开有关 Media SDK 的选项，例如 -enable-libmfx，并在使用 FFmpeg 时打开相关的加速选项，例

如 -c:v h264_qsv，这样就可以实现用英特尔硬件加速处理视频了。本节的环境搭建实验是在 Ubuntu 20.04 上进行的，首先请安装好 Linux 上的 Media SDK 开发包，具体的搭建过程可以参考 5.1 节，下面介绍具体的编译过程。

首先从 GitHub 上下载 FFmpeg 源码：

```
git clone https://github.com/FFmpeg/FFmpeg.git
```

安装编译工具：

```
sudo apt-get update -qq && sudo apt-get -y install autoconfautomake build-essential cmake git-core libass-dev libfreetype6-dev libgnutls28-dev libmp3lame-dev libsdl2-dev libtoollibva-dev libvdpau-dev libvorbis-dev libxcb1-dev libxcb-shm0-dev libxcb-xfixes0-dev meson ninja-build pkg-config texinfo wget yasm zlib1g-dev libunistring-dev libaom-dev nasm
```

设置 PKG_CONFIG_PATH，让 PKG 工具可以找到 Media SDK：

```
export PKG_CONFIG_PATH=/opt/intel/svet/msdk/lib/pkgconfig
```

使用 PKG 工具查看 libmfx 是否可以正常找到：

```
/opt/ffmpeg$ pkg-config --libsmfx
-lmfx -lstdc++ -ldl
```

如果显示如上结果，列出了引用 libmfx 的方式（-lmfx -lstdc++ -ldl），则表示 libmfx 可以被找到。

进入 FFmpeg 根目录，通过 configure 设置编译选项（重点是 libmfx、qsv、vaapi 这几个选项），然后用 make 编译，-j4 表示 4 个线程，如果你的机器足够强悍，也可以使用 -j8、-j32 等，编译命令如下：

```
cd FFmepg
./configure --enable-libmfx --enable-encoder=h264_qsv --enable-decoder=h264_qsv
--enable-vaapi--enable-shared
make -j4
```

编译成功后，可以在 FFmpeg 的根目录中看到如图 6-2 所示的 ffmpeg 和 ffmpeg_g 的可执行文件：

```
iotg@zhaoye-skylake:/opt/ffmpeg/FFmpeg$ ls
Changelog   config.h               COPYING.GPLv2     COPYING.LGPLv3  ffbuild   ffprobe
compat      configure              COPYING.GPLv3     CREDITS         ffmpeg    ffprobe_g
config.asm  CONTRIBUTING.md        COPYING.LGPLv2.1  doc             ffmpeg_g  fftools
iotg@zhaoye-skylake:/opt/ffmpeg/FFmpeg$
```

图 6-2　FFmpeg 编译结果

使用编译成功的 ffmpeg 可执行文件测试硬件加速解码，如图 6-3 所示。

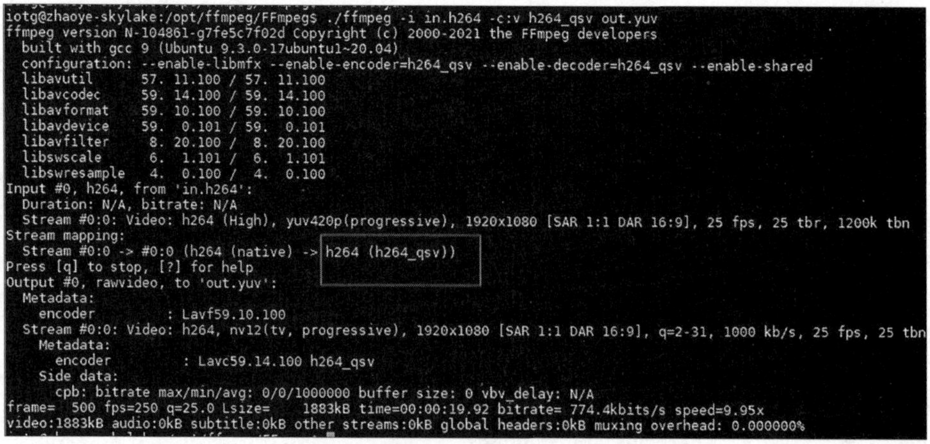

```
iotg@zhaoye-skylake:/opt/ffmpeg/FFmpeg$ ./ffmpeg -i in.h264 -c:v h264_qsv out.yuv
ffmpeg version N-104861-g7fe5c7f02d Copyright (c) 2000-2021 the FFmpeg developers
  built with gcc 9 (Ubuntu 9.3.0-17ubuntu1~20.04)
  configuration: --enable-libmfx --enable-encoder=h264_qsv --enable-decoder=h264_qsv --enable-shared
  libavutil      57. 11.100 / 57. 11.100
  libavcodec     59. 14.100 / 59. 14.100
  libavformat    59. 10.100 / 59. 10.100
  libavdevice    59.  0.101 / 59.  0.101
  libavfilter     8. 20.100 /  8. 20.100
  libswscale      6.  1.101 /  6.  1.101
  libswresample   4.  0.100 /  4.  0.100
Input #0, h264, from 'in.h264':
  Duration: N/A, bitrate: N/A
  Stream #0:0: Video: h264 (High), yuv420p(progressive), 1920x1080 [SAR 1:1 DAR 16:9], 25 fps, 25 tbr, 1200k tbn
Stream mapping:
  Stream #0:0 -> #0:0 (h264 (native) -> h264 (h264_qsv))
Press [q] to stop, [?] for help
Output #0, rawvideo, to 'out.yuv':
  Metadata:
    encoder         : Lavf59.10.100
  Stream #0:0: Video: h264, nv12(tv, progressive), 1920x1080 [SAR 1:1 DAR 16:9], q=2-31, 1000 kb/s, 25 fps, 25 tbn
    Metadata:
      encoder         : Lavc59.14.100 h264_qsv
    Side data:
      cpb: bitrate max/min/avg: 0/0/1000000 buffer size: 0 vbv_delay: N/A
frame=  500 fps=250 q=25.0 Lsize=    1883kB time=00:00:19.92 bitrate= 774.4kbits/s speed=9.95x
video:1883kB audio:0kB subtitle:0kB other streams:0kB global headers:0kB muxing overhead: 0.000000%
```

图 6-3　FFmpeg h264_qsv 解码器

第二种测试方法是使用 VA-API 来使能 GPU 加速：

```
./ffmpeg -hwaccelvaapi -hwaccel_output_format vaapi -hwaccel_device /dev/dri/
renderD128 -i input.mp4 -vf hwdownload,format=nv12 -pix_fmtyuv420p output.yuv
```

第三种测试方法是使用 FFmpeg 自带的实例程序进行测试。

首先需要编译 FFmpeg 自带的实例程序，在 FFmpeg 根目录下运行如下命令：

```
make examples
```

然后可以在 FFmpeg 的 doc/examples/ 目录下找到 qsvdec 的可执行文件，运行如下测试命令来解码视频流，并把解码后的 YUV 图像保存到磁盘上：

```
./qsvdec in.h264 out.yuv
```

6.1.2　Windows 编译指南

编译 FFmpeg 的 Windows 版本主要有两种编译方法，一种是在 Windows 上搭建交叉编译环境进行编译，另一种是在 Linux 系统上搭建交叉编译环境进行编译。当然在编译之前首先要安装 Media SDK 开发套件，然后下载 Media SDKdispatcher 源代码和 FFmpeg 源代码，GitHub 上提供了 FFmpeg 编译好的库文件和应用程序。

首先我们看第一种方法，主要的编译工具包括 MSYS2 和微软的 Visual Studio 可视化编程环境，本书使用的版本是 Microsoft Visual Studio 2019，后文简称 VS2019，编译方法如下：

1）首先从 MSYS2 的官网（https://www.msys2.org/）下载最新的版本。

2）安装到 C:/msys64 目录。

3）编辑 C:/msys64/msys2_shell.cmd，删除 rem MSYS2_PATH_TYPE=inherit 中的 rem，即取消注释。

4）在 Windows 搜索窗口中搜索并启动 x64 Native Tools Command Prompt for VS 2019，启动带 VS2019 环境变量的命令行窗口。设置如下 VS2019 和 Media SDK 的环境变量。

```
C:\Program Files (x86)\Microsoft Visual Studio\2019\Community>SET LIB=C:\Program Files (x86)\Microsoft Visual Studio\2019\Community\VC\Tools\MSVC\14.28.29333\lib\x64;C:\Program Files (x86)\Microsoft Visual Studio\2019\Community\VC\Tools\MSVC\14.28.29333\bin\Hostx86\x64;C:\Program Files (x86)\IntelSWTools\Intel(R) Media SDK 2021 R1\Software Development Kit\lib\x64;
C:\Program Files (x86)\Microsoft Visual Studio\2019\Community>SET LIBPATH=C:\Program Files (x86)\Microsoft Visual Studio\2019\Community\VC\Tools\MSVC\14.28.29333\lib\x64;C:\Program Files (x86)\Microsoft Visual Studio\2019\Community\VC\Tools\MSVC\14.28.29333\bin\Hostx86\x64;C:\Program Files (x86)\IntelSWTools\Intel(R) Media SDK 2021 R1\Software Development Kit\lib\x64
C:\Program Files (x86)\Microsoft Visual Studio\2019\Community>SET INCLUDE=C:\Program Files (x86)\Microsoft Visual Studio\2019\Community\VC\Tools\MSVC\14.28.29333\include;
```

5）运行 C:/msys64/msys2_shell.cmd，启动 msysshell，这个 shell 继承了 VS2019 的环境变量。

6）在 msys2 的 shell 中运行如下命令：

```
a. pacman -Syu
b. pacman -S make
c. pacman -S gcc
d. pacman -S git
e. pacman -S diffutils
f. pacman -S yasm
g. pacman -S nasm
h. mv /usr/bin/link.exe /usr/bin/link.exe.bak
```

7）在 msys2 的 shell 中输入 which cl link yasm cpp，结果如图 6-4 所示就可以了。

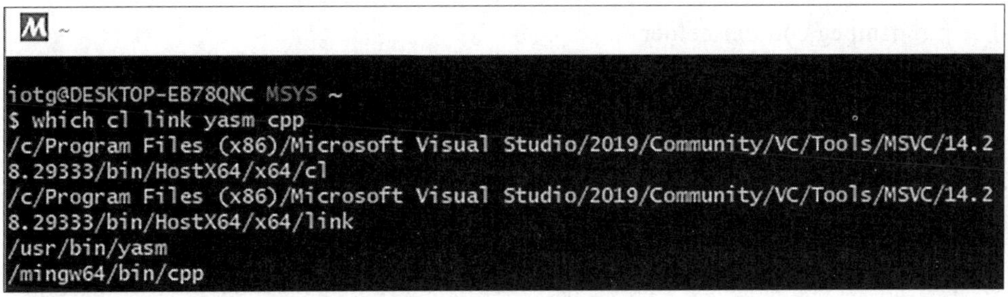

```
iotg@DESKTOP-EB78QNC MSYS ~
$ which cl link yasm cpp
/c/Program Files (x86)/Microsoft Visual Studio/2019/Community/VC/Tools/MSVC/14.28.29333/bin/HostX64/x64/cl
/c/Program Files (x86)/Microsoft Visual Studio/2019/Community/VC/Tools/MSVC/14.28.29333/bin/HostX64/x64/link
/usr/bin/yasm
/mingw64/bin/cpp
```

图 6-4　编译工具准备

8）编译 media sdk dispatcher，libmfx.a 会被安装到 C:/msys64/mingw64/ 下：

```
a. git clone https://github.com/lu-zero/mfx_dispatch.git
b. autoreconf -i
c. ./configure --prefix=/mingw64
d. Make -j8 && make install
```

9）编译 FFmpeg：

```
a. git clone https://github.com/FFmpeg/FFmpeg.git
b. cd ffmpeg
c. mkdir build
d. ../configure --disable-stripping --disable-static --enable-shared --enable-
   debug=3 --disable-optimizations --enable-libmfx --enable-encoder=h264_qsv
   --enable-decoder=h264_qsv --toolchain=msvc --enable-cross-compile --extra-
   cflag='-I/c:/msys64/mingw64/include' --extra-ldflag='-libpath:/c:/msys64/
   mingw64/lib -DEFAULTLIB:legacy_stdio_definitions.lib' --prefix=../build
e. Make
f. Make install
```

10）编译完成之后，会在 build\bin 目录中得到如图 6-4 所示的编译生成的库文件和 include 目录中的头文件，如图 6-5 所示。

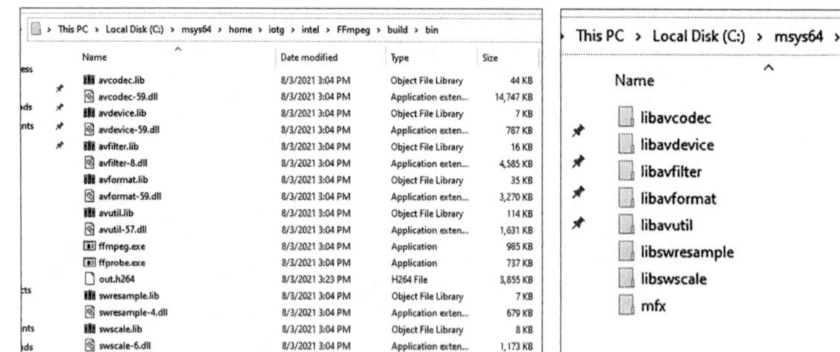

图 6-5　基于 Windows 的 FFmpeg 编译后的库文件和头文件目录

第二种编译方法是在 Ubuntu 20.04 上交叉编译 Windows 版本的 FFmpeg。

1）下载 ffmpeg comiler helper：

```
git clone https://github.com/rdp/ffmpeg-windows-build-helpers.git
```

2）编译共享库（shared library）：

```
cdffmpeg-windows-build-helpers
./cross_compile_ffmpeg.sh --build-ffmpeg-shared=y --build-intel-qsv=y
```

3）编译完成后，会在 ffmpeg-windows-build-helpers/sandbox/win64/ffmpeg_git_master_shared 目录中生成 ffmpeg.exe 以及相关的 lib 和 include 文件。

4）编译 qsvdec.c samples，完成后，在 doc/examples/ 目录下会生成 qsvdec.exe 程序：

```
cd ffmpeg-windows-build-helpers/sandbox/win64/ffmpeg_git_master_shared
Make examples
```

5）把上述 ffmpeg_git_master_shared 文件夹以及文件夹中的内容复制到 Windows 下可以测试运行：

```
qsvdec.exe in.h264 out.yuv
```

6）修改代码，使能英特尔硬件解码加速（QSV）的 GPU 拷贝（Copy）功能：

```
+AVDictionary *opts = NULL;
+ av_dict_set(&opts, "gpu_copy", "off", 0);
/* open the hardware device */
ret = av_hwdevice_ctx_create(&device_ref, AV_HWDEVICE_TYPE_QSV,
- "auto", NULL, 0);
+ "auto", opts, 0);
```

6.2　GStreamer

GStreamer 是一个通用的跨平台的多媒体框架，可以运行于所有主要的操作系统平台，如 Linux、Android、Windows、Max OS X、iOS 等。GStreamer 框架的许多优点都来自它的模块化，应用程序可以通过管道（pipeline）的方式将多媒体处理的各个插件模块无缝地串联起来，达到预期的效果。但是由于模块化和较强的功能往往以更大的复杂度为代价，开发新的应用程序并不总是简单的。

VA-API（Video Acceleration API）是一个开源的库和 API 规范，它提供了对视频处理的图形硬件加速功能的访问。它包含受支持的硬件供应商的主库和特定于驱动程序的加速后端。更多详细介绍请参考 https://01.org/linuxmedia/vaapi。

本章主要介绍 GStreamer 的安装，调用 VA-API 作为加速后端的简单应用，以及使用 GStreamer 搭建 AI 媒体分析管道。用户可以通过以下两种方式安装 GStreamer：第一种方式是参考 GStreamer 官方网站的安装指南，根据相应平台的指令进行安装；第二种方式是安装 Intel OpenVINO toolkit，该工具包默认集成了 GStreamer。

6.2.1　基于 GStreamer 官网的编译指南

6.2.1.1　Windows 上 GStreamer 环境搭建

本次环境搭建是在 Windows 10 64-bit 上进行的，首先要安装 Microsoft Visual Studio 2019（VS2019）。更详细的系统配置要求可以参考 GStreamer 官网[⊖]的编译指导。然后打开 GStreamer 官方网站 https://gstreamer.freedesktop.org/download/，下载需要的版本，建议下

⊖ https://gstreamer.freedesktop.org/documentation/installing/on-windows.html?gi-language=c

载最新版本，比如下载 64-bitMSVC 编译的安装包：

- ❑ Runtime 版本的安装包名称：gstreamer-1.0-msvc-x86_64-{VERSION}.msi。
- ❑ Development files 的安装包名称：gstreamer-1.0-devel-msvc-x86_64-{VERSION}.msi。

需要开发请安装 gstreamer-1.0-devel-msvc-x86_64-{VERSION}.msi。本次以 Runtime 版本的安装为例。双击 gstreamer-1.0-msvc-x86_64-{VERSION}.msi，在图 6-6 所示的界面选择 Complete。

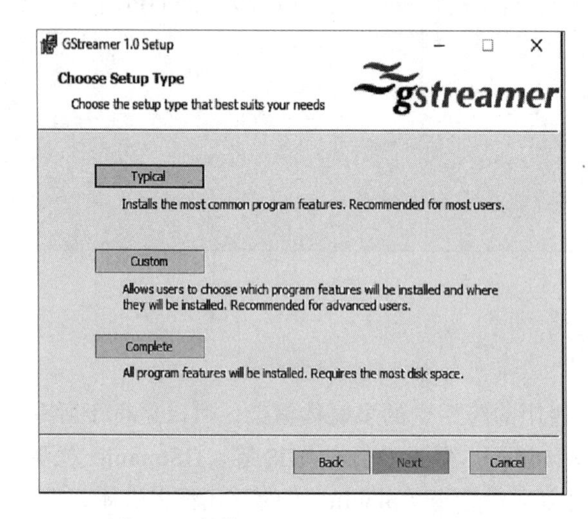

图 6-6 安装 GStreamer Runtime 界面

完成安装后请设置环境变量，如图 6-7 所示。在 Widows 10 中打开 System Properties（系统属性）页面，然后单击右下方的 Environment Variables... 按钮，在弹出的对话框中，选择 Path（路径），然后单击下方的 Edit（编辑）按钮，在打开路径编辑对话框之后，单击 New（新建）按钮，然后把 Gstreamer 的安装后的路径复制进去，例如 C:\gstreamer\1.0\msvc_x86_64\bin，再单击 OK 按钮即可。

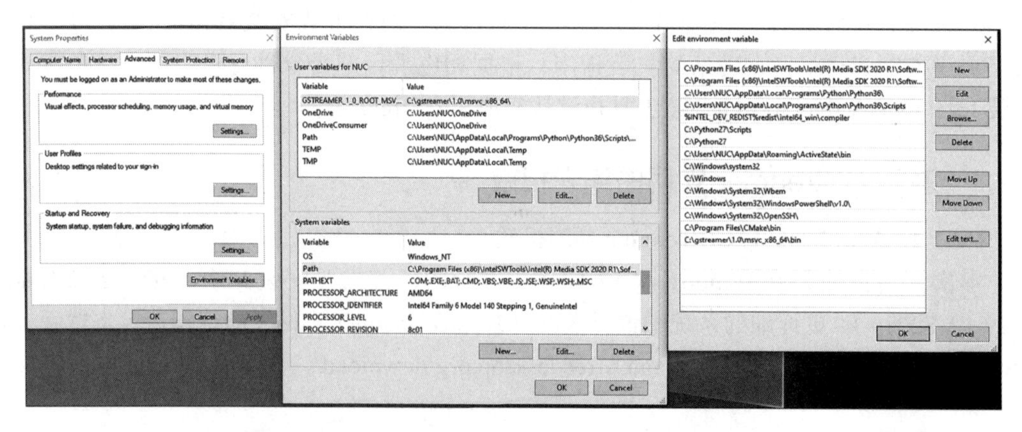

图 6-7 在 Windows10 中设置 GStreamer 的环境变量

运行如下测试命令，如果没有报错，则说明 GStreamer 安装成功，如图 6-8 所示。

```
>gst-launch-1.0 videotestsrc ! "video/x-raw,width=1280,height=720" ! autovideosink
```

图 6-8　测试 GStreamer 安装成功的截图

6.2.1.2　Linux 上 GStreamer 环境搭建

本次环境搭建是在 Ubuntu18.04 上进行的，首先需要安装好 Linux 上的 Media SDK 软件包，这可以参考本书中关于 Media SDK Linux 的环境搭建部分。对于这一部分，用户也可以参考 GStreamer 官网[⊖]的编译指导。安装编译工具的命令行如下：

```
$ sudo apt-get install libgstreamer1.0-dev libgstreamer-plugins-base1.0-dev
libgstreamer-plugins-bad1.0-dev gstreamer1.0-plugins-base gstreamer1.0-plugins-
good gstreamer1.0-plugins-bad gstreamer1.0-plugins-ugly gstreamer1.0-libav
gstreamer1.0-doc gstreamer1.0-tools gstreamer1.0-x gstreamer1.0-alsa gstreamer1.0-
gl gstreamer1.0-gtk3 gstreamer1.0-qt5 gstreamer1.0-pulseaudio
```

运行如下测试命令，如果没有报错，则说明 GStreamer 安装成功。

```
$ gst-launch-1.0 videotestsrc ! "video/x-raw,width=1280,height=720" ! autovideosink
```

6.2.2　通过 Intel OpenVINO 安装 GStreamer

Intel OpenVINO 工具套件的全称是 Open Visual Inference & Neural Network Optimization，是英特尔在 2018 年推出的一款开源的商用免费工具套件。它可用于快速部署人工智能应

⊖ https://gstreamer.freedesktop.org/documentation/installing/on-linux.html?gi-language=c

用和解决方案，优化神经网络模型和加速推理计算，支持英特尔平台 CPU、GPU、VPU 以及 GNA 等设备。Intel OpenVINO 工具套件有两个很重要的组件：模型优化器（Model Optimizer，MO），用于转换训练好的模型，优化并离线转换到 IR 格式；推理引擎（Inference Engine，IE），提供一系列推理接口，在设备上提供跨平台的加速推理计算。

Intel DeepLearning（DL）Streamer 是 Intel OpenVINO 工具套件里的一个工具，是一个基于 GStreamer* 多媒体框架的流媒体分析框架，如图 6-9 所示，用于创建复杂的 AI 媒体分析管道。它确保管道的互操作性，并使用 Intel OpenVINO 工具套件的推理引擎后端，跨 Intel 架构（CPU、iGPU 和 Intel Movidius VPU）提供优化的媒体和推理操作。

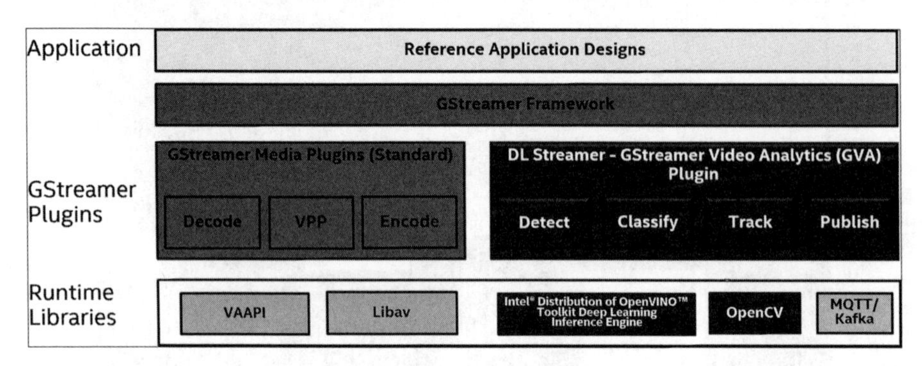

图 6-9 DL Streamer 的架构

DL Streamer 继承了 GStreamer 的所有优点，如平台可移植性、丰富的插件资源等，熟悉 GStreamer 的开发者可以快速在原有的视频方案上增加 AI 处理。而且 DLStreamer 还在 GStreamer 的基础上增加了视频分析（GStreamerVideoAnalytics，GVA）插件，用于处理人工智能相关的多媒体应用。DL Streamer 的架构里浅色的部分是 GStreamer 原生的元件，包括解码（Decode）、编码（Encode）、颜色转换（VPP）。深色的部分是英特尔扩展的功能元件，通过 GVA 插件增加了四个元件，分别是物体检测（Detect）、物体分类（Classify）、目标跟踪（Track）、发布处理的结果数据（Publish）。通过 OpenVINO 推理引擎和 OpenCV 的库，GVA 插件完成这些元件功能。

本节以 Intel OpenVINO 2021.4 版本的安装过程为例，平台是 Ubuntu18.04x86 酷睿系列。

首先从官方网站下载 OpenVINO 2021.4 工具包[⊖]：

OpenVINO 2021.4 默认包含 GStreamer 1.18.4 版本。GStreamer 1.18.4 包含在 DLStreamer 工具里，通过以下指令在 Ubuntu18.04/20.04 系统中安装 OpenVINO 以及依赖库：

```
$ sudo apt-get install -y libpng-dev libcairo2-dev libpango1.0-dev libgtk2.0-dev
libswscale-dev libavcodec-dev libavformat-dev
$ tar -xzvf l_openvino_toolkit_p_2021.4.582.tgz
```

⊖ https://www.intel.cn/content/www/cn/zh/developer/tools/openvino-toolkit/overview.html

```
$ cd l_openvino_toolkit_p_2021.4.582
$ sudo ./install_GUI.sh
```

也可以安装 OpenVINO toolkit，其安装界面如图 6-10 所示。

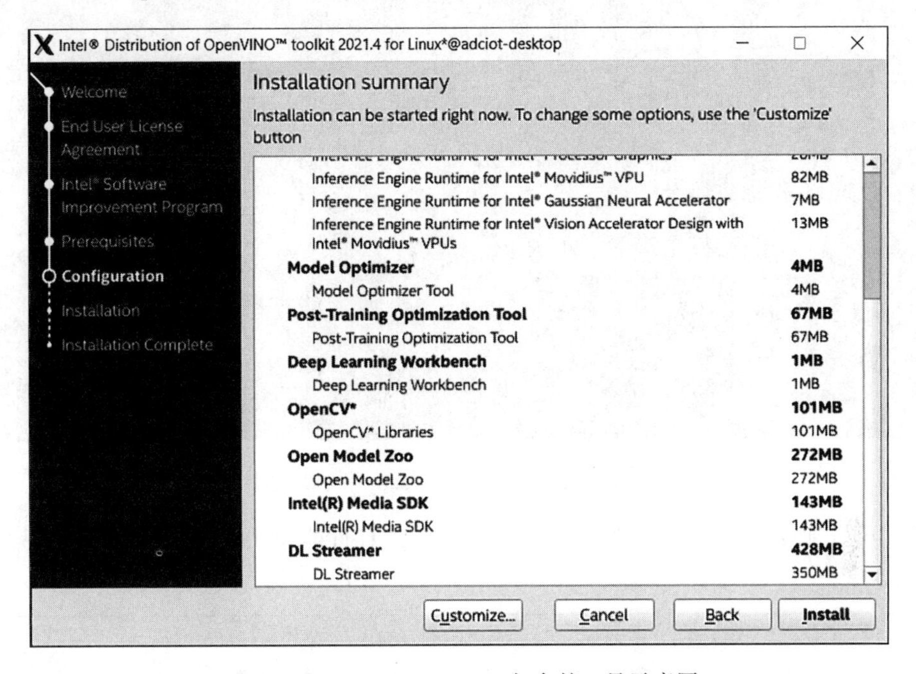

图 6-10　OpenVINO toolkit 包含的工具示意图

安装完毕后，请执行以下指令安装 NEO：

```
$ cd /opt/intel/openvino_2021/install_dependencies
$ sudo -E ./install_openvino_dependencies.sh
$ source /opt/intel/openvino_2021/bin/setupvars.sh
$ sudo ./install_NEO_OCL_driver.sh -d 20.35.17767
```

然后检查 OpenCLNEO 版本：

```
$ sudo apt-get install -y clinfo
$ clinfo
  Device Version      OpenCL 2.1 NEO
  Driver Version      20.35.17767
```

最后执行以下指令，输出如图 6-11 所示，feature 大于 0，说明 GStreamer VA-API 是可以正常使用的。

```
$ source /opt/intel/openvino_2021/bin/setupvars.sh
### if features > 0, GStreamer VA-API can work well.
$ gst-inspect-1.0 vaapi
```

```
Plugin Details:
  Name                     vaapi
  Description              VA-API based elements
  Filename                 /opt/intel/openvino_2021/data_processing/gstreamer/lib/gstreamer-1.0/libgstvaapi.so
  Version                  1.18.4
  License                  LGPL
  Source module            gstreamer-vaapi
  Source release date      2021-03-15
  Binary package           gstreamer-vaapi
  Origin URL               https://gstreamer.freedesktop.org

  vaapijpegdec: VA-API JPEG decoder
  vaapimpeg2dec: VA-API MPEG2 decoder
  vaapih264dec: VA-API H264 decoder
  vaapivc1dec: VA-API VC1 decoder
  vaapivp8dec: VA-API VP8 decoder
  vaapih265dec: VA-API H265 decoder
  vaapioverlay: VA-API overlay
  vaapipostproc: VA-API video postprocessing
  vaapidecodebin: VA-API Decode Bin
  vaapisink: VA-API sink
  vaapimpeg2enc: VA-API MPEG-2 encoder
  vaapih264enc: VA-API H264 encoder
  vaapijpegenc: VA-API JPEG encoder
  vaapih265enc: VA-API H265 encoder

  14 features:
  +-- 14 elements
```

图 6-11　gst-inspect-1.0 vaapi 指令的输出

为了更好地发挥 CPU 的性能，用户可以设置 CPU 性能模式（performance state），命令行如下：

```
$ sudo -i
root@user:/# cd /sys/devices/system/cpu
root@user:/sys/devices/system/cpu# echo performance >cpu0/cpufreq/scaling_governor
root@user:/sys/devices/system/cpu# echo performance >cpu1/cpufreq/scaling_governor
root@user:/sys/devices/system/cpu# echo performance >cpu2/cpufreq/scaling_governor
root@user:/sys/devices/system/cpu# echo performance >cpu3/cpufreq/scaling_governor
```

6.2.3　GStreamer 与 AI 的协同工作

用户集成应用到 Python/C++等代码之前，首先要用 gst-launch-1.0 快速测试管道，对比不同管道的性能和 CPU 资源消耗，从而找到合适的 GStreamer 插件。本节将用四个例子演示，这些示例都在 Ubuntu 18.04.06 LTS X86 平台验证过。

- 第一个例子是使用 GStreamer 进行编解码。
- 第二个例子是借助 VA-API，高效地把视频的帧保存成图片，图片格式可以是 JPG 或者 BMP 等。
- 第三个例子是使用 gstreamer-python 接口读取视频的帧，并转成 RGB 格式。
- 第四个例子是使用 Intel DLStreamer 工具搭建 AI 媒体分析管道。

实验平台的配置如表 6-3 所示。

表 6-3　实验平台的配置

配置项	参数
英特尔平台（Intel Platform）	Whiskey Lake
CPU 型号	Core i5-8259U 2.3 GHz
内核数 / 线程数（Cores / Threads）	4 / 8
热设计功耗（TDP）	28 W
显卡处理器（Processor Graphics）	锐炬（Iris）Plus 655
英特尔图形计算驱动	Intel(R) OpenCL NEO Graphics, 20.35.17767 安装方式请参考 6.2.2 节
显卡最大动态频率（Graphics Max Frequency）	1.05　GHz
内存	8GB，单通道 DDR4 2400MT/s
BIOS 版本	BECFL357.86A.0073.2019.0618.1409
Open VINO 版本	2021.4
操作系统	Ubuntu18.04.5 LTS（GNU/Linux 5.0.0-23-generic x86_64）

6.2.3.1　解码与编码

一些基本操作的指令如表 6-4 所示。

表 6-4　编解码基本操作指令

作用	指令
解码并显示的指令	$ gst-launch-1.0 filesrc location=test.mp4 ! decodebin ! videoconvert ! autovideosink
使用 VAAPI 进行解码并显示的指令	$ gst-launch-1.0 filesrc location=test.mp4 ! qtdemux ! vaapidecodebin ! videoconvert ! autovideosink
编码并保存图片的指令	gst-launch-1.0 filesrc location=test.mp4 ! decodebin ! jpegenc ! multifilesink location="/media/output/test_%08d.jpg"

使用 VA-API 进行编码请参考下一小节的指令 1。

更多入门指令请参考：

Gst-vaapi-msdk：https://01.org/linuxmedia/quickstart/gstreamer-vaapi-msdk-command-line-examples。

Gst-vaapi：https://gstreamer.freedesktop.org/documentation/vaapi/index.html?gi-language=python。

6.2.3.2　借助 VA-API 保存图片

指令 1 是对输入的 MP4 视频源进行解码，然后编码、保存为 JPG 格式的图片。指令 2 是对输入的 MP4 视频源进行解码、后处理，然后编码、保存为 BMP 格式的图片。这两个指令都使用 VA-API 加速。

指令 1

```
$ gst-launch-1.0 -vf filesrc location= /media/1080p.mp4 ! qtdemux ! vaapidecodebin
! videorate ! video/x-raw,framerate=25/1 ! vaapijpegenc ! multifilesink location="/
media/output/test_%08d.jpg"
```

指令 2

```
$ gst-launch-1.0 -vf filesrc location= /media/1080p.mp4 ! qtdemux ! vaapidecodebin
! videorate ! video/x-raw,framerate=25/1 ! vaapipostproc format=rgb16  width=1920
height=1080 ! avenc_bmp ! multifilesink location="/media/output/test_%08d.bmp"
```

在同一台机器上运行指令 1 和指令 2 时，指令 1 的实际运行速度更快，且 CPU 占用率更低。主要原因是 avenc_bmp 插件会消耗较多 CPU 资源，且 BMP 格式的图片文件较大，存盘时也会消耗较多 CPU 资源。

当视频源是 RTSP 流时，只需将以上指令稍作修改，即指令 3 是把指令 1 的输入源改成 RTSP，指令 4 是把指令 2 的输入源改成 RTSP。Ubuntu 18.04 桌面版系统可以通过 VLC 工具把本地的 MP4 视频制作成 RTSP 流，用于测试。

指令 3

```
$ gst-launch-1.0 rtspsrc location=rtsp://localhost:8554/123 latency=100 !
rtph264depay ! h264parse ! vaapih264dec ! videorate ! video/x-raw,framerate=25/1 !
vaapijpegenc ! multifilesink location="/media/out/test_%08d.jpg"
```

指令 4

```
$ gst-launch-1.0 rtspsrc location=rtsp://localhost:8554/123 latency=100 !
rtph264depay ! h264parse ! vaapih264dec ! videorate ! video/x-raw,framerate=25/1
! vaapipostproc format=rgb16  width=1920 height=1080 ! avenc_bmp ! multifilesink
location="/media/out/test_%08d.bmp"
```

6.2.3.3　获取 RGB 格式的帧

本节将介绍两种通过 GStreamer 提取 RGB 格式的视频帧的方法，视频封装格式可以是 MP4 等。第一种方法是利用 gstreamer-python 脚本。在运行指令 5 之前，用户需要安装一些依赖，命令如下：

```
$ sudo apt install libcairo2-dev
$ sudo apt install -y libgirepository1.0-dev
$ sudo apt install -y python3-dev python3-pippython3-venv

### Don't need root to install venv environment
$ git clone https://github.com/jackersson/gst-python-tutorials.git
$ cd gst-python-tutorials
$ python3 -m venv venv
$ source venv/bin/activate
```

```
$ python3 -m pip install --upgrade pip
$ pip install --upgrade wheel pip setuptools
$ pip install --upgrade --requirement requirements.txt
# $ deactivate # 如果要退出 venv 环境，请执行该指令
$ cd gst-python-tutorials
$ source venv/bin/activate
$ source /opt/intel/openvino_2021/bin/setupvars.sh
```

参考代码来源：https://github.com/jackersson/gst-python-tutorials，指令 5 的 vaapipostproc format=argb 插件比较重要，它使得整个管道消耗更少的 CPU 资源。

指令 5

```
$ python3 launch_pipeline/run_appsink.py -p "filesrc location=/media/1080p.mp4 ! qtdemux ! vaapidecodebin ! videorate ! video/x-raw,framerate=25/1 ! vaapipostproc format=argb ! videoconvert ! capsfilter caps=video/x-raw,format=RGB,width=1920,height=1080 ! appsink emit-signals=True"
```

第二种方法是通过 OpenCV 的 cv2.VideoCapture(gst_str,cv2.CAP_GSTREAMER) 获取 RGB 格式的视频帧。请运行以下 Python 代码：

```
$ python3 run_cv2RGBbuffer.py
import cv2
gst_str = "filesrc location=/media/1080p.mp4 ! qtdemux ! vaapidecodebin ! videorate ! video/x-raw,framerate=25/1 ! videoconvert ! video/x-raw, format=BGR ! appsink"
cap = cv2.VideoCapture(gst_str,cv2.CAP_GSTREAMER)
i=0
while i<3000:
    ret, frame = cap.read()
    i = i+1
   # cv2.imshow("camera", frame)
    if cv2.waitKey(10) & 0xff == ord('q'):
        break
```

补充一个测试技巧，用户可以通过 RTSP 流稳定输入，使用 gst-launch-1.0 的 fakesink 插件比较不同管道的性能。例如 run_cv2RGBbuffer.py 的测试指令可以修改成指令 6。同样，Ubuntu 18.04 桌面版系统可以通过 VLC 工具把本地的 MP4 视频制作成 RTSP 流，用于测试。

指令 6

```
$ gst-launch-1.0 rtspsrc location=rtsp://localhost:8554/123 latency=100 ! rtph264depay ! h264parse ! vaapih264dec ! videorate ! video/x-raw,framerate=25/1 ! videoconvert ! video/x-raw,format=BGR ! fakesink
```

6.2.3.4 AI 媒体分析管道

本节需要使用 Intel DLStreamer 工具，请参考本章前面的环境搭建内容来安装 Intel

OpenVINO toolkit。DL Streamer 源码可以从 https://github.com/openvinotoolkit/dlstreamer_gst 下载。

指令 7

```
$ gst-launch-1.0 filesrc location=cut.mp4 ! decodebin ! videoconvert ! gvadetect
model=face-detection-adas-0001.xml ! gvaclassify model=emotions-recognition-
retail-0003.xml model-proc=emotions-recognition-retail-0003.json ! gvawatermark !
xvimagesink sync=false
```

指令 7 来源于 DL StreamerGitHub 源码首页，它展示了对 MP4 视频源进行解码，然后把帧传递到检测模型、分类模型，最后显示 AI 媒体分析管道。其中 face-detection-adas-0001.xml 和 emotions-recognition-retail-0003.xml 是 OpenVINO IR 模型，emotions-recognition-retail-0003.json 是分类模型的标签列表，sync=false 表示以最快的速度运行管道，如果需要保存视频原速运行，请修改为 sync=true。

如果需要改变显示的大小，可以通过 GStreamer 插件实现。例如指令 8 的 video/x-raw,width=640,height=480 会把视频缩放为宽 640、高 480，videobox right=-128 表示在视频右侧填充黑边，宽为 128、高为 480，所以指令 8 显示的视频是高为 480、宽为 768。

指令 8

```
$ gst-launch-1.0 filesrc location=cut.mp4 ! decodebin ! videoconvert ! video/
x-raw,width=640,height=480 ! videobox right=-128 ! gvadetect model=face-detection-
adas-0001.xml ! gvaclassify model=emotions-recognition-retail-0003.xml model-
proc=emotions-recognition-retail-0003.json ! gvawatermark ! xvimagesink sync=false
```

更多 GStreamer 插件请参考官网帮助文档[⊖]。例如指令 9，用户还可以通过 device=GPU 指定检测模型使用 Intel iGPU 硬件，pre-process-backend=vaapi 指定图像前处理使用 VA-API。默认 pre-process-backend=opencv。ie-config=CLDNN_PLUGIN_THROTTLE=1 可以减少 CPU 占用率。

指令 9

```
$ gst-launch-1.0 filesrc location=cut.mp4 ! qtdemux ! vaapidecodebin ! video/
x-raw(memory:VASurface) ! gvadetect model=face-detection-adas-0001.xml device=GPU
ie-config=CLDNN_PLUGIN_THROTTLE=1 pre-process-backend=vaapi ! gvaclassify
model=emotions-recognition-retail-0003.xml model-proc=emotions-recognition-
retail-0003.json ! gvawatermark ! xvimagesink sync=false
```

本节介绍了多媒体框架 GStreamer 及其安装方法，还展示了 GStreamer 的应用，包含编解码、使用 VAAPI 保存图片、用 Python 接口读取视频帧的缓存，以及利用人工智能检测分类任务，方便读者了解 GStreamer 的媒体处理能力以及 Intel OpenVINO 工具等。

⊖ https://gstreamer.freedesktop.org/documentation/plugins_doc.html?gi-language=c

6.3 OpenCV

OpenCV 是一个开源的跨平台计算机视觉和机器学习软件库，可以运行在多个操作系统上，并提供了众多语言的接口，简单高效，实现了图像处理和计算机视觉方面的很多通用算法，是计算机视觉领域应用常用的 API。OpenCV 的架构如图 6-12 所示，从中可知，如果要使用英特尔 GPU 的硬件加速能力来处理视频应用，首先需要重新编译 OpenCV，打开对英特尔平台的硬件加速的支持选项，然后在运行 OpenCV 时选择相应的视频处理通道，这里简单介绍几种常见的方法。

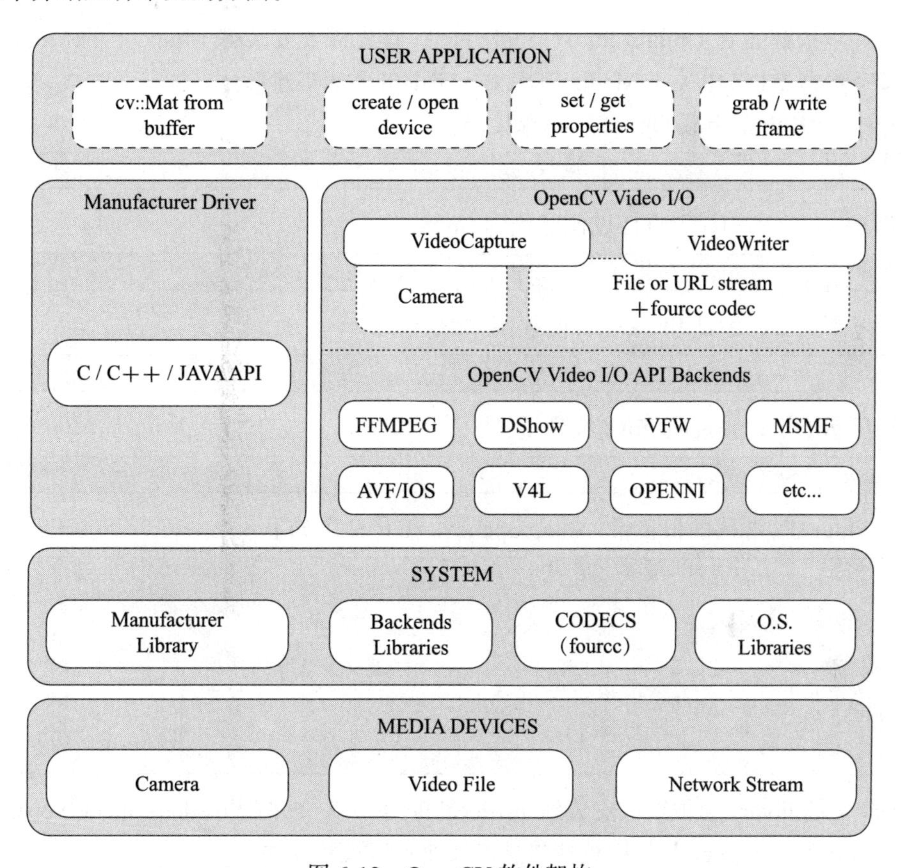

图 6-12　OpenCV 软件架构

OpenCV 支持三种 Video I/O 软件框架对英特尔平台的硬件进行加速，分别是 GStreamer、FFmpeg 和 MFX。

以 GStreamer 为例，在编译 OpenCV 的时候，加入 -DWITH_GSTREAMER=ON-DVIDEOIO_PLUGIN_LIST=gstreamer 选项，就可以通过 GStreamer 开源架构来使用英特尔硬件加速功能了。

由于 OpenCV 支持多种 Video I/O 的软件框架，在运行 OpenCV 时，如果想选择

GStreamer 框架，则可以通过设置优先级的方式优先选择 GStreamer 框架，具体可以通过下面几种方式来设置优先级：

- 设定优先级表：OPENCV_VIDEOIO_PRIORITY_LIST=GSTEAMER，FFMEPG。
- 指定某个管道为最高优先级：OPENCV_VIDEO_PRIORITY_<backend>=9999。
- 指定某个管道为最低优先级：OPENCV_VIDEOIO_PRIORITY_<backend>=0。

下面分别针对 Linux 和 Windows 操作系统给出简要的编译指南。

6.3.1　Linux 编译指南

本次环境搭建是在 Ubuntu 20.04 上进行的，首先需要安装好 Linux 上的 Media SDK，这可以参考本书 5.1 节中关于 Media SDK Linux 上的环境搭建部分。

首先从 GitHub 上下载 OpenCV 的源代码：

```
git clone https://github.com/opencv/opencv.git
```

设置 PKG_CONFIG_PATH 以便能找到 libva：

```
export PKG_CONFIG_PATH=/opt/intel/svet/msdk/lib/pkgconfig/
```

运行以下命令，测试 libva 是否能找到：

```
pkg-config --libs libva
```

如果显示如下，则说明 libva 找到了：

```
-L/opt/intel/svet/msdk/lib -lva
```

进入 OpenCV 源码的根目录，编译 opencv，编译命令如下：

```
cd opencv
mkdir build
cd build
cmake -DWITH_MFX=ON ..
make -j4
sudo make install
```

OpenCV 的 library 会被默认安装到 /usr/local/lib 下，头文件在 /usr/local/include/opencv4 下。使用测试代码测试 OpenCV 使用英特尔显卡加速解码视频程序：

```
1 #include <opencv2/opencv.hpp>
2 #include <iostream>
3
4 int main()
5 {
6     cv::VideoCapture capture;
7     capture.open("1080p.h264", cv::CAP_INTEL_MFX);
```

```
 8     int frame_num = 200;
 9
10     if (!capture.isOpened())
11     {
12         std::cout<< "Read video Failed !" << std::endl;
13         return 0;
14     }
15
16     cv::Mat frame;
17     cv::namedWindow("video test");
18
19     frame_num = capture.get(cv::CAP_PROP_FRAME_COUNT);
20     std::cout<< "total frame number is: " << frame_num << std::endl;
21
22     for (int i = 0; i < frame_num - 1; ++i)
23     {
24         capture >> frame;
25         //capture.read(frame);
26         imshow("video test", frame);
27         if (cv::waitKey(30) == 'q')
28         {
29             break;
30         }
31     }
32
33     cv::destroyWindow("video test");
34     capture.release();
35     return 0;
36 }
```

编译此代码，编译命令如下：

```
g++ cv_main.cpp -I/usr/local/include/opencv4/ -lopencv_core -lopencv_video
-lopencv_videoio -lopencv_highgui -L/usr/local/include/opencv4/
```

复制视频文件 1080p.h264 到当前目录。运行以下程序：

```
export LD_LIBRARY_PATH=/usr/local/lib:$LD_LIBRARY_PATH
./a.out
```

运行结果如图 6-13 所示，表示视频解码已经使用了英特尔显卡加速。

```
iotg@zhaoye-skylake:/opt/ffmpeg/test$ ./a.out
libva info: VA-API version 1.11.0
libva info: User environment variable requested driver 'iHD'
libva info: Trying to open /opt/intel/svet/msdk/lib/dri/iHD_drv_video.so
libva info: Found init function __vaDriverInit_1_11
libva info: va_openDriver() returns 0
```

图 6-13　硬件解码输出显示

6.3.2　Windows 编译指南

从 GitHub 下载 OpenCV 源代码：

```
git clone https://github.com/opencv/opencv.git
```

安装 Windows cmake，安装 CMake 的时候会自动选择编译器为当前系统安装的 Microsoft Visual Studio 2019（VS2019）。可以从 CMake 的官方网站 https://cmake.org/download/ 下载最新版本。打开 cmake，在 source code（源代码）栏选择 OpenCV 的源代码目录。在 OpenCV 源代码目录下新建一个 build 目录，在 Where to build the binaries 中选择这个 build 目录，如图 6-14 中①所示，然后选择 Configure，生成 Config 配置信息，如图 6-14 中②所示。然后在 Search（搜索）栏中输入 mfx，找到 WITH_MFX 选项，如图 6-14 中③所示，选中 Value。

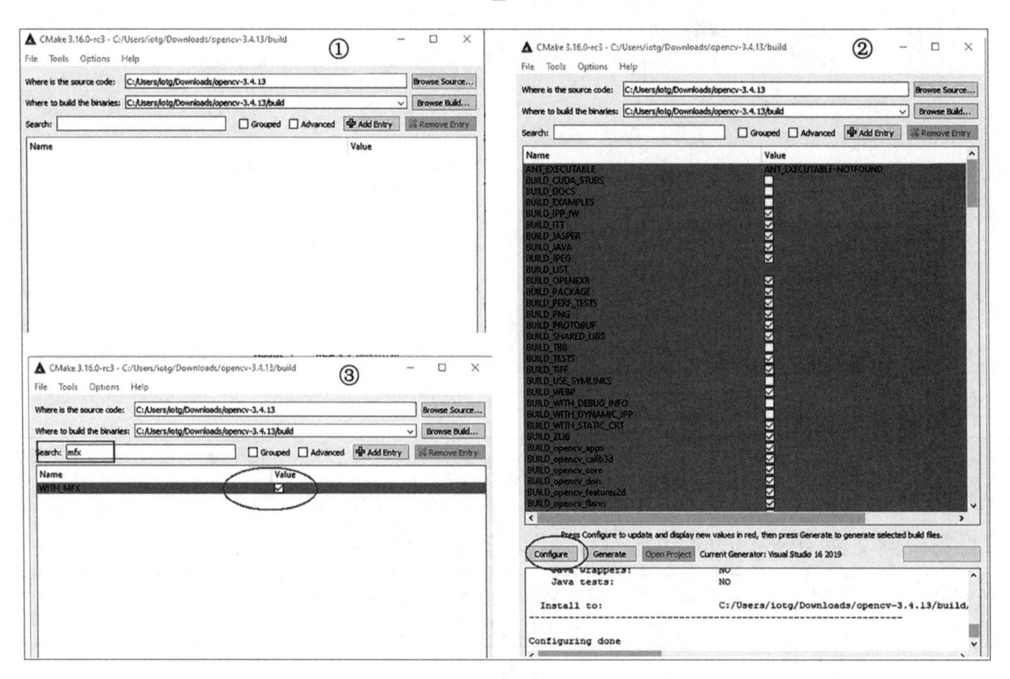

图 6-14　CMake 源文件路径配置、配置页面和 WITH_MFX 选项

单击下面的 generate 按钮，生成编译所需的配置文件。然后进入刚刚选择的 build 目录，双击 ALL_BUILD.vcxproj，如图 6-15 所示，用 VS2019 打开这个工程。

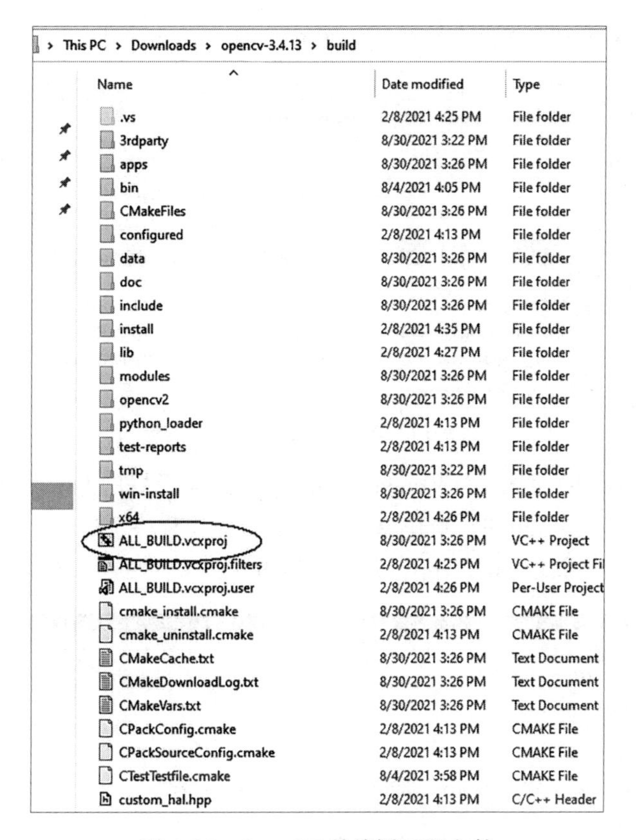

图 6-15　OpenCV 的编译工程文件

在解决方案资源管理器（Solution Explorer）中选中 Solution 'OpenCV' 并右击，选择 Build Solution（生成解决方案），开始编译。编译完成后右击，选择 CMakeTargets → INSTALL，选择 Build 开始编译工程，如图 6-16 所示。

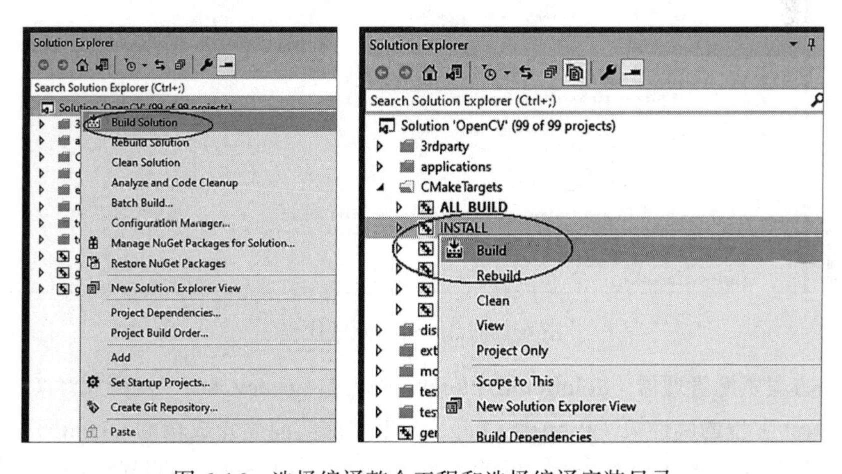

图 6-16　选择编译整个工程和选择编译安装目录

最终生成的头文件和库文件会存放到如图 6-17 所示的目录中。

This PC › Downloads › opencv-3.4.13 › build › install

Name	Date modified	Type	Size
etc	2/8/2021 4:35 PM	File folder	
include	2/8/2021 4:35 PM	File folder	
x64	2/8/2021 4:35 PM	File folder	
LICENSE	12/21/2020 6:15 AM	File	3 KB
OpenCVConfig.cmake	2/8/2021 4:13 PM	CMAKE File	7 KB
OpenCVConfig-version.cmake	2/8/2021 4:13 PM	CMAKE File	1 KB
setup_vars_opencv3.cmd	8/30/2021 3:22 PM	Windows Comma...	1 KB

图 6-17　编译完成后的输出目录

下面创建一个简单的测试程序 opencv_test 来测试编译好的 OpenCV 库（Library），具体过程如下：首先打开 VS2019，新建 Win32 控制台应用程序（C/C++ Console），工程命名为 opencv_test，然后新增 main.cpp，并添加如图 6-18 所示的代码。

```
#include "opencv2/opencv.hpp"
#include <iostream>

using namespace std;
using namespace cv;

int main() {

        VideoCapture cap("C:\\Users\\iotg\\Documents\\in.h264", cv::CAP_INTEL_MFX);
        // Check if camera opened successfully
        if (!cap.isOpened()) {
                cout << "Error opening video stream" << endl;
                return -1;
        }
        int frame_width = cap.get(cv::CAP_PROP_FRAME_WIDTH);
        int frame_height = cap.get(cv::CAP_PROP_FRAME_HEIGHT);
        //Define the codec and create VideoWriter object.The output is stored in 'outcpp.avi' file.
        VideoWriter video("outcpp.avi", cv::VideoWriter::fourcc('M', 'J', 'P', 'G'), 10, Size(frame_width, frame_height));
        while (1) {
                Mat frame;
                // Capture frame-by-frame
                cap >> frame;
                // If the frame is empty, break immediately
                if (frame.empty())
                    break;
                // Write the frame into the file 'outcpp.avi'
                video.write(frame);
                // Display the resulting frame
                imshow("Frame", frame);
                // Press  ESC on keyboard to  exit
                char c = (char)waitKey(1);
                if (c == 27)
                    break;
        }
        // When everything done, release the video capture and write object
        cap.release();
        video.release();
        // Closes all the frames
        destroyAllWindows();
```

图 6-18　OpenCV 测试代码

在解决方案资源管理器（Solution Explorer）中右击 opencv_test，选择属性（Properties），在 opencv_test 工程的属性页（Property Pages）中增加前面编译成功的 OpenCV 库的头文件目录和库文件目录。再转到链接器中的输入页（Linker → Input）的附加依赖项（Additional

Dependencies）栏增加 C:\Users\iotg\Downloads\opencv-3.4.13\build\install\x64\vc16\lib 中的库（lib）文件，如图 6-19 所示。

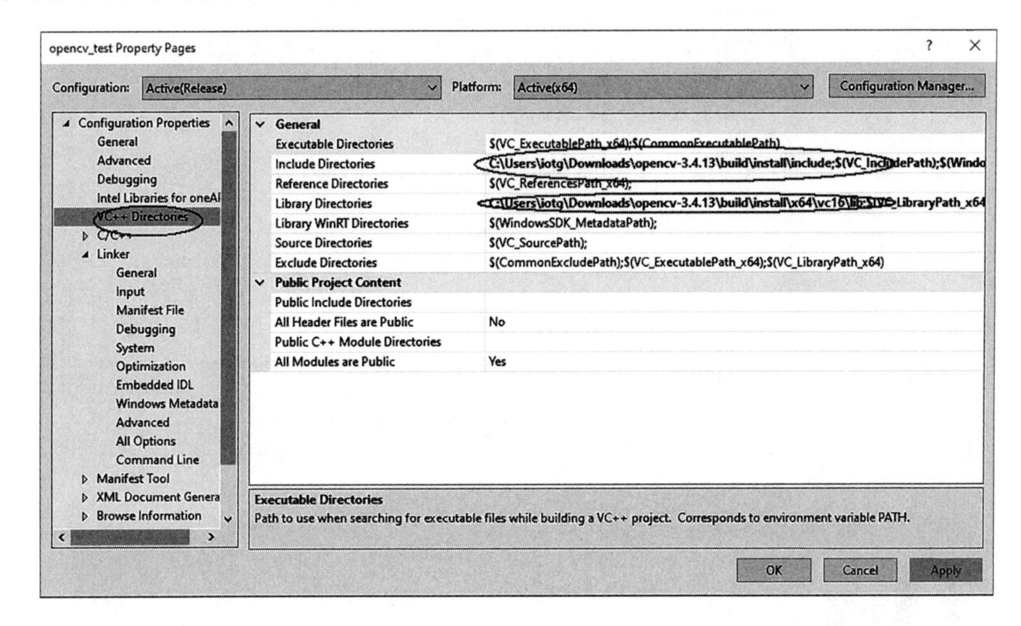

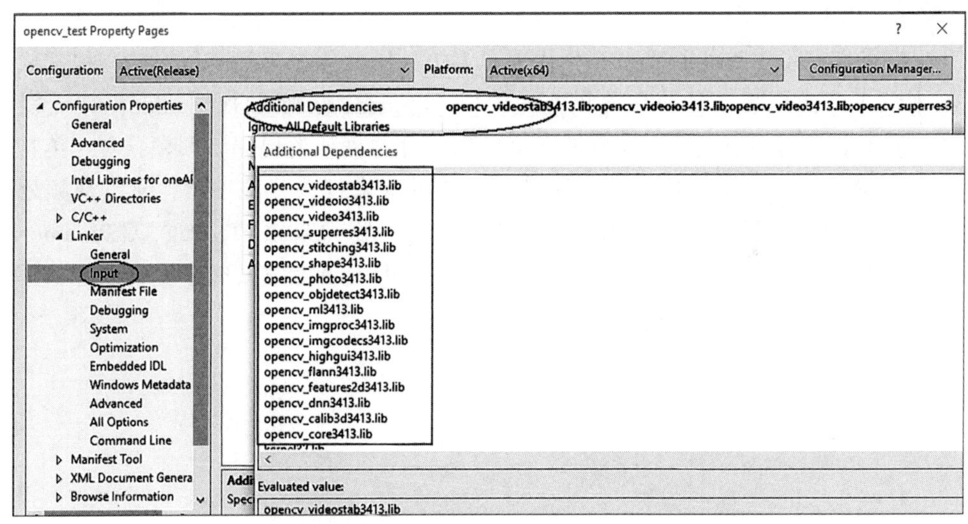

图 6-19　编译示例文件需要包含的头文件和链接的库文件

选择确定后，编译。编译成功后，在 opencv_test 的属性页中的调试（Debugging）页面的环境（Environment）栏增加 OpenCV 的 DLL 目录，如图 6-20 所示。单击确定后即可调试运行。调试时选择菜单上的调试时项（Debug），然后选择开始调试（Start Debugging）。

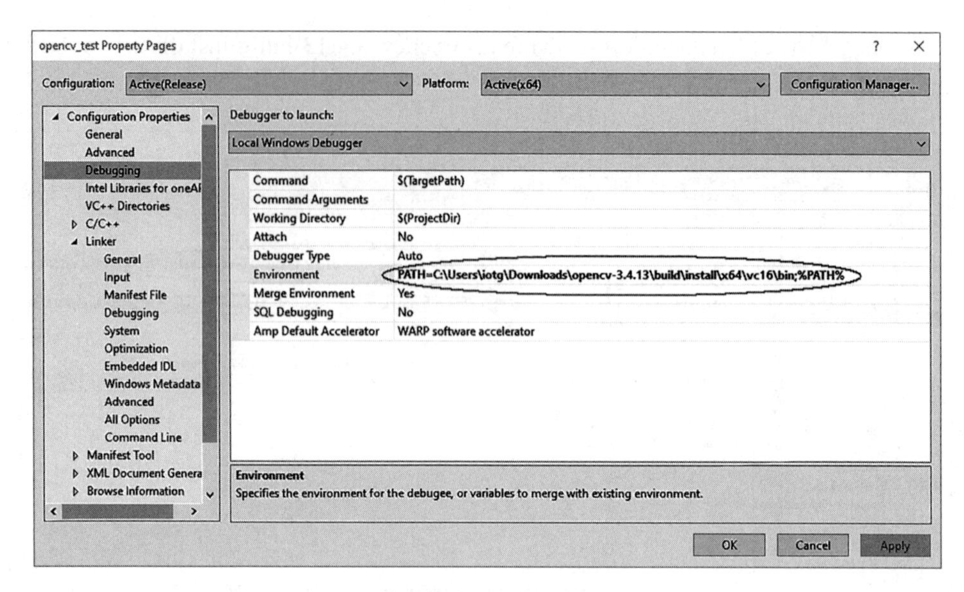

图 6-20　编译示例文件需要的环境变量

6.4　本章小结

开源项目充满了集体的智慧，充分体现了人类共同开创未来的美好愿望，很多成熟的产品都来源于开源项目。目前在视频处理领域，FFmpeg 框架、GStreamer 框架无疑是个中翘楚，无论是使用率还是普及率都非常高，做了开源框架的提倡者和领导者。英特尔一直以来都非常重视开源项目的建设，而且还花费巨资来打造开源项目，所以视频处理业务也秉承了英特尔一贯的思想，投入了大量的人力和物力来跟 FFmpeg、GStreamer 以及 OpenCV 等开源项目进行融合，使得基于这些项目的开发者能够及时享受到硬件加速所带来的快感。

CHAPTER 7

第 7 章

高并发视频分析业务评估工具

这一章主要介绍如何使用 SVET（Smart Video Evaluation Toolkit）搭建高并发视频业务，以及如何借鉴 SVET 的参考程序来优化集成显卡加速的视频解码、编码、缩放、拼接和视频推理等常见的视频业务。

7.1 综述

高并发视频分析套件 SVET（Smart Video Evaluation Toolkit）可以帮助开发人员在英特尔平台上快速搭建核心视频分析业务并对其做性能评估。很多嵌入式产品，例如 NVR、多路视频分析盒子、视频会议系统、视频矩阵以及录播系统等，都有一个共同点，就是高密度的视频端到端业务，同时这些业务对性能的要求比较高。通常来说，这些业务都要求多路的高清视频的解码、缩放、推理和拼接显示，同时还会做视频编码和存储。这些业务如果都放到 CPU 上做的话，CPU 的负载会非常重，甚至无法承载，我们比较推荐的做法是把视频编解码、缩放拼接、推理这些功能模块让集成显卡去做加速。此套件中的参考代码实现了核心的视频业务，对每个功能模块都进行了优化，尽可能地去挖掘集成显卡的潜力。比如说，集成显卡上的硬件解码模块自带一个缩放和颜色空间转换的功能模块 SFC，但需要进行额外的设置才能使用。使用 SFC 去做缩放和颜色空间转换之后，不但解码性能得到了提高，内存带宽也降低了。这类优化案例还有很多，SVET 套件的开发文档和参考示例程序把这些比较通用的优化做了总结，能帮助开发者快速搭建此类核心业务，完成性能评估工作，同时为后续产品化提供参考，缩短研发周期。

高并发视频分析套件包含了两个重要的组件：高并发视频分析业务的参考代码以及开发手册。参考代码是开源的，目前支持 Ubuntu 和 Windows 10，可以在 GitHub 下载到，开发手册可以在英特尔的网站下载到。参考代码的链接如下：

- Linux 上的示例代码：https://github.com/intel-iot-devkit/concurrent-video-analytic-pipeline-optimization-sample-l
- Windows 上的示例代码：https://github.com/intel-iot-devkit/concurrent-video-analytic-pipeline-optimization-sample-w

开发者在英特尔平台去评估视频分析业务性能的时候，可以使用上述参考代码，配置核心的视频编解码、缩放、推理、显示等业务，来对 CPU 的性能做一个快速评估。特别是一些不太熟悉如何使用 GPU 视频编解码以及推理加速的开发者，之前需要几个月才能把核心的视频业务搭建起来，现在利用多路视频处理参考代码，一周就可以完成原型的搭建和评估，可以大幅缩短对硬件、软件性能评估的时间，而且套件中的并发视频分析业务开发手册中对集成显卡的硬件架构和软件栈也都有详细的介绍，即使是从零开始的开发者也能很快上手。

在后续的开发过程中，开发者可以参考高并发视频分析业务代码，根据用户手册上的建议去优化整个流水线，更好地提高视频分析业务的性能。在遇到问题和对性能调优的时候，开发者也可以参考用户手册上的文档分类列表，找到我们总结的性能优化方法以及合适的性能调优工具。

7.2 Linux 环境搭建

本节所介绍的多路视频参考程序是基于 SVET 21 R1 发布的，如果你所使用的 SVET 是其他版本，具体步骤可能会略有不同，请参考 SVET 中的最新用户手册[⊖]。

7.2.1 安装依赖软件包

SVET 参考程序的功能模块分为编解码和视频处理、视频推理和 RTSP 拉流。如图 7-1 所示，编解码和视频处理主要通过调用 Media SDK 的接口来实现，视频推理通过调用 OpenVINO Inference Engine 的接口实现，RTSP 拉流通过调用 FFmpeg 的接口实现。

应用层 Media SDK 则依赖于 libva 和 media-driver，它们都是主要由英特尔开发维护的开源软件。OpenVINO 的 Inference Engine 在集成显卡上加速则需要依赖 OpenCL 的 NEO 驱动。

Media Stack 的最底层是 Linux 内核中的 i915 模块，如果你所使用的 CPU 是比较新的硬件，则可能需要手动升级 Linux 内核。

SVET 所依赖的软件包，除了 OpenVINO 和 OpenCL NEO 驱动，其他软件包的安装都已经包含在 SVET 根目录下的脚本 build_and_install.sh 中。

⊖ https://github.com/intel-iot-devkit/concurrent-video-analytic-pipeline-optimization-sample-l/tree/master/doc

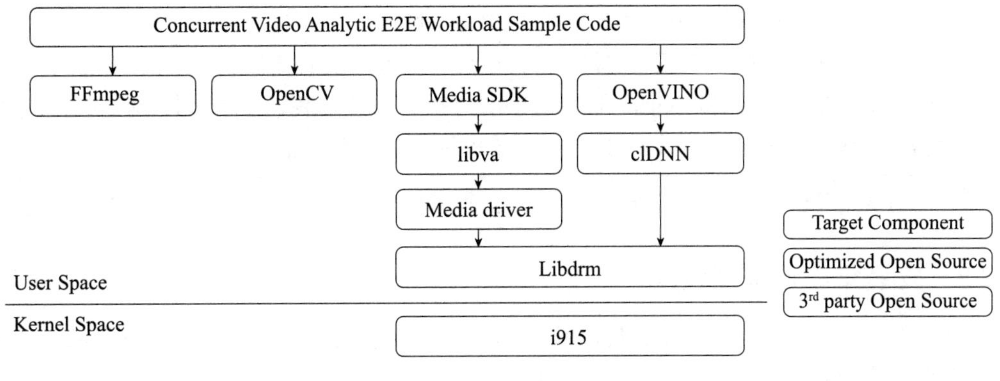

图 7-1　软件栈框图

在安装 Ubuntu 20.04 之后，可以通过下面的命令来查看当前 iGPU 的信息：

```
$sudo cat /sys/kernel/debug/dri/0/i915_capabilities | grep gen
gen: 9
```

如果是 12 的话，表示集成显卡是 Xe 架构，需要更新 Linux 内核版本。如果小于 12，则可以使用 Ubuntu 20.04 中的 Linux 内核。

如果系统中没有 /sys/kernel/debug/dri/0 这个目录，可以先在 ark.intel.com 上确认一下 CPU 是否包含了集成显卡。SVET 目前只支持包含集成显卡的 CPU。还有一种可能是当前所使用的 Linux 内核版本比较低，可以按照 7.2.2 节中介绍的，升级 Linux 内核之后再尝试运行上面的命令。

7.2.2　升级 Linux 内核

注意，如果 GPU 采用英特尔第 12 代处理器或者更新的型号，那么安装 SVET 之前需要更新 Linux 内核。CPU 的可以在 ark.intel.com 上查询到。升级内核主要有下面五步：

1）下载 https://github.com/intel/linux-intel-lts/releases 上发布的 Linux 内核代码，所需要的具体版本可以在 SVET 的 doc 目录下用户手册 ⊖ 中的“Upgrade Linux 内核 Manually”部分找到。

2）安装编译内核所需要的软件包。

3）生成内核配置文件 .config。

4）编译和安装 Linux 内核。

5）修改内核启动选项，然后重启。

详细步骤请参考 doc 目录下的用户手册。如果遇到找不到证书的内核编译错误，可以手动设置 .config 文件中 CONFIG_SYSTEM_TRUSTED_KEYS 的值为空字符。

⊖ https://github.com/intel-iot-devkit/concurrent-video-analytic-pipeline-optimization-sample-l/blob/master/doc/concurrent_video_analytic_sample_application_user_guide.pdf

在 Core i7 上，执行以上步骤大概需要花费 25 分钟。

注意，如果你的系统上没有更高版本的 Linux 内核，重启之后会自动进入这个新安装的 Linux 内核，否则你需要在 Grub 的界面手动选择启动新安装的 Linux 内核。在内核重启之后，可以在内核启动日志中看到如下的 i915 模块成功加载的信息：

```
[drm] Initialized i915 1.6.0 20201103 for 0000:00:02.0 on minor 0
```

7.2.3　安装集成显卡固件

请参考 7.1 节中的步骤来安装集成显卡固件。安装成功后可以用下面的命令查看 GuC/HuC 是否正确加载：

```
$sudo cat /sys/kernel/debug/dri/0/i915_gpu_info | grep firmware: -A 5
GuC firmware: i915/tgl_guc_49.0.1.bin
    status: RUNNING
    version: wanted 49.0, found 49.0
    uCode: 321408 bytes
    RSA: 256 bytes
HuC firmware: i915/tgl_huc_7.5.0.bin
    status: RUNNING
    version: wanted 7.5, found 7.5
    uCode: 580352 bytes
    RSA: 256 bytes
global ---GuC log buffer = 0x00000000 001da000
```

7.2.4　安装 OpenVINO

从下面的链接下载 OpenVINO 2021.4 的 Linux 安装包 https://software.intel.com/en-us/openvino-toolkit。请使用 Edge、Chrome、Safari 或者 Firefox 浏览器打开上面的链接，单击页面上的 Choose & Download 按钮，如图 7-2 所示。

选择 Linux → 2021.4 Full Package，然后单击 Download 按钮，如图 7-3 所示。

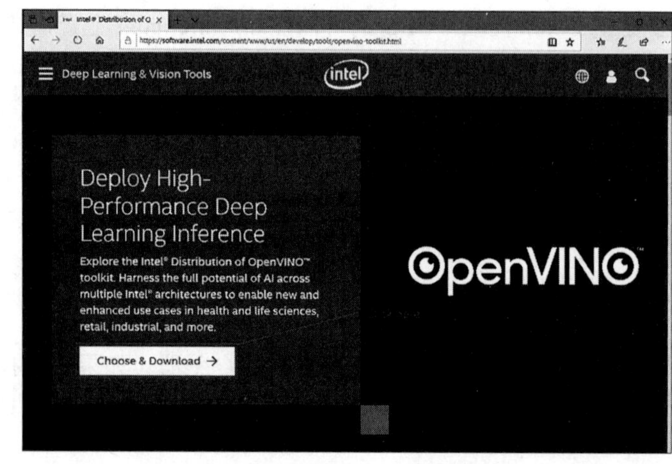

图 7-2　OpenVINO 下载页面 1

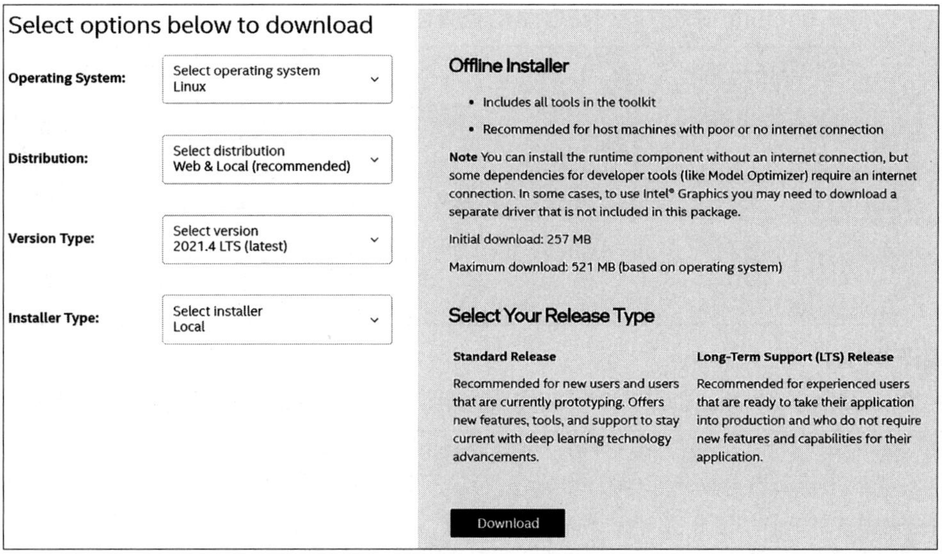

图 7-3　OpenVINO 下载页面 2

如果没有登录你的英特尔账户，下一步你需要提供注册信息。注意，一定要选择版本 21.4，否则会默认下载最新的版本。下载完成之后，用下面的命令解压缩文件：

```
$tar zxfl_openvino_toolkit_p_2021.4.582.tgz
```

如果系统中已经安装了其他版本的 OpenVINO，需要先卸载旧版本，然后使用 sudo 运行根目录下的安装脚本：

```
$cd l_openvino_toolkit_p_2021.4.582
$sudo ./install.sh
```

按照提示完成 OpenVINO 的安装。整个安装过程会花费几分钟。OpenVINO 默认会安装在目录 /opt/intel/openvino_2021 中。请运行下面的命令设置环境变量，你可以把下面的命令加入当前用户的 $HOME/.bashrc 中，在进行 SVET 的编译和运行前都需要运行上面的命令。

```
$ source /opt/intel/openvino_2021/bin/setupvars.sh
```

7.2.5　安装 OpenCL 驱动

按照下面链接中的步骤来安装 OpenCL NEO 驱动 20.52.18783：https://github.com/intel/compute-runtime/releases/tag/20.52.18783。

运行下面的命令把当前用户加入 video 用户组：

```
$sudo usermod -a -G video USERNAME
```

注意，退出再重新登录当前用户，否则上面的命令不会起作用。

这个时候运行 clinfo 命令查看 NEO 驱动是否已经安装成功：

```
$sudo apt install clinfo
$clinfo
Number of platforms                               1
  Platform Name                                   Intel(R) OpenCL HD Graphics
  Platform Vendor                                 Intel(R) Corporation
......
  Device Version                                  OpenCL 3.0 NEO
  Driver Version                                  20.52.18783
```

编译 SVET

在 OpenVINO 和 OpenCL NEO 安装完成之后，用下面的命令来下载和编译 SVET：

```
$sudo apt-get install -y libxfixes-dev libdrm-dev libxext-dev
$git clone https://github.com/intel-iot-devkit/concurrent-video-analytic-pipeline-optimization-sample-l.git cva_sample
$ cd cva_sample
$ source /opt/intel/openvino_2021/bin/setupvars.sh
$ source ./svet_env_setup.sh
$./build_and_install.sh

[ INFO ] Working directory: /home/work/vaas_e2e_sample_l
**********************************************************
[ INFO ] Install required tools and create build environment.
**********************************************************
Enter the sudo password to proceed

[sudo] password for userxxx:
```

脚本 build_and_install.sh 会安装 SVET 编译所需要依赖的软件包，然后从 GitHub 下载 libva、libva-util、gmmlib、media-driver 和 Media SDK 的代码进行编译和安装。中间会需要用户输入 sudo 密码。

整个过程会持续十几分钟，下载的日志文件会保存在 svet_download.log 中，编译的日志文件会保存在 svet_build.log 中，如果 SVET 没有编译成功，则可以检查这个日志文件中是否有错误信息。如果网络不稳定，导致 media-driver 等源代码包没有完成下载，则可以从 msdk_pre_install.py 找到源代码包的下载链接，手动下载之后，解压并重命名目录为 media-driver，再重新运行 build_and_install.sh 即可。build_and_install.sh 运行完之后，可以使用下面的命令检查 Medias Stack 是否正确安装。

```
$ source svet_env_setup.sh

$ /opt/intel/svet/msdk/bin/vainfo
error: can't connect to X server!
```

```
libva info: VA-API version 1.11.0
libva info: User environment variable requested driver 'iHD'
libva info: Trying to open /opt/intel/svet/msdk/lib/dri/iHD_drv_video.so
libva info: Found init function __vaDriverInit_1_11
libva info: va_openDriver() returns 0
vainfo: VA-API version: 1.11 (libva 2.7.1)
vainfo: Driver version: Intel iHD driver for Intel(R) Gen Graphics - 21.1.3
(b9d704d)
vainfo: Supported profile and entrypoints
    VAProfileNone                    : VAEntrypointVideoProc
    VAProfileNone                    : VAEntrypointStats
    VAProfileMPEG2Simple             : VAEntrypointVLD
    VAProfileMPEG2Simple             : VAEntrypointEncSlice
    VAProfileMPEG2Main               : VAEntrypointVLD
    VAProfileMPEG2Main               : VAEntrypointEncSlice
    VAProfileH264Main                : VAEntrypointVLD
    VAProfileH264Main                : VAEntrypointEncSlice
……
```

7.2.6 准备测试的视频

SVET 的 video 目录中已经有了两个测试视频，如果想使用其他视频，需要先把视频转成不带封装格式的基本视频流。下面的命令是使用 FFmpeg 从 MP4 文件中提取视频流并转换成 h264 AnnexB 格式。

```
$sudo apt install ffmpeg
$ffmpeg -i test.mp4 -vcodec copy -an -bsf:v h264_mp4toannexb test.h264
```

7.2.7 运行 SVET 程序

SVET 通过参数（.par）文件来配置输入视频、推理类型和显示相关参数。在目录 par_file 中有很多示例的参数文件。参数文件都是文本文件，每一行描述了一个解码、编码、显示的会话。以最简单的 par_file/basic/n1_1080p.par 为例，第一行以 -i:: 开头，表示这是解码的会话，video/1080p.h264 是输入的视频文件，-vpp_comp_dst_x/y/w/h 设定视频在显示画面中的位置和大小。第二行以 -vpp_comp_only 开头，表示显示的会话，-w/h 设置显示的分辨率为 1920×1080，-ec::rgb4 设置显示的输入为 RGB4 格式，-rdrm 表示使用 DRM 显示。

```
$ cat par_file/basic/n1_1080p.par
-i::h264 video/1080p.h264  -join -hw  -async 4 -dec_postproc  -o::sink -vpp_comp_
dst_x 0 -vpp_comp_dst_y 0 -vpp_comp_dst_w 1920 -vpp_comp_dst_h 1080 -ext_allocator
-vpp_comp_only 1 -w 1920 -h 1080 -async 4 -threads 2 -join -hw  -i::source -ext_
allocator -ec::rgb4 -rdrm
```

在运行上面的 par_file 之前，需要先将 Ubuntu 系统切换到文本模式。可以通过 Ctrl＋Alt＋F3 或者 sudo init 3 切换到文本模式，然后切换到 root 用户。如果当前的环境里没有设置 $INTEL_OPENVINO_DIR 变量，则需要先设置 OpenVINO 相关的环境变量。

```
#source /opt/intel/openvino_2021/setupvars.sh
```

再运行脚本 svet_env_setup.sh 设置 SVET 的环境变量，然后运行 n1_1080p.par：

```
#source ./svet_env_setup.sh
#./bin/video_e2e_sample -par par_file/basic/n1_1080p.par
```

你会在屏幕上看到视频的播放，如图 7-4 所示。在播放的过程中，可以通过 Ctrl＋C 来停止。SVET 的视频播放形式默认是循环播放，也可以在解码的参数配置上添加 -n frame_num 来控制解码的帧数。如果想返回图形界面，可以通过 Ctrl＋Alt＋F1 或者运行命令 sudo init 5 实现。

图 7-4　一路视频显示示意图

除了 DRM 显示，SVET 也支持在图形界面中显示，需要把 n1_1080p.par 最后一行的 -rdrm 修改为 -rx11。这样不用切换到文本界面，也不用切换到 root 用户。而 DRM display 的优点是效率高，运行同样的业务，使用 DRM display，花费在显示上的时间更短。

修改之后，内容如下：

```
$ cat par_file/basic/n1_1080p.par
-i::h264 video/1080p.h264  -join -hw  -async 4 -dec_postproc   -o::sink -vpp_comp_
dst_x 0 -vpp_comp_dst_y 0 -vpp_comp_dst_w 1920 -vpp_comp_dst_h 1080 -ext_allocator
-vpp_comp_only 1 -w 1920 -h 1080 -async 4 -threads 2 -join -hw  -i::source -ext_
allocator -ec::rgb4 -rx11
```

在上面修改的参数文件基础之上，在第一行的结尾处加上 infer::fd ./model，即可在解码的基础上加入人脸检测推理。n1_1080p.par 的完整内容如下：

```
$ cat par_file/basic/n1_1080p.par
-i::h264 video/1080p.h264  -join -hw  -async 4 -dec_postproc  -o::sink -vpp_comp_dst_x 0 -vpp_comp_dst_y 0 -vpp_comp_dst_w 1920 -vpp_comp_dst_h 1080 -ext_allocator infer::fd ./model
-vpp_comp_only 1 -w 1920 -h 1080 -async 4 -threads 2 -join -hw  -i::source -ext_allocator -ec::rgb4 -rx11
```

7.2.8 SVET 参考程序参数配置

SVET 从参数（par）文本文件中读取视频文件的格式、路径、推理类型、每路视频在显示画面中的大小位置等信息。参数文本文件中的每一行配置一路视频、显示或者编码，参考图 7-5。以 -i 开头的行是解码和推理会话，会输出视频帧到共享帧缓冲队列，这些会话统称为源会话。以 -vpp_comp、-vpp_comp_only、-fake_sink 开头的行统称为接收端会话，它们的输入源自共享帧缓冲队列。

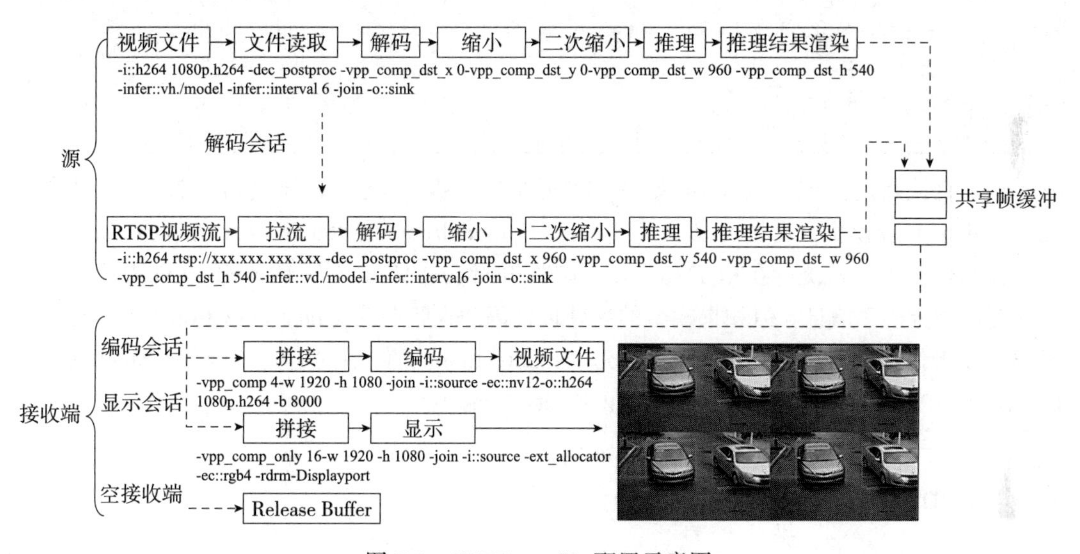

图 7-5　SVET par file 配置示意图

源会话中“-i”用来指定所使用的解码器和视频文件的路径，SVET 目前支持本地的 H.264/H.265 视频流以及 RTSP H.264/H.265 流。参数 -dec_postproc 用来指定使用 iGPU 中的 SFC 模块在解码之后做视频缩放和颜色格式转换。解码器的输出为 NV12 图像格式，所以在推理前，需要把解码器的输出转换成推理所需要的分辨率和颜色格式。参数 -vpp_comp_dst_x/y/w/h 用来指定当前的视频在最终拼接画面中的位置和大小。注意，如果输出会话（sink session）使用 -fake_sink，整个管线不会包含拼接，在这种情况下，请设置 -vpp_comp_dst_x/y 为 0，设置 -vpp_comp_dst_w/h 为推理输入视频的大小。如果输出会话的接收端使用参数 -fake_sink，同时整个管线没有推理业务，那么 -vpp_comp_dst_x/y/w/

ch 和 -dec_postproc 都不用设置。

选项 -infer:: 用来指定推理的类型和 IR 文件所在的文件夹或者路径，SVET 21.1 版本支持 fd（face/object detection）、yolo（yolov3, yolov4）、hp（human pose estimation）、vh（vehicle detection and attribute identification）、mot（Multieple-object tracking）。其中 fd、yolo、vh、mot 所需要的 IR 文件在安装 SVET 的时候已经自动从 OpenVINO 的 Open Model Zoo 下载到本地的 model 目录下，所以这 4 种推理类型在 SVET 编译安装完成后可以直接运行，而测试 yolo 则需要根据 OpenVINO 文档[1]的指导将 TensorFlow 模型转换成 IR 的格式。

```
svet2021$ ls model/
face-detection-retail-0004.bin  person-detection-retail-0013.bin  vehicle-attributes-
recognition-barrier-0039.bin
face-detection-retail-0004.xml  person-detection-retail-0013.xml  vehicle-attributes-
recognition-barrier-0039.xml
human-pose-estimation-0001.bin  person-reidentification-retail-0288.bin  vehicle-
license-plate-detection-barrier-0106.bin
human-pose-estimation-0001.xml  person-reidentification-retail-0288.xml  vehicle-
license-plate-detection-barrier-0106.xml
```

除了直接指定推理类型和 IR 文件所在文件夹，SVET 还支持通过指定 XML 文件支持其他的 detection 模型，比如可以设置 -infer::fd ./model/person-detection-retail-0013.xml 来用人形检测代替人脸检测。在指定 IRXML 文件的时候，SVET 会从 IRXML 文件中读取网络输入图像的分辨率信息。但如果模型的后处理代码和人脸检测（face detection）不一样，则需要开发者修改 video_e2e_sample/src/object_detect.cpp 文件中的后处理函数 ObjectDetect::CopyDetectResults(std::vector<DetectionObject>& results)。

7.3　Windows 环境搭建

Windows 上 SVET 参考程序的编译和安装具体步骤可以参考用户手册[2]，这里只做简要介绍。

7.3.1　安装依赖软件包

硬件支持要求满足第六代或者更新的英特尔 CPU，安装好 Windows 10 操作系统以及英特尔显卡驱动，可以在设备管理器里面查看，如果显示英特尔显卡，则表示显卡驱动已

[1] https://docs.openvinotoolkit.org/latest/openvino_docs_MO_DG_prepare_model_convert_model_tf_specific_Convert_YOLO_From_Tensorflow.html

[2] https://github.com/intel-iot-devkit/concurrent-video-analytic-pipeline-optimization-sample-w/blob/master/doc/concurrent_video_analytic_sample_application_user_guide.pdf

经安装好，请参考图 7-6。如果 Graphics 驱动没有安装，则可以从链接英特尔下载中心网页[1]下载 Graphics 驱动的安装包。

然后安装 OpenVINO、Media SDK 和 FFmpeg。请从网页[2]上下载 OpenVINO。OpenVINO 的版本更新很快，本书采用 2021.3 Windows 版本，如图 7-7 所示，并根据网页[3]上面的步骤来安装。OpenVINO 2021.3 会默认安装到目录 C:\Program Files(x86)\IntelSWTools\openvino_2021.3.394 下。

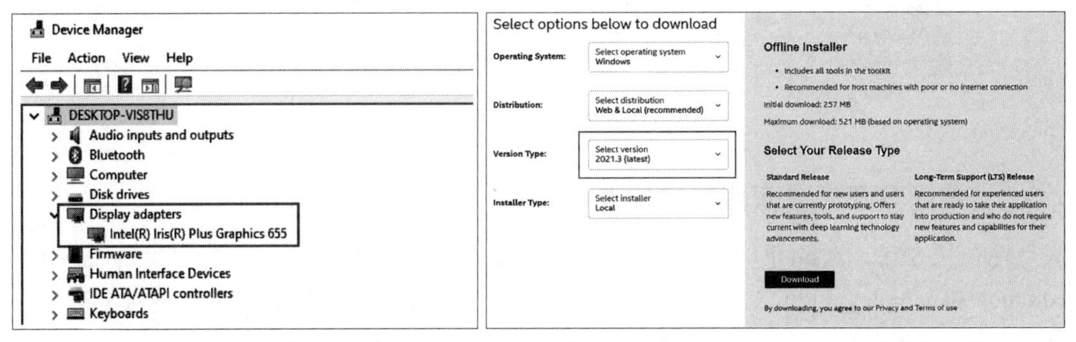

图 7-6　Graphics 驱动程序　　　　图 7-7　OpenVINO Windows 安装包下载

然后根据 Media SDK 下载网页[4]上的指导来下载最新的 Media SDK，主要安装步骤如下，当然也可以参考 Media SDK 文档网页[5]。

1）直接运行下载的安装程序，例如 Intel_Media_SDK_20xx_xx.msi installer，默认的安装路径是 C:\Program Files (x86)\IntelSWTools\Intel(r)_Media_SDK_XXXX 。XXXX 表示 Media SDK 的版本号。请注意，此步骤需要管理员权限。

2）安装之后重启系统，系统会自动初始化 Media SDK 的安装路径，在系统中使用宏 INTELMEDIA SDK_WINSDK_PATH 来标识。

当编译 SVET 参考程序 video_e2e_sample 的时候，需要配置 Microsoft Visual Studio* 来加入 Media SDK 的例程（sample）路径 C:\Users\iotg\Documents\Intel(R) Media SDK 2020 R1 - Media Samples 8.4.32.0，因为 video_e2e_sample 依赖这个路径下面的 sample_common and sample_plugins。当然也需要加入 Media SDK 开发套件的头文件和库文件的路径，具体步骤请参考 7.3.2 节。

video_e2e_sample 中的 RTSP 拉流功能依赖于 FFmpeg，需要从 FFmpeg 下载页面[6]下载并安装安装包，并解压到 C:\Program Filcs (x86)\ffmpeg。解压后的目录结构如图 7-8 所示。

---

[1] https://downloadcenter.intel.com/product/80939/GraphicsDrivers?elq_cid=3226637&erpm_id=5670311
[2] https://software.intel.com/content/www/us/en/develop/tools/openvino-toolkit.html
[3] https://docs.openvino.ai /2021.3/openvino_docs_install_guides_installing_openvino_windows.html
[4] https://software.intel.com/en-us/media-sdk/choose-download/client
[5] https://software.intel.com/en-us/media-sdk/documentation/featured-documentation
[6] https://www.gyan.dev/ffmpeg/builds/ffmpeg-release-full-shared.7z

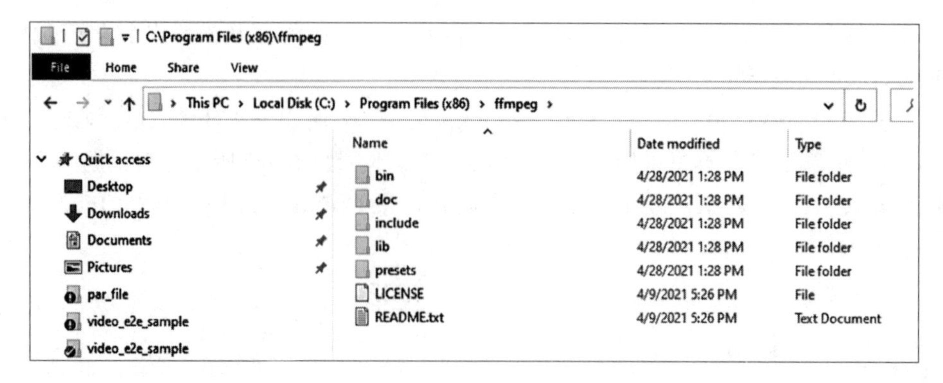

图 7-8　FFmpeg 安装后的目录结构

7.3.2　编译 SVET 参考程序和依赖库

首先从 SVET 的 git 网址下载源代码到本地，然后把 Media SDK 例程里的 sample_common 和 sample_plugin 复制到 SVET 的根目录。可以在 Windows 的命令行终端上运行如下命令：

```
xcopy C:\Users\iotg\Documents\Intel(R) Media SDK 2020 R1 - Media Samples 8.4.32.0\sample_common C:\Users\Myname\Downloads\svet_e2e_sample_w\svet_e2e_sample_w

xcopy C:\Users\iotg\Documents\Intel(R) Media SDK 2020 R1 - Media Samples 8.4.32.0\sample_plugins C:\Users\Myname\Downloads\svet_e2e_sample_w\svet_e2e_sample_w
```

复制完成后，目录结构如图 7-9 所示。

Organize　New　Open

› Downloads › svet_e2e_sample_w › svet_e2e_sample_w

Name	Date modified	Type	Size
.git	2020/4/8 10:40	File folder	
par_file	2020/4/8 10:40	File folder	
sample_common	2020/4/8 10:46	File folder	
sample_plugins	2020/4/8 10:46	File folder	
video_e2e_sample	2020/4/8 10:49	File folder	
test.txt	2020/4/7 10:19	Text Document	1 KB

图 7-9　SVET 目录结构

建议使用 Visual Studio 2017 和 Windows SDK 10 编译 SVET，下载链接为 https://go.microsoft.com/fwlink/p/?LinkId=838916。

打开 Visual Studio 2017，单击菜单上的 File（文件）→ Open（打开）→ Project/Solution

（项目 / 解决方案），选择 C:\Users\Myname\Downloads\svet_e2e_sample_w\svet_e2e_sample_w\video_e2e_sample\sample_multi_transcode.vcxproj。如图 7-10 所示，选择 Releaes x64。

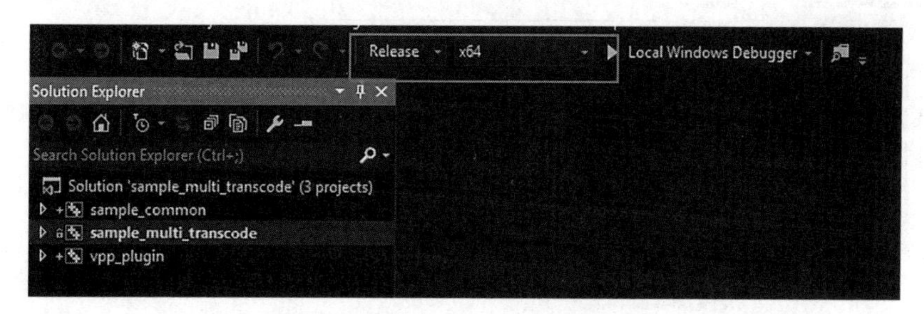

图 7-10　Visual Studio 编译设置 1

然后按图 7-11 所示，右击 sample_multi_transcode，选择 Build（生成）。

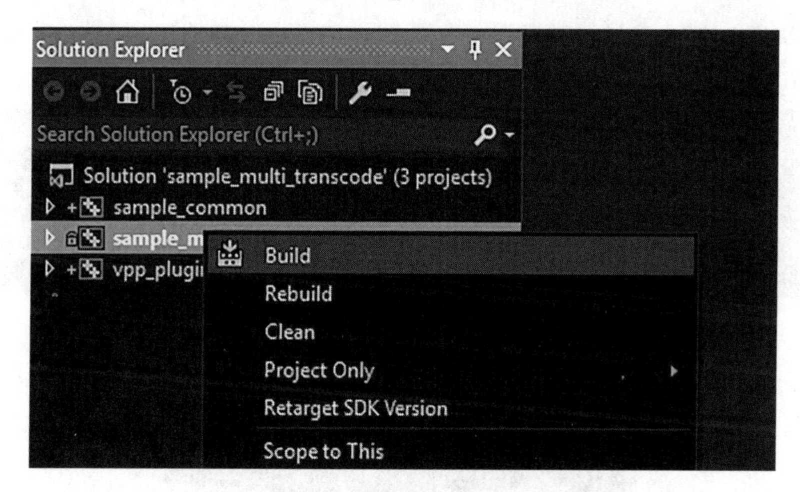

图 7-11　Visual Studio 编译设置 2

第一次编译的时候，你可能会遇到如图 7-12 所示的错误“Windows SDK version 10.0.17.134.0 was not found”。

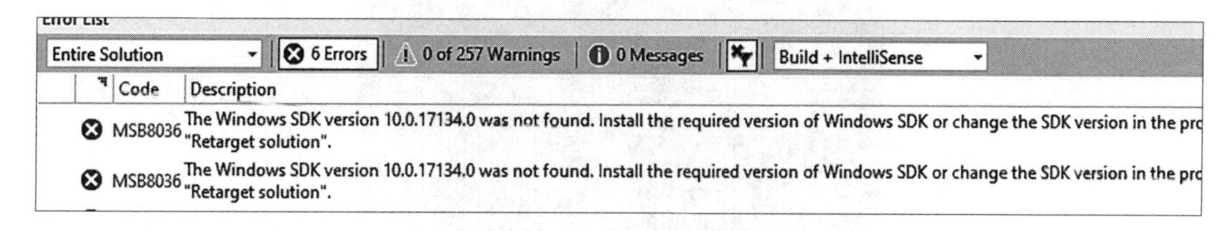

图 7-12　winSDK 编译错误

可以通过修改项目的属性配置来修复这个编译错误。如图 7-13 所示，在 Windows SDK Version（目标平台版本）和 Platform Toolset（平台工具集）中，选择当前系统所安装的最新 Windows SDK 版本和 Visual Studio 版本。

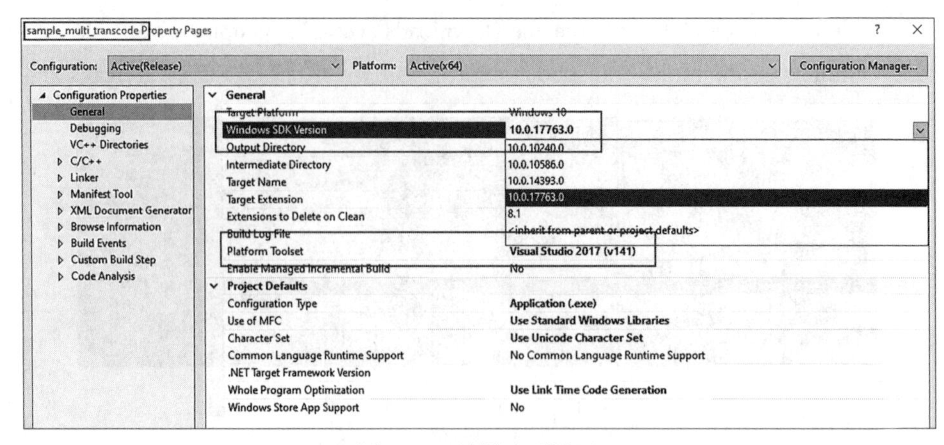

图 7-13　编译选项设置

为了解决图 7-14 中的编译错误 cannot open source file "libavformat/avformat.h"，右击 sample_multi_transcode 项目，选择 Properties（属性），参考图 7-15。

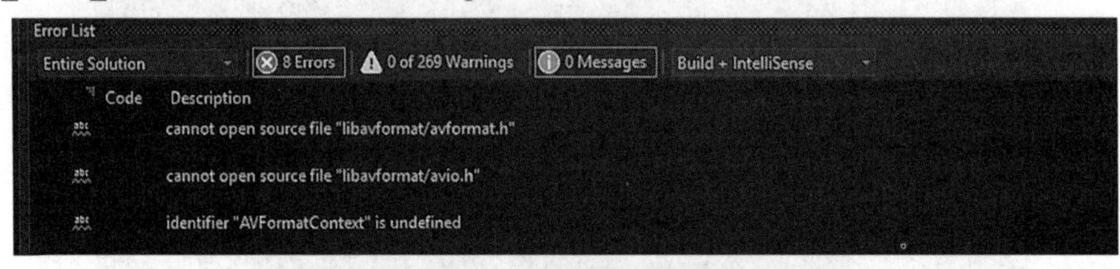

图 7-14　头文件缺失错误

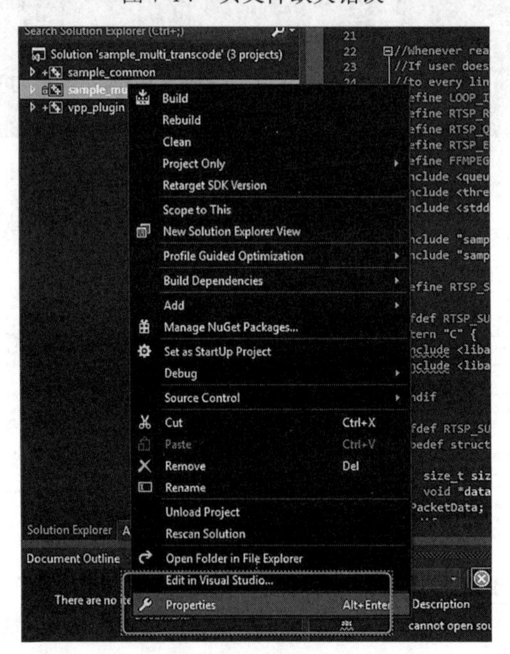

图 7-15　项目属性

然后在 C/C++的 General(常规)页中的 Additional Include Directories(附加包含目录)栏中单击 Edit(编辑),参考图 7-16 和图 7-17。

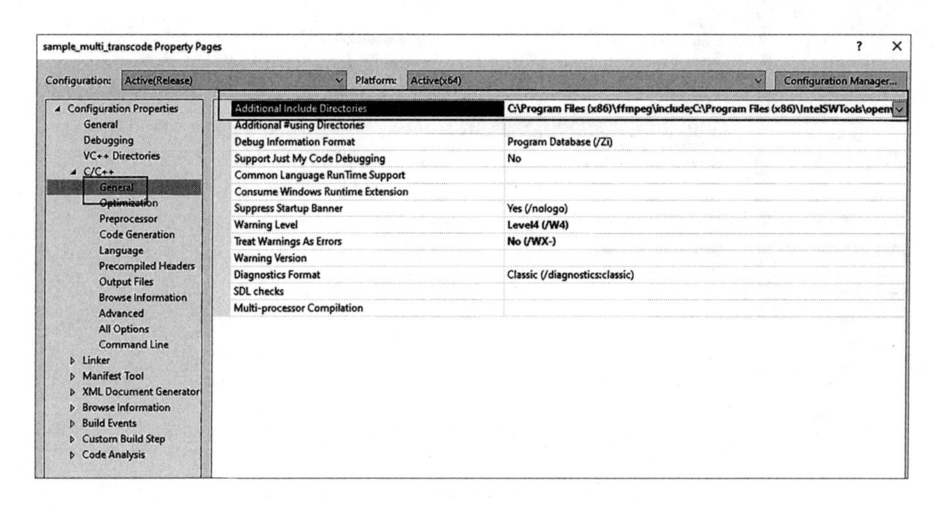

图 7-16　增加头文件目录 1

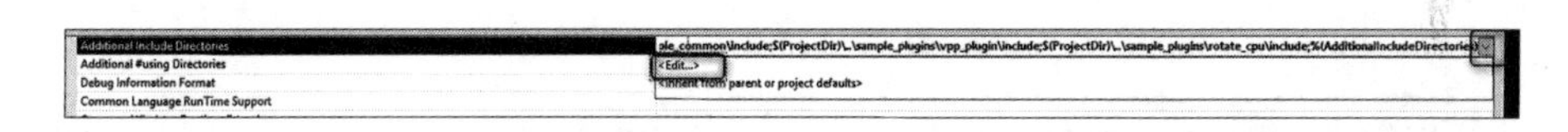

图 7-17　增加头文件目录 2

可以看到如图 7-18 所示的对话框,请参照图示的内容加入 ffmpeg 等库的头文件目录。

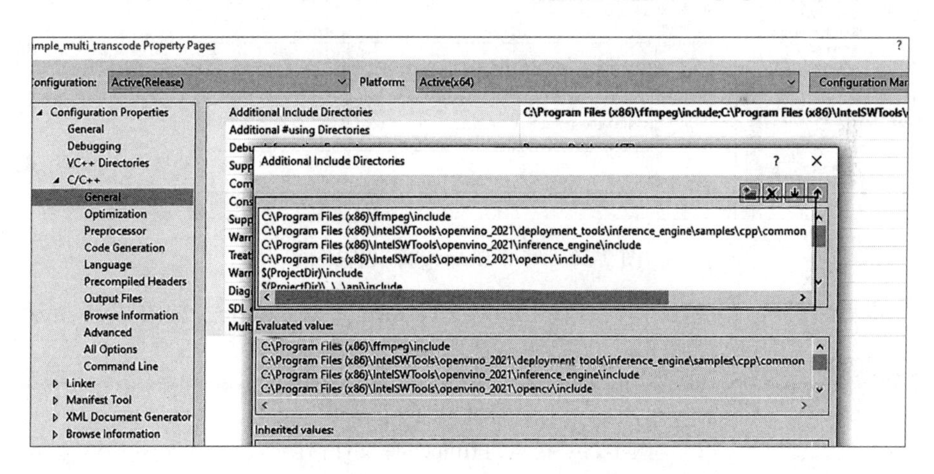

图 7-18　增加 ffmpeg 头文件目录 1

同时需要编辑 Linker(链接器)的 General(常规)页面的 Additional Library Directories(附加库目录)栏,如图 7-19 所示。

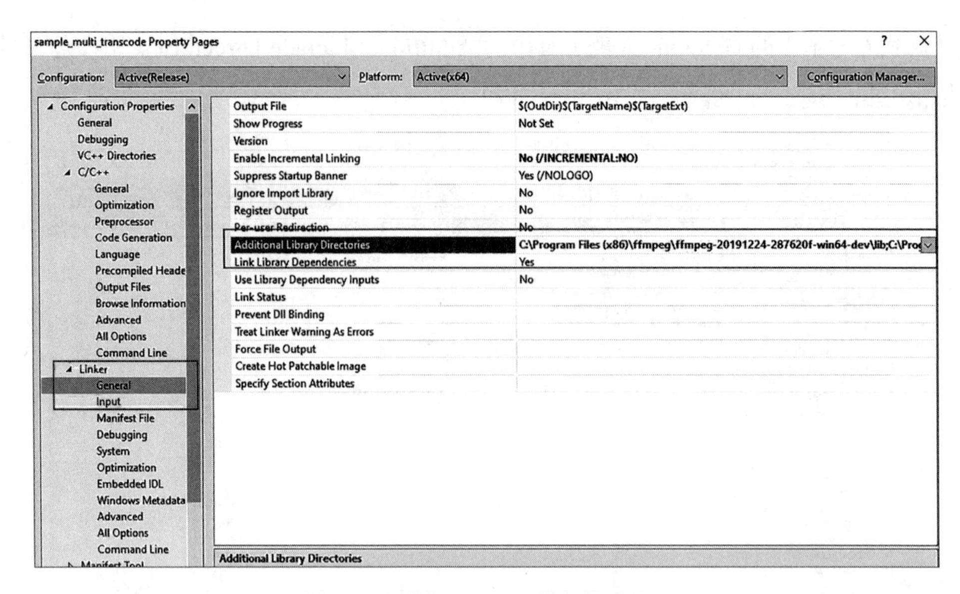

图 7-19　增加 ffmpeg 库文件目录 2

同样是单击 Edit（编辑），在打开的对话框中添加 ffmpeg 等库所在路径，如图 7-20 所示。

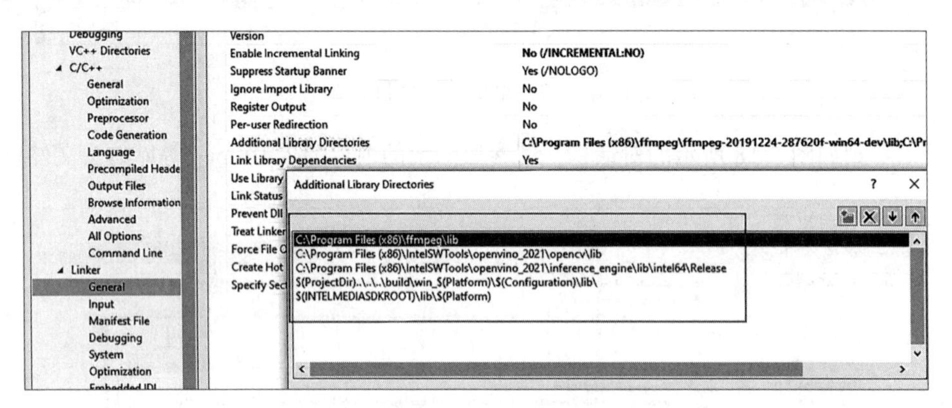

图 7-20　增加 ffmpeg 库文件路径

下一步解决最后一个链接错误：找不到库文件 format_reader.lib，如图 7-21 所示。

图 7-21　找不到 ffmpeg 库文件错误

解决方法是运行下面的脚本来编译这个库：

```
C:\Program Files (x86)\IntelSWTools\openvino_2021\deployment_tools\inference_
engine\samples\cpp\build_samples_msvc.bat
```

脚本运行结束之后可以在下面的路径中找到这个库：

```
%USERPROFILE%\Documents\Intel\OpenVINO\inference_engine_cpp_samples_build\intel64\
Release\format_reader.lib
```

然后在项目 sample_multi_transcode 的 Properties（属性）中 Linker（链接器）的 Input（输入）页面的 Additional Dependencies（附加依赖项）中加入图 7-22 所示的路径。

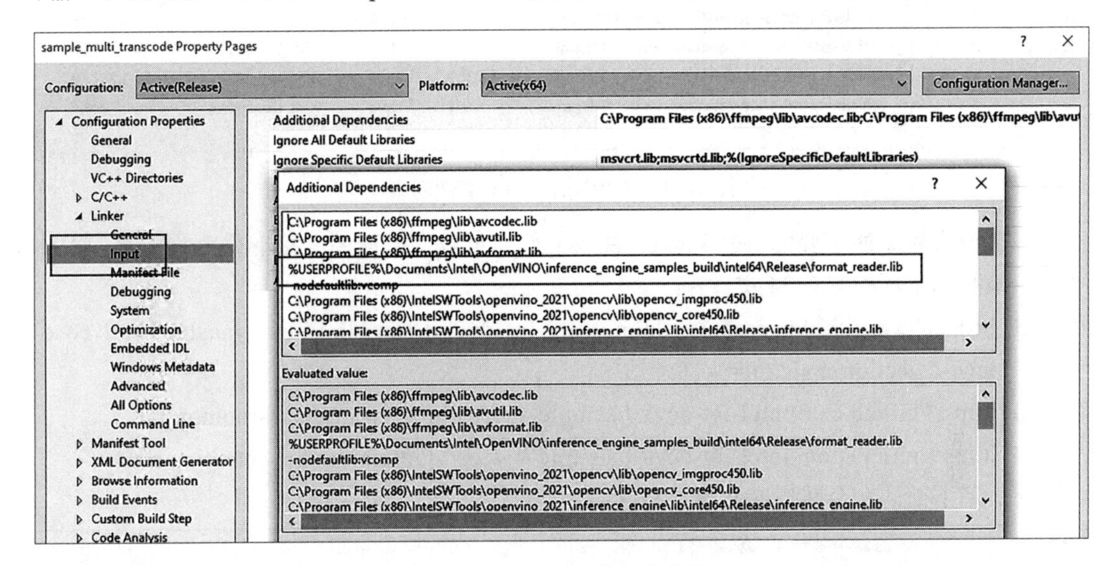

图 7-22　ffmpeg 库文件路径

如图 7-23 所示，最后重新生成之后，可以在“..\build\win_x64\Release\bin\”目录下看到 video_e2e_sample.exe 可执行文件。

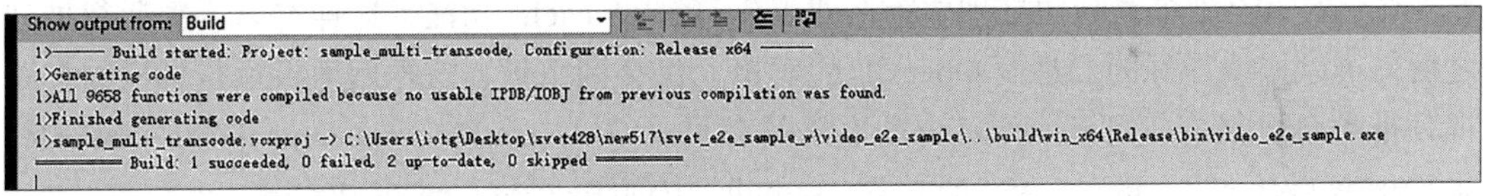

```
Show output from: Build
1>------ Build started: Project: sample_multi_transcode, Configuration: Release x64 ------
1>Generating code
1>All 9658 functions were compiled because no usable IPDB/IOBJ from previous compilation was found.
1>Finished generating code
1>sample_multi_transcode.vcxproj -> C:\Users\iotg\Desktop\svet428\new517\svet_e2e_sample_w\video_e2e_sample\..\build\win_x64\Release\bin\video_e2e_sample.exe
========== Build: 1 succeeded, 0 failed, 2 up-to-date, 0 skipped ==========
```

图 7-23　SVET 编译成功

7.3.3　下载推理所需模型和测试视频

通过运行 SVET 目录下的脚本 \download_IR_file.py 来下载推理模型。这一步骤需要管理员权限：

```
cd svet_e2e_sample_w\script
python _IR_file.py
```

下载之后可以在图 7-24 所示的目录 svet_e2e_sample_w\video_e2e_sample\model\ 中找到模型的 IR 文件。

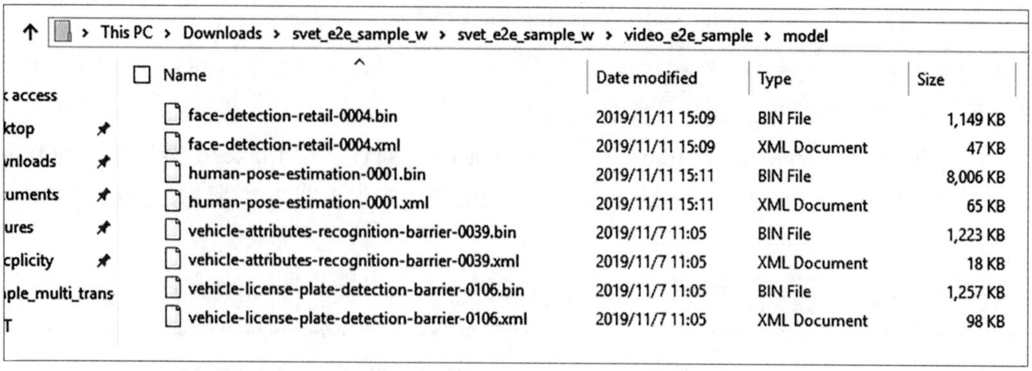

> This PC > Downloads > svet_e2e_sample_w > svet_e2e_sample_w > video_e2e_sample > model

Name	Date modified	Type	Size
face-detection-retail-0004.bin	2019/11/11 15:09	BIN File	1,149 KB
face-detection-retail-0004.xml	2019/11/11 15:09	XML Document	47 KB
human-pose-estimation-0001.bin	2019/11/11 15:11	BIN File	8,006 KB
human-pose-estimation-0001.xml	2019/11/11 15:11	XML Document	65 KB
vehicle-attributes-recognition-barrier-0039.bin	2019/11/7 11:05	BIN File	1,223 KB
vehicle-attributes-recognition-barrier-0039.xml	2019/11/7 11:05	XML Document	18 KB
vehicle-license-plate-detection-barrier-0106.bin	2019/11/7 11:05	BIN File	1,257 KB
vehicle-license-plate-detection-barrier-0106.xml	2019/11/7 11:05	XML Document	98 KB

图 7-24 推理网络的 IR 文件列表

如果没有测试所需要的 .h264/.h265 视频文件，可以从下面的链接下载人脸检测、人体关键点检测和车辆检测 MP4 文件：

- https://raw.githubusercontent.com/intel-iot-devkit/sample-videos/master/head-pose-face-detection-male.mp4
- https://github.com/intel-iot-devkit/sample-videos/blob/master/classroom.mp4
- https://github.com/intel-iot-devkit/sample-videos/blob/master/car-detection.mp4

然后用下面的命令转换成元视频文件：

```
$ffmpeg -i classroom.mp4 -c:v libx264 -an -bsf:v h264_mp4toannexb -r 30 -g 60 -b:v
4000k -bf 0 classroom.h264
```

7.3.4 运行多路视频推理

在运行 SVET 多路视频推理之前，建议先打开 cl_cache 功能，这样在第一次运行推理之后，可以把编译好的二进制 OpenCL 代码单元保存到本地，这样后面再运行同样的多路视频推理会快很多。打开 cl_cache 的方法是在目录 C:\Users\Myname\Downloads\svet_e2e_sample_w\svet_e2e_sample_w\video_e2e_sample\ 中创建一个 cl_cache 文件夹。

在运行 SVET 之前，如果是在 Visual Studio 中运行 SVET，那么需要右击并选择 Properties（属性），然后跳转到 ConfigurationProperties（配置属性）中的 Debugging（调试）面板，之后在 Environment（环境）框中输入下列环境变量，如图 7-25 所示。

```
PATH=C:\Program Files (x86)\ffmpeg\bin;C:\Program Files
(x86)\IntelSWTools\openvino_2021\deployment_tools\inference_engine\external\hddl\
bin;C:\Program Files
(x86)\IntelSWTools\openvino_2021\opencv\bin;C:\Program Files
(x86)\IntelSWTools\openvino_2021\deployment_tools\inference_engine\external\tbb\
bin;C:\Program Files
(x86)\IntelSWTools\openvino_2021\deployment_tools\ngraph\lib;C:\Program Files
```

```
(x86)\IntelSWTools\openvino_2021\deployment_tools\inference_engine\bin\intel64\
Release;%PATH%
```

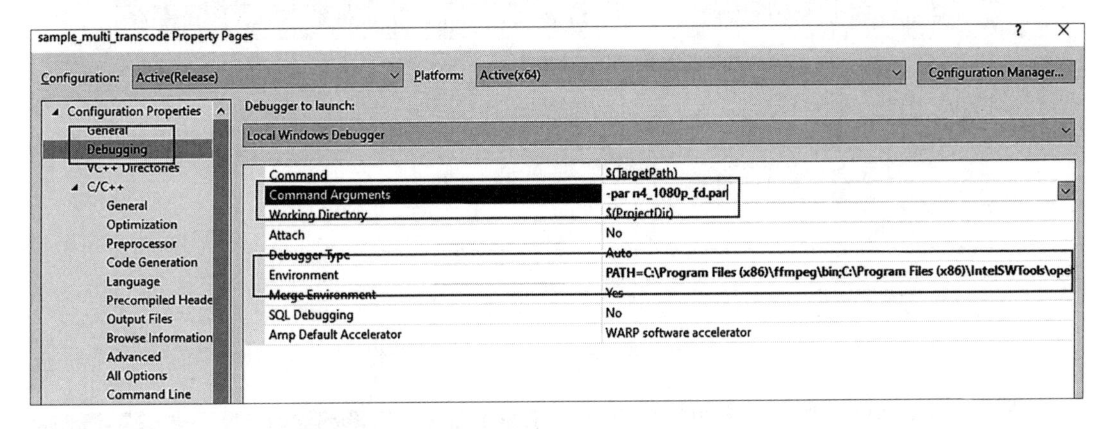

图 7-25 SVET 命令行参数

如果你是在终端窗口运行 SVET 的二进制文件 sample_multi_transcode，则需要在命令行终端先运行下面的命令：

```
set PATH=C:\Program Files (x86)\ffmpeg\bin;C:\Program Files
(x86)\IntelSWTools\openvino_2021\deployment_tools\inference_engine\external\hddl\
bin;C:\Program Files
(x86)\IntelSWTools\openvino_2021\opencv\bin;C:\Program Files
(x86)\IntelSWTools\openvino_2021\deployment_tools\inference_engine\external\tbb\
bin;C:\Program Files
(x86)\IntelSWTools\openvino_2021\deployment_tools\ngraph\lib;C:\Program Files
(x86)\IntelSWTools\openvino_2021\deployment_tools\inference_engine\bin\intel64\
Release;%PATH%
```

下一步是修改参数文件（par file）的输入文件的路径，例如，图 7-26 中方框的位置显示了修改 C:\Users\Myname\Downloads\svet_e2e_sample_w\svet_e2e_sample_w\par_file \n4_1080p_hp.par 中的输入视频文件的路径为当前的测试视频路径。

```
-i::h264 content\2.h264 -dc::rgb4 -join -hw_d3d11 -threads 3 -async 10  -timeout 3600 -o::sink -vpp_comp_dst_x 0 -v
-i::h264 content\2.h264 -dc::rgb4 -join -hw_d3d11 -threads 3 -async 10  -timeout 3600 -o::sink -vpp_comp_dst_x 960
-i::h264 content\2.h264 -dc::rgb4 -join -hw_d3d11 -threads 3 -async 10  -timeout 3600 -o::sink -vpp_comp_dst_x 0 -v
-i::h264 content\2.h264 -dc::rgb4 -join -hw_d3d11 -threads 3 -async 10  -timeout 3600 -o::sink -vpp_comp_dst_x 960

-vpp_comp_only 4 -w 1920 -h 1080 -async 10 -join -hw_d3d11 -i::source -ext_allocator
```

图 7-26 SVETpar 文件中的视频路径

如果是在 Visual Studio 中运行 SVET，则需要按图 7-27 所示增加运行时参数 -par ..\par_file\n16_1080p_fd.par。

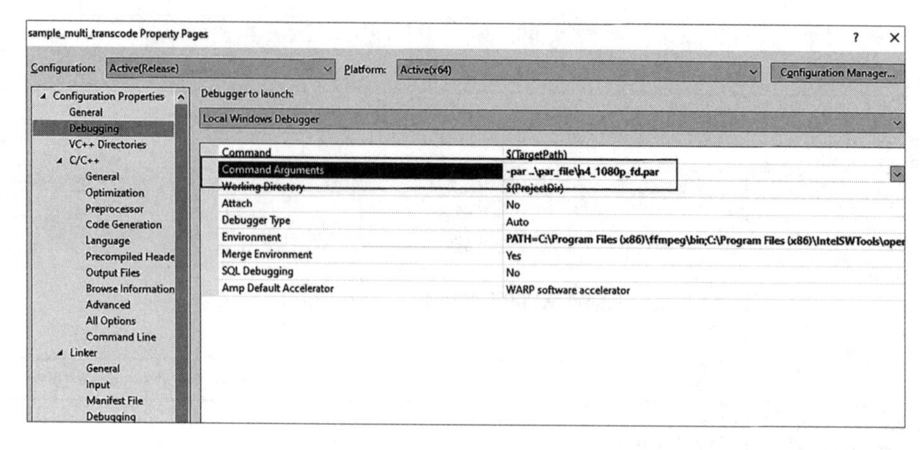

图 7-27　设置 SVET debug 命令参数

然后单击 Debug（调试）菜单中的 Start Debugging（开始调试），如图 7-28 所示。

如果是在终端窗口运行 SVET 的二进制文件 video_e2e_sample.exe，则需要运行下面的命令：

```
cd C:\Users\Myname\Downloads\svet_e2e_
sample_w\svet_e2e_sample_w\video_e2e_
sample
..\_build\x64\Release\video_e2e_sample.
exe -par ..\par_file\n4_1080p_fd.par
```

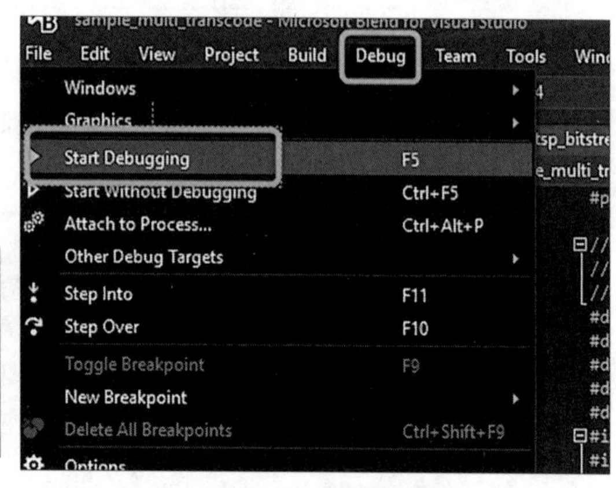

图 7-28　开始调试

显示效果如图 7-29 所示。

图 7-29　SVET 16 路推理显示示意图

参数文件中的参数 -infer::fd ./model 是用来指定推理类型和模型 IR 文件所在路径的。如果想停止运行，可以关掉窗口。同样地，可以把上面命令行中的 par-file 替换为 n4_1080p_hp.par 来运行 4 路人体关键点检测：

```
cd C:\Users\Myname\Downloads\svet_e2e_sample_w\svet_e2e_sample_w\video_e2e_sample
..\_build\x64\Release\video_e2e_sample.exe -par ..\par_file\n4_1080p_hd.par
```

这个 par-file 和 n4_1080p_fd.par 的区别在于推理的参数变成了 -infer::hp ./model。

7.4　核心视频业务

高并发视频处理套件支持网络视频录像机（Network Video Recorder，NVR）、视频墙、AI 计算盒、多点控制设备（Multipoint Control Unit，MCU）等多种视频业务类型，参考示例程序从配置文件读取输入视频、缩放大小、推理模型、拼接显示等参数。参考示例程序支持英特尔第六代以及以后的酷睿、赛扬、凌动等带集成显卡的 CPU。如果你不确定 CPU 是否带集成显卡，可以先在 ark.intel.com 上搜索 CPU 型号。在 Linux 系统中，可以通过命令 lscpu 找到 CPU 型号。在 Windows 系统中，右击“我的电脑”，选择“属性”，可以在“系统”栏找到 CPU 型号。在 ark.intel.com 中的搜索框输入 CPU 型号，例如 i7-1185G7E，然后从搜索框的下拉提示中选中这一款 CPU，可以看到图 7-30a 所示的页面。然后继续下拉页面，你可以看到 Processor Graphics（集成显卡）的信息，如图 7-30b 所示。如果所查询的 CPU 型号所在页面没有 Processor Graphics 的信息，则说明这款芯片中不包含集成显卡。

Essentials	
Product Collection	11th Generation Intel® Core™ i7 Processors
Code Name	Products formerly Tiger Lake
Vertical Segment	Embedded
Processor Number ?	i7-1185G7E
Status	Launched
Launch Date ?	Q3'20
Lithography ?	10 nm SuperFin
Use Conditions ?	Embedded Broad Market Commercial Temp
Recommended Customer Price ?	$431.00
CPU Specifications	
# of Cores ?	4
# of Threads ?	8
Processor Base Frequency ?	1.80 GHz
Max Turbo Frequency ?	4.40 GHz
Cache ?	12 MB Intel® Smart Cache

a）

Processor Graphics	
Processor Graphics ‡ ?	Intel® Iris® Xe Graphics
Graphics Base Frequency ?	350 MHz
Graphics Max Dynamic Frequency ?	1.35 GHz
Graphics Output ?	eDP 1.4b, MIPI-DSI 2.0, DP 1.4, HDMI 2.0b
Execution Units ?	96
Max Resolution (HDMI)‡ ?	4096x2304@60Hz
Max Resolution (DP)‡ ?	7680x4320@60Hz
Max Resolution (eDP - Integrated Flat Panel)‡ ?	4096x2304@60Hz
DirectX* Support ?	12.1
OpenGL* Support ?	4.6
Intel® Quick Sync Video ?	Yes
Intel® Clear Video HD Technology ?	Yes
# of Displays Supported ‡	4
Device ID	0x9A49
OpenCL* Support ?	2.0

b）

图 7-30　ark.intel 网站上的 CPU 和 iGPU 截图

接下来的章节中将会介绍高并发视频处理示例程序所支持的 3 种典型业务：网络视频录像机（Network Video Recorder，NVR）、AI 计算盒和 MCU。

7.4.1 NVR 业务

NVR 在安防领域有着广泛应用。如图 7-31 所示，NVR 的输入来自摄像头的网络视频流，NVR 会对视频流进行存储，同时也会解码、拼接并做显示。

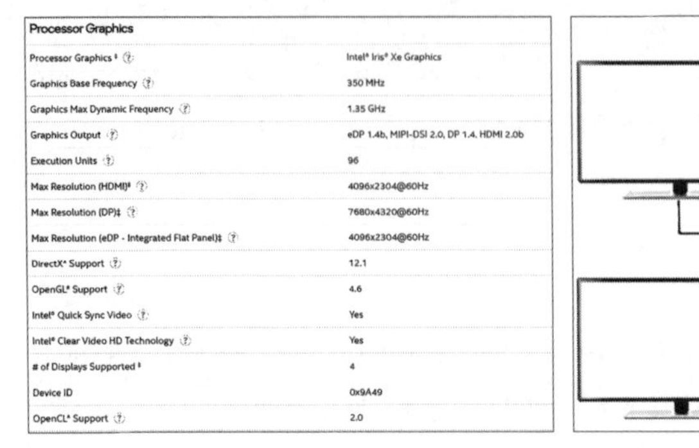

Processor Graphics	
Processor Graphics ‡	Intel® Iris® Xe Graphics
Graphics Base Frequency	350 MHz
Graphics Max Dynamic Frequency	1.35 GHz
Graphics Output	eDP 1.4b, MIPI-DSI 2.0, DP 1.4, HDMI 2.0b
Execution Units	96
Max Resolution (HDMI)‡	4096x2304@60Hz
Max Resolution (DP)‡	7680x4320@60Hz
Max Resolution (eDP - Integrated Flat Panel)‡	4096x2304@60Hz
DirectX* Support	12.1
OpenGL* Support	4.6
Intel® Quick Sync Video	Yes
Intel® Clear Video HD Technology	Yes
# of Displays Supported ‡	4
Device ID	0x9A49
OpenCL* Support	2.0

a）

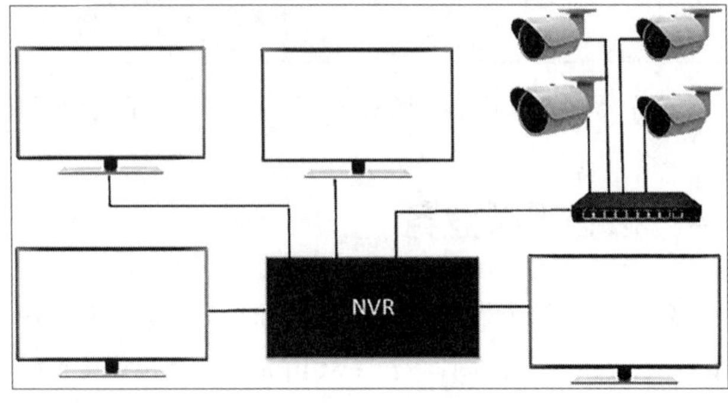

b）

图 7-31　NVR 业务框图

通过配置参数文件，示例程序 video_e2e_sample 可以运行多路视频拉流、解码、拼接、显示以及存储。下面的例子是 32 路 1080p 视频解码，并且拼接之后显示在两个 1080p 的显示器上，如图 7-32 所示。

```
$sudo init 3    # 也可以使用 Ctrl+Alt+F3 快捷键
#cd svet
#source svet_env_setup.sh
#./bin/ video_e2e_sample  -par par_file/basic/n16_1080p_30fps_videowall.par
par_file/basic/n16_1080p_30fps_videowall.par
```

图 7-32　NVR 多屏显示示意图

n16_1080p_30fps_videowall.par 中的视频源是本地视频，如果想要测试 RTSP 视频流，可以编辑 .par 文件，把 -i::h264 后面所设置的视频流的路径换成 RTSP 的 URL，如下所示：

```
-i::h264 rtsp://172.16.181.169:1554/simu0000  -join -hw  -async 4 -dec_postproc
-o::sink -vpp_comp_dst_x 0 -vpp_comp_dst_y 0 -vpp_comp_dst_w 480 -vpp_comp_dst_h
270 -ext_allocator
```

如果想测试 H.265/HEVC 本地视频流，可以把参数文件中的 -i::h264 替换为 -i::h265，把视频路径修改为需要测试的 H.265/HEVC 视频路径，并且删除 -dec_postproc 选项，如下所示：

```
-i::h265 ./video/1080p.h265 -join -hw -async 4 -o::sink -vpp_comp_dst_x 0 -vpp_
comp_dst_y 0 -vpp_comp_dst_w 480 -vpp_comp_dst_h 270 -ext_allocator -fps 30
```

7.4.2　AI 视频分析业务

AI 视频分析业务如图 7-33 所示，主要包括视频流、视频解码、解码之后的视频数据缩放、颜色格式转换、推理、推理结果渲染、视频拼接、拼接结果编码保存和显示。图 7-33 中的功能模块是使用集成显卡加速的，比如解码是在集成显卡中的 VDBox 上实现的，缩放和颜色格式转换是在集成显卡的 SFC 上实现的，拼接是在集成显卡中的 EU 上实现的，编码是在集成显卡中的 VDENC 上实现的。以下模块在 CPU 上实现，比如读取视频文件或者 RTSP 拉流，渲染推理结果使用 OpenCV 的 API 实现。推理既可以运行在集成显卡上，也可以运行在 CPU 上，用户可以配置参数来选择推理加速所实现的硬件。

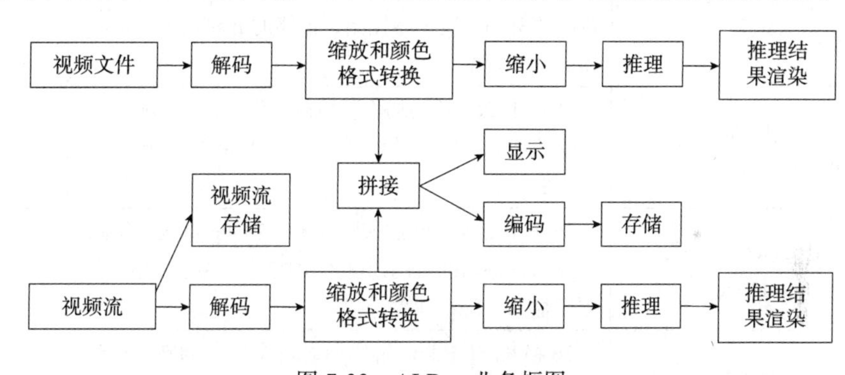

图 7-33　AI Box 业务框图

请注意，在第一次运行某个推理模型的时候，从程序运行到第一帧视频显示在屏幕上的时间会比较长，4 种模型加载可能需要十几秒到一分钟。SVET 的安装脚本在运行时自动设置了 cl_cache，所以在第二次以及后面运行同样的推理时，推理模型网络加载时间会缩短到 1～3 秒。在同时运行多路推理的时候，同一种模型如果都使用集成显卡加速的话，推理模型网络只会加载一次。如果你想了解更多关于 cl_cache 的信息，可以参考 OpenCL FAQ[⊖]。

⊖ https://github.com/intel/compute-runtime/blob/master/opencl/doc/FAQ.md

7.4.2.1 人脸检测

人脸检测模型 face-detection-retail-0004 是 OpenVINO open model zoo 中的模型，是基于轻量 SqueezeNet（半通道）作为主干的人脸检测器，带有单个 SSD，用于前置摄像头拍摄的室内 / 室外场景。模型的详细信息请参考 OpenVINO 的在线文档[⊖]。表 7-1 中列出了多个在 SVET 中 par_file/inference 文件夹里可以测试这个模型的 par 文件。

表 7-1 支持人脸检测模型的 par 文件

par 文件的路径和文件名	视频业务	是否使用 drm display
inference/n16_1080p_face_detect_30fps.par	16 路 H.264 解码加人脸检测，1080p 拼接和显示，每路视频解码速度控制在 30fps	是
inference/n16_face_detection_1080p.par	16 路 H.264 解码加人脸检测，1080p 拼接和显示，每路的解码速度不做控制，最终的 fps 受限于显示器的刷新频率	是
inference/n16_1080p_h265_fd.par	16 路 H.265 解码加人脸检测，1080p 拼接和显示，每路的解码速度不做控制，最终的 fps 受限于显示器的刷新频率	是
inference/ n16_face_detection_4k.par	16 路 H.264 解码加人脸检测，4K 拼接和显示，每路的解码速度不做控制，最终的 fps 受限于显示器的刷新频率	是
inference/ n16_1080p_face_detection_fakesink.par	16 路 H.264 解码加人脸检测，没有拼接和显示。每路的解码速度不做控制，最终的 fps 受限于集成显卡的性能	否
inference/ n16_face_detection_1080p_x11.par	16 路 H.264 解码加人脸检测，1080p 拼接、编码和显示，每路的解码速度不做控制，最终的 fps 受限于显示器的刷新率	否
rtsp/n16_face_detection_1080p.par	16 路 RTSP H.264 解码加人脸检测，1080p 拼接和显示，每路的解码速度不做控制，最终的 fps 受限于显示器的刷新频率	是

在表 7-1 中所有“是否使用 DRM display”为“是”的参数（par）文件在运行之前，需要将系统切换到文本模式并使用超级管理员（root）用户，代码如下，画面如图 7-34 所示。

```
$sudo init 3   # 也可以使用 Ctrl+Alt+F3 快捷键
#cd svet
#source svet_env_setup.sh
#./bin/ video_e2e_sample  -par par_file/inference/n16_1080p_face_detect_30fps.par
```

⊖ https://docs.openvinotoolkit.org/latest/omz_models_model_face_detection_retail_0004.html

图 7-34 16 路推理显示示意图

若想中止程序，可以按 Ctrl＋C 键。

在表 7-1 中所有“是否使用 DRM display”为“否”的参数（par）文件在运行之前，不需要将系统切换到文本模式，也不需要使用超级管理员（root）用户：

```
$cd svet
$source svet_env_setup.sh
$./bin/ video_e2e_sample  -par par_file/inference/n16_face_detection_1080p_x11.par
```

par_file 文件夹中的 par 文件默认使用 svet/video/ 目录中的两个 h264 视频测试，开发者可以修改 par 文件中的视频路径测试其他视频。需要注意的是，如果输入源是 h265 视频，请参考 inference/n16_1080p_h265_fd.par 中的配置参数。

7.4.2.2 人体关键点检测

人体关键点检测模型 human-pose-estimation-0001 也是 OpenVINO open model zoo 中的模型，这是一个多人 2D 姿态估计网络（基于 OpenPose 方法），使用经过调整的 MobileNet v1 作为特征提取器。对于图像中的每个人，网络都会检测人体姿势：由关键点和它们之间的连接组成的身体态势。检测最多可包含 10 个关键点：耳朵、眼睛、鼻子、颈部、肩部、肘部、手腕、臀部、膝盖和脚踝。模型的具体信息请参考 ttps://docs.openvinotoolkit.org/latest/omz_models_model_human_pose_estimation_0001.html。

在 SVET 中可以使用 par_file/inference/n4_human_pose_1080p.par 测试这个模型：

```
$sudo init 3   # 也可以使用 Ctrl+Alt+F3 快捷键
#cd svet
#source svet_env_setup.sh
#./bin/ video_e2e_sample  -par par_file/inference/n4_human_pose_1080p.par
```

运行结果如图 7-35 所示。

图 7-35　4 路推理显示截图

7.4.2.3　车辆检测模型

车辆检测模型 vehicle-license-plate-detection-barrier-0106 和属性提取模型 vehicle-attributes-recognition-barrier-0039 也是 OpenVINO open model zoo 中的模型。模型的具体信息请参考 OpenVINO 参考文档[⊖]，在 SVET 中可以使用 par_file/inference/n4_vehicel_detect_1080p.par 测试这个模型：

```
$sudo init 3   #也可以使用 Ctrl+Alt+F3 快捷键
#cd svet
#source svet_env_setup.sh
#./bin/ video_e2e_sample  -par par_file/inference/n4_vehicel_detect_1080p.par
```

运行结果如图 7-36 所示。

图 7-36　4 路车辆检测和属性识别推理显示示意图

⊖ https://docs.openvinotoolkit.org/latest/omz_models_model_vehicle_license_plate_detection_barrier_0106.html
https://docs.openvinotoolkit.org/latest/omz_models_model_vehicle_attributes_recognition_barrier_0039.html

7.4.2.4　人体检测和识别

人体检测模型 person-detection-retail-0013 和识别模型 person-reidentification-retail-0288 都是 OpenVINO open model zoo 中的模型。其中的 person-detection-retail-0013 是用于零售场景的行人检测器，person-reidentification-retail-0288 是用于一般场景的人员重新识别模型。它使用全身图像作为输入并输出嵌入向量，以通过余弦距离匹配两幅图像。该模型基于为快速推理而开发的 OmniScaleNet 主干。来自 1/16 比例特征图的单个重新识别头输出 256 个浮点数向量。模型的具体信息请参考 https://docs.openvinotoolkit.org/latest/omz_models_model_person_detection_retail_0013.html 和 https://docs.openvinotoolkit.org/latest/omz_models_model_person_reidentification_retail_0288.html。

在 SVET 中可以使用 par_file/inference/n4_multi_object_tracker.par 测试这个模型：

```
$sudo init 3    # 也可以使用 Ctrl+Alt+F3 快捷键
#cd svet
#source svet_env_setup.sh
#./bin/ video_e2e_sample  -par par_file/inference/n4_multi_object_tracker.par
```

运行结果如图 7-37 所示。

图 7-37　4 路人形检测和追踪示意图

7.4.3　MCU 转码拼接业务

MCU（Multipoint Control Unit，多点控制单元）是视频会议系统中的重要组件。MCU 一般负责实现视频广播、视频选择、音频混合、数据广播等功能。如图 7-38 所示，MCU 的视频处理核心功能包括从多个终端获取视频，解码之后拼接成多个画面再编码，然后把视频流发送给各个终端。

我们所介绍的多路视频处理参考程序实现了集成显卡加速的多路视频拉流、视频解码、多路视频画面拼接和编码。如图 7-39 所示展示了同时进行 3 个视频会议，每个视频会议有 4 个终端，每个终端的视频传输是 1080p@30fps。这种 MCU 核心视频业务可以使用我们的多路视频处理参考程序在 Tiger Lake i5 或者 i7 上运行，因为所有视频编解码和拼接都运行在集成显卡上，并且不同的模块之间共享内存，没有内存复制的消耗，整个实现非常好地利用了集成显卡上的视频加速模块，对 CPU 计算资源消耗较少，这样可以把 CPU 的计算资源留给其他业务逻辑。

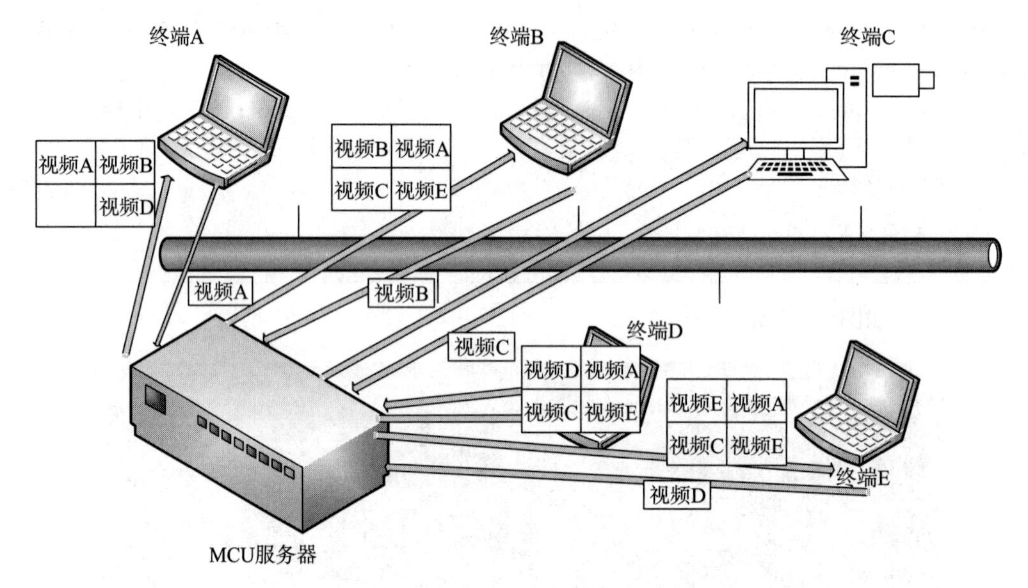

图 7-38　MCU 业务框图

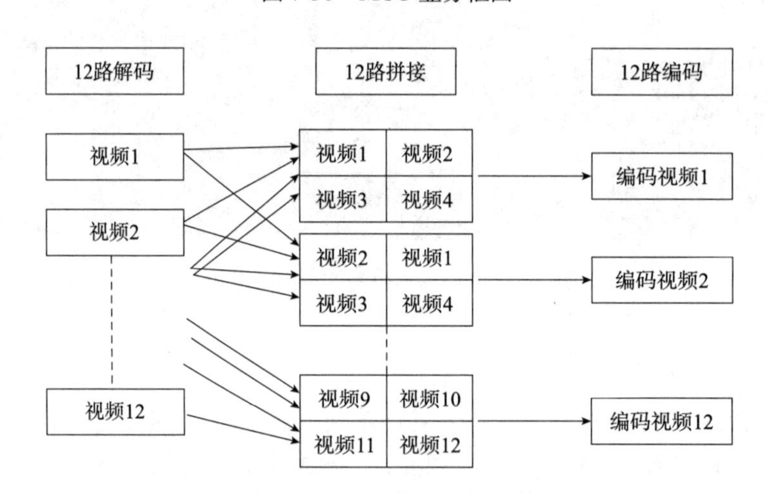

图 7-39　MCU 核心视频业务

MCU 的核心视频业务包括视频解码、拼接和编码。下面是测试 MCU 同时处理 8 路

H.264 1080p 视频的步骤。每个参数文件处理 4 路视频，4 路拼接成一个 1080p 的画面并且做 4 次编码保存到本地。

```
$sudo init 3   # 也可以使用 Ctrl+Alt+F3 快捷键
#cd svet
#source svet_env_setup.sh
#./bin/ video_e2e_sample  -par par_file/misc/mcu1_1080p_4to4.parpar_file/misc/
mcu2_1080p_4to4.par -stat 100
```

7.5　本章小结

高并发视频分析性能评估套件（Smart Video Evaluation Toolkit，SVET）在多路转码例程的基础之上添加了基于 OpenVINO 的推理功能、RTSP 推流、Raid 5 存储等典型的端到端业务的功能，同时集成了多年技术支持过程中遇到的和应用层相关的性能优化技巧，充分地利用了英特尔 GPU 的视频加速能力，期望读者通过简单的配置就能快速搭建高性能、高并发的视频分析业务，加速对英特尔平台的性能评估。

CHAPTER 8

第 8 章

编解码实现

针对视频处理中常见的应用需求，例如低功耗编码处理、低延迟编解码处理、多路并发编解码处理、为了适应不同场景的各种码率控制算法以及为了保证视频会议通话质量的编码功能等，Media SDK 的软件栈都提供了广泛的支持。在本章，我们会对其中常用的需求细节及实现原理做详细介绍。

8.1 低功耗快速编码

在前面介绍英特尔 GPU 架构的时候，我们介绍过视频编解码引擎，其中的 VDENC 可以实现全硬件模块的编码操作，它完全使用固定功能单元进行编码，例如，运动估计、帧内以及帧间预测等，来完成编码过程中对算力要求高的部分，而不使用通用执行单元。同时，依靠在 GPU 中的 GuC 和 HuC 内置微处理器把部分视频处理操作从 CPU 转移到 GPU 执行，包括码流头信息解析以及码率控制等，这样能够避免 CPU 和 GPU 同步造成的系统消耗和延迟。当然，低功耗编码在充分利用硬件的加速能力，在极低的功耗下取得较高效率的同时，也牺牲了灵活性和精度，这也是算法内置于硬件的普遍问题。所以，开发者可以根据自己的需求灵活选择。

使用低功耗编码的方式很简单，在 Media SDK 中直接使用 [-lowpower:<on,off>] 参数即可从应用程序端直接启用低功耗编码。在一些老的版本中，也使用过 -qsv-ff 参数表示低功耗模式，qsv-ff 里面的 ff 表示快速模式（fast mode）。Media SDK 中的解码例程（sample_encode）和转码例程（sample_multi_transcode）都采用了此参数，但其具体在 Windows 和 Linux 中的实现又不尽相同，在 Linux 中要保证 GuC/HuC 的固件（firmware）已安装并已启用，而在 Windows 上则不需要此步骤，直接运行即可。图 8-1 和图 8-2 分别展示了 Linux

上正常编码和低功耗编码的差别。执行单元在 Linux 上显示为 render busy 引擎，在低功耗的场景下，执行单元的使用率从 65% 以上降至 0%，从而表示视频处理的全部运算都运行在专用视频处理引擎上，降低了功耗。

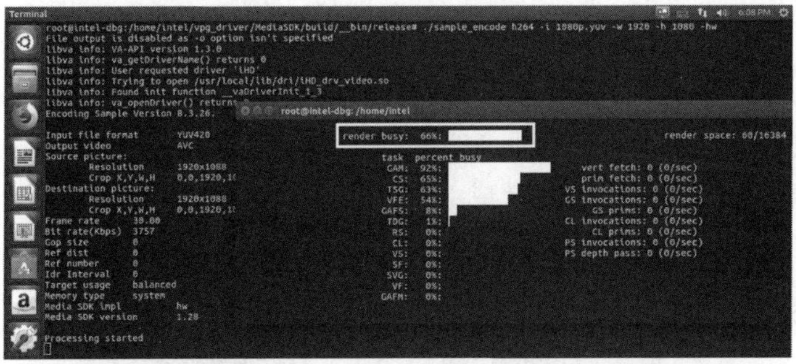

图 8-1　普通场景下 H.264/AVC 编码的执行单元的占用率

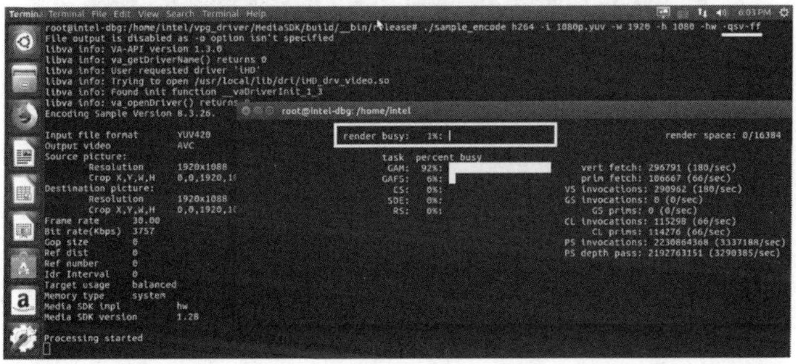

图 8-2　低功耗场景下 H.264/AVC 编码的执行单元的占用率

而如果没有加载 GuC/HuC 固件，在 Linux 上将收到 MFX_ERROR_DEVICE_FAILED 错误，如图 8-3 所示。

图 8-3　低功耗编码报错截图

下面就简要介绍一下在 Linux 上如何启用 GuC/HuC 的过程。首先可以先通过下面两个文件来查看当前系统是不是已经安装了 GuC/HuC 固件：

```
# 查看 GuC 固件状态
sudo cat /sys/kernel/debug/dri/0/i915_guc_load_status
# 查看 HuC 固件状态
sudo cat /sys/kernel/debug/dri/0/i915_huc_load_status
```

如果显示没有以上两个文件，或者能够找到文件，但是打开文件后显示图 8-4 所示的信息，都说明 GuC/HuC 固件没有加载成功。

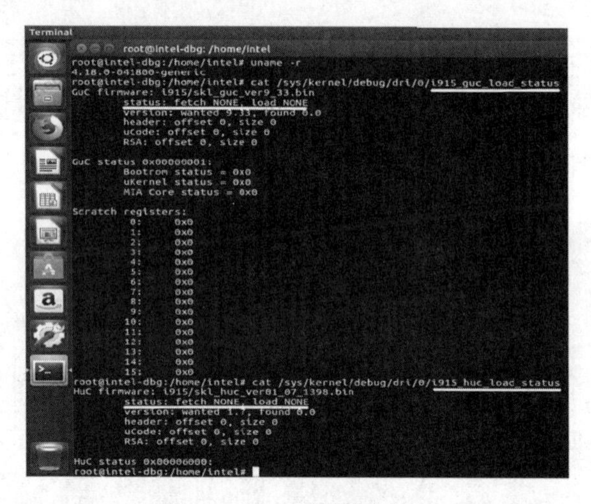

图 8-4　i915 固件缺失截图

如果 GuC/HuC 固件没有加载成功，我们可以手动加载，先从网站 https://git.kernel.org/ 上下载相应平台对应的 firmware 文件，比如 KabyLake 平台的 GuC 固件对应的是 kbl_GuC_ver9_14.bin。为了便于管理，我们把英特尔 GPU 的固件存储在 /lib/firmware/i915 中，确保平台相关的所有 firmware 文件都已经下载到如图 8-5 所示的目录中。

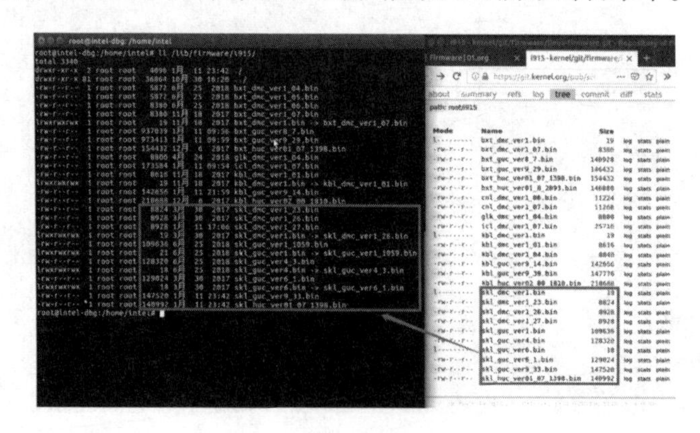

图 8-5　i915 GPU 固件

请查看确认已经下载的文件的大小是否和原始文件一样，因为下载不完整或者错误将会导致视频处理错误。关于下载的方法有很多，比如 wget 等，这里不再赘述。GuC 和 HuC 默认是不启用的，所以安装完 HuC 和 GuC 后，用户还需要指定特定的内核参数并重启系统来启用它。请注意，不同的 Linux 内核使用不同的内核参数，请参考表 8-1。

表 8-1　内核参数列表

内核版本	参数
4.15	i915.enable_guc_loading=1 i915.enable_guc_submission=1
4.18、4.19	I915.enable_guc=2

具体启用步骤如下：

1）编辑 /etc/default/grub，在 GRUB_CMDLINE_LINUX_DEFAULT 后加上表格里对应的内核参数，具体位置如图 8-6 所示。

```
root@intel-dbg: /home/intel
root@intel-dbg:/home/intel# cat /etc/default/grub
# If you change this file, run 'update-grub' afterwards to update
# /boot/grub/grub.cfg.
# For full documentation of the options in this file, see:
#   info -f grub -n 'Simple configuration'

GRUB_DEFAULT=0
#GRUB_HIDDEN_TIMEOUT=0
GRUB_HIDDEN_TIMEOUT_QUIET=true
GRUB_TIMEOUT=10
GRUB_DISTRIBUTOR=`lsb_release -i -s 2> /dev/null || echo Debian`
GRUB_CMDLINE_LINUX_DEFAULT="quiet splash i915.enable_guc=2"

# Uncomment to enable BadRAM filtering, modify to suit your needs
# This works with Linux (no patch required) and with any kernel that obtains
# the memory map information from GRUB (GNU Mach, kernel of FreeBSD ...)
#GRUB_BADRAM="0x01234567,0xfefefefe,0x89abcdef,0xefefefef"
```

图 8-6　在 grub 中启用 i915 固件加载

2）运行 grub-mkconfig -o /boot/grub/grub.cfg 命令重新生成 grub 设置，如图 8-7 所示。

```
root@intel-dbg: /home/intel
root@intel-dbg:/home/intel# grub-mkconfig -o /boot/grub/grub.cfg
Generating grub configuration file ...
Found linux image: /boot/vmlinuz-4.18.0-041800-generic
Found initrd image: /boot/initrd.img-4.18.0-041800-generic
Found linux image: /boot/vmlinuz-4.15.0-38-generic
Found initrd image: /boot/initrd.img-4.15.0-38-generic
Found linux image: /boot/vmlinuz-4.10.0-28-generic
Found initrd image: /boot/initrd.img-4.10.0-28-generic
Failed to probe /dev/sdb4 for filesystem type
Found Windows Boot Manager on /dev/sda2@/EFI/Microsoft/Boot/bootmgfw.efi
Found CentOS Linux release 7.4.1708 (Core)  on /dev/mapper/centos-root
Adding boot menu entry for EFI firmware configuration
done
root@intel-dbg:/home/intel#
```

图 8-7　grub-mkconfig 截图

3）更新 initramfs，确保内核参数被完全更新到 bootstage，参考命令为 sudo update-initramfs-u。

4）重启系统，GuC/HuC 将被加载。重新打开文件查看 GuC 和 HuC 加载结果，如果加载成功，如图 8-8 所示，found 版本和 wanted 版本是对应的。wanted 代表要求的版本，此信息和内核版本绑定，写入内核源码当中。found 代表内核在根文件系统中实际找到的版本。

```
root@intel-dbg:/home/intel# uname -r
4.18.0-041800-generic
root@intel-dbg:/home/intel# cat /sys/kernel/debug/dri/0/i915_guc_load_status
GuC firmware: i915/skl_guc_ver9_33.bin
        status: fetch SUCCESS, load SUCCESS
        version: wanted 9.33, found 9.33
        header: offset 0, size 128
        uCode: offset 128, size 147136
        RSA: offset 147264, size 256

GuC status 0x800300ec:
        Bootrom status = 0x76
        uKernel status = 0x0
        MIA Core status = 0x3

Scratch registers:
         0:     0xf0000000
         1:     0x34a5c0
         2:     0x0
         3:     0x5f5e100
         4:     0x0
         5:     0x30afd3
         6:     0x0
         7:     0x8
         8:     0x11
         9:     0x40
        10:     0x0
        11:     0x0
        12:     0x0
        13:     0x0
        14:     0x0
        15:     0x700000
root@intel-dbg:/home/intel# cat /sys/kernel/debug/dri/0/i915_huc_load_status
HuC firmware: i915/skl_huc_ver01_07_1398.bin
        status: fetch SUCCESS, load SUCCESS
        version: wanted 1.7, found 1.7
        header: offset 0, size 128
        uCode: offset 128, size 140608
        RSA: offset 140736, size 256

HuC status 0x00006080:
root@intel-dbg:/home/intel#
```

图 8-8　GuC/HuC 成功加载截图

本节重点介绍了关于英特尔 GPU 低功耗编码的功能，对于某些对编码路数和功耗比较敏感的应用，低功耗编码可以极大地提升工作效率，开发者可以灵活地运用此功能来设计富有特色的产品。

8.2　低延迟编解码

通常来说，延迟分两个层次，首先是系统级的延迟，也就是端到端的延迟，即从一端视频序列采集开始，或者直接对视频序列进行编码开始计时，然后通过网络等媒介把压缩后的数据流送到另一端再进行解码，恢复成视频序列结束，完成计时，总的时间差就可以看作系统的延迟，因为它与用户实际看到的效果息息相关。其次是视频流本身的延迟，因为视频编码解码采用了帧间的参考技术，所以，除了独立解码帧，例如 I 帧或者 IDR 帧之外，其他帧解码都要依赖其他帧解码后的重构帧，所以会造成一定的延迟。系统级的延迟不仅包含视频处理的延迟，也包含网络传输的延迟，以及其他一些控制信息和系统处理的消耗，所以具体的延迟时长并不能保证，但是视频处理的延迟是可以通过具体实现控制的，而且通过控制视频处理的延迟，我们可以反过来适应网络延迟等一些不确定的延迟来给用户一个比较好体现，所以本节我们来重点介绍视频处理中的延迟控制。

视频处理的延迟一般来说是双向参考帧（B 帧）引入的，因为编码 B 帧的时候，需要参考它的前向帧，也需要参考它的后向帧，所以，在编码 B 帧之前就需要编码它后面的帧，例如常见的 IPBB 的 GOP 类型，表示在 I 帧和 P 帧，或者两个 P 帧中间有两个 B 帧，如图 8-9 所示。F_n 表示视频图像的输入顺序，也就是视频图像显示的正常顺序，n 表示帧的序号，F_0 表示第一帧，采用 I 帧的编码类型，F_1、F_2、F_4 和 F_5 帧采用 B 帧的编码类型，F_3、F_6 帧采用 P 帧的编码类型。在编码 F_1 和 F_2 之前，需要先编码 F_3 帧，然后再编码 F_1 和 F_2，这样就造成了至少两帧的延迟。解码端同样需要先解码 F_0 帧和 F_3 帧才能解码 F_1 和 F_2 帧，本来 F_1 是第二帧，在解码完 F_0 之后，就应该解码 F_1，这样就没有延迟了，可是 F_1 需要等到 F_3 帧解码之后才能解码，这样就造成了编码策略引起的延迟。

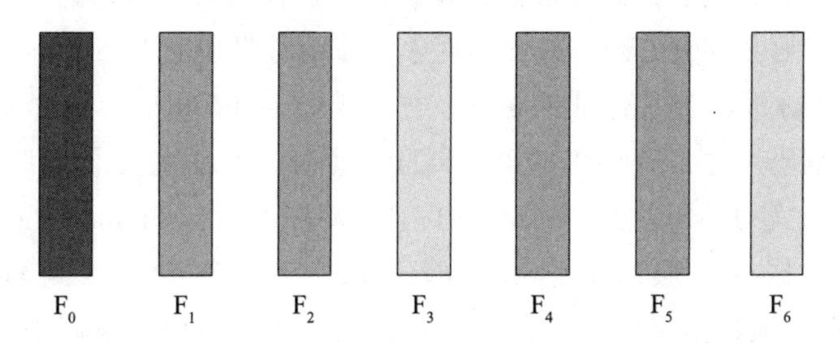

图 8-9 IPBB 的 GOP 排列

由编码策略造成的延迟，只能通过改变编码策略来改变。例如，在对延迟非常敏感的应用中就不使用 B 帧，只采用 I 帧和 P 帧进行编码，这样就不需要等待后续的帧编码完再编码其他帧了。在解码端可以直接对码流进行解码显示，这样就在算法层面避免了延迟的影响。

另一类影响则是英特尔 GPU 硬件加速实现带来的，原理前面已经介绍过了，为了增加编解码效率，硬件加速单元使用了类似流水线设计的思想，在增加了编解码效率的同时增加了系统延迟，可以通过灵活使用 Async 参数来灵活地控制延迟和效率之间的平衡。下面就结合例程来详细介绍如何通过参数和状态码来控制延迟。

首先对于编码器，在码流层面，可以通过设置 GOP 的帧编码类型来决定延迟，例如，极其严格的延迟控制可以不使用 B 帧，其他的可以设置 IPB、IPBB、IPBBB 等，B 帧越多，代表压缩比越高，同时延迟也会越大；在硬件加速的使用模式的层面上，可以通过设置 Async 参数来设置内部缓存的帧数，Async＝1 表示每次只缓存当前帧，当前帧编码结束并取出数据之后再编码第二帧。Async＝1 是最低的延迟参数设置。在编码端应使用以下一组参数：

- mfxVideoParam::AsyncDepth ＝1
- mfxInfoMFX::GopRefDist ＝1
- mfxInfoMFX::NumRefFrame＝1

其次对于解码端，由于在码流层面上，编码器已经规定好了，解码端只需要按照协议解码即可，所以解码器不需要做什么事情。但是在硬件加速层面，解码器同样可以通过设置 Async 参数来设置内部缓存的帧数来影响延迟。另外，有一些额外的因素会影响延迟，例如：

- 因为解码器并不知道当前的数据是否可以满足解码一帧的需求，所以会通过寻找下一帧的开始码（startcode）来决定是不是开始解码，而对于某些应用，一个数据包就是一帧压缩后的数据，但是不包含下一帧的开始码，这样，解码器就会在等到下一帧的开始码时再开始解码操作，这就造成了一帧的延迟，这时就需要在输入的码流结构体中打上 MFX_BITSTREAM_COMPLETE_FRAME 标记，那么解码器就直接开始解码当前帧了，而不再检查开始码。这样做会降低延迟，但是如果输入的数据不完整，则会造成丢帧、花帧的现象，使用时要多加小心。
- 对于 H.264 标准，为了保证低延迟，序列头信息（SPS）会包含 VUI 信息，里面会含有最大解码尺寸，英特尔的解码器会根据 VUI 的设置来设置缓存的大小，例如，MaxDpbSize 等于 Min(1024*MaxDPB / (PicWidthInMbs*FrameHeightInMbs*384), 16)，MaxDPB 根据视频层级的索引（level_idc）查询得到，因此 Media SDK 缓存了 MaxDpbSize 帧数据。如果没有 VUI 信息，可以通过设置解码输出顺序为解码顺序（mfx.DecodedOrder）来消除帧缓存，达到低延迟解码的目的。低延迟编解码在很多的场景中都会用到，灵活运用编解码器的设置，例如帧类型的选择、帧缓存的设置，会大大提升客户体验，达到事半功倍的效果。

8.3 码率控制

码率控制（Bit-Rate Control，BRC）算法的选择是视频质量解决方案的重要组成部分。在很多实际应用中，特别是在视频流通过网络传输的应用中，对码率的要求是非常高的，很多时候都要求编码后的码流是恒定码率的，也就是说码率在一定的时间内保持相对稳定。因为网络包通常都是大小一致的，然后在一定的时间间隔内按照一定的速率发送，所以视频流的码率忽大忽小对于网络传输非常不友好。因此，编码出恒定码率的视频流就显得很重要了。但是因为视频流里面的 IDR 帧和 I 帧只能采用帧内编码，所以码率通常会比较高，而 P 帧和 B 帧由于除了可以采用帧内编码的方式外，还可以采用帧间编码，所以压缩比通常会比 I 帧高很多，码率也就低很多。所以，编码器输出的编码后的视频流天然就是变码率的，这个时候，就需要用到一些码率控制算法来达到控制码率的目的。

英特尔平台默认支持目前主流的码率控制算法，下面通过 Media SDK2020 版本里面的宏定义来具体了解一下都包含哪些算法，算法名称、值和含义请参考表 8-2。本节将分别介绍几种常用算法的背景知识和相关应用。

表 8-2　码率控制算法中的英文定义

值	宏定义	英文	中文
1	MFX_RATECONTROL_CBR	Constant Bitrate	恒定码率
2	MFX_RATECONTROL_VBR	Variable Bitrate	可变码率
3	MFX_RATECONTROL_CQP	Constant Quantization Parameter	恒定量化系数
4	MFX_RATECONTROL_AVBR	Average Variable Bitrate	平均可变码率
8	MFX_RATECONTROL_LA	Look-Ahead	前向预测
9	MFX_RATECONTROL_ICQ	Intelligent Constant Quantization Parameter	智能恒定量化系数
10	MFX_RATECONTROL_VCM	Video Conference Mode	视频会议模式
11	MFX_RATECONTROL_LA_ICQ	Look-Ahead Intelligent Constant Quantization	前向预测的智能恒定量化系数
12	MFX_RATECONTROL_LA_EXT	Extend Look-Ahead	扩展的前向预测
13	MFX_RATECONTROL_LA_HRD	Look Ahead with HRD Compliance	兼容 HRD 的前向预测
14	MFX_RATECONTROL_QVBR	Quality-Defined Variable Bitrate	定义质量的可变码率

8.3.1　恒定量化系数算法

下面简要介绍上述主要码率控制算法，先从最简单的恒定量化系数的 CQP 入手，顾名思义，就是使用固定的量化系数来对经过变换编码后的视频图像进行量化操作，图像的质量也取决于对这些量化系数的选择，而不同类型帧的量化系数也不可以不相同，当然，为了简化，相同也是没问题的。在例程中，我们分别定义 qpi、qpp、qpb 来标识 I 帧、P 帧、B 帧的量化系数，所以如果想要使用恒定量化系数的码率控制方法，可以使用如下命令行标识：

```
-cqp -qpi 30 -qpp -32 -pqb -34
```

它们的取值范围都是从 1 到 51，如果输入 0 的话，就表示没有限制，Media SDK 会按照码率的要求自己计算出一个推荐的量化系数。针对 Jellyfish 的码流，我们做了一个简单的测试，设 qpi=qpp=qpb，它们可以分别都等于 1，20，30，40，然后通过编码器的例程计算出的码率和 PSNR 值，如表 8-3 所示，仅供参考。

表 8-3 量化系数和 PSNR 对应值举例

QP（I，P，B）	1	20	30	40
码率（MB/s）	169.3	24.46	6.6	1.8
PSNR	64.630 989	46.068 4	40.658 230	35.018 330

恒定量化系数的算法提供了最直接的控制，因为大部分码率控制算法都是通过调整量化系数来实现的，而且恒定量化系数算法的效率也是最高的，因为没有额外的计算负担和压力。它也是验证编码器能力以及衡量编码器其他码率控制算法实现的最简单、直接的方法。

其缺点是码率控制的不足，没有根据内容的变化分析来动态调整量化系数的选择，而是通过一刀切的方式为所有帧设置一个全局的量化系数，相比其他的码率控制算法，得到的视频图像质量很可能下降，或者码率不确定。而量化系数的选择又由应用程序确定，如果应用程序的开发者对码率控制方法不熟悉的话，很可能会造成严重的后果。所以，恒定量化系数方法对于编码器的评估和验证工作非常有好处，对于实际应用，必须和内容分析、质量感知等模型进行组合来搭配使用，类似于建立一个针对当前码流的反馈系统来分析内容并给出适应每个帧的量化系数，这也是后续其他码率控制算法的出发点。所以说，方法没有好坏，只要我们好好使用它，对项目都是有帮助的。

8.3.2 恒定码率算法和可变码率算法

接下来介绍恒定码率（Constant Bitrate，CBR）方法以及可变码率（Variable Bitrate，VBR）方法。这两个方法经常成对出现，好像一对兄弟，先说恒定码率算法。顾名思义，恒定码率就是要求编码后的视频流在一定的时间内是稳定的，举个例子，每秒钟输出 300kb（千比特），那么不管视频流当前帧是什么格式的，我们要求编码器按照要求的码率输出 300kb 的数据量，由于 I 帧和 P 帧、B 帧的编码方式不同，因此它们之间的码率差别非常大，就会造成 I 帧的码率大于某个值，而 P 帧和 B 帧的值小于某个值的情况。所以对于 I 帧，也许一个网络包并不能包含一帧完整的数据，而一个网络包也许可以包含多个 P 帧或者 B 帧的情况，而视频流同时还具有时间属性，一秒钟发送帧的数量是恒定的，比如 30fps（帧 / 秒）、48fps、60fps 等，所以就会出现有些帧需要填充一些无关的数据来保证码率稳定的情况，这意味着整个码率的很大一部分浪费在填充上，而不是用于编码帧的细节上。与此同时也会出现丢帧的情况，有些帧占用的比特太多了，后续的帧就没有比特分配了，只能丢弃，这样帧率就会受到影响，视频流的质量也随之受到影响。

另外，这个具体的时间间隔是由虚拟参考解码器（Hypothetical Reference Decoder，HRD）来控制的，HRD 的前身是在 MPEG-2 编码标准中定义的视频缓冲验证器（Video Buffering Verifier，VBV）模型。不管是 HRD 还是 VBV，都可以被想象成一个漏斗，不管上面的口多大，下面出口的量是一定的。编码器编码后的比特流会进入这个漏斗，然后按照固定的量发送出去，如果进入漏斗的比特流的量大，漏斗装不下了，就会溢出，这个现象叫作上溢，说明编码的速度太快，产生的比特数量太多，需要暂缓编码。如果漏斗空了，没有数据流出了，这个现象叫作下溢，说明编码器的速度慢了，达不到要求，需要提高编码器的输出效率。通常所说的 HRD 一致性的要求，就是要满足这个漏斗的要求，此一致性保证了大部分的解码器能够按预期接收流而不发生延迟或帧丢失的可能性，这对于编码器的实现是非常必要的。HRD 上溢和下溢的描述如下：

- 缓冲区下溢（缓冲区空）发生在传入数据帧速度不能满足编码器输出速度需求的情况下。
- 缓冲区上溢（缓冲区过满）发生在输入数据帧的速率大于编码器输出速度需求的情况下。

再来介绍 VBR 的方法，该方法的设计初衷是按照视频图像的复杂程度来决定码率的分配，较复杂的场景将会被分配较多的比特数量，例如场景变化剧烈的地方，一个经典的验证视频就是橄榄球比赛，众多的球员拥挤在一起抢一个球，然后跑出去，画面变化相当剧烈。另一方面，较平缓的画面中，变化较少的场景将会被分配到较少的比特数量。比如，一个人沿着河边跑步，画面徐徐地跟着人往前走，两帧之间的差别很少，很大一部分都可以省略掉，只需要传送运动向量即可。此方法允许每帧编码的比特数量差别很大，并且禁用填充，相对于固定码率浪费的填充比特，可变码率经常可以实现较小的输出比特数量，如果要保存到磁盘上，整个视频流的码率较小，占据的磁盘空间也较小。但是另一方面，因为码率波动的幅度较大，会造成码率不平稳，对于网络传输方面的应用很不友好。可变码率方法也是 Media SDK 例程中默认使用的码率控制方法。

使用恒定码率或者可变码率的参数非常简单，通过 -cbr 或 -vbr 来控制，注意两者只能二选一，不能两个都选，其他的具体码率控制的指标通过表 8-4 的参数来控制。

表 8-4　码率控制主要参数释义

参数	含义
-cbr	使用恒定码率控制模式
-vbr	使用可变码率控制模式
-b	目标码率，单位是 kb/s（千比特 / 秒）
-InitialDelayInKB	初始延迟比特数，解码器在接收到这些比特之后才开始解码
-BufferSizeInKB	标识任何帧压缩的最大字节数，单位是 KB（千字节）
-MaxKbps	标识进入 HRD/VBV 缓冲的最大码率，可用于任何一种码率控制算法
-ws	标识滑动窗口的大小，单位是帧数
-wb	标识滑动窗口最大平均码率，单位是 kb/s（千比特 / 秒）

我们使用 TargetKbps 来标识 CBR/VBR 的目标码率，单位为 kb/s，注意是小 b，也就是 -b 标识码率值。BufferSizeInKB 表示的就是缓冲区的大小，较小的 BufferSizeInKB 就意味着每帧大小变化较小，当然越来越小的缓冲区也意味着维护 HRD 越来越困难，从另一个方面讲，这确实是最好的降低 CBR 峰值的方法。较大的缓冲区意味着有更大的空间来保证质量。由目标码率到缓冲区大小的计算公式为 BufferSizeInKB=TargetKbps×8×2/1024，这里的 2 表示默认的 2s 的缓冲时间。一般来说，缓冲区大小不应该小于预期的最大值。图 8-10 分别设定了不同大小的缓冲区的码率，可以直观地看出差别。

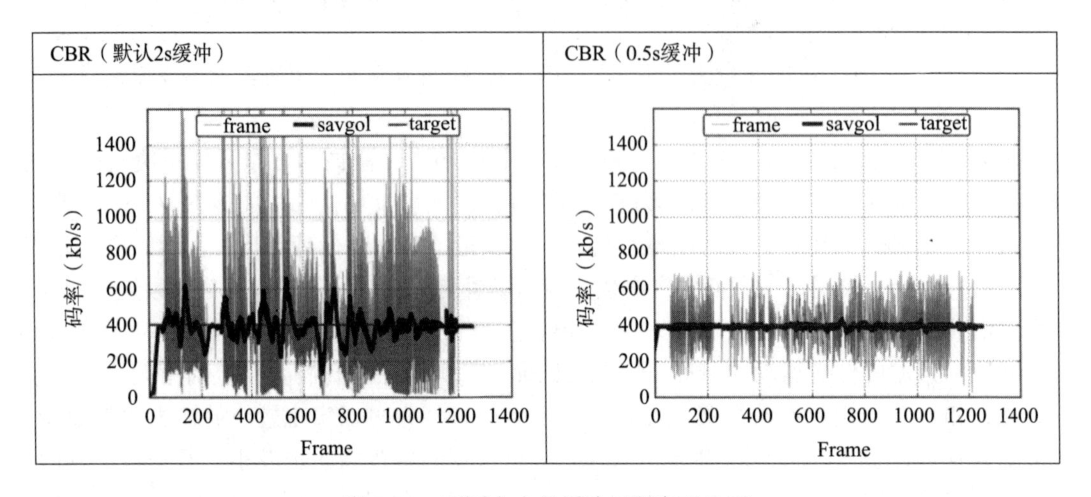

图 8-10　不同大小的缓冲区码率对比图

这里的滑动窗口（sliding window）是具体实现的一种方式。因为视频流是流式地进入编码器的，那么想要更精准地控制码率，就需要知道控制的粒度，也就是说算法的设计者想要在怎样的时间范围内去控制码率，有些应用要求在 1s 内码率平稳即可，有些要求在 2min 之内平稳即可，而有些特别敏感的应用要求针对每一帧的码率都要平稳，这就是滑动窗口的意义。它会告诉编码器我们想要在一个什么样的范围内来控制码率，比如，对于 30fps 的视频流来说，就是在 1s 内平稳即可。当然，我们也可以设定为一帧，这样的话，视频图像的画面质量以及帧率都会受到影响，有可能会丢帧。图 8-11 是 CBR 和 VBR 对比的一个例子，从中我们可以直观地看出码率波动的变化趋势。

虽然 HRD 对于码率控制的影响非常大，但是从另一个角度来看，运行维护 HRD 的代价也是巨大的，它会增加码率控制算法的复杂性，同时也影响性能，例如，在某些情况下发生了上溢或者下溢，当前帧必须重新编码。因此，建议从你的实际应用场景出发来设计你的编码器是不是需要 HRD 的功能。除了满足 HRD 一致性要求的算法外，Media SDK 也支持其他的在没有 HRD 一致性的情况下运行的算法。

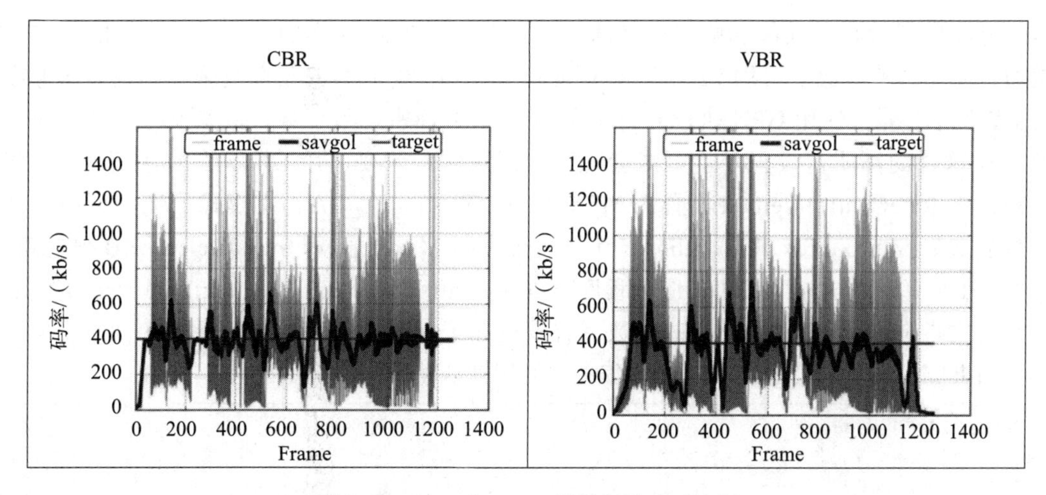

图 8-11 CBR 和 VBR 的码率波动对比图

8.3.3 前向预测算法

接下来我们看另一个大类——前向预测（Look-Ahead，LA）算法。顾名思义，此算法的基本思想是创建一个缓冲区，用来保存视频序列中将要进行编码的帧数据，然后在实际编码之前，会对进入缓冲区的视频图像序列进行广泛的分析，包括视频图像的复杂度、场景变化的复杂度、相对运动和相关性，以及帧的类型等，同时分析帧缓冲区是否存在潜在的码率中断的风险。依据这些信息，它在帧之间分配可用的比特数，在占有相同比特数的情况下，尽可能产生质量较好的编码效果。当然，其副作用也是巨大的，此算法会显著地增加编码延迟以及编码消耗，因为 LA 算法算是二次编码算法中的一种，增加了一次编码预测的过程，也增加了算力消耗和延迟，同时增加了内存的消耗，因为要创建缓冲来保存未编码的帧。LA 算法适用于任何 GOP 模式，但 B 帧的存在提供了最佳的质量增益。同时，LA 算法也提供了符合 HRD 一致性的算法模式，称为 LA_HRD 算法。

LA 算法可以看作 VBR 算法的扩展，代表着 Intel 编码器自适应码率控制的重大进步。它可以提供很大的视频图像画质的增强，类似于文件到文件的转码应用。推荐使用该算法，对于复杂的视频序列，例如从静态场景到快速运动场景的场景变化，计算机生成的连续帧之间具有高度依赖的视频图像序列，例如幻灯片、卡通片等，它都能产生很好的效果，既提高了客观视频质量标准，例如 PSNR、SSIM 等，又提高了主观视频质量。

在 Media SDK 的实现中，使用 LA 算法非常简单，只需要设置 -la 参数，然后再设置缓冲区的大小，一般使用 -ladDepth 来标识缓冲区的深度，也就是此缓冲区能够保存的帧的数量，数值的取值范围为 0～100，如果设置为 0 的话，Media SDK 将会取 40 和 2×GopRefDist 两个之中较大的那个值作为 LA 算法的缓冲区的深度值。而 GopRefDist 可以理解为 I 帧和 P 帧之间的距离，也就是 B 帧的数量。LA 算法与编码过程并行工作，对

TU1 等高质量设置的性能影响可以忽略不计。对于像 TU7 这样的高速设置，性能影响会增加，但在这种情况下启用 LA 算法也可能是有益的，特别是对于高复杂度的视频图像序列，因为 LA 算法使用 GPU 执行分析，而其他的 GPU 密集型任务，例如 VPP，即使对于像 TU1 这样的高质量设置，也可能会减慢编码速度。若要启用 LA 算法，应用程序应将 mfxinfofx:RateControlMethod 设置为 MFX_RATECONTROL_LA。此模式下唯一可用的速率控制参数是 mfxinfox:TargetKbps。其他两个参数 MaxKbps 和 InitialDelayInKB 被忽略。要控制 LA 算法的缓冲区大小，应用程序可以使用 mfxExtCodingOption2::LookAheadDepth 参数。它指定 SDK 编码器分析的帧数。有效值介于 1～100 之间，含 1 和 100，建议值为 40。如果应用程序指定为 0，则 SDK 编码器使用默认帧数。

```
typedef struct {
mfxExtBuffer Header;
…;
mfxU16 LookAheadDepth;
…;
} mfxExtCodingOption2;
```

具体的命令行示例如下：

```
sample_encode.exe h264 -i sintel_1080p.yuv -o LA_out.264 -w 1920 -h 1080 -b 10000
-f 30 -lad 100 -la
```

图 8-12 展示的是按照 LA 算法编码出来的视频流，再使用英特尔专业视频分析工具（Intel Video Pro Analyzer）分析之后得到的统计图，图中左侧的纵坐标表示每一帧图像编码后的比特数，右侧纵坐标表示量化系数的值。

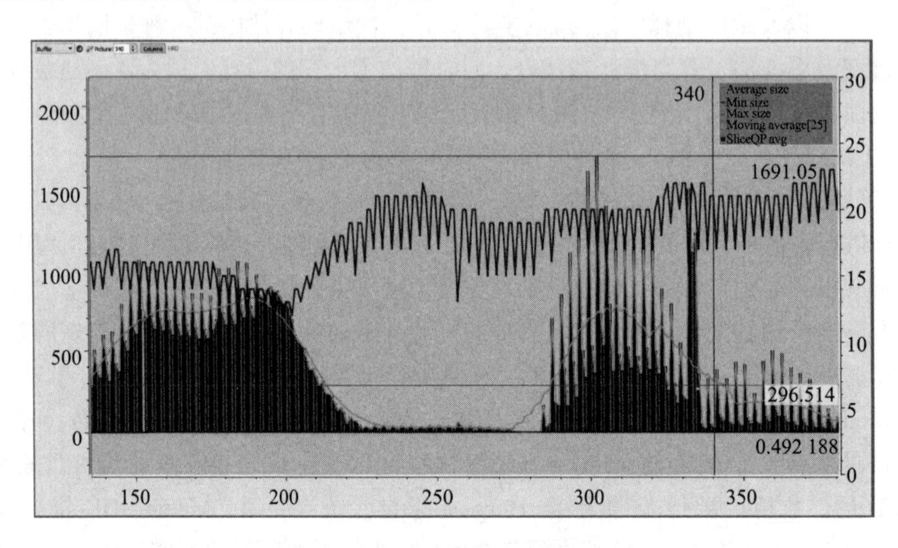

图 8-12　LA 算法的码率分析图

LA 算法的参数总结如表 8-5 所示。

表 8-5　LA 算法的主要参数列表

参数	含义
-b TargetKbps	与前面一样，表示目标码率，以 kb/s 为单位。在 LA 算法中，它是唯一的描述码率的参数，前面介绍的 CRB 和 VBR 的参数，例如 MaxKbps、InitialDelayInKB 等都将被忽略，具体的算法执行由 Media SDK 内部管理
-lad Depth	Depth 表示编码前要分析的帧数，也是缓冲区的大小。有效值范围为 1～100。如果要使用 Media SDK 编码器的默认值，应用程序应将此字段设为零

LA 算法的实现注意事项总结如下：

- API 级别：必须初始化 Media SDK 以使用 API 1.7 或更高版本，这样才能使用 LA 算法。
- LA 算法只支持渐进式内容，如果启用了 LA 算法，并且 PicStruct != MFX_PICSTRUCT_PROGRESSIVE（渐进式），那么编码器的初始化将失败。
- 尽管 LA 显著提高了码率处理的准确性，但有时可能违反 HRD 一致性要求。

8.3.4　智能恒定质量算法

智能恒定质量（Intelligent Constant Quality，ICQ）算法设计的主旨是改善视频码流的主观质量，可以在低码率的情况下获得与恒定量化系数 CQP 类似的主观质量，或者在相同的码率情况下获得比恒定量化系数更好的主观质量。与 CQP 算法不同的是，ICQ 算法也不需要定义目标码率，取而代之的是一个目标编码质量级别，通过调整质量级别来达到调整码率和编码质量的目的。该算法允许较大的码率波动来保持设定的质量级别，而不是强制要求目标码率。所以，它本质上可以看成一种没有明确指定最大目标码率限制的 VBR 的编码模式。前向预测 - 智能恒定（LA_ICQ）算法是：ICQ 算法和 LA 算法融合而成的，与流行软件编码器中常用的恒定速率因子（Constant Rate Factor，CRF）算法的实现过程最为接近。例如，x264 以及 x265 的默认码率控制模式，而 x264 和 x265 也是开源视频流处理框架 FFmpeg 中的默认 H.264/AVC 和 H.265/HEVC 实现。CRF 算法也是通过设定一个特定的目标编码质量级别（Quality Level, QL）值（这个 QL 值也叫作 CRF 值）来告诉编码器想要达到的码率控制效果，编码器通过控制各个帧及帧内各个编码单元的量化系数围绕目标 CRF 值上下浮动的大小，实现让整体视频的编码效率达到最大化。质量级别参数的取值范围也是在 1～51 之间，其中 1 对应最佳质量，几乎相当于质量不损失的编码方式。质量参数和量化参数也算是对应的，1 表示最小量化，也就是最佳质量，51 表示最大量化，也就是最佳压缩。

在 Media SDK 中通过 -icq 参数来指定智能恒定质量码率控制，同时可以跟 LA 算法配合使用，也就是所谓的 LA_ICQ 算法。具体参数如表 8-6 所示。

表 8-6 ICQ 主要参数列表

参数	含义
-icq quality	使用 ICQ 算法，质量参数的取值范围为 [1, 51]

命令行示例如下：

```
sample_encode.exe h264 -i intel_1080p.yuv -o ICQ_out.264 -w 1920 -h 1080 -b 10000
-icq
```

实现 LA_ICQ 算法的注意事项总结如下：

- ICQ 算法的范围是 [1, 51]，并没有目标码率（targetKbps）参数。
- LA 算法的深度参数可以和 ICQ 关联在一起使用，就是所谓的 LA_ICQ 算法。
- API 级别：ICQ 在 API 1.8 及更高版本中可用。
- 仅支持 H.264/AVC 标准的硬件加速实现部分。

目前该算法在 Linux 中不支持，这里的不支持不代表硬件不支持，而是没有应用场景，所以还没有实现，如果有需求是一样可以实现的。

8.3.5 质量可定义的可变码率算法

质量可定义的可变码率（Quality Variable Bitrate，QVBR）算法是一种独特的算法，它结合了 ICQ 算法的质量级别和 VBR 算法的优势，ICQ 算法的大码率波动使得它更适合文件到文件的转码操作，同时 VBR 算法会限制目标码率的波动，相当于结合两者的特点。该算法试图以最少的比特数实现主观质量，同时试图保持码率恒定，并遵循 HRD 的一致性要求。在 Media SDK 中，QVBR 是通过 mfxCodingOption3 结构体以及目标质量级别来限制哪些场景经常需要改变，例如游戏流媒体场景以及显示场景的目标码率。QVBR 算法从第四代英特尔酷睿处理器（代号 Haswell）起就得到支持，在 Media SDK 中通过 -qvbr 来实现，参数如表 8-7 所示。

表 8-7 QVBR 主要参数列表

参数	含义
-qvbr quality	使用 ICQ 算法码率控制方法，质量参数的取值范围为 [1,51]

8.4 动态码率控制

为了能够适应变化的网络传输条件，编码器必须能够在编码会话期间随时调整码率。在编码操作过程中，应用程序可以随时调用 MFXVideoENCODE_Reset 函数，使用 TargetKbps 或 MaxKbps 参数更改码率。如果需要符合假设参考解码器（HRD），则应设置

mfxExtCodingOption::NalHrdConformance（MFX_CODINGOPTION_开启）。在这种情况下，仅允许在 VBR 模式下更改码率，并且每次更改码率时，编码器也将生成关键帧。

如果不需要符合 HRD，还可以在恒定码率（CBR）和平均可变码率（AVBR）模式下更改码率，方法是将 mfxExtCodingOption::NalHrdConformance 设置为 off，将 MFX_CODINGOPTION_设置为 off（这也是默认设置）。此模式还消除了每次更改码率时生成关键帧的情况。但是，如果需要生成关键帧，请按照关键帧生成部分中描述的方法进行。

或者，应用可以使用恒定量化参数（CQP）编码模式来基于每帧执行定制码率调整。相关的详细信息，请参阅英特尔 Media SDK 视频会议示例。使用 MPEG-2 编码器时应注意，动态码率变化将始终导致关键帧的生成。

Media SDK 编码器支持在所有码率控制模式下动态更改分辨率。应用程序可以通过调用 MFXVideoENCODE_重置函数来更改分辨率。请注意，应用程序不能将分辨率增加到编码器初始化期间指定的大小之外。编码器不保证分辨率变化时 HRD 的一致性，并且总是导致插入关键帧。

8.5　精确控制每一帧图像编码的量化系数

尽管 Media SDK 已经提供了丰富的码率控制算法，但是很多开发者仍然想尽可能多地控制每一帧的量化系数来达到精确控制码率的目的。下面就是通过添加一个 mfxExtCodingOption2 类型的变量来达到这个目的，具体的功能通过下面这个函数来实现：

```
/**********************************************/
mfxU32 CEncodingPipeline::FillInQP(sTask*&pTask)
{
    mfxStatussts = MFX_ERR_NONE;
    mfxEncodeCtrl *mpCtrl = &pTask->encCtrl;
    mfxEncodeCtrlWrap *mEncCtrl = &pTask->encCtrl;
    if (mpCtrl->ExtParam == NULL)
    {
        auto codingOption2 = mEncCtrl-
>AddExtBuffer<mfxExtCodingOption2>();
        //init_ext_buffer(*_extCO2);
        //MSDK_CHECK_STATUS(sts, "Get video param");

        codingOption2->MinQPI = 35;
        codingOption2->MaxQPI = 40;
        codingOption2->MinQPP = 37;
        codingOption2->MaxQPP = 50;
    }
```

```
    return sts;
}
/*************************************************/
```

mfxExtCodingOption2 结构体的定义如下：

```
/*************************************************/
typedefstruct {
    mfxExtBuffer Header;

    mfxU16    IntRefType;
    mfxU16    IntRefCycleSize;
    mfxI16    IntRefQPDelta;

    mfxU32    MaxFrameSize;
    mfxU32    MaxSliceSize;

    mfxU16    BitrateLimit;              /* tri-state option */
    mfxU16    MBBRC;                     /* tri-state option */
    mfxU16    ExtBRC;                    /* tri-state option */
    mfxU16    LookAheadDepth;
    mfxU16    Trellis;
    mfxU16    RepeatPPS;                 /* tri-state option */
    mfxU16    BRefType;
    mfxU16    AdaptiveI;                 /* tri-state option */
    mfxU16    AdaptiveB;                 /* tri-state option */
    mfxU16    LookAheadDS;
    mfxU16    NumMbPerSlice;
    mfxU16    SkipFrame;
    mfxU8     MinQPI;                    /* 1..51, 0 = default */
    mfxU8     MaxQPI;                    /* 1..51, 0 = default */
    mfxU8     MinQPP;                    /* 1..51, 0 = default */
    mfxU8     MaxQPP;                    /* 1..51, 0 = default */
    mfxU8     MinQPB;                    /* 1..51, 0 = default */
    mfxU8     MaxQPB;                    /* 1..51, 0 = default */
    mfxU16    FixedFrameRate;            /* tri-state option */
    mfxU16    DisableDeblockingIdc;
    mfxU16    DisableVUI;
    mfxU16    BufferingPeriodSEI;
    mfxU16    EnableMAD;                 /* tri-state option */
    mfxU16    UseRawRef;                 /* tri-state option */
```

```
} mfxExtCodingOption2;
/***********************************************/
```

FillInQP( ) 函数可以放到 mfxStatus CEncodingPipeline::EncodeOneFrame( ) 函数中来精确地控制量化系数。

8.6　多个 IDR 帧视频流的解码过程

IDR 帧由于其自带序列参数信息（Sequence Parameter Set，SPS）和图像参数信息（Picture Parameter Set，PPS），可以不依赖于其他帧来做解码。在解码器遇到了 IDR 帧并解码之后，它会引发将 IDR 帧之前的全部图像都标记为无效的参考帧，因为 IDR 帧后面的所有帧都将参考 IDR 帧以及它后续的帧，所以 IDR 帧前面的所有帧将不会作为 IDR 帧后面帧的参考帧使用，所以对于一个视频序列来说，IDR 帧通常都是第一帧。IDR 帧的一个主要应用是错误恢复，视频流在网络传输的过程中，很容易发生误码、乱码、错码的情况，而一个码字的错误也许会导致很多帧的错误，因为大部分帧都是参考其他帧来编码的，也就是常说的误差累积，而 IDR 帧的存在就会截断错误的传播，使画面重新变得正确清晰，所以在基于网络的视频流传输的应用中有着非常广泛的应用。

也正是由于 IDR 帧含有 SPS 和 PPS，Media SDK 才会认为这也许是一个新的视频流，会返回 MFX_WRN_VIDEO_PARAM_CHANGED 的警告代码，这会导致原有的处理管线异常，给一些开发者造成困扰。在实际应用过程中，也确实存在一个新的序列就是从一个 IDR 帧开始的，所以，Media SDK 考虑各种可能的情况，设计了两条适合它的路径。在帮助文档 mediasdk-man.pdf 中有详细介绍，这里简单介绍一下。

如果 MFXVideoDECODE_DecodeFrameAsync( ) 函数解码 IDR 帧返回了 MFX_WRN_VIDEO_PARAM_CHANGED 状态代码，这时应用程序可以通过调用 MFXVideoDECODE_GetVideoParam( ) 函数来查看新的视频流序列的参数是不是与原来的视频流序列的参数一致：

- 如果一致，那么应用程序只需使用剩余的输入比特流作为输入，立即再次调用 MFXVideoDECODE_DecodeFrameAsync( ) 函数即可。
- 如果不一致，调用 MFXVideoDECODE_DecodeFrameAsync( ) 函数强行解码就会遇到 MFX_ERR_INCOMPATIBLE_VIDEO_PARAM 不兼容的错误状态码，这时解码器就要做解码一个新的码流的准备，在解码新的码流前，要把旧的码流在解码器内部剩余的帧清空。
    - 调用 MFXVideoDECODE_DecodeFrameAsync( ) 函数，并带有空指针 NULL，来把内部缓存中的帧解码输出，直到 MFXVideoDECODE_DecodeFrameAsync( ) 函数返回 MFX_ERR_MORE_DATA 状态码为止。
    - 通过调用 MFXVideoDECODE_Close( ) 函数来重新初始化解码器，用于解码新的码流。

需要注意的是，空指针只有在排空内部缓存帧的情况下使用，在同一个视频流序列中，不要只是因为 IDR 帧得到了 MFX_WRN_VIDEO_PARAM_CHANGED 警告状态码就使用空指针，这样会造成整个解码过程混乱，包括延迟也会发生变化，给整个系统带来不确定性，所以只要继续解码即可。

8.7　强制生成关键帧

在编码过程中随时插入关键帧的能力有助于更好地控制流质量鲁棒性和纠错。编码器帧类型控制取决于所选编码器顺序模式。

- 显示顺序：应用程序可以强制任何当前帧成为关键帧，但不能更改编码器内已缓冲帧的帧类型。
- 编码顺序：应用程序必须精确指定每个帧的帧类型，这样应用程序可以强制当前帧为标准允许的任何帧类型。

要控制编码的帧类型，应用程序可以通过设置 mfxEncodeCtrl 结构体的 FrameType 参数实现。mfxEncodeCtrl 结构引用用作 MFXVideoENCODE_EncodeFrameAsync 函数调用的第一个参数，并允许开发人员对编码操作进行额外控制。关键帧生成控制如以下示例所示：

```
mfxEncodeCtrlEncodeCtrl;
memset(&EncodeCtrl, 0, sizeof(mfxEncodeCtrl));
EncodeCtrl.FrameType=MFX_FRAMETYPE_I|MFX_FRAMETYPE_REF|MFX_FRAMETYPE_IDR;
MFXVideoENCODE_EncodeFrameAsync(&EncodeCtrl, …);
```

8.8　参考帧的动态选择

如果编码器应用程序可以获得有关客户端帧接收条件的反馈，则参考列表选择功能非常有用，如图 8-13 所示。基于此信息，应用程序可能希望调整编码器以使用或不使用特定帧作为参考，以提高鲁棒性和错误恢复能力。

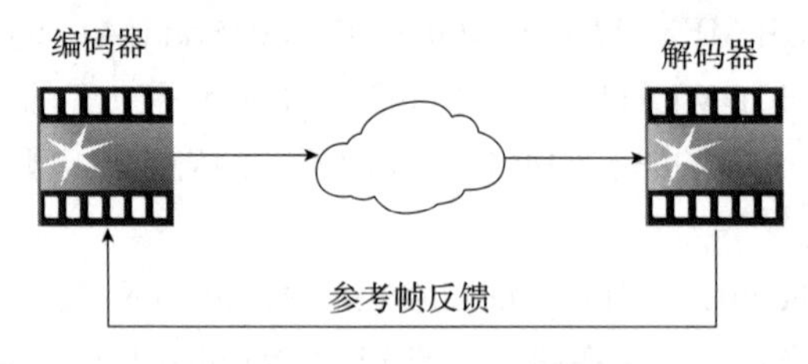

图 8-13　参考帧反馈示意图

应用程序可以通过在编码初始化期间指定参数 mfxInfoMFX:NumreFrame 来指定参考

窗口大小。根据平台的不同，参考窗口的大小有一个限制。要在初始化后确定实际参数集，请使用函数 MFXVideoENCODE_GetVideoParam 检索当前工作参数集（包括实际使用的 NumReframe）。还请注意，参考窗口的大小还取决于选定的编解码器配置文件 / 级别和分辨率。

在编码过程中，应用程序可以通过将 mfxExtAVCRefListCtrl（MFX_EXTBUFF_AVC_REFLIST_CTRL）结构附加到 MFXVideoENCODE_EncodeFrameAsync 函数来指定实际的参考窗口大小。请注意，mfxExtAVCRefListCtrl 在 mfxEncodeCtrl 结构中用作扩展缓冲区。mfxExtAVCRefListCtrl 结构的 NumRefIdxL0Active 参数指定参考列表 L0 的大小（根据 AVC 标准进行 B 帧和 P 帧预测），NumRefIdxL1Active 参数指定参考列表 L1 的大小（根据 AVC 标准进行 B 帧预测）。这两个值指定引用列表的实际大小，并且必须小于或等于编码初始化期间设置的参数 mfxInfoMFX:NumreFrame。

使用相同的扩展缓冲区，应用程序还可以指示编码器使用或不使用某些参考帧。应用程序在 mfxExtAVCRefListCtrl 结构中指定首选参考帧列表 PreferredRefList 或拒绝的帧列表 RejectedRefList。这两个列表控制编码器如何选择当前帧的参考帧，但是还有一些限制：

- 应用程序必须通过设置 mfxFrameData:FrameOrder 参数来唯一标识每个输入帧。
- 如果列表中的帧不在参考窗口内，则忽略这些帧。
- 如果通过查看列表，SDK 编码器无法找到当前帧的参考帧，那么 SDK 编码器将仅使用帧内预测对当前帧进行编码。
- 如果 GOP 模式包含 B 帧，那么 SDK 编码器将无法遵循 mfxExtAvCreflistCtrl 指令（这些指令将被忽略）。
- 参考列表控制仅在渐进编码模式下得到支持。

有一些限制：确保将 FrameOrder=MFX_FRAMEORDER_UNKNOWN 设置为标记未使用的引用列表项。例如，为了向编码器（即将对帧 100 进行编码）指示帧 98 和 99 在解码器客户端上被接收为损坏帧，可以指定如下参考列表（假设未使用帧的正确初始化）：

```
RejectedRefList[0].FrameOrder = 98;
RejectedRefList[0].PicStruct = MFX_PICSTRUCT_PROGRESSIVE;
RejectedRefList[1].FrameOrder = 99;
RejectedRefList[1].PicStruct = MFX_PICSTRUCT_PROGRESSIVE;
```

类似的代码适用于设置 PreferredRefList，从而对当前编码帧的引用列表进行重新排序。

8.9　参考帧添加重复信息

与选择参考列表一样，通过使用参考图片标记重复（repetition）补充增强信息（Supplementary Enhancement Information，SEI）消息功能，可以实现在前面一些帧丢失的情况下，解码器仍然能够保持参考图片缓冲器和参考图片列表的正确状态，非常适合在网络传输过程中提升解码端的纠错能力和鲁棒性。关于重复 SEI 的具体信息，请参考 H.264/AVC 的文档的附录部分，Rec. ITU-T H.264 (04/2017) 版本的解码流程部分参见该附录的 D.1.9 节，各项的解释参见该附录的 D.2.9 节。

通过在 mfxExtCodingOption（MFX_EXTBUFF_CODING_选项）扩展缓冲区中将 RefPicMarkRep 标志设置为 MFX_CODINGOPTION，应用程序可以请求在编码初始化期间写入参考图片标记重复 SEI 消息。如果参考图片标记重复 SEI 消息存在于比特流中，那么解码器将响应该消息，并使用序列 / 图片报头中指定的参考列表信息进行检查。解码器将通过 mfxFrameData:Corrupted 字段报告 SEI 消息与参考列表信息的不匹配之处。

8.10　长期参考帧

应用程序可以使用长期参考（Long Term Reference，LTR）帧来提高编码效率。例如，如果某个模式在很长一段时间内连续成为帧背景的一部分，那么 LTR 可能是有用的。或者在切换到另一个摄影机时存储摄影机视图的表示，然后在切换回以前的摄影机视图时启用更好的预测。分配 LTR 允许编码器告诉解码器保持帧的时间比保持短期参考帧的时间长。

与短期参考帧（由编码器控制）不同，LTR 帧完全由应用程序控制。编码器本身从不将帧标记为 LTR 帧，或者取消 LTR 帧标记。在 mfxFrameData 结构中，每个帧都有一个唯一的帧编号 FrameOrder，应用程序在标记过程中使用该编号来标识帧。

应用程序使用 mfxExtAVCRefListCtrl 缓冲区将帧标记为 LTR，然后再将其取消标记。要将帧标记为 LTR，请将其编号（FrameOrder）放入 MFXetAvCreflistCtrl::LongTermRefList 列表中。标记为 LTR 后，编码器将使用该 LTR 帧作为所有连续帧的参考，直到该帧被取消标记。要取消标记帧，请将其编号放入 mfxExtAVCRefListCtrl::RejectedRefList 列表中。LTR 也将由 IDR 帧自动取消标记。请注意，如果帧存在于编码器帧缓冲区内，则只能将其标记为 LTR。

编码器将所有长期参考帧置于参考帧列表的末尾。如果活动参考帧的数量（mfxExtAVCRefListCtrl 扩展缓冲区中的 NumRefIdxL0Active 和 NumRefIdxL1Active 值）小于总参考帧数量（编码初始化期间 mfxInfoMFX 结构中的 NumRefFrame 值），那么 SDK 编码器可能会忽略部分或所有长期参考帧。应用程序可以通过在 mfxExtAVCRefListCtrl 扩展缓冲区中的 PreferredRefList 列表中提供首选参考帧的列表来避免这种情况。在这种情况下，SDK 编码器会根据指定的列表对引用列表重新排序。

例如，要将帧 100 设置为 LTR 帧，请按如下方式初始化参考列表：

```
LongTermRefList[0].FrameOrder = 100;
LongTermRefList[0].PicStruct = MFX_PICSTRUCT_PROGRESSIVE;
```

8.11　可分层视频编码例程实现

由于对在线视频会议的需求越来越强，但是各地网络的带宽以及质量都有着巨大差异，因此对基于网络传输的视频流就提出了自适应性、鲁棒性、可扩展性等要求。在众多视频标准中，可分层编码（ScalableVideoCoding，SVC）标准由于其灵活性受到了很多关注，英特尔也针对这部分编码标准进行了实现和优化。但是基于某种原因，这部分代码还没有进入公开例程的版本，也许将来会跟编码例程融合到一起，在这里先简单介绍一下其功能，如果需要源代码的话，请与英特尔的技术服务人员联系。图 8-14 所示是视频会议编码例程的参数截图，除了大家熟悉的一些参数，例如，-hw、-b、-par 等，还有一些专门为本应用设计的参数，我们会详细讨论这部分内容。

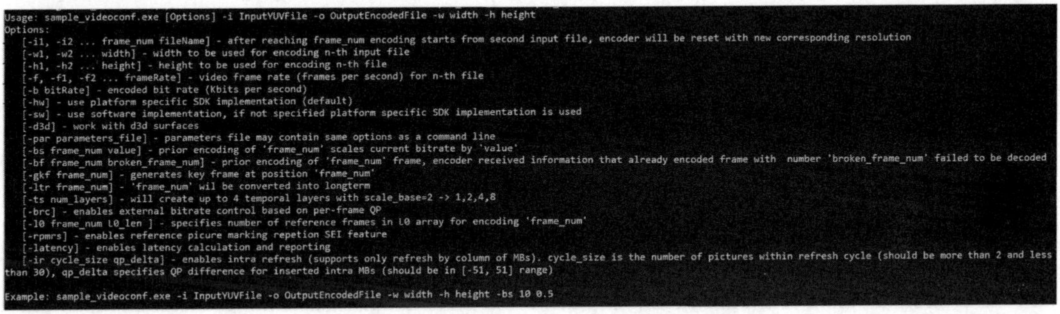

```
Usage: sample_videoconf.exe [Options] -i InputYUVFile -o OutputEncodedFile -w width -h height
Options:
   [-i1, -i2 ... frame_num fileName] - after reaching frame_num encoding starts from second input file, encoder will be reset with new corresponding resolution
   [-w1, -w2 ... width] - width to be used for encoding n-th input file
   [-h1, -h2 ... height] - height to be used for encoding n-th file
   [-f, -f1, -f2 ... frameRate] - video frame rate (frames per second) for n-th file
   [-b bitRate] - encoded bit rate (Kbits per second)
   [-hw] - use platform specific SDK implementation (default)
   [-sw] - use software implementation, if not specified platform specific SDK implementation is used
   [-d3d] - work with d3d surfaces
   [-par parameters_file] - parameters file may contain same options as a command line
   [-bs frame_num value] - prior encoding of 'frame_num' scales current bitrate by 'value'
   [-bf frame_num broken_frame_num] - prior encoding of 'frame_num' frame, encoder received information that already encoded frame with  number 'broken_frame_num' failed to be decoded
   [-gkf frame_num] - generates key frame at position 'frame_num'
   [-ltr frame_num] - 'frame_num' wil be converted into longterm
   [-ts num_layers] - will create up to 4 temporal layers with scale_base=2 -> 1,2,4,8
   [-brc] - enables external bitrate control based on per-frame QP
   [-l0 frame_num L0_len ] - specifies number of reference frames in L0 array for encoding 'frame_num'
   [-rpmrs] - enables reference picure marking repetion SEI feature
   [-latency] - enables latency calculation and reporting
   [-ir cycle_size qp_delta] - enables intra refresh (supports only refresh by column of MBs). cycle_size is the number of pictures within refresh cycle (should be more than 2 and less than 30), qp_delta specifies QP difference for inserted intra MBs (should be in [-51, 51] range)

Example: sample_videoconf.exe -i InputYUVFile -o OutputEncodedFile -w width -h height -bs 10 0.5
```

图 8-14　视频会议编码例程的参数截图

本书前面已经介绍了 SVC 的原理，一般分为 3 种：时域分层、空域分层和质量分层。通过表 8-8 所示的参数，我们就可以了解到目前的视频会议例程实现了空域和时域的部分。

表 8-8　视频会议例程的参数列表

参数	说明
[-i1, -i2 ,···, frame_num fileName]	这类参数可以编码多个视频源文件，每个视频文件可以指定编码的帧数，当达到这一帧数之后，编码器就结束第一个视频源文件的编码，转而开始编码第二个视频源文件。以此类推，可以编码多个视频源文件
[-w1, -w2, ···, width]	每一个视频源文件都可以指定图像的宽度，以序号区分
[-h1, -h2, ···, height]	每一个视频源文件都可以指定图像的高度，以序号区分
[-f, -f1, -f2, ···, frameRate]	每一个视频源文件都可以指定帧率，以序号区分
[-par parameters_file]	与转码例程的参数一样，标识参数是通过参数文件传递的
[-bs frame_num value]	动态调整码率例如，如果设定 -bs 50 2，初始码率为 400 kb/s，那么编码到 50 帧的时候，会把码率调整到 400 kb/s×2=800kb/s，以后的码率就按照新的码率来调整

（续）

参数	说明
[-bf frame_num broken_frame_num]	在解码端丢帧、掉帧或者错帧的情况下，禁止将某些帧用作参考帧。例如，如果设定 -bf 10 5 表示在编码第 10 帧前第 5 帧已经发生错误，或者没有正确接收，那么从第 5 帧到第 9 帧都不会作为参考帧来使用，这样就防止了错误的累加
[-gkf frame_num]	在指定的位置（某个帧）使用 IDR 或者 I 帧编码
[-ltr frame_num]	某个位置的帧转变为长期参考帧
[-ts num_layers]	使用最多四层时域 SVC 编码
[-brc]	使用外部的码率控制算法，粒度到每帧的量化系数 QP
[-l0 frame_num L0_len]	指定某个帧作为 L0 队列的参考帧
[-rpmrs]*	启用参考帧标记重复 SEI 信息
[-latency]	打开延迟的统计和报告
[-ir cycle_size qp_delta]	打开帧内刷新功能 cycle_size 标识刷新周期，说明多少帧内要做完一个刷新，取值在 2～30 之间 qp_delta 标识相对插入的帧内宏块量化系数的偏移

如果要实现时域 SVC，可以使用下面的指令，标识使用一个基本层和三个扩展层。

```
sample_videoconf.exe -i input.yuv -o ts_out.h264 -w 1920 -h 1080 -ts 4
```

实际运行的截图如图 8-15 所示。

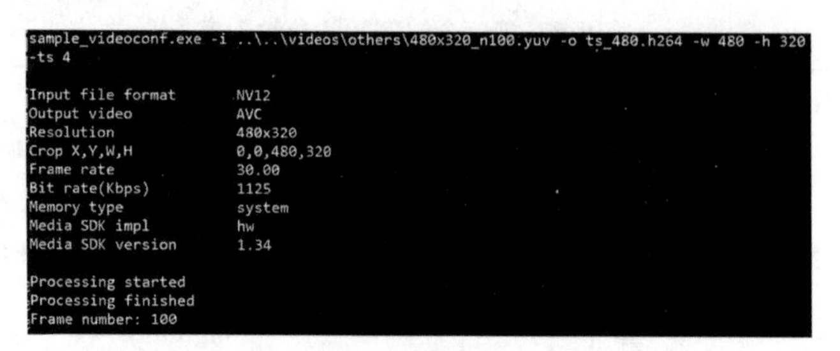

图 8-15　程序运行截图

各个层的帧序号和帧的数量如表 8-9 所示。

表 8-9　SVC 时域参考帧关系

层级	帧序号	帧数量
1	0, 8, 16, 24	4
2	4, 12, 20, 28	4

（续）

层级	帧序号	帧数量
3	2, 6, 10, 14, 18, 22, 26	7
4	1, 3, 5, 7, 9, 11, 13, 15, 17, 19, 21, 23, 25, 27, 29	15

层与层之间的关系如图 8-16 所示，最下面的层为基本层，上面层的帧总是参考下面层中的帧，并且整个视频流中只有 I 帧和 P 帧，没有 B 帧。

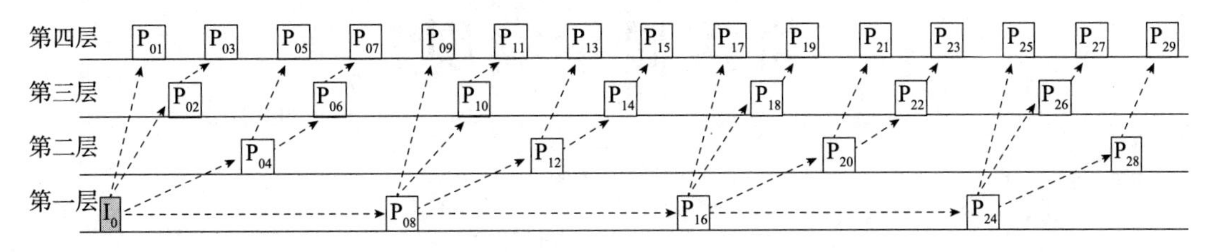

图 8-16　参考帧之间的逻辑关系

8.12　本章小结

编解码是视频处理中的基本需求，本章把编解码中经常遇到的一些问题汇总做了介绍，很多都是在实际使用时遇到的问题。其实英特尔的 GPU 提供了丰富的视频处理功能，而软件则提供了多种多样的控制方式，熟悉各类软件架构里面的细节，可以实现很多定制化的功能，更多的功能读者可以自己去挖掘。

CHAPTER 9

第 9 章

拼接显示实现

拼接显示是指将多路视频流按照指定的位置和尺寸拼接为一路视频并进行显示的过程。拼接显示的典型应用场景包括视频监控领域的网络硬盘录像机（NVR）、视频会议领域的会议终端设备以及教育领域的录播机等，主要包括视频解码、视频处理、拼接、显示等部分，而视频处理和拼接还可细分为缩放、尺寸裁剪、复制、位置设置、颜色格式转换、背景填充、背景融合、将图像渲染到显示帧缓存等。

图 9-1 展示了 4 路视频进行拼接显示的流程。

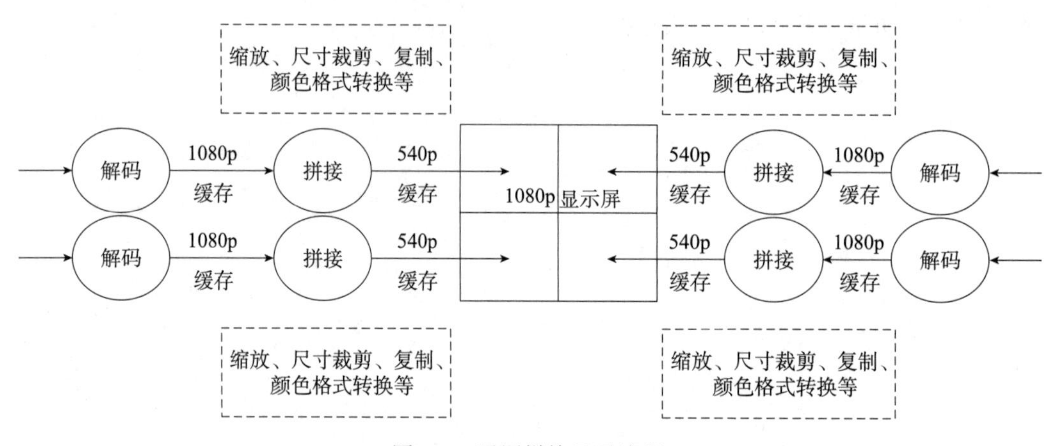

图 9-1　通用拼接显示流程

本章主要通过 Media SDK 的自带例程 sample_multi_transcode 来介绍如何实现多路视频流的解码拼接显示过程，以及拼接显示过程中的典型问题和性能优化。由于 Linux 系统的开放性，我们有机会对拼接、渲染显示过程做更多优化，因此本章所涉及的内容都是在 Linux 环境下进行验证的，在 Windows 环境下部分功能可能并不适用。

9.1 拼接显示业务运行

Media SDK 最为复杂的例程 sample_multi_transcode 不仅实现了多路视频转码的业务，也支持本章关注的多路解码、拼接和显示业务。本节我们先讨论如何配置参数文件来运行相关业务，具体内容细分为两部分：最基本的程序运行方法，以及各个参数的具体含义。

9.1.1 程序运行

下面我们将演示如何在 Ubuntu 环境下通过多路转码例程和已经配置好的参数文件来运行多路视频流拼接显示业务，以帮助读者建立对拼接显示业务的直观认识。

在阅读本节内容之前，请根据第 4 章完成环境搭建。转码例程代码位于 Media SDK 源码的 samples/sample_multi_transcode 目录。当 Media SDK 编译成功后，该示例程序的可执行文件 sample_multi_transcode 位于 MediaSDK/build/__bin/release/ 目录下（默认为 release 编译模式，若配置为其他模式，例如 debug，则目标文件位于 MediaSDK/build/__bin/debug 目录）。

在运行该程序之前，先准备视频文件和参数文件。首先请准备好 H264 的视频文件，如前所述，Media SDK 支持的输入格式为不带容器、未打包的基本视频码流（ES 流），为了后文描述方便，我们将其放到 MediaSDK/video 目录下，命名为 1080p.h264。接下来定义参数文件，把该文件命名为 n4_1080p_videowall.par，和本书其他出现参数文件的地方保持一致，取 parameter 的前 3 个首字母 par 为参数文件的后缀，其本身为文本文件，文件内容如下：

```
-i::h264 video/1080p.h264 -join -hw -async 4 -threads 2  -o::sink -vpp_comp_dst_x
0 -vpp_comp_dst_y 0 -vpp_comp_dst_w 960 -vpp_comp_dst_h 540 -ext_allocator
-i::h264 video/1080p.h264 -join -hw -async 4 -threads 2  -o::sink -vpp_comp_dst_x
960 -vpp_comp_dst_y 0 -vpp_comp_dst_w 960 -vpp_comp_dst_h 540 -ext_allocator
-i::h264 video/1080p.h264 -join -hw -async 4 -threads 2  -o::sink -vpp_comp_dst_x
960 -vpp_comp_dst_y 0 -vpp_comp_dst_w 960 -vpp_comp_dst_h 540 -ext_allocator
-i::h264 video/1080p.h264 -join -hw -async 4 -threads 2 -o::sink -vpp_comp_dst_x
960 -vpp_comp_dst_y 540 -vpp_comp_dst_w 960 -vpp_comp_dst_h 540 -ext_allocator
-vpp_comp_only 4 -w 1920 -h 1080 -async 4 -threads 2 -join -hw -i::source -ext_
allocator -ec::rgb4 -rdrm-DisplayPort
```

文件中的 video/1080p.h264 是前面我们准备的视频文件，它将作为视频输入源。在该文件中，我们定义了 4 路从本地文件读取的 H264 视频输入，通过解码、缩放拼成 1 路 RGB4 1080p 图像，并通过 DRM 直接渲染最后输出显示的业务流水线。同样为了方便描述，将该参数文件的路径设置为 MediaSDK/n4_1080p_videowall.par。

一切准备就绪，现在可以运行转码例程执行视频拼接显示业务了。首先通过 sudo init 3 将 Ubuntu 系统切换到文本模式，在该命令窗口里切换到 root 用户，然后进入 Media SDK

根目录，运行如下命令：

```
./build/__bin/release/sample_multi_transcode -par n16_1080p_videowall.par
```

我们将看到如图 9-2 所示的运行结果，4 路视频按照定义好的位置和大小拼接成了 1 路视频。

图 9-2　拼接显示程序运行结果

最后，如果想退出程序，可以使用 Ctrl＋C 键停止运行，想返回图形界面，可以运行命令 sudo init 5。

9.1.2　参数文件

本节对参数文件进行具体介绍，帮助读者配置参数文件，以运行满足自己需求的业务程序。因为 Media SDK 支持的视频操作都有复杂的输入 / 输出参数，再加上多路视频的支持以及视频操作业务的可配置，这就要求参数带有一定的结构以便能描述视频操作属性以及多路视频间的逻辑关系，此时简单的命令行参数就难以满足上述需求了，所以我们把这些参数放到文本文件中维护，一般以 .par 作为扩展名。本节我们将具体介绍如何通过参数文件来定制拼接显示视频业务流水线。

从 9.1.1 节的示例参数文件中可以看到，参数文件以行进行组织，包含不同参数。表 9-1 为其中重要参数的说明。

表 9-1　多路转码例程拼接显示案例相关参数列表

参数	说明
-i	定义该会话的输入视频源
-join	指定该会话为联合会话
-hw	指定通过硬件加速器进行视频处理
-async	定义该会话的异步深度值
-dec_postproc	指定解码时由与 VDBox 连接的 SFC 引擎实现缩放和颜色格式转换，只限于 Linux
-o	定义该会话的输出视频目标，可以是文件或者接收会话
-vpp_comp_dst_x	定义该输入视频在拼接输出的目标帧缓存中的位置——x 坐标
-vpp_comp_dst_y	定义该输入视频在拼接输出的目标帧缓存中的位置——y 坐标
-vpp_comp_dst_w	定义该输入视频在拼接输出的目标帧缓存中的大小——宽（像素）
-vpp_comp_dst_h	定义该输入视频在拼接输出的目标帧缓存中的大小——高（像素）
-vpp_comp_only	指定该会话只处理拼接，不处理编解码，后面的参数值定义了参与拼接的视频源个数
-vpp_comp	指定该会话先拼接再编码，编码结果写入文件中，后面的参数值定义了参与拼接的视频源个数
-vpp_comp_dump	可以在 -vpp_comp 和 -vpp_comp_only 的会话中使用，指定该拼接结果如何处理，一般是当不想显示拼接结果也不想编码时使用 -vpp_comp_dump <file-name>：拼接后的未压缩数据写到文件中 -vpp_comp_dump null_render：拼接后不显示也不写文件，视频数据直接丢弃，多用于性能评估和调试
-w	定义拼接输出的目标帧缓存的分辨率——宽
-h	定义拼接输出的目标帧缓存的分辨率——高
-threads	定义 Media SDK 为该会话的视频操作任务分配的线程数
-ext_allocator	指定由应用提供的外部帧缓存分配器
-ec	在编码会话中指定编码视频的颜色格式，在拼接显示会话中指定显示的颜色格式
-rdrm	指定直接通过 DRM 完成渲染
-rx11	指定通过 X Window 完成渲染
-vpp_comp_num_tiles	用于自定义分组，定义参与拼接的分组（tile）个数，在 -vpp_comp* 会话中使用，在 9.4 节中会进一步介绍
-vpp_comp_tile_id	用于自定义分组，定义每个会话的分组 ID（tileid），用于分组提交拼接请求，同一分组的 ID 相同

针对一个显示器的拼接显示业务本质上是一个 N:1 的过程，即多路输入流和单路输出流。因此参数文件采用一行来描述一路流，无论是输入还是输出，均可独立配置自己的参数。从 9.1.1 节的示例参数文件中（4 路解码拼接）也可以看到，正好有 5 行，分别对应 4 路输入流和 1 路输出流。

在 3.4.1 节曾提及 Media SDK 所支持的任何视频操作（解码 / 编码 / 后处理），都需要会话来管理上下文，并且在同一个会话中仅能包含核心视频操作的一个实例。此设计意味着我们无法使用一个会话来管理整个拼接显示业务，而是一个会话管理上述提到的一个流，因此参数文件中的一行描述也正好对应 Media SDK 的一个会话。其中前 4 个会话为最后一个会话的输入，因此我们称其为源会话，最后一个拼接会话为接收会话。

参数文件通过两个关键字来定义当前行会话的类型：

- -o::sink 定义了当前行会输出到 sink 会话，因此代表其实际为源会话（source session）。
- -i::source 定义了当前行的输入来自 source 会话，因此代表其实际为接收会话（sink session）。

9.1.2.1 源会话

本节以 9.1.1 节示例中第一个源会话为例，详细说明各个参数的使用方法。

```
-i::h264 ./video/1080p.h264 -join -hw -async 4 -threads 2 -o::sink -vpp_comp_dst_x
0 -vpp_comp_dst_y 0 -vpp_comp_dst_w 960 -vpp_comp_dst_h 540 -ext_allocator
```

- -i::h264

参数 -i::h264 <h264 location> 表示输入视频是 H264 格式，且指定了视频来源，本例的来源是路径为 <h264 location> 的文件，也可以通过提供 RTSP 流地址指定来源为 RTSP 的网络视频流。同时，它还意味着该会话开始于 H264 的解码操作。

- -join

参数 -join 表示通过耦合方式将该会话和其他会话联合成父子关系，由父会话来统一管理线程池和任务调度。在拼接业务中，如果一个会话设置了 -join，别的会话也需要设置 -join。在 sample_multi_transcode 的实现逻辑中，为了实现高性能的异步流水线，所有会话都需要耦合在一起，否则解码会话和接收会话之间不能自动共享帧缓存，需要应用程序通过 MFXVideoCORE_SyncOperation 同步完解码会话的帧输出后再把帧缓存送到接收会话。不管会话是否耦合在一起，每个会话仍然要维护自己的帧分配器。注意，不建议会话之间共用外部帧分配器，因为 sample_common 实现的帧分配器里为会话的各组件的帧请求和分配帧维护了缓存机制，如果没有完全看懂帧分配器的代码而共享使用，容易导致不同会话间的数据冲突。另外，对于 NVR 案例有多个会话，每个会话都有解码组件的情况，如果遇到解码问题，可以尝试为用于每个会话的解码组件的 mfxFrameAllocRequest::AllocId 分配不重复的 AllocId。

- -threads

参数 -threads 设置了会话的任务调度器为该会话分配了多少个线程执行视频操作。每个会话的默认线程数是平台的 CPU 核数，最小为 2 个线程。在较多输入源的视频墙拼接场景中，比如有 64 路输入视频意味有 64 个源会话，如果每个会话管理自己的线程池，64 个源会话至少需要 64×2 个线程。对于使用 GPU 来做视频加速处理的情况，CPU 线程主要用于提交任务给 GPU 以及任务跟踪管理，过多的线程不仅不能提高任务提交效率，反而会引入大量线程调度的额外开销。因此在这种场景下，我们会将会话耦合在一起，只有父会话设置的 -threads 起作用。另外，设置适当的线程数有助于更多任务在不同的引擎间并行执行，进而提高整体性能。

- -async

参数 -async 设置该会话的异步深度，Media SDK 的视频处理操作函数都支持异步，该参数表示应用程序计划在进行该会话的同步操作之前允许多少个异步操作同时执行。async 通过并行度以及有机会减少单个子引擎的空闲提高了单位时间的吞吐量，但同时也在一定程度上引起了延迟，因此该参数的设置需要结合具体业务需求：整个流水线有低延迟需求时，可以尽量设置较小的 async 值。对于要求提升整体性能，提高并行度，而且对低延迟要求不高的，可以适当设置较大的 async 值。

- -o::sink

参数 -o::sink 表示当前会话为源会话，也意味着在参数文件的后面肯定有 -i::source 的接收会话。

- -vpp_comp_dst_x，-vpp_comp_dst_y，-vpp_comp_dst_w，-vpp_comp_dst_h

这组参数意味着该会话的输出会参与拼接，这也就意味着后面肯定有包含拼接操作的接收会话。vpp_comp_dst_x、vpp_comp_dst_y 设置了该会话在拼接输出目标帧中的位置坐标，左上角为坐标起点（0, 0），vpp_comp_dst_w 和 vpp_comp_dst_h 设置了该输出帧的尺寸（也就是在拼接的目标帧中的尺寸）。

9.1.2.2　接收会话

以下是接收会话的参数设置：

```
-vpp_comp_only 4 -w 1920 -h 1080 -async 4 -threads 2 -join -hw -i::source -ext_
allocator -ec::rgb4 -rdrm-DisplayPort
```

在该示例中，我们只定义了 1 路接收会话。实际上可以同时定义多路接收会话，即对来自相同源会话的视频可以有多路接收做不同的处理，比如在此基础上增加编码，如下所示：

```
-vpp_comp 4 -w 1920 -h 1080 -async 2 -threads 2 -join -hw -i::source -ext_allocator
-ec::nv12 -o::h264 comp_out_1080p.h264
```

- -i::source

参数 -i::source 表示当前会话为接收会话，其数据源来自前面的源会话。

- -vpp_comp_only

参数 -vpp_comp_only 表示对输入视频流做拼接处理，并且拼接后视频不用编码。参数值 4 代表有 4 路输入视频流进行拼接，此配置需要和前面的输入源会话个数保持一致。

- -w 和 -h

参数 -w 和 -h 表示拼接输出的目标显示帧缓存的分辨率大小。

- -ec

参数 -ec 表示拼接输出的目标帧缓存的颜色格式。

- -rdrm-DisplayPort

参数 -rdrm-DisplayPort 表示通过 DRM 直接渲染，DisplayPort 表示通过 DP 接口类型的显示设备显示。该方式要求 Ubuntu 系统切换到文本模式，并且是 root 用户。

如上所述为拼接业务基本参数的介绍，更多相关参数可以通过 sample_multi_transcode -? 命令查看。另外，在 11.4 节，我们会介绍如何基于 SVET 工具验证不同类型的业务，此工具的核心实现也基于多路转码例程，所以两者的参数文件结构和基础参数字段是一致的。

9.2　例程实现解析

在为客户提供支持的实践中我们发现，作为唯一一个实现了多路拼接逻辑的实例代码，多路转码例程会被很多开发者参考来实现自己的应用。但在首次阅读代码时，有很多问题会让大部分开发者感到困惑，例如帧缓存在解码和拼接会话之间的传递和同步，如何配置不同会话之间的父子关系等。因此本节会梳理该例程的代码结构和核心实现，帮助读者理解基于 Media SDK 的拼接实现过程。我们首先总体介绍该例程的主要文件目录和类关系，然后介绍应用程序应该如何使用 Media SDK 各视频操作组件完成解码、视频处理、拼接功能，以及如何管理流水线中的视频帧数据流在源会话与拼接会话间的流动传递，最终实现整个拼接显示业务。

转码例程的核心代码在 Media SDK 源码的 samples/sample_multi_transcode 中，同时它还调用了 samples/sample_common 中的公共函数。

Media SDK 提供了 C（mfxvideo.h）和 C++（mfxvideo++.h）两套 API 供上层应用调用。虽然本例程调用的是 Media SDK 的 C++ API，但为了阐述方便，本节我们会使用 C API 来进行相关内容的分析。该例程包含的源文件及相应描述如表 9-2 所示。

表 9-2　sample_multi_transcode 文件描述

文件名	描述	包含的关键类
sample_multi_transcode.h sample_multi_transcode.cpp	包含了 main 入口函数的实现以及 Launcher 类的定义和实现。主要处理程序的启动，根据命令行和 par 文件的解析，为每路会话创建线程及 CTranscodingPipeline 实例，并将各会话初始化所需要的数据以数组的形式维护在成员变量中，以便在遍历初始化会话时从数组中获取所需参数	Launcher

（续）

文件名	描述	包含的关键类
pipeline_transcode.h pipeline_transcode.cpp	主要包含 CTranscodingPipeline 类的实现，该例程通过此类来管理配置文件中一行所描述的会话，可以是源会话或者接收会话，进而和 Media SDK 的会话类 MFXVideoSession 形成一一对应关系。同时还包含文件读取、视频 ES 流存储、安全帧缓存管理等相关的类实现	CTranscodingPipeline FileBitstreamProcessor ExtendedBSStore SafetySurfaceBuffer ThreadTranscodeContext
transcode_utils.h transcode_utils.cpp	提供工具类和方法，包括命令行解析、校验、命令行帮助等	CmdProcessor

Media SDK 本身支持多操作系统（Linux、Windows）、多视频加速框架（VA-API、Microsoft* DirectX* 等）以及多窗口系统（X11、Wayland、DRM 等）。本节我们只介绍基于 Linux 环境、VA-API 加速框架、DRM 直接渲染的实现。在该环境下，应用程序需要的链接依赖库有 sample_common、mfx、va、va-drm、drm。

9.2.1 类关系概述

因为要满足复杂的流水线定制逻辑，转码例程在代码实现上还是比较复杂的，但毕竟是示例代码，所以在类设计上比较简单。图 9-3 列出了关键类的类关系，图中只列出部分成员变量和成员函数，还有一些重要的数据结构，限于篇幅没有在图中展示。

该例程的主要逻辑在 Launcher 类和 CTranscodingPipeline 类中实现。Launcher 类用于启动程序，CTranscodingPipeline 类用于管理每一路会话，我们稍后介绍这两个类。ThreadTranscodeContext 结构体主要用于为每个 CTranscodingPipeline 创建线程并维护线程环境。CmdProcessor 类负责解析命令行和参数文件，检验参数，把每行参数转换为具有业务含义的 sInputParams 数据结构并添加到对应数组 m_sessionArray 中保存以便后续使用。FileBitstreamProccessor 负责文件处理，包含了对编码后视频文件和 YUV 视频文件的读写类，主要功能包括从压缩视频文件中读取和写入一帧压缩数据，以及从 YUV 视频文件中读取和写入一帧 YUV 数据。ExtendedBSStore 用来存储压缩视频的一帧数据，用于编码的输出缓存。这些类比较简单，而且读者有自己的实现，本节就不一一介绍了。SafctySurfaceBuffer 类用于源会话与接收会话之间的帧缓存的缓冲和共享，在 9.2.3.3 节会有介绍。

❑ Launcher 类

顾名思义，Launcher 是用来启动程序流程的类，在程序入口函数（main）中被初始化并调用，维护了整个程序运行的生命周期。

具体来说，Launcher 类主要是在 Init( ) 函数中解析命令行和参数文件，根据解析的参数和程序运行的软硬件环境初始化 CTranscodingPipeline 类。在 Run( ) 函数中异步启动

CTranscodingPipeline 的视频处理流程。在整个视频处理流程结束后通过 ProcessResult( ) 函数处理统计信息和日志打印。最后在析构函数中释放会话、视频组件、帧缓存内存和相关指针。

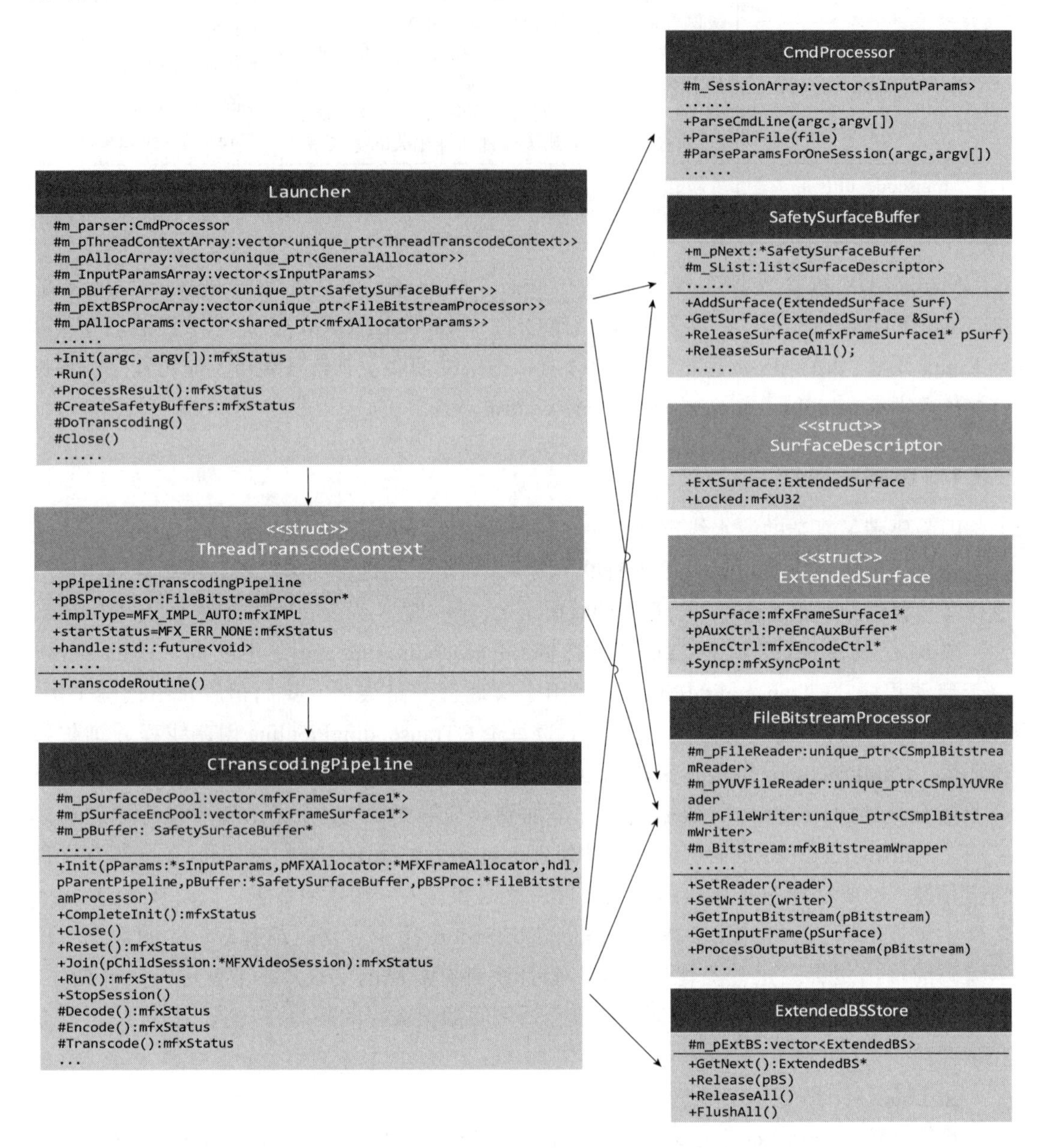

图 9-3 sample_multi_transcode 关键类的类关系

在此我们主要关注 Launcher 初始化 CTranscodingPipeline 时所需要的参数，如表 9-3 所示。这些参数以数组的形式维护在 Launcher 的成员变量中，Launcher 在为参数文件中的每行参数创建和初始化 CTranscodingPipeline 时通过调用 CTranscodingPipeline 的 Init( ) 函数传入这些参数。

表 9-3　会话管理主要参数

数组变量名称	功能描述
m_InputParamsArray	用于存放从命令行和 par 文件中解析得到的具有业务含义的参数（sInputParams）的数组
m_pAllocArray, m_pAllocParams	用于存放为每个会话创建的帧缓存分配器（GeneralAllocator）及分配器初始化参数（mfxAllocatorParams）的数组。每个会话需要单独一个帧缓存分配器，因为目前分配器的实现中包含了缓存机制。另外，需要输出显示的接收会话和普通解码会话的 mfxAllocatorParams 还有区别，这会在 9.2.2.1 节介绍
m_hwdevs	用于存放在 sample_common 中定义的为应用程序提供的封装了硬件加速设备接口的类实例（CHWDevice）的数组，虽然这里是数组，但其实在拼接场景下，只有第一个会话创建了 CHWDevice 实例，后面都是通过 std::move( ) 共享了同一个实例，因此通过 CHWDevice 获得的 VADisplay 句柄也是唯一的，所有会话共享一个 VADisplay，这也会在 9.2.2.1 节介绍
m_pBufferArray	用于存放源会话输出的帧缓存共享缓冲区（SafetySurfaceBuffer）的数组
m_pThreadContextArray	用于存放线程上下文（ThreadTranscodeContext）的数组
m_pExtBSProcArray	用于存放文件处理器（FileBitstreamProcessor）的数组

以上参数创建完毕，就可以通过这些参数为每个会话初始化 CTranscodingPipeline 了。初始化函数如代码清单 9-1 所示。CTranscodingPipeline 的初始化函数完成了会话和组件的初始化工作。如何创建和初始化会话以及如何初始化组件、如何分配组件需要的帧缓存会在 9.2.2 节介绍。

代码清单 9-1　CTranscodingPipeline 的 Init 方法

```
mfxStatus CTranscodingPipeline::Init(sInputParams *pParams, MFXFrameAllocator
*pMFXAllocator,void* hdl, CTranscodingPipeline *pParentPipeline,
SafetySurfaceBuffer *pBuffer, FileBitstreamProcessor *pBSProc)
```

Launcher 类的逻辑相对简单，而相对复杂的视频处理的具体业务在 CTranscodingPipeline 类中实现。

❑ CTranscodingPipeline 类

CTranscodingPipeline 类定义在 pipeline_transcode.h 中，CTranscodingPipeline 类主要负责描述一个会话，以及对会话的视频处理流程控制和逻辑管理。CTranscodingPipeline 类

维护了一个 MFXVideoSession。CTranscodingPipeline 和 MFXVideoSession 是一一对应的关系，所以我们可以简单理解为一个 CTranscodingPipeline 实例就是应用层的一个会话实现。接下来我们会基于 CTranscodingPipeline 的实现介绍应用程序应该如何使用 Media SDK 视频操作组件完成视频操作，如何把多个视频操作组件构建成高效的拼接显示异步流水线，以及如何管理流水线中的视频帧数据流在源会话和拼接会话间的流动传递。

9.2.2　会话创建和组件使用

本节我们将基于 CTranscodingPipeline 理解应用程序如何使用 Media SDK 视频操作组件完成视频操作。

9.2.2.1　会话创建

应用程序在使用 Media SDK 的视频操作组件功能之前，需要先创建 Media SDK 会话的 MFXVideoSession 实例（该例程通过 C++API 调用 Media SDK）并调用相关函数完成会话的初始化和设置工作，主要步骤如图 9-4 所示。

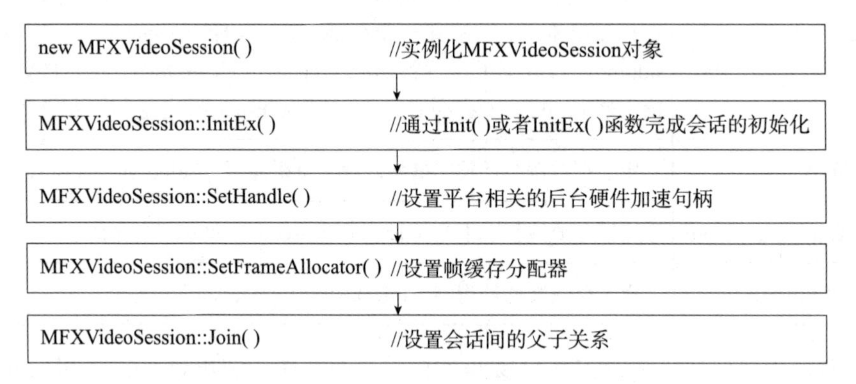

图 9-4　会话的初始化流程图

创建会话实例比较简单，在此不过多介绍。我们一起分析一下之后每个步骤的具体细节。

1）通过 Init( ) 或者 InitEx( ) 函数完成会话的初始化。

在创建 MFXVideoSession 实例后，应用层通过调用 MFXVideoSession 的 Init( ) 函数或者 InitEx( ) 函数完成初始化。InitEx( ) 的输入参数 mfxInitParam 如代码清单 9-2 所示。

代码清单 9-2　mfxInitParam 结构体

```
typedef struct {
    mfxIMPL         Implementation;
    mfxVersion      Version;
    mfxU16          ExternalThreads;
    union {
        struct {
```

```
            mfxExtBuffer **ExtParam;
            mfxU16  NumExtParam;
        };
        mfxU16  reserved2[5];
    };
    mfxU16      GPUCopy;
    mfxU16      reserved[21];
} mfxInitParam;
```

首先通过 mfxIMPL Implementation 字段指定 Media SDK 的后端实现方式，包括指定基本的实现类型及其硬件加速框架。基本的实现类型有软件库实现（MFX_IMPL_SOFTWARE，只有 Windows 系统支持）和硬件加速器实现（MFX_IMPL_HARDWARE），或者让 Media SDK 自动选择（MFX_IMPL_AUTO_ANY）。硬件加速框架（Linux 的 VA-API，Windows 的 Microsoft* DirectX* 等）对应的值包括 MFX_IMPL_VIA_D3D9、MFX_IMPL_VIA_D3D11、MFX_IMPL_VIA_VAAPI、MFX_IMPL_VIA_ANY。比如基于 LinuxVA-API 和英特尔硬件加速器是默认或者唯一的显卡设备，Implementation 可以指定值为 (MFX_IMPL_HARDWARE | MFX_IMPL_VIA_VAAPI)。另外，如果英特尔硬件加速器不是默认显卡设备，或者有多块英特尔硬件加速器，则实现类型需要指定 Media SDK 选择哪个英特尔硬件加速设备：应用程序通过 Media SDK 的 MFXQueryAdapters( ) 函数获取设备列表，并根据 mfxAdapterInfo 的 Number 字段获取相应的枚举值（MFX_IMPL_HARDWARE2，MFX_IMPL_HARDWARE3，MFX_IMPL_HARDWARE4），以此枚举值来指定 Media SDK 选择哪个英特尔硬件加速设备。

除了后端实现方式的选择，还可以通过初始化参数进行如下设置：满足应用程序要求的 Media SDK 实现库的最低版本；是否启用通过 GPU 完成数据在系统内存和视频内存之间的复制功能（GPUCopy）；会话的线程数等。GPUCopy 用于当内存需要在显卡内存和系统内存之间进行复制时，例如将存在系统内存的 YUV 数据复制到视频内存作为编码加速的输入，应用程序可以选择是通过 GPU 还是 CPU 完成复制操作。会话的线程数通过添加扩展缓冲区（mfxExtBuffer **ExtParam）数据结构 mfxExtThreadsParam 设置，而不是通过 ExternalThreads 字段设置。ExternalThreads 字段用于指定 Media SDK 的线程模型是由 Media SDK 内部创建线程执行，还是由应用程序创建线程执行。

2）设置平台相关的后台硬件加速句柄。

不同操作系统实现视频硬件加速的框架各有不同，例如 Linux 的 VA-API 和 Windows 的 DirectX，甚至在同一操作系统下也拥有多种不同的窗口管理系统，例如 Linux 下的 X Windows 和 Wayland，因此 Media SDK 提供了由应用程序打开硬件设备并初始化底层硬件加速框架的方案，然后通过 SetHandle( ) 函数把基于硬件加速框架的硬件设备句柄设为 Media SDK 会话，以让 Media SDK 能够通过硬件加速框架使用底层硬件加速设备完成视频加速相关功能。除了应用程序初始化底层硬件加速框架并获取硬件设备句柄外，Windows 平台还是支持在 Media SDK 内部创建硬件设备句柄的，但是对于 Direct3D 11 框架，由 Media SDK 内部创建的硬件设备句柄 ID3D11Device 无法共享给应用程序，这意味着应用程序无法访问显卡内存。而对于 Linux 平台 VA-API 框架（具体为 libva 库所实现），Media SDK 内部不会为其创建硬件加速设备，应用程序需要将硬件加速设备句柄 VADisplay 通过 SetHandle 接口共享给 Media SDK 会话。所有会话共享一个 VADisplay 句柄。

那么，如何获取 VADisplay 句柄呢？ sample_common 提供了相关实现。首先，sample_common 定义了 CHWDevice 抽象类，为应用程序抽象了硬件加速设备，用来封装应用程序需要用到的硬件加速设备的接口。其次，sample_common 里的 CVAAPIDeviceDRM 继承了 CHWDevice 并实现了基于 VA-API 和 DRM 的硬件加速设备的接口，主要包括获取 VADisplay 句柄（通过 libva-drm 的 vaGetDisplayDRM 方法获得），以及对帧缓存的送显功能等。

因此应用程序只需要获得 CVAAPIDeviceDRM 对象并完成初始化即可通过 GetHandle( ) 函数获得 VADisplay 句柄，具体可以参考代码清单 9-3。CTranscodingPipeline 完成了 CVAAPIDeviceDRM 的实例化和初始化后通过 GetHandle( ) 函数的第二个输出参数 mfxHDL 获取 VADisplay 句柄。

代码清单 9-3　通过 CVAAPIDeviceDRM 获取 VADisplay

```
std::unique_ptr<CHWDevice>hwdev;
hwdev.reset(CreateVAAPIDevice(InputParams.strDevicePath, params.libvaBackend));
sts = hwdev->Init(&params.monitorType, 1, MSDKAdapter::GetNumber(0));
sts = hwdev->GetHandle(MFX_HANDLE_VA_DISPLAY, (mfxHDL*)&hdl);
```

CreateVAAPIDevice 实例化的第一个参数 InputParams.strDevicePath 是 GPU 设备节点所在的设备路径，可以指定也可以不指定。如果本机有多个 GPU 设备而且没有指定 strDevicePath，libva 会默认选择系统找到的第一个 Intel GPU。第二个参数 libvaBackend 定义在 sample_common/include/sample_defs.h 中，如果该会话有渲染送显功能，libvaBackend 选择值为 MFX_LIBVA_DRM_MODESET，如果只有编解码和后处理，没有渲染送显功能，选择值为 MFX_LIBVA_DRM_RENDERNODE 或者 MFX_LIBVA_DRM。

CreateVAAPIDevice 初始化的第一个参数 monitorType 设置显示设备的类型，如果该会话没有渲染送显操作，可以设置为空。monitorType 的值定义在 sample_common/src/sample_utils.cpp 中。monitorType 的定义和 libdrm 里的 ConnectorType 的定义是一一对应的，monitorType 参数的设置就是为了明确 libdrm drm_mode_get_connector.connector_type 的值。

3）设置帧缓存分配器。

MFXVideoSession 初始化成功后，如果是基于英特尔 GPU 的视频加速实现，并且希望从 GPU 物理内存空间分配帧缓存内存，则应用层需要自己实现帧缓存分配器，并通过 SetFrameAllocator 设置到会话中。如何自己实现帧缓存分配器呢？ Media SDK 的 sample_ common 已经帮我们实现好了基于 Windows 的 Microsoft* DirectX* 和 Linux 的 VA-API 硬件加速框架的帧缓存分配器，并统一通过 GeneralAllocator 类封装好供应用程序使用。基于 VA-API 的实现在 sample_common/src/vaapi_allocator.cpp 中。

代码清单 9-4 是帧缓存分配器结构体定义，其定义了一系列和帧缓存分配、访问、释放相关的函数指针。

代码清单 9-4　帧缓存分配器结构体定义

```
typedef struct {
    mfxU32    reserved[4];
    mfxHDL    pthis;

    mfxStatus  (MFX_CDECL  *Alloc)    (mfxHDLpthis, mfxFrameAllocRequest *request,
mfxFrameAllocResponse *response);
    mfxStatus  (MFX_CDECL  *Lock)     (mfxHDLpthis, mfxMemId mid, mfxFrameData
*ptr);
    mfxStatus  (MFX_CDECL  *Unlock)    (mfxHDLpthis, mfxMemId mid, mfxFrameData
*ptr);
    mfxStatus  (MFX_CDECL  *GetHDL)    (mfxHDLpthis, mfxMemId mid, mfxHDL *handle);
    mfxStatus  (MFX_CDECL  *Free)      (mfxHDLpthis, mfxFrameAllocResponse
*response);
} mfxFrameAllocator;
```

代码清单 9-5 演示了如何通过 vaapiAllocatorParams 和 CHWDevice 创建基于 VA-API 和 DRM 的帧缓存分配器。

代码清单 9-5　创建帧缓存分配器

```
mfxAllocatorParams* pAllocParam(new vaapiAllocatorParams);
std::unique_ptr<CHWDevice>hwdev;

vaapiAllocatorParams* pVAAPIParams = dynamic_cast<vaapiAllocatorParams*>(pAllocP
aram);
…
hwdev.reset(CreateVAAPIDevice(InputParams.strDevicePath, params.libvaBackend));
sts = hwdev->Init(&params.monitorType, 1, MSDKAdapter::GetNumber(0));
if (params.libvaBackend == MFX_LIBVA_DRM_MODESET) {
        CVAAPIDeviceDRM* drmdev = dynamic_cast<CVAAPIDeviceDRM*>(hwdev.get());
        pVAAPIParams->m_export_mode = vaapiAllocatorParams::CUSTOM_FLINK;
        pVAAPIParams->m_exporter = dynamic_cast<vaapiAllocatorParams::Exporter*>
(drmdev->getRenderer());
}
…
```

```
  sts = hwdev->GetHandle(MFX_HANDLE_VA_DISPLAY, (mfxHDL*)&hdl);
pVAAPIParams->m_dpy = (VADisplay)hdl;
...
params.m_hwdev = hwdev.get();
std::unique_ptr<GeneralAllocator>pAllocator(new GeneralAllocator);
sts = pAllocator->Init(pVAAPIParams);
```

在该代码清单中，除了前面介绍的 CreateVAAPIDevice 的创建，以及 vaapiAllocatorParams 和 GeneralAllocator 的创建与初始化之外，还有一部分是判断 libvaBackend 的逻辑，当 libvaBackend 等于 MFX_LIBVA_DRM_MODESET 时意味着该会话用到了渲染显示功能，需要给 vaapiAllocatorParams 的 m_export_mode 和 m_exporter 赋值。这是因为当该会话有渲染送显操作时，通过 libva 创建的用于拼接输出的帧缓存（通过 VASurfaceID 标识）需要被送到显示设备显示，这就需要把该帧缓存和显示帧缓存共享，并取得显示帧缓存的 fb_id 返回给应用程序，应用程序通过该 fb_id 调用 libdrm 的送显函数送给显示设备显示。m_exporter 是 vaapiAllocatorParams::Exporter 类型，抽象类 Exporter 定义在 vaapiAllocatorParams 里，主要包含了 acquire(mfxMemId mid) 和 release(mfxMemId mid, void * hdl) 两个方法。acquire 方法用于实现显示帧缓存的创建以及帧缓存和显示帧缓存的绑定共享，并取得显示帧缓存的 fb_id。release 方法用于实现和显示帧缓存的取消绑定共享。在 sample_common/src/vaapi_utils_drm.cpp 中定义的 drmRenderer 类继承了 vaapiAllocatorParams::Exporter 并对这两个方法进行了实现。而类 drmRenderer 在 CreateVAAPIDevice 类中被实例化并且可以通过 CreateVAAPIDevice 的 getRenderer( ) 函数被应用获取。另外，由于缓存分配器是通过 VA-API 从 GPU 地址空间的内存上分配缓存，因此需要将 VADisplay 作为硬件设备句柄传入 vaapiAlloctorParams。

4）设置会话间的父子关系。

关于父子耦合会话已在 9.1.2 节的 -join 参数中做了详细介绍，这里不再赘述。

至此，MFXVideoSession 的创建、初始化以及相关设置工作完成了，接下来就可以通过 MFXVideoSession 完成视频操作组件的创建和相关功能的使用了。

9.2.2.2　组件创建与使用

Media SDK 的 C＋＋API 为视频操作组件封装了组件类，包括 MFXVideoDECODE、MFXVideoENCODE、MFXVideoVPP 等，各组件完成视频操作的流程基本上是一致的，以解码组件为例，主要可以总结为图 9-5 所示的几个步骤。

接下来进一步了解一下每个步骤的具体细节。

1）视频操作组件实例化。

首先在创建组件类实例时，需要把会话传入组件类构造函数，在组件类里有对该会话的维护，用于实现组件类里的各函数调用。

2）解析帧头获取帧信息。

该步骤为解码操作特有，因为在解码之前我们需要为解码器分配帧缓存用于存储解码后的帧数据，这就需要在解码之前通过解析帧头获取帧信息，包括帧的大小和颜色格式，并赋值到 mfxVideoParam 等相关参数。

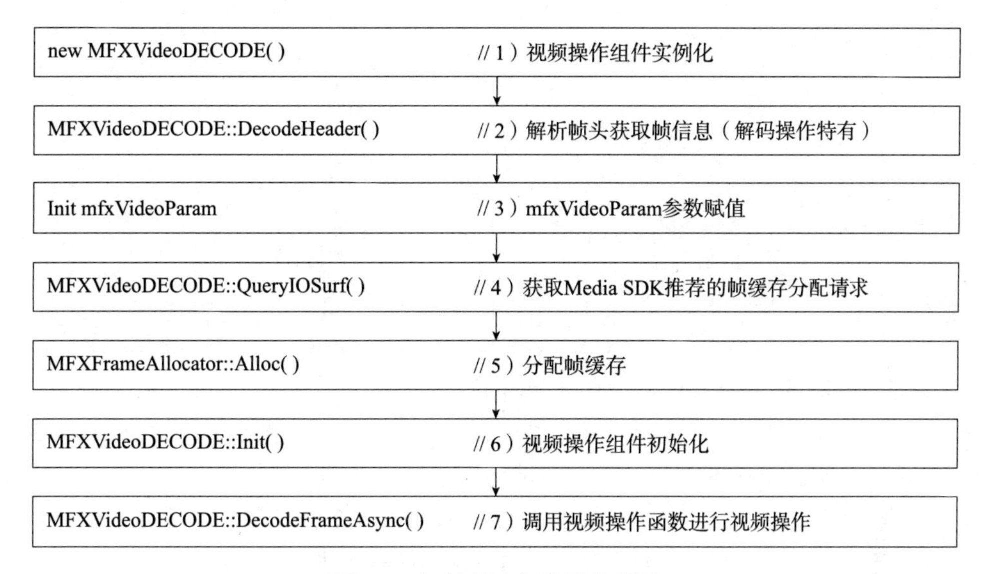

图 9-5　组件创建与使用流程图

3）mfxVideoParam 参数赋值。

根据业务需求赋值参数 mfxVideoParam。mfxVideoParam 一般包含了各操作组件的操作函数所需的参数信息。请查看代码清单 9-6 中的结构体定义。mfxInfoMFX mfx 用于解码、编码、转码过程所需的配置参数和输出帧信息。mfxInfoVPP vpp 用于视频处理过程中所需的配置参数和输入 / 输出帧信息。

mfxExtBuffer　**ExtParam 指向扩展结构缓冲区的指针数组，用于配置可扩展的参数信息，比如 mfxExtDecVideoProcessing 扩展缓冲区用于通过 VDBOX＋SFC 在解码阶段进行缩放和颜色格式转换处理，该缓冲区指定了解码器通过 SFC 固定功能引擎调整输出帧的大小和颜色格式。mfxExtBuffer 数据结构是扩展缓冲区的常见标头定义，包含了 BufferId 和 BufferSz 字段。Media SDK 定义了一系列扩展缓冲区数据结构，并为每个扩展缓冲区定义了 BufferId。可以通过指向 mfxExtBuffer 的指针以及 mfxExtBuffer 的 BufferId 获得对应的扩展缓冲区数据结构，sample_common/include/sample_utils.h 中实现了 ExtBufHolder 类以及 AddExtBuffer、GetExtBuffer 等方法，可以方便地管理扩展结构缓冲区数据结构。

AsyncDepth 是应用程序设置的异步深度值，详细内容可查阅 9.2.3.2 节。

代码清单 9-6　mfxVideoParam 结构体定义

```
typedef struct {
    mfxU32    AllocId;
```

```
    mfxU32     reserved[2];
    mfxU16     reserved3;
    mfxU16     AsyncDepth;
    union {
        mfxInfoMFX   mfx;
         mfxInfoVPP  vpp;
    }
    mfxU16          Protected;
    mfxU16          IOPattern;
    mfxExtBuffer  **ExtParam;
    mfxU16          NumExtParam;
    mfxU16          reserved2;
} mfxVideoParam;
```

4）获取 Media SDK 推荐的帧缓存分配请求。

mfxVideoParam 参数赋值完成后，应用程序就可以通过视频操作组件的 QueryIOSurf( ) 函数获得通过 mfxFrameAllocRequest 数据结构描述的视频操作组件所需的帧信息和推荐的帧缓存个数，Media SDK 会针对 mfxVideoParam 描述的业务需求和异步深度等信息计算出推荐的帧缓存个数，为后面通过帧缓存分配器分配帧缓存提供输入参数。

5）分配帧缓存。

接下来调用帧缓存分配器的 Alloc( ) 函数分配帧缓存。分配的帧缓存通过 mfxFrameAllocResponse 返回，它主要包含了指向帧缓存内存 mfxMemId 数组的指针和帧缓存的个数，mfxMemId 的具体数据结构因操作系统而异，在 Linux 环境下为 vaapiMemId，包含了 VA-API 层对应的 VASurfaceID。另外要注意，应用程序需要（可以在程序结束时）通过调用帧缓存分配器的 Free( ) 函数释放 mfxFrameAllocResponse 里的帧缓存内存，在 sample_common 里实现的帧缓存分配器 vaapi_allocator 在释放 mfxFrameAllocResponse 时会释放 VASurfaceID 指向的缓存。

视频操作函数直接操作的帧缓存数据结构为 mfxFrameSurface1，所以需要为 mfxFrameAllocResponse 里的所有帧缓存内存依次生成 mfxFrameSurface1 数据结构并赋值，该例程维护了两个 mfxFrameSurface1 池来存放 mfxFrameSurface1，具体如何维护帧缓存池和帧缓存会在 9.2.3.3 节介绍。

6）视频操作组件初始化。

接下来就可以调用视频操作类的初始化函数了，同样需要在初始化函数中传入 mfxVideoParam 参数，Media SDK 会在初始化函数中继续分配 Media SDK 内部需要的资源，准备需要的数据结构。需要注意的是，视频操作类所需要的视频参数大部分都要求在 Init( ) 函数时就通过 mfxVideoParam 参数传进去，而如果想在会话执行过程中改变 mfxVideoParam 里的参数，其中有些参数需要通过视频操作组件调用 Reset( ) 方法才能让其生效。

7）调用视频操作函数进行视频操作。

至此，视频操作类初始化完毕，我们可以通过相应的操作函数处理视频业务了。视频操作函数都是对单帧进行处理，所以一般应用程序会为会话维护一个线程，循环依次调用同一个会话内视频流水线上的所有视频操作函数。

这里只介绍解码操作函数 DecodeFrameAsync( ) 来理解视频操作函数的使用，不同的操作函数大同小异。代码清单 9-7 中为具体的函数定义，该函数以视频码流数据作为输入，以帧为单位输出解码后的原始视频数据。

代码清单 9-7　解码操作函数 DecodeFrameAsync( ) 定义

```
mfxStatus DecodeFrameAsync(mfxBitstream *bs, mfxFrameSurface1 *surface_work,
mfxFrameSurface1 **surface_out, mfxSyncPoint *syncp);
```

第一个参数 mfxBitstream *bs 指向输入流。输入的比特流可以是任意大小。如果 bs 里的数据不够解码一帧，该函数会返回 MFX_ERR_MORE_DATA，并且读取 bs 里的数据，但是如果 bs 缓冲区的尾部是帧开始标记或者帧头信息，则会继续保留在 bs 缓冲区中，因此应用程序在向 bs 缓冲区更新数据时需要把里面的遗留数据移到 bs 缓冲区的开头，并把新进入的码流数据附加到该 bs 流缓冲区已有数据的后面，否则保留在 bs 缓冲区里的数据会丢失。具体代码可以参考 sample_common/src/sample_utils.cpp 的 CSmplBitstreamReader::ReadNextFrame( ) 函数。

第二个参数 mfxFrameSurface1 *surface_work 指向 mfxFrameSurface1 的指针，称为工作帧缓存，由前四步介绍的帧缓存分配器的 Alloc 函数分配，每次 DecodeFrameAsync 均需要提供一个空闲的工作帧缓存用于将来解码器存放解码输出数据。

第三个参数 mfxFrameSurface1 **surface_out 指向输出帧的指针，当该函数返回 MFX_ERR_NONE 时，surface_out 会在函数内部被赋值指向按照播放顺序或者解码顺序输出的解码后帧的指针。具体是按播放顺序还是按解码顺序输出帧，在解码组件初始化时由 mfxVideoParam 的 mfx 的 DecodedOrder 字段定义，默认 DecodedOrder 为 0，解码器按照播放顺序输出帧，DecodedOrder 为 1 时，解码器按照解码顺序输出帧。如果函数返回不为 MFX_ERR_NONE，那么 surface_out 会被赋值指向空的指针。通过 surface_out 获取的指向 mfxFrameSurface1 指针的指针其实就是当前或者前面某次通过 DecodeFrameAsync 传入的 surface_work 参数的 mfxFrameSurface1 指针，所以该 mfxFrameSurface1 指针和 mfxFrameSurface1 指向的帧缓存内存已经在应用程序中管理，不需要单独处理 surface_out 指向的指针的释放。具体帧缓存的管理可以参考 9.2.3.3 节。

第四个参数 mfxSyncPoint *syncp 设置指向此次操作的同步点，因为 DecodeFrameAsync( ) 是异步函数，该函数返回 MFX_ERR_NONE 并不意味着其操作已经成功完成，应用程序可以通过调用 MFXVideoSession 的 SyncOperation 方法进行同步，而同步的标识符就是 mfxSyncPoint，它唯一代表了针对特定帧缓存的某次特定操作函数调用。其实并不是每个操作函数都需要显式地调用 SyncOperation 方法进行同步，在同一个流水线中（例如包含多个视频操作的单一会话或者相互耦合的多个会话），Media SDK 会根据视频操作函数的输入 / 输出帧缓存的依赖关系在内部做同步操作，也就是等上游操作完成之后才会启动下游视频操作。需要注意的是在异步操作完成之前，应用程序要确保不改变其输入 / 输出参数，以免破坏依赖项检查。这样不仅降低了开发难度，还节省了同步时间，提高了性能。具体细节会在 9.2.3 节中介绍。

9.2.3 异步流水线构建

在本节，我们将以 9.1 节的 4 路输入拼接显示为案例，介绍转码例程构建的高性能异步流水线。图 9-6 描述了该案例的异步流水线结构和数据流程。

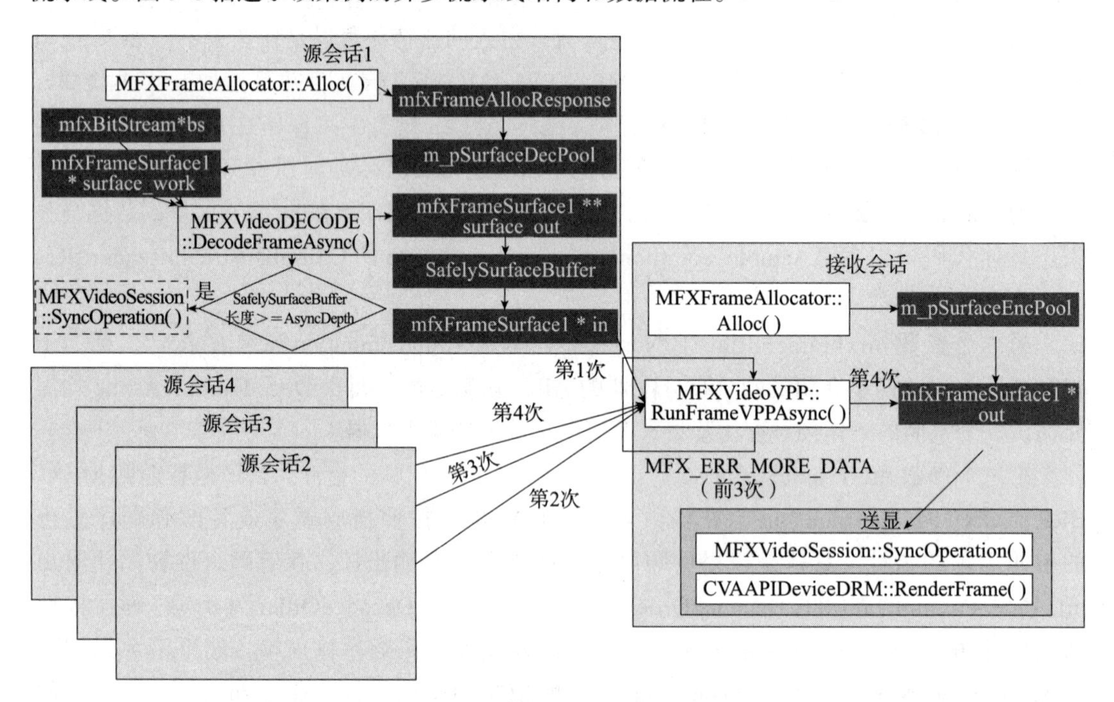

图 9-6　异步流水线结构和数据流程示意图

在图 9-6 中，深色矩形框表示数据载体，白色框表示函数，4 个源会话通过拼接操作拼接成一路输出送显，接下来分 3 个小节介绍此过程的具体逻辑。

9.2.3.1　构建流水线

异步流水线是指流水线上的视频操作函数都是异步的，在同一个流水线上应用程序把上游视频操作函数的输出帧（一般是帧缓存指针）作为下游视频操作函数的输入帧，Media SDK 会自动根据参数的输入输出帧动态构建异步流水线。同时，Media SDK 简化了异步函数的同步要求，应用程序不需要显式地对上游视频操作异步函数做同步，也就是说不需要按常规的方式等上游的视频操作函数成功执行完成并输出帧缓存后再调用下游视频操作函数。Media SDK 内部会自动根据输入输出参数创建上下游函数的任务依赖关系，根据依赖关系检查上游任务是否完成，等完成了才会进行下游的视频操作。我们以 Media SDK 官方文档的一段示例代码异步流水线示例（见代码清单 9-8）来理解异步流水线的动态构建。在该代码清单中，应用程序调用 Media SDK API 完成了视频解码→编码或者解码→后处理→编码的视频操作流水线的动态构建（以下为 C API）。

代码清单 9-8　异步流水线示例

```
mfxSyncPoint sp_d, sp_e;
MFXVideoDECODE_DecodeFrameAsync(session,bs,work,&vin, &sp_d);
if (going_through_vpp) {
    MFXVideoVPP_RunFrameVPPAsync(session,vin,vout, &sp_d);
    MFXVideoENCODE_EncodeFrameAsync(session, NULL,vout,bits2,&sp_e);
} else {
    MFXVideoENCODE_EncodeFrameAsync(session, NULL,vin,bits2,&sp_e);
}
MFXVideoCORE_SyncOperation(session,sp_e,INFINITE);
```

从代码清单 9-8 可以看到，应用程序只需要在最后一个 Media SDK 异步操作函数之后调用 MFXVideoCORE_SyncOperation( ) 进行同步，不需要显式地同步中间结果，Media SDK 将确保该帧的编码操作在解码操作或后处理操作完成处理之前不会开始。

在 9.1 节的案例中，源会话通过 VDBox 连接的 SFC 完成视频缩放和颜色格式转换的后处理操作，该会话只用了视频解码操作函数而不需要额外的视频处理组件的参与。接收会话调用视频处理组件的操作函数完成了 4 路视频的拼接送显，所以图 9-6 只有解码操作函数和用于拼接的后处理操作函数。我们从图 9-6 看源会话 MFXVideoDECODE::DecodeFrameAsync( ) 执行之后会把输出帧缓存送给接收会话的 MFXVideoVPP::RunFrameVPPAsync( ) 作为输入，中间并没有调用 MFXVideoSession::SyncOperation( ) 对 DecodeFrameAsync( ) 的输出做同步，而是在 MFXVideoVPP::RunFrameVPPAsync( ) 中对 4 路输入执行拼接成功之后，要送给 DRM 设备做显示之前用了 MFXVideoSession::SyncOperation( )，因为 CVAAPIDeviceDRM::RenderFrame( ) 是通过 libdrm 完成的送显操作，没有 Media SDK 的检查依赖逻辑，需要应用程序保证拼接完成，拼接目标帧生成成功，不然会引起显示错误。

9.2.3.2　配置异步深度

为了平衡会话的并发度和延迟度，以及平衡会话间的资源，我们可以对源会话和接收会话做异步深度的控制，即我们控制该会话同时并发运行的流水线数不能超过某个值，这个值就叫作异步深度。我们需要两部分逻辑来实现异步深度的控制：

第一部分是在 Media SDK 内部，因为异步深度会影响程序需要的缓冲池的大小，所以在 Media SDK 提供的 MFXVideoDECODE::QueryIOSurf( ) 函数在计算推荐帧缓存分配数时需要考虑异步深度的影响，另外在 Media SDK 内部自己的缓冲池也需要考虑线程数和异步深度的影响。Media SDK 通过 mfxVideoParam 的 AsyncDepth 字段接收来自应用程序的异步深度的设置。

第二部分是在应用层，应用层需要判断并控制该会话当前正在异步执行的流水线数没有超过异步深度，在该例程中，我们通过 SafetySurfaceBuffer 里帧缓存列表的长度来判断，在 SafetySurfaceBuffer 里的帧缓存个数就意味着正在运行的流水线个数，因为当 SafetySurfaceBuffer 里的解码输出帧缓存被成功解码输出以及被拼接到目标缓存后，该帧缓存就会被从 SafetySurfaceBuffer 里移出。当 SafetySurfaceBuffer 里帧缓存列表的长度大于等于异步深度时，应用程序就需要调用 MFXVideoSession::SyncOperation( ) 对 SafetySurfaceBuffer 里的第一个解码的输出帧做同步，从而控制异步深度。

在 sample_multi_transcode 应用程序中可以通过参数文件里的 -async 命令行参数来设置异步深度。

9.2.3.3　帧缓存管理

对于帧缓存的分配和管理，CTranscodingPipeline 维护了三个变量，其中两个是 mfxFrameSurface1 的 vector 类型动态数组 m_pSurfaceDecPool 和 m_pSurfaceEncPool，另外一个是 SafetySurfaceBuffer*m_pBuffer。m_pSurfaceDecPool 和 m_pSurfaceEncPool 存放了由帧缓存分配器分配出来的帧缓存，SafetySurfaceBuffer 是为了源会话和接收会话间的帧缓存共享。

m_pSurfaceDecPool 和 m_pSurfaceEncPool 维护了应用程序为当前会话的视频操作函数所需要创建的帧缓存 mfxFrameSurface1 池。9.2.2.2 节已经介绍过，应用程序通过调用各视频操作组件的 QueryIOSurf( ) 函数获取帧缓存内存分配请求信息，然后通过 MFXFrameAllocator 的 Alloc( ) 函数分配帧缓存内存以 mfxFrameAllocResponse 返回。应用程序为 mfxFrameAllocResponse 里的每个内存创建 mfxFrameSurface1，创建出的 mfxFrameSurface1 放到 m_pSurfaceDecPool 或 m_pSurfaceEncPool 管理。m_pSurfaceDecPool 存放为解码操作分配的帧缓存，m_pSurfaceEncPool 存放为视频处理操作分配的帧缓存。

通过前面的类结构图可以看到，SafetySurfaceBuffer 通过成员变量 m_SList 维护 mfxFrameSurface1 列表。在 Launcher 的 Init( ) 函数中，其为每个用于拼接的源会话创建一个 SafetySurfaceBuffer，每个 SafetySurfaceBuffer 通过 m_pNext 指针成员变量链接在一起，目的是让接收会话能循环遍历每个源会话的 SafetySurfaceBuffer，从而轮流从每一路源会话的输出获取一帧用于拼接，达到源会话和接收会话的帧缓存的缓冲和共享。需要注意的是，这里没有考虑输入视频的帧率不一致的情况，读者需要自己实现帧率不一致时的源会话帧的获取逻辑。

接下来我们介绍应用程序是如何管理帧缓存数据流的。图 9-7 展示的是一路输入的解码操作到拼接操作的数据流程和帧缓存管理。深灰色框表示数据载体，白色框表示函数，浅灰色框表示引起数据箭头方向变化的函数。

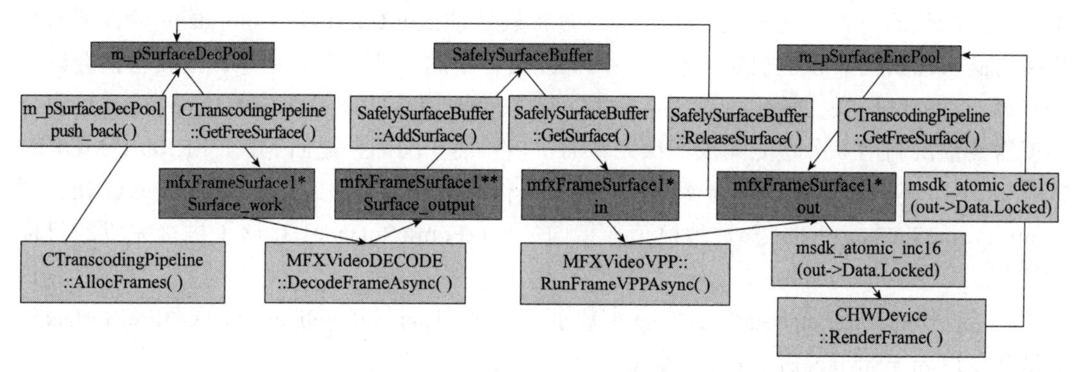

图 9-7　帧缓存管理数据流示意图

首先 CTranscodingPipeline 的 AllocFrames 方法通过 MFXFrameAllocator 为解码操作分配得到的一组 mfxFrameSurface1 放到了 m_pSurfaceDecPool 中。同样地，为后处理操作分配的一组 mfxFrameSurface1 放到了 m_pSurfaceEncPool 中。

解码操作 MFXVideoDECODE::DecodeFrameAsync( ) 的输入参数 mfxFrameSurface1* surface_work 通过 CTranscodingPipeline 的 GetFreeSurface( ) 函数获得，该函数通过 mfxFrameSurface1.Data.Locked 计数判断是否为空闲可用状态，为空闲状态时方可使用。同时 mfxFrameSurface1.Data.Locked 也是为了满足应用程序和 Media SDK 对同一个 mfxFrameSurface1 的使用以及生命周期的不同需求而设计的一种帧锁定机制。比如 surface_work 参数是应用程序创建的并传入 Media SDK 内部用来参与解码和保存解码后的帧，因为有些解码帧（参考帧）在解码完之后可能还需要在 Media SDK 内部持有一段时间用于后续帧的解码。这时 Media SDK 内部函数就会对该 mfxFrameSurface1 的锁定计数器做加 1 操作，锁定计数器的非零值表示应用程序必须将该 mfxFrameSurface1 视为“正在使用”，也就是说应用程序需要保证只读取，而不更改、移动、删除或释放 mfxFrameSurface1。在随后的 Media SDK 函数执行中，如果不再需要 mfxFrameSurface1，Media SDK 将对锁定计数器值做减 1 操作。当锁定的计数器达到 0 时，应用程序才可以当成空闲帧处理修改、释放等。

解码操作 MFXVideoDECODE::DecodeFrameAsync( ) 的另一个参数 mfxFrameSurface1** surface_out 是输出参数，是由应用程序传入的空指针，会被指向当前函数调用需要输出的解码帧，也就是某一次函数调用时传入的 surface_work。所以应用程序不需要对 surface_out 指向的内容的指针和内存的释放再进行管理，只需要把 surface_out 指针指向空即可。surface_out 指向的 mfxFrameSurface1 指针会通过 SafetySurfaceBuffer 的 AddSurface 方法加入共享缓冲池中供接收会话使用。SafetySurfaceBuffer 的 AddSurface 会增加 mfxFrameSurface1.Data.Locked 计数器。

拼接操作 MFXVideoVPP::RunFrameVPPAsync 的参数 mfxFrameSurface1*in 是通过依

次访问每个源会话的 SafetySurfaceBuffer 的 GetSurface( ) 函数获取的。用于拼接的后处理组件在初始化的时候，初始化参数已经通过扩展缓冲区 mfxExtVPPComposite 设置了参与拼接的输入视频流数和各视频流在拼接目标帧缓存中的尺寸和位置信息，接收会话会以每一路源会话的解码操作输出的帧缓存做输入参数，调用后处理操作函数做拼接，4 路源会话就需要依次调用 4 次才能完成一次完整的拼接。前 3 次都会返回 MFX_ERROR_MORE_DATA 错误，等 4 次拼接操作全部完成，拼接操作函数才会返回 MRX_ERROR_NONE，同时 mfxFrameSurface1* out 参数被赋值，指向的 mfxFrameSurface1 存储了拼接完成的目标帧缓存。

拼接操作的 mfxFrameSurface1* out 参数也是通过 CTranscodingPipeline 的 GetFreeSurface( ) 函数从获得 m_pSurfaceEncPool 中获得。

当 MFXVideoVPP::RunFrameVPPAsync( ) 的同步操作 MFXVideoSession::SyncOperation( ) 完成之后，表示 mfxFrameSurface1*in 在拼接操作中使用完毕，就可以通过调用 SafetySurfaceBuffer::ReleaseSurface( ) 函数，从源会话的 SafetySurfaceBuffer 中移除并减少了 mfxFrameSurface1.Data.Locked 计数器，把该 mfxFrameSurface1 置回空闲状放在 m_pSurfaceDecPool 中，供后面的解码使用。

至此，整个流水线的帧缓存数据流就介绍完了，最后介绍会话重置和程序结束时帧缓存及对应的物理内存如何释放。

当整个 CTranscodingPipeline 重置时，在会话和视频操作组件都重置之后，需要把 m_pSurfaceDecPool 和 m_pSurfaceEncPool 中的 mfxFrameSurface1 计数器都清零，然后把 SafetySurfaceBuffer 里的所有 mfxFrameSurface1 全都移除，可以参考 SafetySurfaceBuffer::ReleaseSurfaceAll( ) 完成。

当程序结束时，依次释放 m_pSurfaceDecPool 和 m_pSurfaceEncPool 中指向 mfxFrameSurface1 的指针，然后清空 m_pSurfaceDecPool 和 m_pSurfaceEncPool 列表。因为这两个缓冲池中的 mfxFrameSurface1 存储的物理内存空间都是通过 MFXAllocator 分配并保存在 mfxFrameAllocResponse 类型的变量中，所以最终通过 MFXFrameAllocator 的 Free( ) 方法把 mfxFrameAllocResponse 里的物理内存空间释放。可以参考 CTranscodingPipeline::FreeFrames 方法完成。

9.3 典型功能点实现

9.3.1 动态增删输入视频流

转码例程是通过参数文件定义视频流水线，所以视频流水线结构的参数信息在运行前就要配置好。但是在网络录像机场景（NVR）中存在普遍的需求：在程序运行期间有新的 IP 摄像头启用作为一路视频输入参与拼接，或者程序运行期间有 IP 摄像头关闭，这就需要应用程序实现在程序运行期间能够动态地增加和移除输入流。

转码例程本身的设计对实现动态添加删除输入流并不友好，首先不支持运行时参数的输入，其次也缺少一些较细颗粒度的对象封装，也不支持线程之间的通信以及运行时某个线程响应消息停止退出等，所以本节我们只基于 CTranscodingPipeline 介绍实现的一些思路，而不进行完整实现介绍。另外，本节不考虑支持因为新视频流的加入而引起别的视频流的位置和大小也需要调整的情况，因为输入视频流参与拼接大小的变化意味着需要重新分配帧缓存，基于转码例程不好实现。读者可以结合自己的应用程序设计出更灵活的架构，以更好、更全面地支持这个功能。动态添加和动态删除在步骤上有一定的对应关系，为了方便描述，我们还是分开讨论。

9.3.1.1　添加输入视频流

通过前面章节的分析，我们知道添加一路输入视频流，总的来说有三大部分逻辑：

- 源会话的创建和运行。
- 接收会话的参数更新和生效。
- 新加入的源会话和拼接会话之间的视频流数据传递。

根据时序关系应用程序对这三部分的实现可以分为图 9-8 所示的步骤。

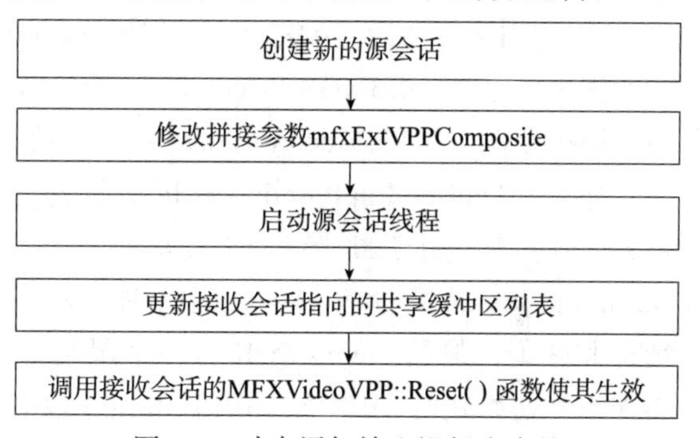

图 9-8　动态添加输入视频流步骤

在转码例程中，上述步骤的详细实现流程如下：

1）创建新的源会话。

创建新的源会话，包括会话的线程、会话和组件的创建，以及组件函数调用，帧缓存、帧缓存池和共享缓冲区的分配和管理，并加入父会话：创建和初始化 CTranscodingPipeline 对象，可参考 9.2.1 节中的 Launcher 类介绍以及 9.2.2 节，其中需要注意的环节是会话间共享帧缓存 SafetySurfaceBuffer 的创建，我们需要把创建出来的 SafetySurfaceBuffer 链接到所有源会话的共享链表中，方法是将新创建出来的 SafetySurfaceBuffer 的 m_pNext 指针指向 SafetySurfaceBuffer 链表头。同时将指向 SafetySurfaceBuffer 的指针添加到 m_pBufferArray 的列表尾部，加入链表时因为接收会话是通过遍历链表访问源会话帧缓存的，而加入 m_pBufferArray 是因为 sample_multi_transcode 通过该列表对 SafetySurfaceBuffer 进行管理，包括释放。最后通过 CTranscodingPipeline 的 Init 方法将新创建的 SafetySurfaceBuffer 赋值给 CTranscodingPipeline 的 m_pBuffer。

2）修改拼接参数 mfxExtVPPComposite。

在拼接会话中为新创建的源会话添加参数，拼接会话中的视频处理组件初始化参数 mfxVideoParam 的扩展缓冲参数 mfxExtBuffer<mfxExtVPPComposite> 用于描述输入视频流，其中 mfxVPPCompInputStream *InputStream 用于描述输入视频流在目标帧缓存中的位置大小，NumInputStream 用于记录输入视频的总个数。添加输入视频流时，需要在原有 InputStream 指针的基础上重新分配新的 mfxVPPCompInputStream 数据结构，同时增加

NumInputStream 的值。

3）启动源会话线程。

源会话创建并初始化成功后，可以通过 CTranscodingPipeline 对象的 Run( ) 函数启动该会话的视频处理流水线。这样保证拼接处理组件重启后可以顺利拿到新添加源会话的输出帧。另外，我们需要把 CTranscodingPipeline 线程上下文 ThreadTranscodeContext 加入 Launcher 的 m_pThreadContextArray 中，以让 Launcher 统一管理会话的退出。

4）更新接收会话指向的共享缓冲区列表。

接收会话通过 m_pBuffer 指针指向的是 SafetySurfaceBuffer 链表的表头，而新的会话的 SafetySurfaceBuffer 被加到了链表的表头，因此，m_pBuffer 指向的位置也需要更新，确保新的源会话的共享缓冲区加入接收会话能访问到的列表中。

5）调用接收会话的 MFXVideoVPP::Reset( ) 函数使其生效。

拼接会话中 mfxExtVPPComposite 的参数和 m_pBuffer 修改完之后，需要调用拼接会话的拼接操作类 MFXVideoVPP 的 Reset 函数，才能让参数的修改生效。

基于 CTranscodingPipeline 分析的动态添加输入视频流步骤就介绍完了，另外需要注意的是，用于拼接的输入视频流的个数（通过 mfxExtVPPComposite 结构体的 NumInputStream 变量表示）在运行时虽然可以通过 MFXVideoVPP::Reset( ) 函数动态地增加和减少，但是 Media SDK 有一个限制——运行期间的视频流个数不能超过视频处理操作组件初始化时 MFXVideoVPP::Init( ) 设置的视频流个数，这就意味着以下这种情况是不被支持的，即运行过程中由于添加新输入视频导致输入视频数超过程序开始时的输入视频数，比如程序刚开始时输入视频数为 36，运行过程中视频输入数最大希望达到 64 路。那如何解决这个问题呢？一个应对的方法是在程序开始时，通过 MFXVideoVPP::Init( ) 初始化用于拼接的视频处理操作组件时，Init( ) 函数的参数 mfxExtVPPComposite 的 NumInputStream 先设置为 64，等 Init( ) 函数执行完后，立即调用 MFXVideoVPP::Reset( ) 函数更新 NumInputStream 为 36，这样在程序运行期间就可以按本节介绍的流程添加输入视频数到 64 路。

9.3.1.2　删除输入视频流

下面介绍动态删除输入视频流的关键点，和动态添加视频流有一定的对应关系，总的来说有三大部分逻辑：

- ❑ 源会话的退出和资源释放。
- ❑ 接收会话的参数更新和生效。
- ❑ 退出的源会话和拼接会话之间的视频流数据传递的中断。

时序关系应用程序对这三部分的实现可以分为图 9-9 所示的步骤。

1）停止和退出源会话线程。

源会话线程是通过 CTranscodingPipeline 的 decode 方法循环处理每一帧数据而不断运行的，所以要停止源会话的视频处理，就要添加逻辑让主线程可以中断源会话线程，退出

decode 方法。

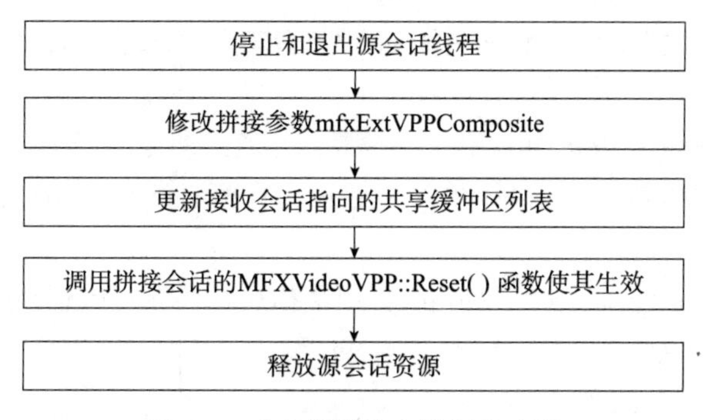

图 9-9 动态删除输入视频流步骤

2）修改拼接参数 mfxExtVPPComposite。

修改拼接会话的视频处理组件的初始化 mfxVideoParam 参数。更新 mfxExtVPPComposite 的 NumInputStream，并调整 mfxExtVPPComposite 的 InputStream 数组值，把删除的会话对应的 InputStream 值移到数组末尾以使 Media SDK 根据 NumInputStream 的设置而不会去访问它，或者重新分配 InputStream 内存，重新赋值。

3）更新接收会话指向的共享缓冲区列表。

从 Launcher 的 m_pBufferArray 中移除该 CTranscodingPipeline 的 SafetySurfaceBuffer 指针，并从 SafetySurfaceBuffer 链表中移除，确保删除的源会话的共享缓冲区从接收会话访问的列表中移除。

4）调用拼接会话的 MFXVideoVPP::Reset( ) 函数使其生效。

拼接会话中初始化的参数和共享缓冲链表更新完之后，调用拼接会话的处理操作组件 MFXVideoVPP 的 Reset 函数，让拼接会话以新的初始化参数处理拼接。

5）释放源会话资源。

移除和释放 Launcher 的各列表中该源会话相关的属性，包括 m_pThreadContextArray 等。关闭删除会话对应的 CTranscodingPipeline 的视频处理组件。关闭会话，释放源会话的视频组件、会话、帧缓存、帧缓存池、共享缓冲区、帧缓存内存等资源。另外需要注意的是，如果删除的会话刚好是父会话，则要先解除所有的父子关系并重新指定父会话，才能删除该会话。

以上是动态添加和删除输入视频流基于转码例程实现的主要逻辑和关键点，有些操作需要发生在不同线程中，相关的线程管理、同步通信以及线程安全的实现这里也不介绍，读者可以结合自己的应用程序和以上例程逻辑做相关实现。

9.3.2 缩放裁剪配置

在不同的视频操作阶段，Media SDK 或者 libdrm 都支持视频的缩放裁剪功能，本节我们一起来了解一下在解码、后处理、拼接、送显等视频操作阶段，应用程序如何通过缩放裁剪实现视频尺寸和显示区域的调整控制。

Media SDK 的数据结构一般都是用如下字段来描述帧缓存的尺寸和感兴趣（ROI）的矩形区域的：

- Width：视频帧缓存的宽，单位为像素，且值必须是 16 的倍数。
- Height：视频帧缓存的高，单位为像素，且值必须是 16 的倍数（逐行帧）或者 32 的倍数。
- CropX，CropY，CropW，CropH：用来描述在帧缓存中感兴趣的一块矩形区域。

图 9-10 描述了这些字段的关系，Width 和 Height 表示帧缓存图像的像素宽高，CropX、CropY、CropW、CropH 表示在帧缓存图像中选中的一块矩形区域。以帧缓存图像的左上角位置为坐标系原点，CropX、CropY 为矩形区域左上角的坐标点，CropW 和 CropH 为该矩形区域的像素宽和像素高。

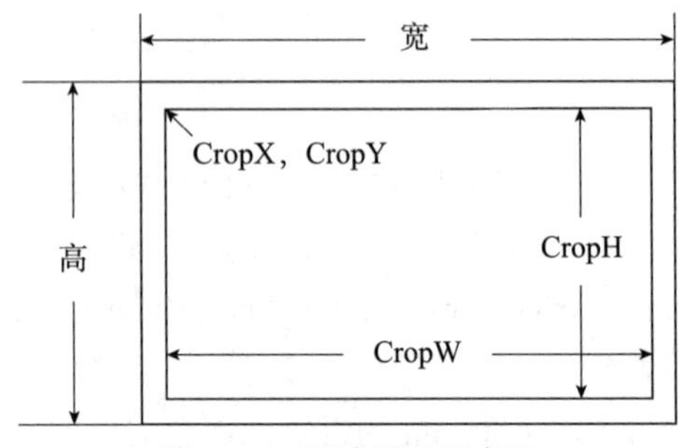

图 9-10　区域描述示意图

Media SDK 提供给应用层传递帧缓存相关参数信息的时机主要有两个，一个是视频操作组件执行初始化函数时通过参数 mfxVideoParam 设置，另一个是视频操作组件执行操作函数时通过输入输出参数 mfxFrameSurface1 设置。用来描述尺寸、位置信息、裁剪区域、显示区域等的参数信息也是在上述时机进行设置的。而 mfxVideoParam 的数据结构比较复杂，我们在 9.2.2.2 节中也简单介绍了，在 mfxVideoParam 中的 mfxInfoMFXmfx 字段用于配置解码操作、编码操作的参数信息。mfxInfoVPP vpp 字段用于配置视频处理操作的参数信息。mfxExtBuffer **ExtParam 字段用来配置扩展参数的信息，例如用于解码操作时通过 SFC 做缩放和颜色格式转换的扩展参数 mfxExtDecVideoProcessing 和用于拼接处理操作的扩展参数 mfxExtVPPComposite。

mfxFrameSurface1 以及 mfxVideoParam 中的 mfxInfoMFX 和 mfxInfoVPP 都是通过包含的 mfxFrameInfo 来描述帧缓存的尺寸和感兴趣的矩形区域的。mfxFrameInfo 包含了 Width、Height、CropX、CropY、CropW、CropH 字段。

用于 SFC 的 mfxExtDecVideoProcessing 和用于拼接的 mfxExtVPPComposite 也是通过字段 Width、Height、CropX、CropY、CropW、CropH 来描述帧缓存的尺寸和感兴趣的矩形区域。

接下来我们具体来看如何在各视频操作阶段完成缩放裁剪和区域设置。

9.3.2.1　解码阶段

如果我们启用了解码阶段的 SFC 固定功能引擎，就可以通过解码操作函数在解码的同时完成对帧缓存的缩放裁剪。通过 SFC 完成缩放裁剪功能的参数在 mfxExtDecVideoProcessing 中定义。如代码清单 9-9 中 mfxExtDecVideoProcessing 的数据结构定义可以看到，mfxExtDecVideoProcessing 包含了 mfxIn In 和 mfxOut Out 两个结构，mfxIn 包含 CropX、CropY、CropW、CropH 字段，定义了从解码后的源帧缓存中选中（裁剪）的区域，选中的区域会进行缩放并放到目标帧缓存由 mfxOut 定义的区域中。mfxOut 定义了目标帧缓存的尺寸和缩放后在目标帧缓存中的区域，其中 Width 和 Height 定义了目标帧缓存的帧尺寸，CropX、CropY、CropW、CropH 定义了在 mfxIn 中裁剪的区域缩放到的目标帧缓存的区域。另外，源帧缓存图像大小是通过 mfxVideoParam.mfx.FrameInfo 的 Width 和 Height 定义的。

代码清单 9-9　mfxExtDecVideoProcessing 数据结构定义

```
typedef struct {
  mfxExtBuffer    Header;

  struct mfxIn{
        mfxU16  CropX;
        mfxU16  CropY;
        mfxU16  CropW;
        mfxU16  CropH;
        mfxU16  reserved[12];
  }In;

  struct mfxOut{
        mfxU32  FourCC;
        mfxU16  ChromaFormat;
        mfxU16  reserved1;

        mfxU16  Width;
        mfxU16  Height;

        mfxU16  CropX;
        mfxU16  CropY;
        mfxU16  CropW;
        mfxU16  CropH;
        mfxU16  reserved[22];
  }Out;

  mfxU16  reserved[13];
} mfxExtDecVideoProcessing;
```

最后我们通过图 9-11 所示的例子来理解各个字段的含义。假设原始解码输出帧缓存图像大小为 1920×1080，我们在源帧缓存图像坐标位置（100, 100）处裁剪 1280×720 大小的内容，缩放到 352×288 的大小，并在大小为 720×480 目标帧缓存的坐标位置（20, 20）

处显示。图 9-11 标出了各个值对应的参数。

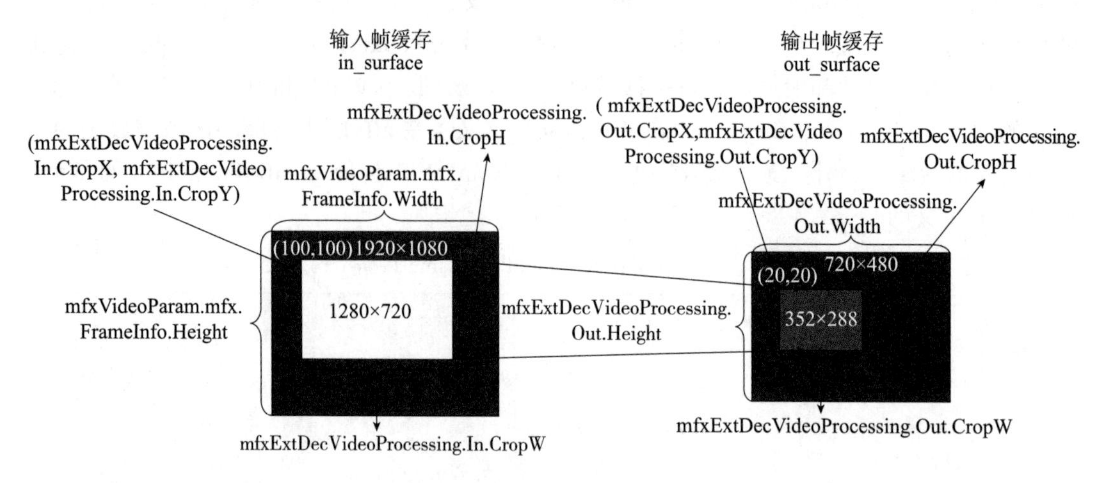

图 9-11　解码阶段裁剪缩放参数设置

9.3.2.2　常规后处理阶段

在常规后处理阶段，也就是单输入单输出的场景，后处理操作类是通过包含了 mfxFrameInfo 的初始化参数 mfxVideoParam 的 mfxInfoVPP 来处理裁剪和缩放的。mfxInfoVPP 包含了 In 和 Out 两个 mfxFrameInfo 结构体类型，描述了输入的帧尺寸信息和处理后的帧尺寸信息。通过后处理操作类的初始化函数设置输入输出帧缓存的缩放裁剪参数。

代码清单 9-10 是 mfxInfoVPP 的结构体定义。

代码清单 9-10　mfxInfoVPP 结构体定义

```
typedef struct _mfxInfoVPP {
    mfxU32          reserved[8];
    mfxFrameInfo    In;
    mfxFrameInfo    Out;
} mfxInfoVPP;
```

9.3.2.3　拼接阶段

在拼接阶段，Media SDK 也提供了对输入视频帧的缩放和裁剪并拼接到目标帧缓存中的指定位置的功能。我们通过视频处理操作组件完成拼接操作，视频处理操作组件的初始化函数参数 mfxVideoParam 包含了专门用于拼接的扩展缓冲参数 mfxExtVPPComposite。mfxExtVPPComposite 的 mfxVPPCompInputStream 里的 DstX、DstY、DstW、DstH 字段为每个输入视频流定义了在目标帧缓存中的（X, Y）坐标位置和 Width、Height 的大小。而 mfxVideoParam.vpp.out.Width 和 mfxVideoParam.vpp.out.Height 定义了目标帧缓存的像素高和像素宽。

视频处理操作组件的操作函数（MFXVideoVPP_RunFrameVPPAsync）的输入参数 mfxFrameSurface1* in 通过 mfxFrameInfo 中的 CropX、CropY、CropW、CropH 字段定义了输入图像参与拼接的裁剪区域，而输出参数 mfxFrameSurface1* out 通过 mfxFrameInfo 中的 CropX、CropY、CropW、CropH 字段定义了拼接目标帧缓存实际显示的区域。

我们可以通过包含 mfxFrameInfo 的输入和输出帧缓存数据结构 mfxFrameSurface1，以及包含 mfxVPPCompInputStream 的 mfxVideoParam->mfxExtBuffer<mfxExtVPPComposite> 一起设置拼接尺寸位置区域。

处理拼接的后处理操作函数（MFXVideoVPP_RunFrameVPPAsync）的输入参数 mfxFrameSurface1 通过 mfxFrameInfo 中的 CropX、CropY、CropW、CropH 字段定义了输入图像参与拼接的裁剪区域。mfxExtVPPComposite 的 mfxVPPCompInputStream 的 DstX、DstY、DstW、DstH 定义了裁剪后的输入图像在拼接后的输出图像中的位置。处理拼接的后处理操作函数的输出参数 mfxFrameSurface1 通过 mfxFrameInfo 中的 CropX、CropY、CropW、CropH 字段定义了在输出图像中实际显示的区域。

我们通过图 9-12 所示的例子来理解各个字段的含义。假设有 4 路码流参与拼接（限于篇幅，左边只画了其中两路示意拼接效果），左上角是其中一路输入码流，输入帧的大小为 1920×1080，我们要在坐标位置（100, 100）处裁剪 1280×720 大小的内容，缩放到 960×540 的大小，拼接到右边大小为 1920×1080 的目标帧缓存上，左边这路输入码流在目标帧缓存的坐标位置（960, 540）处显示（右下角）。图 9-12 标出了各个值对应的参数。

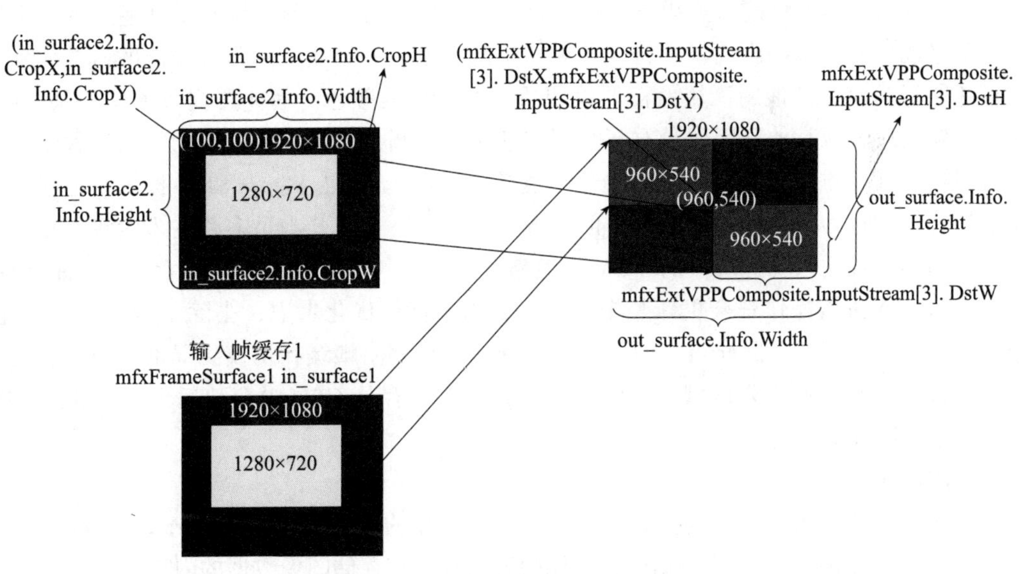

图 9-12　拼接阶段的裁剪缩放参数设置

9.3.2.4　送显阶段

前面介绍的几个阶段都是通过 Media SDK 的视频操作组件来完成的，而送显操作是通过调用 libdrm 的函数完成的，所以送显阶段的尺寸调整也是通过 libdrm 的函数完成的。如果我们通过 drmModeSetPlane( ) 把显示帧缓存送到视频图形层显示，就可以通过参数 int32_t crtc_x、int32_t crtc_y、uint32_t crtc_w、uint32_t crtc_h 设置视频图形层在显示设备上显示的位置和大小，还可以通过 uint32_t src_x、uint32_t src_y、uint32_t src_w、uint32_t src_h 参数选择显示帧缓存中的选中区域绑定到视频图形层。代码清单 9-11 中是 drmModeSetPlane( ) 函数的定义。

代码清单 9-11　drmModeSetPlane( ) 函数

```
int drmModeSetPlane(int fd,
            uint32_t plane_id, // plane id
            uint32_t crtc_id,
            uint32_t fb_id, // frambuffer id
            uint32_t flags,
            int32_t crtc_x, int32_t crtc_y, uint32_t crtc_w, uint32_t crtc_h,
            uint32_t src_x, uint32_t src_y, uint32_t src_w, uint32_t src_h);
```

9.3.3　无效区域重置

在拼接显示实现中，由于最终的显示区域是由多个视频流拼接而成的，经常会发生某些区域缺少视频流，或者原本有视频流的地方由于某些原因造成视频流丢失或者被删除而留出一片空白区域的情况，如果不加以控制，这些区域有可能显示随机的颜色，或者会定格在某路视频流的某幅画面，不符合预期效果。比如，一共显示 9 路视频流的监控大屏上只有 4 路视频流，其他的区域就需要设置成某个初始的颜色，而 4 路视频流中的某一路，由于摄像头故障或其他原因而没有新数据传递过来，画面停留在最后一帧，在这种情况下也需要将该区域重新设置为初始的颜色（通常为黑色）。虽然 Media SDK 提供了在拼接过程中将背景设置为特定颜色的功能，但在视频墙模式下（需要满足多路输入为等大小的规则拼接布局，各输入均为统一的 YUV 颜色格式，并且各输入之间没有重叠），Media SDK 假设了每一次拼接操作都会更新整个帧缓冲，出于性能优化考虑，去除了背景颜色填充，进而带来了上述问题。因此当我们的拼接布局从铺满整个帧缓存切换到局部填充时，可以通过软件方法来完成无效区域的重置，也就是把帧缓存从 GPU 内存映射出来，通过 CPU 对该帧缓存进行重新设置。

具体过程为：

1）映射出拼接输出帧缓存的内存。获取拼接操作的输出帧缓存 mfxFrameSurface1，通过帧缓存分配器的 Lock 方法根据内存句柄映射出帧缓存存储图像数据的内存。

2）清空或者赋值帧缓存的图像数据。根据该帧缓存内存存储的图像颜色格式的布局，清空或者赋值帧缓存的图像数据。

3）取消内存映射。操作完之后，通过帧缓存分配器的 Unlock 方法取消该段内存映射。

背景填充完毕，可以开始拼接操作。

具体代码参考如代码清单 9-12 所示。

代码清单 9-12　清除帧缓存背景颜色示意代码

```
mfxFrameSurface1 *pSurface = vppOutputSurface;
m_pMFXAllocator->Lock(m_pMFXAllocator->pthis, pSurface ->Data.MemId, &pSurface
->Data);
// 给 pSurface->Data 的 yuv 数据赋值，清空背景颜色
...

m_pMFXAllocator->Unlock(m_pMFXAllocator->pthis, pSurface ->Data.MemId, &pSurface
->Data);
```

9.3.4　图像叠加

在拼接显示案例中，有多个图像叠加的需求。例如，在当前图像上叠加字幕。公司或机构的标识（logo），以及画中画等。为了实现这种应用，需要给每个像素再配备一个标识透明度的通道，一般称为阿尔法通道。通常来说，阿尔法通道的取值范围与像素其他通道的取值范围是一致的，例如，如果 RGB 色彩格式的一个色彩通道的采样精度为 8 比特，那么阿尔法通道的取值范围就是 [0，255]，最小值 0 表示完全透明，最大值 255 表示完全不透明。

为了满足不同场景的需求，Media SDK 提供了 3 种不同的图像叠加的合成方法。首先是专门用于 YUV 色彩格式的亮度键控（Luma Keying）法，它可以把当前图像在某个亮度值范围内的所有区域的阿尔法（alpha）值都设置为 0，也就是完全透明的。这样叠加在其他图像上面的时候，透明区域的部分就可以完全显示出其他图像的内容。其次是既可以用于 YUV 色彩格式又可用于 RGB 色彩格式的全局阿尔法合成法（global alpha blending）和逐点阿尔法合成法（per pixel alpha blending），前者表示整幅图像都是用统一的阿尔法值，而后者表示当前图像中的每个像素都使用自己的阿尔法值进行合成，前者可以看作粗粒度的透明度控制，而后者则是细粒度的。

Media SDK 通过结构体 mfxVPPCompInputStream 定义了上述 3 种方法的参数，如表 9-4 所示。想要使用某个方法就设置某个使能参数的值不为 0 即可，例如想要使用亮度键控法就设置 LumaKeyEnable 为非 0 值，同时需要设置 GlobalAlphaEnable 和 PixelAlphaEnable 为 0，因为同一次视频处理只能使用一种方法，而且要在初始化时就设置好。另外，目前支持的色彩格式只有 YUV 格式中的 NV12 和 RGB 色彩格式。

表 9-4　3 种图像合成方法的参数释义

方法	参数	释义
亮度键控法	mfxU16 LumaKeyEnable; mfxU16 LumaKeyMin; mfxU16 LumaKeyMax;	非 0 值表示使能 最小亮度值 最大亮度值
全局阿尔法合成法	mfxU16 GlobalAlphaEnable; mfxU16 GlobalAlpha;	非 0 值表示使能 对于单通道采样精度为 8 比特的取值范围为 [0，255]
逐点阿尔法合成法	mfxU16 PixelAlphaEnable;	非 0 值表示使能

相对于全局阿尔法合成法要求输入的图像具有相同的色彩格式不同，逐点阿尔法合成法允许输入图像为不同的色彩格式，例如 YUV 色彩空间的 NV12 格式和 RGB 色彩格式。尽管逐点阿尔法合成法的功能强大，适用场景多，但是在 Media SDK 默认情况下是不能使用的，因为会引起在透明与不透明的边界上产生类似“白线”一样的异常。在 Linux 操作系统上，可以通过以下改动打开该功能，该改动在 Ubuntu 18.04 操作系统上基于 2021.1.3 版本的 Media SDK 验证通过。

打开 Media SDK 下的文件 _studio/shared/src/mfx_vpp_vaapi.cpp，找到方法 mfxStatus VAAPIVideoProcessing::Execute_Composition(mfxExecuteParams* pParams) 的实现，在 2338 行左右，如代码清单 9-13 所示，把 blend_state[refIdx].flags |= 0; 改成 blend_state[refIdx].flags |= VA_BLEND_PREMULTIPLIED_ALPHA;。

代码清单 9-13　启用逐点阿尔法混合

```
if ((pParams->dstRects[refIdx-1].LumaKeyEnable == 0 ) &&
            (pParams->dstRects[refIdx-1].PixelAlphaEnable != 0 ) )
      {
            /* Per-pixel alpha case. Having VA_BLEND_PREMULTIPLIED_ALPHA as a
              parameter
             * leads to using BLEND_PARTIAL approach by driver that may produce
             * "white line"-like artifacts on transparent-opaque borders.
             * Setting nothing here triggers using a BLEND_SOURCE approach that
              is used on
             * Windows and looks to be free of such kind of artifacts */
           blend_state[refIdx].flags |= 0;
      }
```

9.4　拼接性能优化

如前面介绍的，拼接过程操作的都是未经压缩的原始图像，无论是对算力还是内存带宽访问的要求不都低，但同时也意味着细小优化所带来的性能收益也很可观。本节选择了拼接过程中最重要的两个过程——缩放及拼接任务提交，来阐述常见的优化思路。

9.4.1 缩放算法和引擎选择

首先需要说明的是，这里的缩放也包括了颜色格式转换，两者是在同一计算过程中一并处理的。英特尔 GPU 支持多种缩放引擎和算法，其吞吐量颇有差异，选择合适的配置对性能优化很有帮助。从计算单元的角度，英特尔 GPU 拥有 3 个引擎能完成实际的缩放功能：媒体采样器（Media Sampler）、3D 采样器（3D Sampler）、SFC（Scaler& Format Converter）。在第 2 章我们已经有过简单的论述，前两者为共享功能单元（被特定的 EU 组合共享），SFC 为固定功能单元。两个共享功能单元中，在和视频处理相关的驱动中，通常采用媒体采样器，3D 采样器更多地被驱动在 3D 渲染的业务中使用。同时，这些引擎都不能单独访问，必须和 EU、VDBox/VEBox 配合使用。另外，我们在 1.5.4 节介绍了英特尔 GPU 支持的两种缩放算法：双线性法和 AVS。综合以上信息，对于缩放处理，我们有如表 9-5 所示的 3 种方式，分别适用于不同场景。

表 9-5 英特尔 GPU 视频处理缩放方式对比

引擎	应用场景	支持算法	占用率统计	特点
VDBox ＋ SFC	解码后直接后处理	AVS	体现为 VDBox 占用率	低功耗，支持的最小分辨率为 128×128，最大分辨率为 16k×16k，缩放比为 1/8～8
VEBox ＋ SFC	独立后处理	AVS	体现为 VEBox 占用率	
EU ＋ 媒体采样器	独立后处理	双线性法 /AVS	体现为 EU 占用率	

上述为硬件规格，回到软件层面，Linux 下 libva 暴露了很多参数供应用程序对缩放过程做深度配置，同时也针对复杂的参数组合隐藏了部分引擎和算法选择逻辑。接下来，我们以两种主要的缩放场景——独立后处理和解码后直接后处理为例，分别阐述在 libva 层的调用方式及 iHD 驱动内部的决策逻辑。

9.4.1.1 独立后处理

所谓独立后处理，主要是指不和解码绑定的后处理，输入输出均为原始图像数据。我们通过 libva 的 vaBeignPicture( ) 函数指定目标输出帧缓存，通过 vaRenderPicture( ) 指定输入帧缓存，通过 VAProcPipelineParampterBuffer( ) 指定缩放参数和其他后处理算法，例如降噪、去交错等。如果 vaRenderPicture 仅提供了单个输入，则为常见的 1 对 1 后处理。如果其提交了多个输入，则为本章所讨论的拼接处理。另外，如表 9-6 所示，VAProcPipelineParampterBuffer 中有两个重要参数来控制缩放过程，这会影响最后的引擎和算法选择。

表 9-6　VAProcPipelineParampterBuffer 的两个重要参数

参数	值选项
filter_flags	VA_FILTER_SCALING_DEFAULT VA_FILTER_SCALING_FAST VA_FILTER_SCALING_HQ
Pipeline_flags	VA_PROC_SCALING_FAST

不同的应用有不同的使用场景和需求，有的场景希望缩放后的图像质量高一些，有的场景希望处理缩放的速度快一些，有的场景需要在 EU 完成缩放，有的场景希望在 SFC 完成缩放，以达到整体性能的优化和平衡。而对于拼接处理的场景，一个额外的要求是希望所有的输入帧缓存都采用同一种缩放算法。 我们在表 9-7 中总结了根据不同输入参数，iHD 驱动的缩放算法和引擎的选择机制。

表 9-7　iHD 驱动的缩放算法和引擎的选择机制

<table>
<tr><th colspan="8">输入</th><th colspan="3">输出</th></tr>
<tr><th>任务提交方式</th><th>启用去噪和去隔行</th><th>启用视频源的Alpha融合</th><th>视频源RGB优先于YUV</th><th>视频之间是否有重叠区域</th><th>视频源颜色格式</th><th>pipeline_flags</th><th>filter_flags</th><th>缩放引擎</th><th>缩放算法</th><th>说明</th></tr>
<tr><td rowspan="6">单独提交</td><td rowspan="6">任何值</td><td rowspan="6" colspan="3">不适用</td><td rowspan="6">任何颜色值</td><td rowspan="3">无</td><td>VA_FILTER_SCALING_HQ</td><td>EU</td><td>AVS</td><td></td></tr>
<tr><td>VA_FILTER_SCALING_FAST</td><td>SFC 或 EU</td><td>AVS</td><td rowspan="2">如果VEBox被使用，则为SFC，其他情况下是EU</td></tr>
<tr><td>VA_FILTER_SCALING_DEFAULT</td><td>SFC 或 EU</td><td>AVS</td></tr>
<tr><td rowspan="3">VA_PROC_PIPELINE_FAST</td><td>VA_FILTER_SCALING_HQ</td><td rowspan="3">EU</td><td rowspan="3">Bilinear</td><td rowspan="3"></td></tr>
<tr><td>VA_FILTER_SCALING_FAST</td></tr>
<tr><td>VA_FILTER_SCALING_DEFAULT</td></tr>
</table>

（续）

<table>
<tr><th colspan="8">输入</th><th colspan="3">输出</th></tr>
<tr><th>任务提交方式</th><th>启用去噪和去隔行</th><th>启用视频源的 Alpha 融合</th><th>视频源 RGB 优先于 YUV</th><th>视频之间是否有重叠区域</th><th>视频源颜色格式</th><th>pipeline_flags</th><th>filter_flags</th><th>缩放引擎</th><th>缩放算法</th><th>说明</th></tr>
<tr><td rowspan="9">联合提交</td><td colspan="4" rowspan="3">必须满足全部为否</td><td rowspan="3">不全是 RGB</td><td rowspan="3">任何值</td><td>VA_FILTER_SCALING_HQ</td><td>EU</td><td>AVS</td><td rowspan="3"></td></tr>
<tr><td>VA_FILTER_SCALING_FAST</td><td>EU</td><td>主视频源时为 AVS，后续视频源时为 Bilinear</td></tr>
<tr><td>VA_FILTER_SCALING_DEFAULT</td><td>SFC 或 EU</td><td>AVS</td></tr>
<tr><td colspan="4" rowspan="6">任何一项成立</td><td rowspan="6">任何颜色值</td><td rowspan="3">无</td><td>VA_FILTER_SCALING_HQ</td><td rowspan="3">EU</td><td rowspan="3">主视频源时为 AVS，后续视频源时为 Bilinear</td><td rowspan="3"></td></tr>
<tr><td>VA_FILTER_SCALING_FAST</td></tr>
<tr><td>VA_FILTER_SCALING_DEFAULT</td></tr>
<tr><td rowspan="3">VA_PROC_PIPELINE_FAST</td><td>VA_FILTER_SCALING_HQ</td><td rowspan="3">EU</td><td rowspan="3">Bilinear</td><td rowspan="3"></td></tr>
<tr><td>VA_FILTER_SCALING_FAST</td></tr>
<tr><td>VA_FILTER_SCALING_DEFAULT</td></tr>
</table>

表 9-7 里主要有两大类型的字段：输入参数和输出结果。可以在表 9-8 中查看表 9-7 中

字段的说明。

表 9-8　字段说明

字段类型	参数	含义
输入参数	降噪和去隔行	表示该次的后处理操作是否需要降噪或者去隔行
	透明度混合	表示输入帧缓存的颜色格式是否包含透明度通道，比如 AYUV 包含透明度通道 A，所以需要进行透明度混合处理
	源 RGB 在源 YUV 之前拼接输入	该参数用于拼接处理，表示用于拼接的输入既有 RGB 的帧缓存又有 YUV 的帧缓存，而且在拼接输入顺序中，RGB 在 YUV 之前
	重叠显示	该参数用于拼接处理，表示输入的帧缓存是否在目标帧缓存上有重叠区域
	pipeline_flags	VAProcPipelineParampterBuffer 的成员变量，其可选值列表可参考表 9-9
	filter_flags	VAProcPipelineParampterBuffer 的成员变量，其可选值列表可参考表 9-9
	任务场景	两种 scaling 场景 单路 surface 的缩放 多路拼接后的缩放
输出结果	缩放算法	双线性法和 AVS 两种算法
	缩放引擎	EU 和 SFC 两种引擎

目前 SFC 不支持 bilinear 算法，只能在 EU 通过 3D 采集器支持。根据上面的分析可以得出表 9-9 所示的结论。

表 9-9　iHD 驱动的缩放算法和引擎的选择结论

缩放算法	引擎选择
单路帧缓存的缩放	当 pipeline_flags 被设置为 VA_PROC_SCALING_FAST 时，filter_flags 的值将被忽略，并且选择 EU 的双线性的缩放方案 如果 pipeline_flags 没有设置，则使用 AVS 算法，缩放引擎由 filter_flags 决定 如果源和目标帧缓存的颜色格式一致，而且不需要缩放，直接将源帧缓存复制到目标帧缓存

（续）

缩放算法	引擎选择
多路拼接后的缩放	当满足以下所有情况时使用 AVS：没有帧缓存的重叠显示，在 YUV 格式的输入帧缓存之前没有 RGB 格式的输入帧缓存，所有输入帧缓存没有透明度通道，filter_flags 不是 VA_FILTER_SCALING_FAST 当以上情况有个别不满足时： 第一个输入帧缓存使用 AVS，别的帧缓存都使用双线性缩放 当 pipeline_flags 被设置成 VA_PROC_SCALING_FAST 时，选择 EU 的双线性缩放方案 如果源和目标帧缓存的颜色格式一致，而且不需要缩放，则直接进行从源帧缓存到目标帧缓存的二进制复制

上述结论基于对 Intel Media Driver 19.4 版本的源码阅读，大部分逻辑在以下代码中：

media_driver/agnostic/common/vp/hal/vphal.cpp 中的函数 VphalState::Render，和 media_driver/linux/common/vp/ddi/media_libva_vp.c 中的函数 Ddi_VideoProcessPipeline。

9.4.1.2　解码后直接后处理

一般情况下 VDBox 输出原始大小的解码帧到内存，为了拼接，EU 需要从内存读取一次，然后经过缩放和颜色格式转换最终输出到显示缓存。如果使用与 VDBox 连接的 SFC 做缩放和颜色格式转换，则可以在解码时直接输出目标大小和目标颜色格式的帧，减少了中间一次的原始大小帧的读取，而且基于缩放过程中算法的原因（输出一个像素点需要读取周边的多个点），要把分辨率为 1080P 的一帧图像缩放到其他大小，可能每一个像素点不仅读一次，这个数据访问量会更大。图 9-13 展示了为何使用 VDBox＋SFC 之后，在解码缩放的过程中可以减少内存访问。

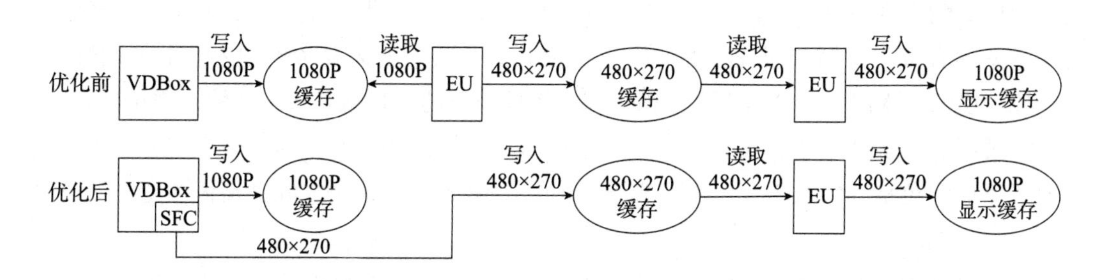

图 9-13　VDBox＋SFC 节省内存访问

除了减少内存带宽之外，使用 SFC 还能降低功耗，因为 SFC 为固定功能单元，比使用 EU 进行缩放和颜色格式转换消耗的能量要低很多。

应用程序可以控制是通过 VDBox 和 SFC 配合来执行解码后的缩放和颜色格式转换，

还是由另外两种（VEBox 和 SFC 配合或者 EU）来执行。如果在该平台支持的情况下想采用 VDBox 和 SFC 配合的方法，可以在初始化 Media SDK 的解码组件 MFXVideoDECODE_Init（C API）时，通过添加 mfxVideoParam 参数的 mfxExtBuffer: mfxExtDecVideoProcessing(AddExtBuffer<mfxExtDecVideoProcessing>( )) 并设置相应的 mfxIn 尺寸、mfxOut 尺寸和颜色格式来实现。如果想采用另外两种方法，则在初始化 Media SDK 的视频处理组件 MFXVideoVPP_Init 时，通过设置 MfxVideoParam 参数来实现。但是另外两种具体采用哪一种，即是用与 VEBox 和 SFC 配合还是用 EU，是无法通过应用程序直接控制的，而是由 Media Driver 根据 MFXVideoVPP 的参数自动选择。

在 sample_multi_transcode 中，通过设置 -dec_postproc 启用 VDBox 和 SFC 配合完成缩放和颜色格式转换。

当应用程序选择了启用 VDBox 连接的 SFC 功能时，意味着缩放或者颜色格式转换会和解码一起在 MFXVideoDECODE_DecodeFrameAsync( ) 函数里完成，缓冲区 / 帧分配器为解码器分配的输出帧缓存的大小也是缩放后的大小，因此，根据 Media SDK 的 API 设计，我们也没有机会拿到解码后缩放前的解码输出原尺寸的图像数据了。

9.4.2 拼接任务的批量提交

拼接任务的批量提交是为了提升效率，效率提升来源于两个方面：第一，多个任务通过一次内核交互完成，提高了任务提交效率；第二，一次提交的多个任务在 GPU 内部可以并发执行，提升了执行效率。批量提交分为两种模式：默认分组模式和手动分组模式，本节着重介绍两种批量提交模式的适用场景和使用方式。

9.4.2.1 基本原理

拼接过程中的输入参数有很多情况，不同的情况会导致拼接内部的实现过程有所差异。例如当所有输出区域并没有占满整个拼接输出时，需要考虑先完成背景色的合成，然后才是输入源的合成。又例如当视频源的输出位置有重叠时，就需要考虑输入源的叠加顺序，先合成底层的输入源，再合成上层的输入源，比较简单的实现就是每一路输入都单独合成。当输入视频源有多种颜色格式时，例如既有 NV12 又有 RGBA 时，因为用户态驱动内部实现时为不同颜色格式转换编写了不同算子，所以不同颜色格式输入源拼接任务也需要分别提交。

不过对于常见的规则布局的拼接业务来说，通常其会占据整个拼接输出，输入源之间也没有重叠，同时大部分情况下也是同样的输入颜色格式，因此不需要考虑上述问题。当 Media SDK 发现满足上述条件时，其拼接过程有更优化的实现。其默认会按照提交顺序，最多 8 个输入源为一组提交拼接任务，提高任务提交效率。如图 9-14 所示，8×8 规则布局的拼接任务会分为 8 组，以水平一行的 8 个输入为一组进行提交。

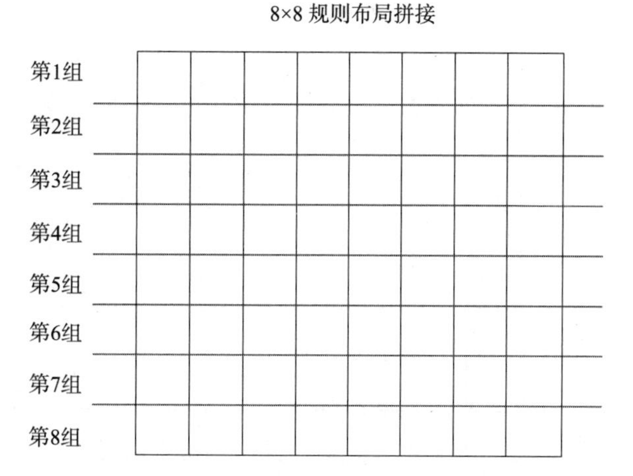

图 9-14　8×8 规则布局拼接任务默认分组提交

但这里还有一种情况，如图 9-15a 中默认的分组图所示，虽然输入源之间没有重叠，但是如果按照提交顺序 8 个为一组，则部分组的形状不为一个封闭矩形，例如第 2～7 组。由于 GPU 在拼接时必然以矩形为目标区域，因此在这种情况下，不同组之间其实存在重叠，如图 9-15b 中第 2 组和第 3 组的实际区域所示。由于有重叠，按照这种分组方式提交拼接任务之后，两个组的合成会并发进行，从而有可能导致错误的合成结果，例如第 3 组在进行合成时，覆盖了和第 2 组重合的区域。

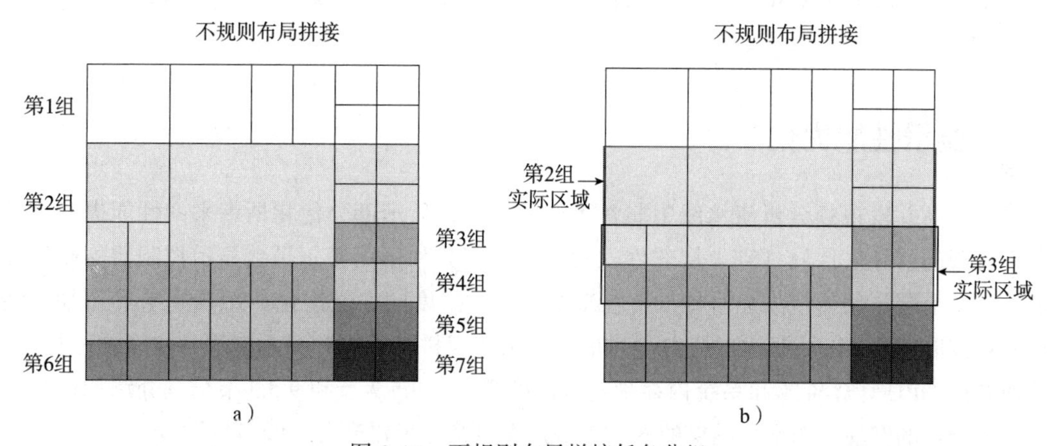

图 9-15　不规则布局拼接任务分组

为了解决这个问题，Media SDK 提供了拼接任务手动分组的功能，通过应用程序手动将在同一个矩形区域的输入源划分到同一个分组来避免可能的合成错误。图 9-16 展示了上述不规则布局拼接的一种分组方法。原则有两个：其一，在不大于 8 个的情况下，尽量让更多的输入源分配到一个组；其二，所有分组为标准矩形。

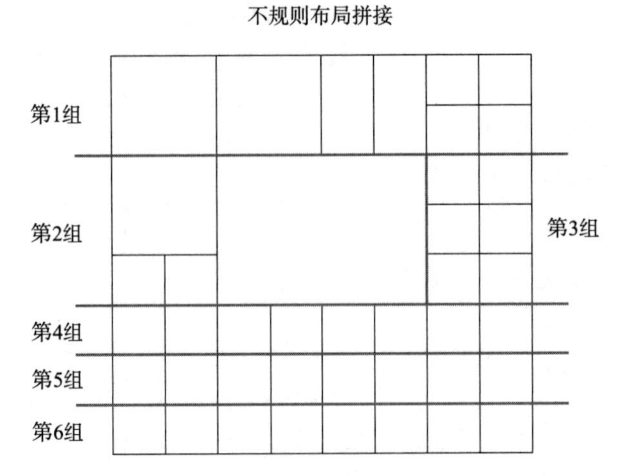

图 9-16 不规则布局拼接手动分组

9.4.2.2 手动分组功能使用方法

Media SDK 拼接数据结构 mfxExtVPPComposite 中有两个选项用来配置输入源的分组：mfxExtVPPComposite.NumTiles 指的是总共分了几组，mfxExtVPPComposite.mfxVPPCompInputStream. TileId 用来标识分组号，相同 TileId 的输入视频流为一组。开发者可以使用转码例程来验证拼接分组的功能，通过在参数配置文件中配置 -vpp_comp_tile_id 和 -vpp_comp_num_tiles 参数来实现。-vpp_comp_tile_id 对应的是 mfxExtVPPComposite.mfxVPPCompInputStream. TileId，-vpp_comp_num_tiles 对应的是 mfxExtVPPComposite.NumTiles。

9.5 显示性能优化

作为高并发视频分析流水线中非常重要的一环，显示部分优化所带来的性能提升也是非常可观的。从底层硬件到上层软件，我们可以充分利用英特尔平台显示控制器的硬件功能，以及上层采用的渲染显示框架特性来实现最大限度的性能优化。9.5.1 节会介绍如何利用 libva 和 libdrm 软件框架支持内存共享特性来实现拼接输出和显示帧缓存之间的零拷贝，从而减少 GPU 计算资源和系统内存带宽资源的消耗。9.5.2 节和 9.5.3 节分别介绍如何利用显示控制器的多硬件图层和图层的 NV12 格式直显特性来提升流水线整体性能。

9.5.1 拼接输出和显示帧缓存零拷贝

9.5.1.1 基本原理

在 9.4.1.2 节，我们介绍了通过 VDBox 和 SFC 的配合，对解码后的数据直接进行缩放和颜色格式转换以节省内存访问的优化方法。但从图 9-17 的“优化前”分支中可以看到，经过 SFC 处理的输出依然会保存在一个临时缓存中，然后再由 EU 复制到显示缓存。如果业务中除了解码拼接显示没有其他业务，也就是说解码输出的缓存仅有拼接的使用场景，为了进一步减少内存带宽和复制消耗，如图 9-17 中的“优化后”分支所示，一个显而易见的优化思路是使 SFC 直接输出到显示缓存，也就是完成了拼接输出和显示帧缓存的共享，最终实现两者之间的零拷贝。这个优化是可行的，不过目前 Media SDK 尚不支持此功能，必须基于 libva 接口来实现。在拼接显示业务中，针对每一路输入视频，这个方式不仅可以节省针对缩放后大小帧缓存的一次内存读取和一次内存写入（在图 9-17 所示的例子中，为 480×270 的帧缓存），还能把 EU 资源节省下来用于其他业务，例如推理。

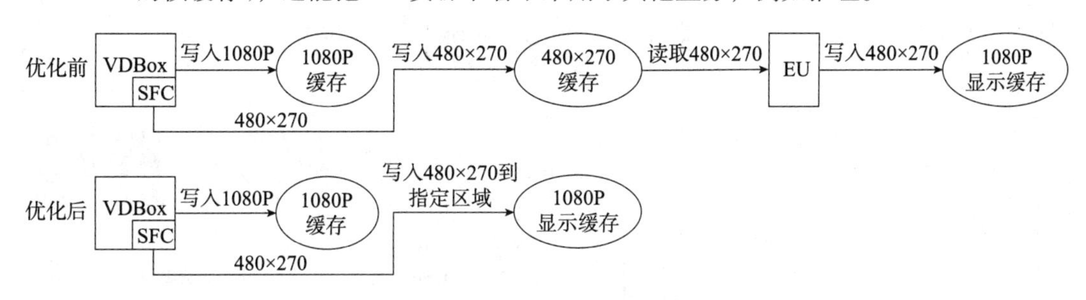

图 9-17　SFC 输出缓存流程优化

上述部分为基本原理，现在让我们回到实现层面。我们知道，本章所涉及的显示功能都是直接基于 libdrm 实现的，因此可以直接访问显示控制器硬件图层的帧缓存。要实现上述优化，核心在于基于 libva 的解码输出要和基于 libdrm 的显示帧缓存实现共享。libva 存放解码输出的数据结构为 VASurfaceID，libdrm 显示帧缓存的数据结构为 uint32 类型的句柄 fb_id。在拼接业务中，两者实现实际内存共享后的情况如图 9-18 所示，也就是每一路解码输出的 VASurfaceID 数据结构所使用的内存实际上是引用了显示帧缓存的一部分区域。之所以能如此实现，是因为 libdrm 和 libva 两者最底层访问的数据结构都是第 3 章提到的 GEM 对象，同时 libva 支持引用外部创建的缓存来创建 VASurfaceID 结构。

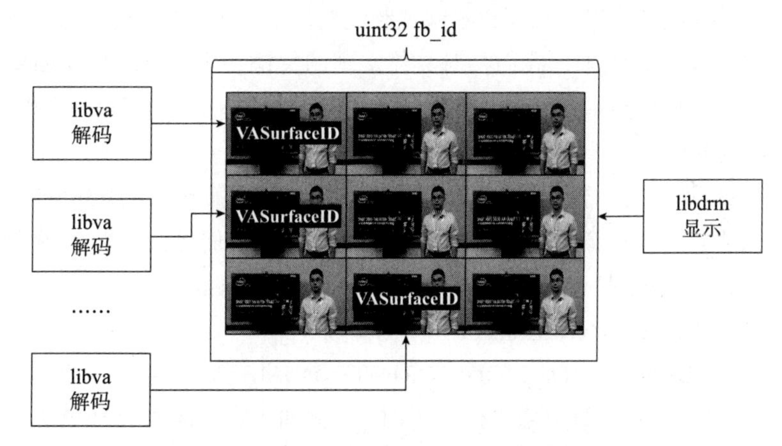

图 9-18　拼接业务中 libva 和 libdrm 内存共享

图 9-19 展示了实现共享的详细过程，其中椭圆形表示数据结构，矩形表示函数调用。从中可以看到 fb_id 和 VASurfaceID 之间的共享还涉及了两个数据结构，Dumb Buffer 和 GEM flink。其中 Dumb Buffer 为最先创建的 GEM 对象，其一方面用于后续建立显示帧缓存 fb_id，另一方面用于建立可在进程间共享的 GEM 对象的唯一标识符 drm_gem_flink.name（基于 Flink 机制），libva 也正是基于这个唯一标识符完成了对外部创建的 Dumb Buffer 的引用。

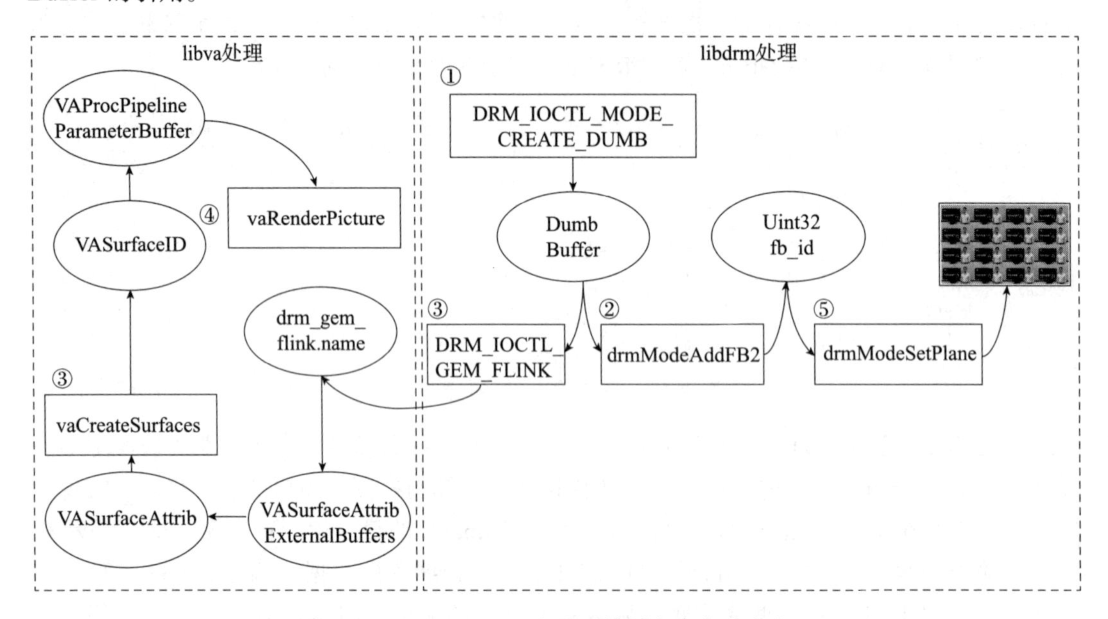

图 9-19　VASurfaceID 和显示帧缓存内存共享实现

通过上述共享流程，我们得到了一个和显示帧缓存有同样大小的 VASurfaceID 结构。接下来我们将此 VASurfaceID 作为每一路视频流 VDBox 和 SFC 解码的输出缓存，同时指定输出图像在该缓存上的位置，从而让不同视频流共用同一个 VASurfaceID，最终实现拼接效果并避免额外复制。接下来，我们将对具体实现的关键代码进行分析，如果读者待实现的业务也仅包含解码拼接显示业务，并且遇到了内存带宽的瓶颈，可详细阅读下一小节。

9.5.1.2　代码分析

libva-utils 的厂商定制示例程序 sfcsample 演示了如何在解码后利用 SFC 进行缩放和颜色格式转换，读者可以结合该程序来阅读接下来的章节。我们将按照图 9-19 所示的函数调用编号顺序来分析实现过程。

1）创建 DRM Dumb Buffer 对象。

通过 libdrm 的 DRM_IOCTL_MODE_CREATE_DUMB 接口创建一个 Dumb Buffer 对象，并获取它的句柄，需要指定像素位宽（BPP，例如 NV12 格式的 BPP 为 12，RGB4 格式的 BPP 为 32）和宽高参数。代码可参考代码清单 9-14。

代码清单 9-14　创建 Dumb Buffer 对象

```
struct drm_mode_create_dumb arg;
u32 m_width = 1920, m_height = 1080;
u32 m_bo, m_pitch;

memset(&arg, 0, sizeof(arg));
arg.bpp = BPP;
arg.width = m_width,
arg.height = m_height;
int ret = drmIoctl(m_fd, DRM_IOCTL_MODE_CREATE_DUMB, &arg);
if (!checkDrmRet(ret, "DRM_IOCTL_MODE_CREATE_DUMB"))
    return false;

m_bo = arg.handle;
m_pitch = arg.pitch;
```

m_width 和 m_height 为显示帧缓存的大小，同时也是最终拼接后的图像大小，m_bo 为创建出来的 GEM 对象句柄。

2）创建 DRM 显示帧缓存对象。

存储待绘制数据的缓存最终是通过显示帧缓存对象送入显示系统的，因此创建 GEM 对象之后，还需要调用 drmModeAddFB 系列接口来完成帧缓存对象的创建，代码清单 9-15 演示了这个过程。

代码清单 9-15　drmModeAddFB 接口

```
int ret = drmModeAddFB(m_fd, m_width, m_height, 24, BPP, m_pitch, m_bo, &m_fb_id);
```

m_fb_id 即为创建并绑定了 m_bo 的显示帧缓存对象的句柄，可以被后续接口直接用于显示。

3）创建 VASurfaceID。

libva 的 vaCreateSurface 可以根据 VASurfaceAttribExternalBuffers 和 VASurfaceAttrib 参数来引用外部创建缓存以创建新的 VASurfaceID，该对象可用于 libva 的各种流水线操作。具体参考代码如代码清单 9-16 所示。

代码清单 9-16　通过 GEM 对象创建 VASurfaceID

```
struct drm_gem_flink arg;

memset(&arg, 0, sizeof(arg));
arg.handle = m_bo;
ret = drmIoctl(m_fd, DRM_IOCTL_GEM_FLINK, &arg);
if (!checkDrmRet(ret, "DRM_IOCTL_PRIME_HANDLE_TO_FD"))
    return false;
```

```
VASurfaceAttribExternalBuffers external;
unsigned long handle = (unsigned long)arg.name;

memset(&external, 0, sizeof(external));
external.pixel_format = VA_FOURCC_BGRX;
external.width = m_width;
external.height = m_height;
external.data_size = m_width * m_height * BPP / 8;
external.num_planes = 1;
external.pitches[0] = m_pitch;
external.buffers = &handle;
external.num_buffers = 1;

VASurfaceAttribattribs[2];

attribs[0].flags = VA_SURFACE_ATTRIB_SETTABLE;
attribs[0].type = VASurfaceAttribMemoryType;
attribs[0].value.type = VAGenericValueTypeInteger;
attribs[0].value.value.i = VA_SURFACE_ATTRIB_MEM_TYPE_KERNEL_DRM;

attribs[1].flags = VA_SURFACE_ATTRIB_SETTABLE;
attribs[1].type = VASurfaceAttribExternalBufferDescriptor;
attribs[1].value.type = VAGenericValueTypePointer;
attribs[1].value.value.p = &external;

VASurfaceID id, m_surface_id;

VAStatusvaStatus = vaCreateSurfaces(m_display, VA_RT_FORMAT_RGB32, m_width, m_
height, &id, 1,attribs, N_ELEMENTS(attribs));
if (!checkVaapiStatus(vaStatus, "vaCreateSurfaces"))
    return false;
m_surface_id = static_cast<intptr_t>(id);
```

通过 DRM_IOCTL_GEM_FLINK 获取之前创建的 GEM 对象（m_bo）的名字（arg.name），作为进程间共享的唯一标识符，后面可以通过该名字获取此 GEM 对象在当前进程内的句柄。

创建 VASurfaceAttribExternalBuffers，并把 m_bo 的名字赋值给 VASurfaceAttribExternalBuffers 的 buffers。设置颜色格式、宽高、pitches、缓存个数等参数。

创建 VASurfaceAttrib，指定其 Surface 的 VASurfaceAttribMemoryType 为 VA_SURFACE_

ATTRIB_MEM_TYPE_KERNEL_DRM，并且指定其 Surface 的 VASurfaceAttribExternalBuffer-Descriptor 为前面创建的 VASurfaceAttribExternalBuffers 对象。最后通过 vaCreateSurfaces 方法传入相关参数，就可以通过参数 id 获得新创建的 VASurfaceID 了。

4）设置该 VASurfaceID 为解码输出缓存。

设置该 VASurfaceID 为 libva VDBox+SFC 解码流水线的输出缓存，并且在执行 vaCreateContext 时把该 VASurfaceID 添加到 VASurfaceID *render_targets 参数中。代码清单 9-17 是 vaCreateContext 接口：

代码清单 9-17　vaCreateContext 接口

```
VAStatusvaCreateContext(
VADisplay dpy,
VAConfigID config_id,
int picture_width,
int picture_height,
int flag,
VASurfaceID * render_targets,
int    num_render_targets,
VAContextID * context
)
```

libva 通过 VAProcPipelineParameterBuffer 数据结构来指定解码后后处理（VDBox+SFC）的相关参数。如代码清单 9-18 所示，其中 additional_outputs 代表 SFC 操作之后的输出缓存（我们将其设置为 m_surface_id），surface_region 表示对解码后原始帧缓存的裁剪区域，output_region 表示在输出帧缓存（m_surface_id）中的位置。也就是通过 additional_outputs 和 output_region 两个参数定义了该路解码输出到显示帧缓存的对应位置。

代码清单 9-18　创建 VAProcPipelineParameterBuffer

```
// 准备 VAProcPipelineParameterBuffer 以进行解码
VAProcPipelineParameterBuffer buffer;
memset(&buffer, 0, sizeof(buffer));

m_rectSrc.x = m_rectSrc.y = 0;
m_rectSrc.width = frame_width;
m_rectSrc.height = frame_height;

m_rectSFC.x = m_rectSFC.y = 0;
m_rectSFC.width = scaled_width;
m_rectSFC.height = scaled_height;

buffer.surface_region = &m_rectSrc;
```

```
buffer.output_region = &m_rectSFC;
buffer.additional_outputs = (VASurfaceID*) & (m_surface_id);
buffer.num_additional_outputs = 1;
m_vaProcBuffer = buffer;
```

5）送显。

当将所有解码通道的输出都设置到该显示帧缓存的对应位置并完成解码之后，也就是拼接内容已经写入 GEM 对象 m_bo，就可以通过传递对应的 m_fb_id 给 libdrm 的 drmModeSetPlane 接口完成显示。参考代码如代码清单 9-19 所示。

代码清单 9-19　DRM 的 drmModeSetPlane 接口

```
drmModeSetPlane(m_fd, m_planeID, m_crtcID, m_fb_id, 0,0, 0, m_crtc->width, m_crtc->height, m_x<< 16, m_y<< 16, m_width << 16, m_height << 16);
```

通过以上 5 个步骤，就可以实现直接通过 SFC 输出拼接到显示帧缓存，节省了中间通过 EU 进行内存复制的过程。需要再次提醒的是以上不是实现 VDBox＋SFC 处理的全部代码，完整实现可参考开源代码 libva-utils 下的 vendor/intel/sfcsample。

9.5.2　X Window 和 DRM 混合渲染

如图 9-20 所示，很多视频应用都会有 UI 和视频两种内容需要渲染。如果将两个内容渲染到同一个硬件图层，需要消耗大量的计算资源来进行合成，不算最优方案。因此很多平台的显示控制器都开始支持多硬件图层，支持应用将不同内容渲染到不同硬件图层，不同图层之间通过透明色等方式实现叠加，从而降低渲染开销。早期的时候，UI 比较简单，很多开发者完全使用 DRM 管理视频和 UI 图层。随着各种显示服务器框架不断地发展，UI 交互可以实现得更加复杂，很多开发者开始切换到桌面应用的 X Window 来管理 UI，大大提升了开发效率。例如利用 X Window 支持浏览器的特点，使用 HTML 和 CSS 来实现多样且灵活的用户界面，对同样的页面内容可以非常方便地更换布局和配色，但同时也带来了新的问题，就是在很长的一段时间，X Window 对于多硬件图层的支持都不太完善，最终引出了本节要讨论的混合渲染话题，一方面可以利用 X Window 来开发多样的 UI，一方面又能直接利用 DRM 更灵活地管理视频图层（例如启用多视频图层，使多图层内容和配置在同一个 VBlank 周期内做原子更新、自主控制颜色格式等）。需要指出的是，本节提到的修改方式并非普遍适用的通用方法，更适用于封闭式的嵌入式系统环境。另一方面，随着 X Window 的进一步发展，相信会对多硬件图层有更好的支持。

要实现 X Window 和 DRM 的混合渲染，需要解决两个核心问题：第一，X Window 底层也是使用 DRM 完成渲染，因此需要修改 Linux 内核代码关闭 DRM 系统的权限管理功能来允许多个 DRM 主控存在；第二，需要修改 X Window 驱动将 UI 渲染到视频图层之上的硬件图层，并设置为 RGBA 格式支持两个图层间的逐点 Alpha 透明叠加。图 9-21 展现了混合渲染在图层顺序和颜色格式上的要求。

图 9-20 典型视频应用

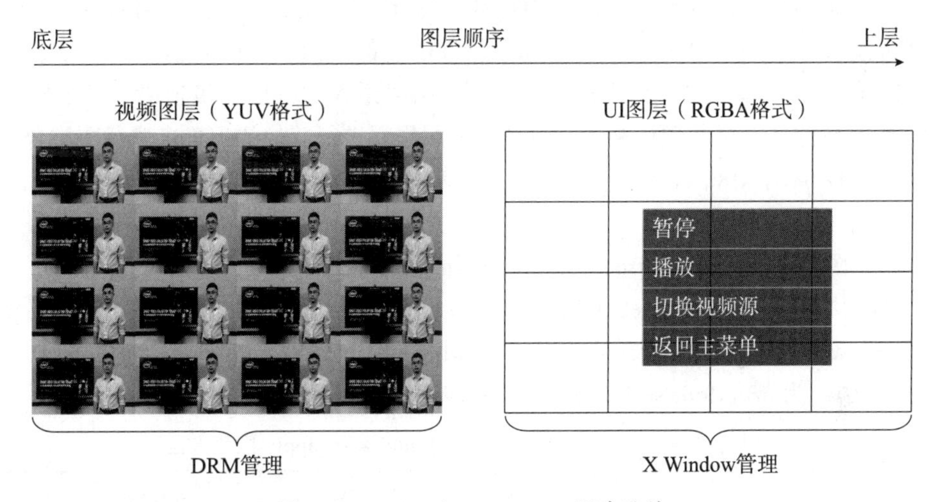

图 9-21 DRM 和 X Window 混合渲染

9.5.2.1 去除 DRM 权限管理

回到实现层面，我们首先看一下如何修改代码来去除 DRM 的权限管理。在 Linux 内核的 drivers/gpu/drm/drm_ioctl.c 中，找到 drm_ioctl_descdrm_ioctls 定义，去掉 DRM_IOCTL_MODE_GETPLANE 和 DRM_IOCTL_MODE_SETPLANE 的 DRM_MASTER 属性标识，如代码清单 9-20 所示，改完代码后重新编译内核使代码修改生效。需要指出的是，如此修改的原因是后续的 DRM 渲染是使用 drmModeSetPlane 接口来完成的，如果读者的应用是利用了 drmModeSetCrtc 或者其他接口来实现，那么还需要去除对应接口的 DRM_MASTER 属性标识。

代码清单 9-20　去除 drm_mode_setplane 的 DRM_MASTER 认证请求

DRM_IOCTL_DEF 的默认调用	去除 DRM_MASTER 认证请求
static const struct drm_ioctl_descdrm_ioctls[] = { ...... DRM_IOCTL_DEF(DRM_IOCTL_MODE_SETCRTC, drm_mode_setcrtc, DRM_MASTER), DRM_IOCTL_DEF(DRM_IOCTL_MODE_GETPLANE, drm_mode_getplane, 0), DRM_IOCTL_DEF(DRM_IOCTL_MODE_SETPLANE, drm_mode_setplane, DRM_MASTER), DRM_IOCTL_DEF(DRM_IOCTL_MODE_CURSOR, drm_mode_cursor_ioctl, DRM_MASTER), ...	static const struct drm_ioctl_descdrm_ioctls[] = { ...... DRM_IOCTL_DEF(DRM_IOCTL_MODE_SETCRTC, drm_mode_setcrtc, DRM_MASTER), DRM_IOCTL_DEF(DRM_IOCTL_MODE_GETPLANE, drm_mode_getplane, 0), DRM_IOCTL_DEF(DRM_IOCTL_MODE_SETPLANE, drm_mode_setplane, 0), DRM_IOCTL_DEF(DRM_IOCTL_MODE_CURSOR, drm_mode_cursor_ioctl, DRM_MASTER) ......

9.5.2.2　配置 X Window 使用图层

接下来我们需要修改 X Window 的 2D /3D 驱动让其使用我们打算使用的视频图层之上的图层来渲染 UI。在 DRM 系统中，每一个硬件图层都会拥有自己的编号，编号的顺序也反映了图层的顺序，编号最小的图层在最底层，编号最大的图层在最顶层。显示控制器会按照这个编号顺序、图层的颜色格式，以及其他图层间进行叠加的配置来进行图层合成。

如下以 2D 驱动 xf86-video-intel 为例，演示如何修改其使用的硬件图层。具体操作如下：

1）下载源代码 https://cgit.freedesktop.org/xorg/driver/xf86-video-intel/ 。

2）修改代码，把 drmModeSetCrtc 改成 drmModeSetPlane，同时设置对应图层 plane_id 为 XWindow 渲染对象。在 src/uxa/intel_display.c 中，找到 intel_crtc_apply 方法，修改 drmModeSetCrtc 为 drmModeSetPlane，如代码清单 9-21 所示。

代码清单 9-21　xf86-video-intel 的 intel_crtc_apply 修改方法

```
//修改前
ret = drmModeSetCrtc(mode->fd, crtc_id(intel_crtc), fb_id, x, y, output_ids,
output_count,  &intel_crtc->kmode);

//修改后
ret = drmModeSetPlane(mode->fd, plane_id, crtc_id(intel_crtc), fb_id, 0, 0, 0,
intel_crtc->kmode.hdisplay, intel_crtc->kmode.vdisplay, 0, 0, intel_crtc->kmode.
hdisplay<<16, intel_crtc->kmode.vdisplay<<16);
```

3）重新编译安装驱动。

需要注意的是，由于 X Window 图层启用了 RGBA 的颜色格式，应用程序要在 UI 图像内容的透明区域设置 alpha 域为非 0xFF，这样下面的视频图层才能显示。

9.5.3 NV12 直接显示

英特尔显示控制器一直支持多种颜色格式的硬件图层。例如早期的平台有多种类型的图层，不同类型支持不同的颜色格式，例如主（Primary）图层支持比较全的格式，包括 RGB 的各种变种、YUV422 等，而精灵（Sprite）图层就仅支持 YUV422 格式。大部分视频流为了提高编码效率，使用的都是 YUV420 格式（最主要的为 NV12）。因此在显示之前，总免不了要做颜色格式转化，从 NV12 到 YUV422 或者 RGB。在第九代显卡之后，显示控制器也开始支持 NV12 格式，由此开始有机会减少一次颜色格式的转换，实现解码后内容的直接显示，减少额外的转换和内存带宽的消耗。随着显示分辨率和刷新率的不断提升，例如 4K@60 或者 8K@60，使用 NV12 直接显示的好处会更加显著。图 9-22 以 4K@60 解码显示业务为例，展示了 NV12 直接显示的好处：减少了对 4K@60 RGBA 格式的两次内存访问，一次读一次写，节省了内存带宽访问量 2×1898MB/s（3.8GB/s），同时也减少了颜色格式转换带来的 EU 计算资源的消耗。

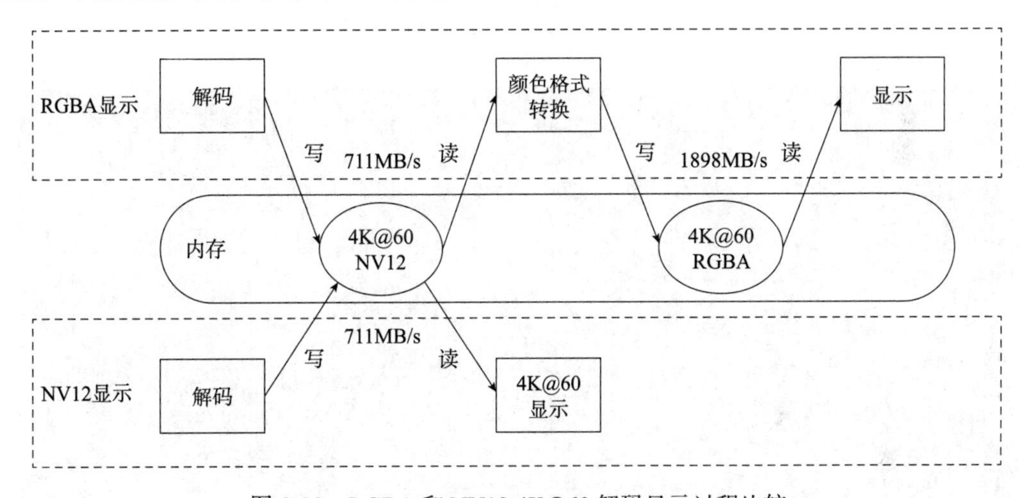

图 9-22 RGBA 和 NV12 4K@60 解码显示过程比较

以下为在凌动 Apollo Lake 平台上实际测试 16 路 1080P H265 解码和 4K@30 显示时，分别使用 RGBA 和 NV12 作为图层显示格式的对比数据：

- 和 RGBA 显示输出对比，NV12 格式降低 40MB 内存消耗。
- 和 RGBA 显示输出对比，NV12 格式减少 10% 的 EU 占用率。

图 9-23 和图 9-24 分别为两种颜色格式下 EU 占用率的截图。

在 Media SDK 21.3.3 版本之后，开发者可以通过 Media SDK 的示例程序来验证 NV12 直接显示功能。例如在转码例程中，可以在拼接会话（-vpp_comp_only）中通过设置 -ec 参数指定显示格式。

```
-vpp_comp_only 16 -w 1920 -h 1080 -async 4 -threads 2 -join -hw -i::source -ext_
allocator -ec::nv12 -rdrm-DisplayPort
```

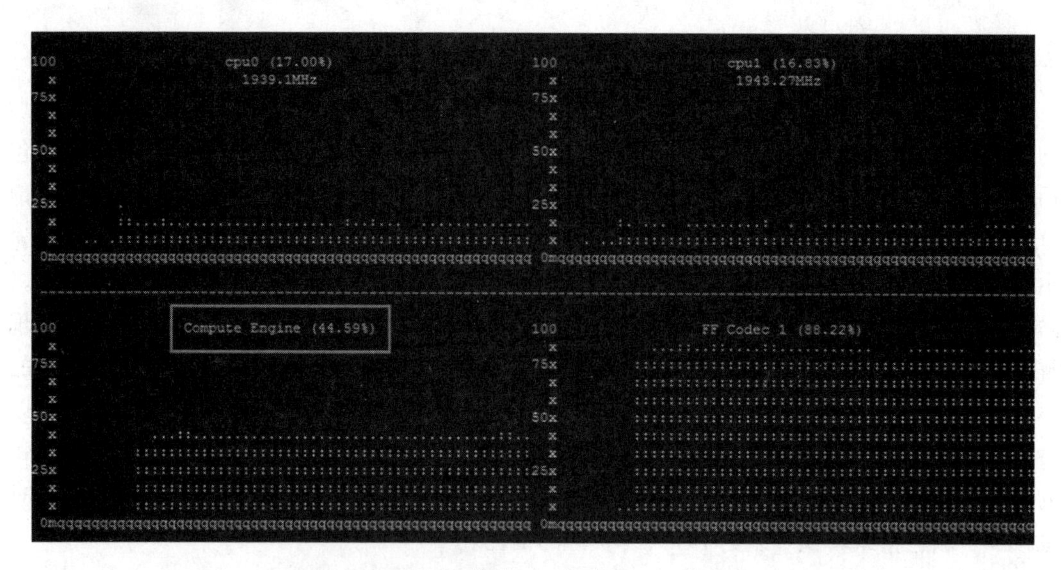

图 9-23　RGB 作为显示输出的 EU 占用率

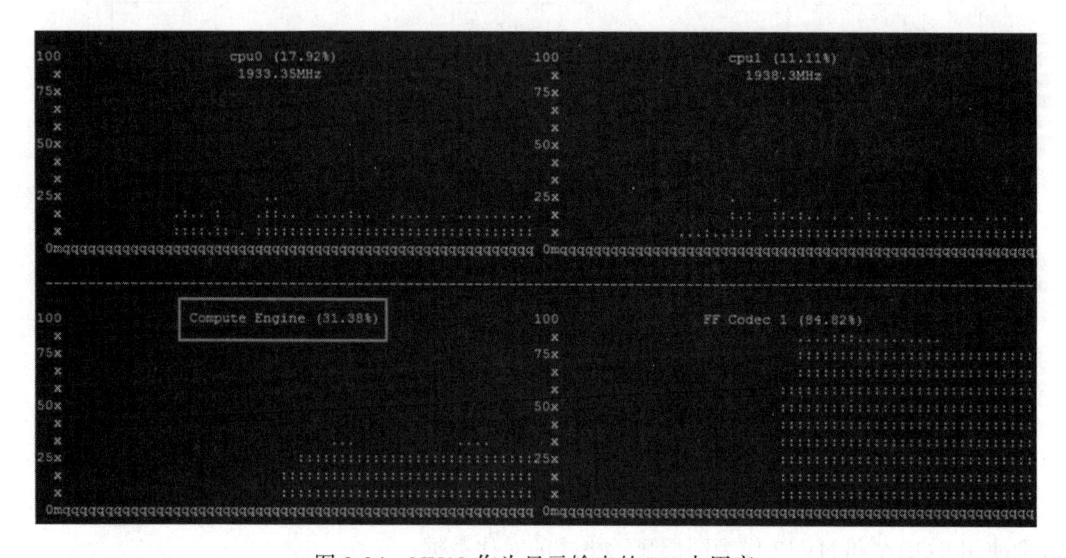

图 9-24　NV12 作为显示输出的 EU 占用率

Media SDK 21.3.3 之前的版本尚未完全支持 NV12 作为显示格式。对于 21.3.3 和 21.3.0（包含）之间的版本，需要参照补丁 2 添加代码支持 NV12 的显示。对于 21.3.0 之前的版本，需要参照以下两个补丁修改代码，添加 NV12 显示的支持。

补丁 1：https://github.com/Intel-Media-SDK/MediaSDK/pull/2704/commits/2ccfc409edd6edd42525708f3f03830dd7ed5dda

补丁 2：https://github.com/Intel-Media-SDK/MediaSDK/commit/3198a4facd5a9db437bf3f4ee0d08f701a0e4e82

9.6 本章小结

转码例程可以说是所有例程中最复杂，也是功能最丰富的例程，特别是多线程和多会话的灵活高效的使用，使得多路的编解码可以高效地实现，同时拼接显示过程也是初学者经常遇到问题的地方，熟练掌握转码例程中的实现方式，对于实现复杂的多路视频应用有着重要的借鉴意义。而专用硬件模块 SFC 的引入则是专门针对视频图像处理的高效低功耗的硬件加速实现的，解决了视频本身没有问题但是图像的处理速度缓慢引起的系统整体效率下降的问题。在我们客户支持的实践中，由于对拼接输入的裁剪、背景色的调整、重叠区域的融合以及通过分组提交拼接任务的方式来提升性能这些话题也是经常被咨询的问题，因此本章也对这部分的实现方式做了讲解。由于 Windows 的显示部分已经做了很好的封装，因此本章的代码实践和性能优化都是针对 Linux 操作系统的，希望本章内容对于基于 Linux 系统开发视频处理应用程序的读者有启示作用。

CHAPTER 10

第10章

性能监测

“工欲善其事，必先利其器。”在做任何系统性能优化之前，我们首先需要借助各种工具来定位到当前业务的性能瓶颈。在目前的计算机架构下，计算和内存资源是必然要关注的两个可能的性能瓶颈。具体到复杂的视频应用、GPU使用率、CPU使用率、内存及内存带宽使用量、系统功耗就是我们通常需要监测的点。本章会从上述的几个方面来介绍一些常见工具的使用方法，希望可以帮助开发者在不同的优化场景中选择合适的工具。除了单一的系统性能瓶颈的监测工具外，英特尔也提供了非常强大的全系统分析工具，例如VTune，它可以帮助开发者可视化地观察到业务运行的整个生命周期当中每个时刻的全面资源占用情况，以及具体到函数级别的资源占用统计信息，是性能监测和优化的利器，我们也会在本章对这款工具做简单介绍。

10.1 GPU监测

10.1.1 影响GPU性能的主要因素

对于硬件加速的视频处理业务来说，GPU无疑是影响性能的最关键因素。随着GPU的不断发展，其功能越来越丰富，内部结构也越来越复杂。其使用情况就不是一个单独的百分比可以反映的。就像影响CPU性能的主要因素有主频、核心数、线程数、缓存以及指令级带宽等，影响集成GPU性能的因素也类似，主要有架构、频率、EU数目以及各类专用处理单元的个数和性能等，本节将会重点介绍影响英特尔GPU性能的各种因素及其相互关系。

首先，影响GPU性能的就是架构，俗称第几代GPU，因为每一代GPU的内部构造都会比上一代有所改进，对应的性能也会有所提升。例如英特尔的 Gen9 GPU 增加了固定功能单元 VDENC，用于低功耗的视频编码，结合已有的基于 EU 的编码，整个系统编码的吞吐量大大提高了。而制程工艺同样是芯片供应商的必争之地，通俗地讲，制程可以指集成电路（Integrated Circuit，IC）内部的电路与电路之间的距离，距离越短意味着在同样大小面积的集成电路中，可以集成更多元器件，可以拥有密度更高、功能更复杂的电路设计，性能也就会越来越高。

其次，影响 GPU 性能的就是核心频率，即 GPU 工作的时钟频率（Clock Speed）。通常一个时钟信号周期会完成一步操作，这里的一步操作并不一定是一个运算，有些运算会占据多个时钟周期，所以，主频和实际的运算速度并不是简单的线性关系，但是主频的高低基本上可以代表 GPU 速度的快慢。英特尔 GPU 的规范通常会给出两个时钟频率，一个是基础频率（Base Frequency），另一个是最大动态频率（Maximum Dynamic Frequency），通常二者的差别还比较大，例如 Intel Iris Pro 580 Graphics 的基础频率为 350MHz，而最大频率为 950MHz。要了解这两个频率的关系，就要简单介绍一下英特尔平台的频率管理机制以及相关的电源管理机制。

不管是 CPU 还是 GPU，并不总需要以最高频率运行，因为并不总是有那么多的负载需要 GPU 全速处理，很多时候更需要平稳地运行，而且一直运行在很高的频率，对于功耗和散热都有着极大的挑战，所以，在 GPU 的负载较轻的时候以基础时钟频率运行，而在负载较高的时候以较高的时钟速度运行，就好像 CPU 的睿频（Turbo）加速技术一样，在 GPU 上，我们用 boost 来表示。而频率问题通常与电源管理问题相关联，如果可以充分利用硬件资源，减少等待、空转等操作，GPU 就可以在较低的频率下完成较高负载的运算，这样就降低了功耗，提高了系统利用率，所以我们还要介绍一下电源管理的基本知识。

现代计算机上常用的高级配置与电源接口（Advanced Configuration and Power Interface，ACPI）规范就是由英特尔领导业界制定的通用接口，使得操作系统能对主板上的设备以及包含设备在内的整个系统进行电源管理。而在 ACPI 规范中，制定了以下列字母开头的多种电力状态，例如，C-State、P-State、S-State 等状态，因为 State 这个单词已经被广泛使用，所以这里就不再过多解释。C-State 是 ACPI 规范定义的 CPU 工作时的电力状态，这些状态包括 C0、C1、C2、…、C*n*，其中 C0 被称为激活（active）状态，也只有在 C0 时 CPU 才会执行指令，其余状态则被称为睡眠（sleeping）状态，这时 CPU 是不执行指令的，会节省电能，操作系统会根据工作负载的情况在各个 C-State 之间切换。P-State 提供了一种调整处理器运行频率和电压的方法，以降低处理器的功耗。而 S-State 则通常表示操作系统的状态，与 C-State 的状态类似，P0 和 S0 代表正常工作的状态，这里有一个简单的规律，字母后面带的数字越大，代表越省电，但同时回到工作状态的时间也就越长。例如 S3 常常代表睡眠状态（sleeping），S4 常常代表休眠状态（hibernate）。下面通过图 10-1 简单描述它们之间的关系。

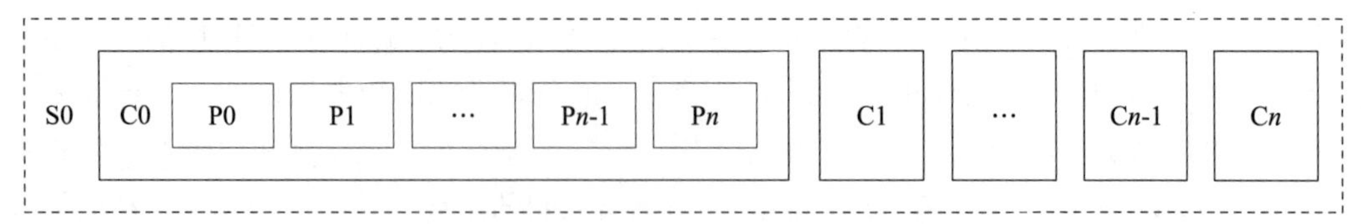

图 10-1 S-State、C-State、P-State 关系图

当然 ACPI 规范里面不仅包含上述状态，还有其他状态，例如 G-State、D-State 等，这里仅仅是介绍一下背景知识，使得大家可以理解关于电源和频率的基本配置，如果想深入了解，请参考其他专业书籍，这里不再赘述。相对应地，我们经常会在 BIOS 中关于 GPU 的配置选项中看到 RC6，也就是 Render C-State 6，顾名思义，这是 GPU 的电源管理状态之一。通过启用 RC6，GPU 可以支持前面提到的动态频率。部分测试表明，在同样的业务状态下，和关闭 RC6 相比，其能减少 40%～60% 的功耗。

讨论完通用的影响 GPU 性能的因素后，我们来看一看英特尔平台独有的因素。首先要讨论的就是 EU 的能力，虽然概念一致，但是每一代 EU 都有着不同程度的改进，所以单个 EU 的性能也有所提升，同时 EU 的个数以及对应的子切片和切片的构造也不尽相同，从表 10-1 可以看出从 Gen9 到 Gen11，单个 EU 的计算能力得到了提升，同时缓存和寄存器组的规模都得到了提升，所以，整体的算力也得到了提升。与此同时，不同宽度的单指令多数据的指令集的加入也对某些特殊领域的运算有着极大帮助，例如 Int8 指令的支持直接决定通用计算能力以及深度学习的算力。

表 10-1 Gen9 和 Gen11 关键峰值指标对比

主要性能指标	Gen9 GT2	Gen11 GT2
切片数量（Slice）	1	1
子切片数量（Sub-Slice）	3	8
执行单元数量（Core（Eus））	24（3×8）	64（8×8）
每个时钟周期单精度乘加指令运行次数（Single Precision MAD FLOPs Per Clock）	384	1024
每个时钟周期半精度乘加指令运行次数（Half Precision MAD FLOPs Per Clock）	768	2048
寄存器数量（Register File Total）	672KB（=3×224KB）	1792KB（=8×224KB）
采样单元数量（Sampler）	3	3
共享片上缓存（Shared Local Memory Total）	192KB（=3×64KB）①	512KB（=8×64KB）
第三级缓存（L3 Cache）	768KB	3072KB

①Gen9的第三级缓存（L3$ Cache）包括了片上共享缓存（SLM）。

对于视频处理引擎也是一样的道理，通过前文的介绍，我们可以了解编解码的引擎是 VDBox 模块，视频图像处理引擎是 VEBox 模块，它们的个数直接决定最终的视频处理能力。新的 GPU 架构中又加入了 SFC 引擎，使得图像处理能力进一步得到了提升。这些都是我们需要参考的指标信息。

综上所述，关注某款 GPU 的架构、制程工艺、主频、EU 数，就基本可以知道其性能范围了，而 GPU 配备的 EU 的数目和视频引擎的个数都是匹配的，性能高的 GPU 会配备更多数量的 EU 以及两个 VDBox 模块和两个 VEBox 模块。而落实到具体的负载，就需要结合具体的分析工具了。不同的操作系统对于监测和分析的方法不尽相同，下面会分别从 Linux 和 Windows 这两个主流的操作系统来介绍查看信息的相关方法。

10.1.2 查看显卡基本信息

基于 Linux 系统的 debugfs 和 sys 文件系统，英特尔 GPU 的 Linux 内核驱动 i915 提供了一系列文件节点来查看很多 GPU 的静态和运行时信息，可以方便我们快速了解所运行平台显卡的基本情况。其主要分布在如下两个目录：

- /sys/kernel/debug/dri/0/
- /sys/class/drm/card0/

在 dri 目录下，主要有 i915_capabilities、i915_gpu_info 以及 i915_sseu_status 等文件节点，其中 i915_capabilities 文件节点详细列出了显卡的各项参数和能力，并且包括了对各项功能的配置状况。i915_gpu_info 提供了包含 i915_capabilities 在内的信息，同时还提供了一些额外的信息，例如，被复位的次数、PCI 设备号、各种固件的加载状态、Fence 寄存器状态、显示控制器关键寄存器状态等。这些信息在调试问题的过程中都值得注意。i915_sseu_status 则有助于快速了解 EU 的组织架构情况，下面我们选择 i5-6600K 平台，基于内核版本为 5.10.41 的 Linux 来给大家详细介绍 i915_capabilities 和 i915_sseu_status 文件节点反馈的信息，由于 i915_ capabilities 文件内容过长，截图中仅包含部分输出。对常用条目的解析会放在后续的表格当中，理解这些选项对后续问题的调试和性能的优化会有很多帮助。

i915_frequency_info 文件节点则汇总了显卡内部和频率相关的大部分信息。i915_rps_boost_info 文件节点提供与显卡 P-State 相关的信息。而 /sys/class/drm/card0/*_freq_mhz 等一系列文件节点也提供和显卡 P-State 相关的信息，并且可以通过这些文件节点来修改频率配置。

10.1.2.1 i915_capabilities

运行 $ cat /sys/kernel/debug/dri/0/i915_capabilities 命令，会得到如图 10-2 所示的输出（由于篇幅所限，为部分输出），部分信息的详细说明在表 10-2 中，其中包含了 GPU 的基本信息、内存访问、电源管理、显示控制器状态以及 i915 提供的配置选项等信息。

```
root@uzeltgli3:/sys/kernel/debug/dri/0# cat i915_capabilities
pch: 9
graphics version: 12
media version: 12
display version: 12
gt: 0
iommu: enabled
memory-regions: 5
page-sizes: 211000
platform: TIGERLAKE
ppgtt-size: 47
ppgtt-type: 2
dma_mask_size: 39
is_mobile: no
is_lp: no
require_force_probe: no
is_dgfx: no
has_64bit_reloc: yes
gpu_reset_clobbers_display: no
has_reset_engine: yes
has_global_mocs: yes
has_gt_uc: yes
has_l3_dpf: no
has_llc: yes
has_logical_ring_contexts: yes
has_logical_ring_elsq: yes
has_mslices: no
has_pooled_eu: no
has_rc6: yes
has_rc6p: no
has_rps: yes
has_runtime_pm: yes
has_snoop: no
has_sriov: yes
has_coherent_ggtt: no
unfenced_needs_alignment: no
hws_needs_physical: no
cursor_needs_physical: no
has_cdclk_crawl: no
has_dmc: yes
has_ddi: yes
has_dp_mst: yes
has_dsb: yes
has_dsc: yes
has_fbc: yes
has_fpga_dbg: yes
has_gmch: no
has_hdcp: yes
has_hotplug: yes
has_hti: no
has_ipc: yes
has_modular_fia: yes
has_overlay: no
has_psr: yes
has_psr_hw_tracking: yes
overlay_needs_physical: no
supports_tv: no
rawclk rate: 19200 kHz
available engines: 4413
slice total: 1, mask=0001
subslice total: 3
slice0: 3 subslices, mask=00000007
EU total: 48
EU per subslice: 16
has slice power gating: yes
has subslice power gating: no
has EU power gating: no
Has logical contexts? yes
scheduler: 27
```

图 10-2　i915_capabilites 在 i3-1115G4E 使用 5.10.90 内核输出内容

表 10-2　i915_capabilities 部分条目解析

类别	条目	解析
基本信息	gen	属于第几代显卡。i5-6600K 是 Skylake，其显卡是第 9 代产品
	gt	i3-1115G4EK 搭配的是 GT1 的集成显卡（序号从 0 开始）
	is_mobile	英特尔酷睿系列产品通常分为桌面版和移动版。移动版针对笔记本市场，其功耗会更低
	is_lp	此款集成显卡是否为低功耗版本。如果是，则该项值为 yes
	is_dgfx	是否为独立显卡。如果是，则该项值为 yes

（续）

类别	条目	解析
内存访问	memory-regions	理论上，GPU 可以访问三个内存区域：和操作系统共享的系统内存区域，显卡自己的显存以及操作系统不可见的预留内存区域。这里的 memory-regions 记录了在这个平台上，显卡实际可以访问的内存区域，是所有可访问区域的宏定义相或的结果。其宏定义及含义如下： · 1b：和操作系统共享的系统内存区 · 10b：显卡自己的显存 · 100b：操作系统不可见的预留内存区域 在 i5-6600K 上这个值为 0x5，代表了 101b，也就是除了显存，其他两种内存区域都可以访问，这符合这款没有显存的集成显卡的情况
	page-sizes	显卡所支持的页大小的宏定义相或的结果，也是十六进制。到目前为止，英特尔显卡支持 3 种大小的页——4KB、64KB、2MB，其宏定义的值分别如下： · 0x1000：内存页大小为 4KB · 0x10000：内存页大小为 64KB · 0x200000：内存页大小为 2MB 在 i5-6600K 上这个值为 0x11000，因此其支持 4KB 和 64KB 两种页大小。在实际情况中，4KB 大小的页更常使用
	ppgtt-size	通常显卡的业务都是由用户态的进程发起的，早期显卡中，所有的进程会共享一个全局的虚拟地址空间，也称为全局图形地址转换表（Global GTT）。第 8 代显卡开始支持进程独立图形地址转换表（Per-Process GTT），也就是每一个用户进程发起的显卡任务会拥有自己独立的显卡虚拟地址空间，而 ppgtt-size 就是这个虚拟地址空间的位宽。 在 i5-6600K 上这个值为 48，因此显卡的虚拟地址空间很大，最大可到 2^{48}=265TB
	has_llc	CPU 和显卡之间是否有终极缓存来共享数据，提高整体性能。通常 LLC 的大小为 2MB/CPU 核心
	has_gt_uc	显卡是否支持无缓存（LLC/ 显卡 eDRAM）内存访问
电源管理	has_rc6	显卡是否支持 C-State。和 CPU 类似，GPU 可以在空闲情况下（EU/VDBox/BLT 引擎没有业务和内存访问时），通过电源管理模块降低显卡电压到 0.3V 以达到省电的目的。rc6 是其中一个级别的 C-State
	has_rc6p	显卡是否支持能耗更低的 C-State rc6p
	has_rps	显卡是否支持频率调节

（续）

类别	条目	解析
显示	has_ddi	是否支持数字显示接口（Digital Display Interfacce），这是英特尔联合多家 PC、显卡、显示器生产商一起推动的一个数字显示标准
	has_csr	是否支持显示上下文的存储和恢复（Context Save&Restore）。通常是设备在省电和唤醒模式之间进行切换时用到，以帮助快速恢复之前的显示状态
	has_dsb	是否支持显示状态缓冲（Display Status Buffer）。从第 12 代显卡开始，显示控制器内置了一个显示状态缓冲（DSB）DMA。其允许驱动程序将一组或者多组针对显示控制器的设置放入内存中，然后 DSB DMA 可以直接从内存读取对显示控制的设置，如此可以大幅降低显示器的设置时间，快速完成模式切换，同时也降低了 CPU 负载
	has_dsc	是否支持显示流压缩（Data Stream Compression）。高分辨率高帧率的显示数据对数据传输带宽的要求越来越大，因此诞生了 DSC 技术，能快速对数据进行压缩和解压，达到降低传输带宽的目的。例如在第 12 代显卡上通过 DP 1.4a 传输 8K60 的视频信号，就需要启用 DSC 功能
	has_fbc	是否支持显示帧缓冲压缩技术（Frame Buffer Compress）。通过对帧缓冲进行无损压缩和解压来减少显示控制器读取内存的消耗。当启用了 FBC 功能，未压缩的帧缓冲依然存在，只是显示控制器不再直接从这个未压缩的帧缓冲访问数据，转而去访问存储在操作系统不可见的预留内存区域的压缩后帧缓冲。只有当未压缩的帧缓冲发生变化后，新的压缩才会发生，从而减少了对内存的读取。 注意此功能只针对特定的硬件图层有效，详细规则需要查看英特尔外部设计规范（External Design Specification，EDS）手册。同时这里的支持仅代表硬件支持，完整功能以及稳定性还需要靠软件实现
	has_overlay	是否支持叠加图层。现代的显示控制器为了更高效地实现复杂的图像效果，通常支持多个硬件图层。例如如果只有一个硬件图层，要实现鼠标、图形窗口、视频内容的混合，软件需要做大量拼接工作，性能低。如果能够通过硬件实现，软件复杂度会低很多，性能也高
	has_psr	是否支持屏幕自刷新技术。这项技术是为了降低显卡的输出帧率进而达到降低功耗的目的。当显示内容不发生变化时，显示面板会存储一份帧缓冲在自己的内存中，同时从这份内存来刷新显示面板，减少对主控显示控制器的访问，因此称为屏幕自刷新。这项技术需要面板的支持

（续）

类别	条目	解析
i915 配置	i915.vbt_firmware	通过 vbt_firmware 指定的文件名来从 /lib/firmware 加载 Video BIOS 以获取与当前运行主板相关的显示配置
	i915.enable_dc	显示控制器也支持 C-State 以实现不同程度的节能。这个选项可以启用显示控制器的 C-State
	i915.enable_fbc	控制显示帧缓冲压缩技术： −1 — 自动选择 0 — 关闭 1 — 打开
	i915.enable_psr	控制显示面板自刷新技术： 0 — 关闭 1 — 打开
	i915.enable_guc	GuC/HuC 均为显卡内部的微处理器。其中 GuC 可以被用于来加载 HuC 的固件，同时自己也可以代替 CPU 来做显卡任务的提交和调度，并且负责 GPU 挂起的检测以及初始化内部引擎的复位。而 HuC 负责一部分原本需要 CPU 完成的编解码流程，例如码率控制和视频流头解析，进而减少 CPU 和 GPU 之间的同步操作。如下为该选项可能的赋值及含义： −1 — 自动 0 — 不使用 GuC 微处理器 1 — 使用 GuC 来做显卡任务的提交和调度 2 — 使用 GuC 来加载 HuC 的固件 3 — 同时具备 1 和 2 的功能 因此，如果没有加载 GuC 固件，就无法使用 HuC 微处理器
	i915.reset	控制显卡的复位操作： 0 — 关闭显卡的复位功能 1 — 当发生显卡宕机时，触发整个显卡的复位操作 2 — 当发生显卡宕机时，只复位显卡内部引起问题的子引擎，这是该选项的默认值
	i915.fastboot	i915 驱动在启动过程中会有内部模式设置的过程，其会消耗一些时间。如果启用这个选项，将会省略模式设置过程，加快启动速度。 0 —关闭 1 —打开
	i915.enable_hangcheck	控制是否打开周期性地检测显卡的运行状态以发现显卡宕机，默认情况下是打开的

10.1.2.2 i915_sseu_status

运行 $cat /sys/kernel/debug/dri/0/i915_sseu_status 指令，会得到 EU 以及切片的详细信息，从图 10-3 可以看到这款 GPU 总共拥有 24 个 EU，分布在同一个切片的 3 个子切片上。除此之外，我们还能看到英特尔 iGPU 支持 3 种电源门控（power gating）模式，分别以切片、子切片、EU 为单位，支持的最细粒度为以 EU 为单位的电源门控，也就是说其可以单独启用和关闭任何一个 EU。

```
root@intel-skylake:~# cat /sys/kernel/debug/dri/0/i915_sseu_status
SSEU Device Info
  Available Slice Mask: 0001
  Available Slice Total: 1
  Available Subslice Total: 3
  Available Slice0 subslices: 3
  Available EU Total: 24
  Available EU Per Subslice: 8
  Has Pooled EU: no
  Has Slice Power Gating: no
  Has Subslice Power Gating: no
  Has EU Power Gating: yes
SSEU Device Status
  Enabled Slice Mask: 0000
  Enabled Slice Total: 0
  Enabled Subslice Total: 0
  Enabled EU Total: 0
  Enabled EU Per Subslice: 0
```

图 10-3 i915_sseu_status 在 i5-6600K 使用 5.10.41 内核的输出内容

10.1.2.3 i915_frequency_info

运行 $cat /sys/kernel/debug/dri/0/i915_frequency_info 会得到图 10-4 所示的内容。

```
root@intel-skylake:/sys/kernel/debug/dri/0# cat i915_frequency_info
Video Turbo Mode: yes
HW control enabled: yes
SW control enabled: no
PM IER=0x00000000 IMR=0xffffffcf, MASK=0x00003ffe
PM ISR=0x00000000 IIR=0x00000000
pm_intrmsk_mbz: 0x80000000
GT_PERF_STATUS: 0x00000000
Render p-state ratio: 0
Render p-state VID: 0
Render p-state limit: 60
RPSTAT1: 0x0a808006
RPMODECTL: 0x00000d92
RPINCLIMIT: 0x00001bd5
RPDECLIMIT: 0x00004fb0
RPNSWREQ: 350MHz
CAGF: 350MHz
RP CUR UP EI: 51 (68000ns)
RP CUR UP: 52 (69334un)
RP PREV UP: 0 (0ns)
Up threshold: 95%
RP CUR DOWN EI: 53 (70667ns)
RP CUR DOWN: 54 (72000ns)
RP PREV DOWN: 0 (0ns)
Down threshold: 85%
Lowest (RPN) frequency: 350MHz
Nominal (RP1) frequency: 350MHz
Max non-overclocked (RP0) frequency: 1150MHz
Max overclocked frequency: 1150MHz
Current freq: 1117 MHz
Actual freq: 350 MHz
Idle freq: 350 MHz
Min freq: 350 MHz
Boost freq: 1150 MHz
Max freq: 1150 MHz
efficient (RPe) frequency: 500 MHz
Current CD clock frequency: 337500 kHz
Max CD clock frequency: 675000 kHz
Max pixel clock frequency: 675000 kHz
```

图 10-4 i915_frequency_info 在 i5-6600K 使用 5.10.41 内核的输出内容

为了平衡功耗和性能，显卡支持根据业务量动态地调整运行频率，因此有了不同类型的频率：RPN、RPe、RP1、RP0 等，数字越小，运行频率越高。表 10-3 详细解释了不同频率值的含义。

表 10-3　显卡 RPS 支持的频率

频率	解析
RPN	显卡支持的最小运行频率
RP1	显卡支持的能效比最高的频率。这里的能效比是指频率 / 显卡功耗，而不是芯片的整体功耗。当显卡频率低于 RP1 时，频率的降低速度快于功耗的降低，因此这个频率被称为能效比最高的频率
RP0	显卡支持的最大非超频频率
RPe	一般情况下和 RP1 相等
Current freq	当前软件请求的频率
Actual freq	实际的运行频率
Idle freq	空闲时的频率
Min freq	= = RPN
Boost freq	= = RP0
Max freq	超频后的最大频率

另外还有一个最大超频频率，在不支持超频的情况下，其和 RP0 相等。除了通过 i915_frequency_info 查看当前的频率状态，还可以通过 /sys/class/drm/card0/*_freq_mhz 可写文件节点来对这些频率进行配置。表 10-4 列出了 3 个相关节点的含义。

表 10-4　显卡频率设置文件节点

节点名字	含义
gt_min_freq_mhz	GPU 的频率可以进行设置，这个节点控制最小值
gt_max_freq_mhz	GPU 频率最大值
gt_boost_freq_mhz	非超频情况下的最大频率。对于英特尔集成显卡来说，通常情况下，gt_max_freq_mhz 和 gt_boost_freq_mhz 相等，也就是不支持超频

在进行频率设置时，其单位为 MHz，最小步进单位为 16.66MHz，如果设置的值不满足最小步进单位的条件，i915 会将其设置为小于设置值并满足条件的最近值。当显卡处于空闲状态时，其依然会以 RPN 频率运行。

一个常见的需求是希望显卡能一直以某个固定的频率运行，这样一方面能得到恒定的输出结果，另一方面也能将频率设置为一个更高的值以获取高性能。但实际上由于散热等问题，显卡有可能无法一直保持在高频率状态运行，当出现过热情况时，依然会降低频率去运行。参考图 10-5 所示的方式设置显卡频率，让其在有业务负载时能保持在 950MHz 的频率下工作。

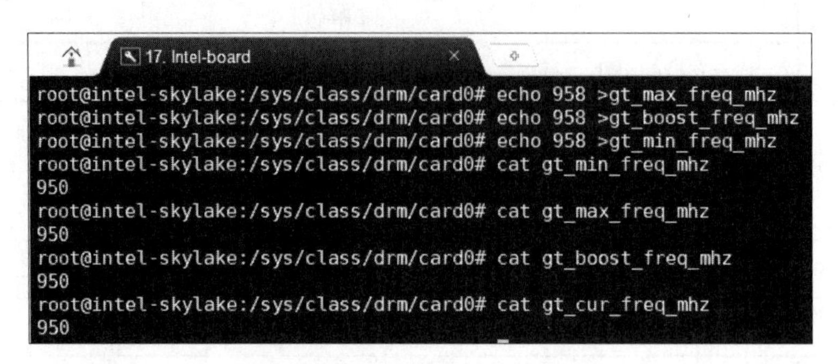

图 10-5　通过 i915 设置显卡频率

除了对频率进行设置外，还可以配置显卡的 C-State RC6。如果在某些场景下 RC6 的启用影响性能，可以通过如下方式进行配置。

- 打开显卡 RC6 功能：

```
$echo 1 > /sys/class/drm/card0/gt_rc6_enable
```

- 关闭显卡 RC6 功能：

```
$echo 0 > /sys/class/drm/card0/gt_rc6_enable
```

10.1.2.4　i915_display_info

大部分业务中往往都不会只有视频业务，还会需要将视频处理后的内容在显示器上呈现。因此了解显示引擎的工作状态也非常必要。我们在 Linux 系统中通过运行命令 $ cat /sys/kernel/debug/dri/0/i915_display_info 就会得到按照 DRM 的抽象来表示的显示控制器的基本信息。如图 10-6 所示，方框内的部分依次包含了以下信息：

- CRTC 和 pipe、plane 资源的对应关系。
- CRTC 和 Connector、Encoders 的对应关系。
- CRTC 当前运行的显示模式，激活的 plane 列表及对应的颜色格式。
- CRTC 当前是否支持 underrun 报错。
- Connector 当前的连接状态。
- Connector 连接的显示器支持的显示模式。

随着显示分辨率、刷新率、位宽的不断提升，以及高动态显示范围（High Dynamic Range，HDR）显示模式的出现，显示本身对于计算和内存资源的消耗越来越不可忽视。快速了解当前显示控制器的工作状态，有助于对于系统性问题进行分析和对性能进行优化。

```
17. Intel-board
root@intel-skylake:/sys/kernel/debug/dri/0# cat i915_display_info
CRTC info
---------
[CRTC:51:pipe A]:
        uapi: enable=yes, active=yes, mode="1920x1080": 60 148500 1920 2008 2052 2200 1080 1084 1089 1125 0x68 0x5
        hw: active=yes, adjusted_mode="1920x1080": 60 148500 1920 2008 2052 2200 1080 1084 1089 1125 0x68 0x5
        pipe src size=1920x1080, dither=no, bpp=24
        num_scalers=2, scaler_users=0 scaler_id=-1, scalers[0]: use=no, mode=10000000, scalers[1]: use=no, mode=0
        [ENCODER:107:DDI D/PHY D]: connectors:
                [CONNECTOR:115:HDMI-A-3]
        [PLANE:31:plane 1A]: type=PRI
                uapi: [FB:120] XR24 little-endian (0x34325258),0x0,1920x1080, visible=visible, src=1920.000000x1080.000000+0.000000+0.000000, dst=1920x1080+0+0, rotation=0 (0x00000001)

                hw: [FB:120] XR24 little-endian (0x34325258),0x0,1920x1080, visible=yes, src=1920.000000x1080.000000+0.000000+0.000000, dst=1920x1080+0+0, rotation=0 (0x00000001)
        [PLANE:39:plane 2A]: type=OVL
                uapi: [FB:0] n/a,0x0,0x0, visible=hidden, src=1920.000000x1080.000000+0.000000+0.000000, dst=1920x1080+0+0, rotation=0 (0x00000001)
        [PLANE:47:cursor A]: type=CUR
                uapi: [FB:0] n/a,0x0,0x0, visible=hidden, src=0.000000x0.000000+0.000000+0.000000, dst=0x0+0+0, rotation=0 (0x00000001)
        underrun reporting: cpu=yes pch=yes
[CRTC:72:pipe B]:
        uapi: enable=no, active=no, mode="": 0 0 0 0 0 0 0 0 0 0 0x0 0x0
        [PLANE:52:plane 1B]: type=PRI
                uapi: [FB:0] n/a,0x0,0x0, visible=hidden, src=0.000000x0.000000+0.000000+0.000000, dst=0x0+0+0, rotation=0 (0x00000001)
        [PLANE:60:plane 2B]: type=OVL
                uapi: [FB:0] n/a,0x0,0x0, visible=hidden, src=0.000000x0.000000+0.000000+0.000000, dst=0x0+0+0, rotation=0 (0x00000001)
        [PLANE:68:cursor B]: type=CUR
                uapi: [FB:0] n/a,0x0,0x0, visible=hidden, src=0.000000x0.000000+0.000000+0.000000, dst=0x0+0+0, rotation=0 (0x00000001)
        underrun reporting: cpu=yes pch=yes
[CRTC:93:pipe C]:
        uapi: enable=no, active=no, mode="": 0 0 0 0 0 0 0 0 0 0 0x0 0x0
        [PLANE:73:plane 1C]: type=PRI
                uapi: [FB:0] n/a,0x0,0x0, visible=hidden, src=0.000000x0.000000+0.000000+0.000000, dst=0x0+0+0, rotation=0 (0x00000001)
        [PLANE:81:plane 2C]: type=OVL
                uapi: [FB:0] n/a,0x0,0x0, visible=hidden, src=0.000000x0.000000+0.000000+0.000000, dst=0x0+0+0, rotation=0 (0x00000001)
        [PLANE:89:cursor C]: type=CUR
                uapi: [FB:0] n/a,0x0,0x0, visible=hidden, src=0.000000x0.000000+0.000000+0.000000, dst=0x0+0+0, rotation=0 (0x00000001)
        underrun reporting: cpu=yes pch=yes

Connector info
--------------
[CONNECTOR:95:HDMI-A-1]: status: disconnected
[CONNECTOR:104:HDMI-A-2]: status: disconnected
[CONNECTOR:108:DP-1]: status: disconnected
[CONNECTOR:115:HDMI-A-3]: status: connected
        physical dimensions: 600x340mm
        subpixel order: Unknown
        CEA rev: 3
        audio support: yes
        HDCP version: HDCP1.4
        modes:
                "1920x1080": 60 148500 1920 2008 2052 2200 1080 1084 1089 1125 0x68 0x5
                "1920x1080": 60 148500 1920 2008 2052 2200 1080 1084 1089 1125 0x40 0x5
                "1920x1080": 60 148352 1920 2008 2052 2200 1080 1084 1089 1125 0x40 0x5
                "1920x1080i": 60 74250 1920 2008 2052 2200 1080 1084 1094 1125 0x40 0x15
```


图 10-6　i915_display_info 内容

10.1.3　查看显卡使用率

在程序运行的过程当中，了解对硬件资源的使用情况是研发一款高效应用的重要方向，因为很多开发者都一直将最大限度地发挥硬件的性能、以最小的硬件成本获得最高的性能作为产品研发的基本原则。在 Linux 中，有不少工具可以查看集成显卡内各个组件的占用率。比如 intel_gpu_top，Media SDK 自带的小工具 meterics_monitor，以及另一个开源工具 intel_telemetry_tool。这些工具虽各有侧重，但总体功能类似，可以选择其中一个使用。在 Windows 上主要使用资源管理器来进行检测，下面分别介绍这几款工具。

10.1.3.1　intel_gpu_top

这是开源项目 intel_gpu_tools 中的一个工具，项目地址为 https://gitlab.freedesktop.org/drm/igt-gpu-tools。在标准的 Linux 发行版上大多可以通过包管理工具直接安装。在 Ubuntu 系统中可以通过如下方式安装和运行：

```
$ apt-get install intel-gpu-tools
$ intel_gpu_top
```

早期的版本只能看到 EU 的占用率，在成书时验证的 1.25 版本功能已经比较全面，能够查看所有子引擎的占用率。图 10-7 所示为 intel_gpu_top 在 i5-6600K 上的默认执行结果，从中可以看到所有子引擎的占用率。如果运行平台的子引擎有多个实例，则会新增一行进行显示。

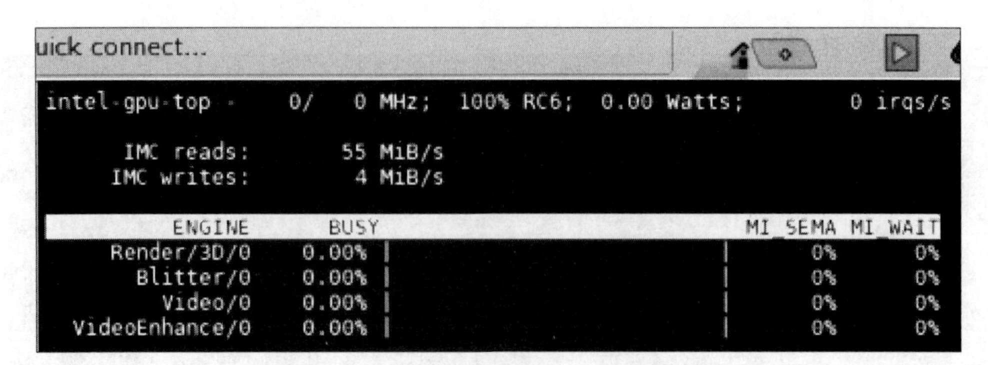

图 10-7　intel_gpu_top(v1.25) 运行结果

表 10-5 列出了 intel_gpu_top 条目和实际 GPU 子引擎的对应关系。

表 10-5　intel_gpu_top 条目和实际 GPU 子引擎的对应关系

intel_gpu_top 引擎名称	对应引擎
Render/3D	EU
Blitter	BLT（2D 图形加速）
Video	VDBox（解码，固定功能单元加速的编码）
VideoEnhance	VEBox（视频图像处理加速）

另外，从图 10-7 中可以看到，有 3 个栏位和占用率相关，其含义如表 10-6 所示。

表 10-6　intel_gpu_top GPU 运行状态解释

状态	解释
BUSY	子引擎占用率，通常参考 BUSY 来判断引擎的繁忙程度
MI_SEMA	一部分业务需要多个子引擎的配合，比如基于 EU 的编码过程，运动估计会需要 EU 参与，而 PAK 过程（熵编码，码流打包）则需要 VDBox 模块参与，两个引擎之间有依赖关系，一个引擎任务的开始需要等待另一个引擎任务的结束。MI_SEMA 表示子引擎之间这种相互等待的占比
MI_WAIT	除了等待其他子引擎，引擎的运行也存在等待其他资源的情况，比如内存。MI_WAIT 表示该子引擎消耗在这种等待上的占比

也就是说，一个子引擎的 BUSY = MI_SEMA ＋ MI_WAIT ＋ 实际执行指令的占比。

图 10-8 所示为运行一路基于 EU 的 H.264 编码业务时，intel_gpu_top 的输出：

```
$./sample_encode h264 -i /home/iotg/dump.nv12 -nv12 -w 1920 -h 1080 -f 30 -b 4000
-o /home/iotg/1080p_eu_encoding.h264 -vaapi
```

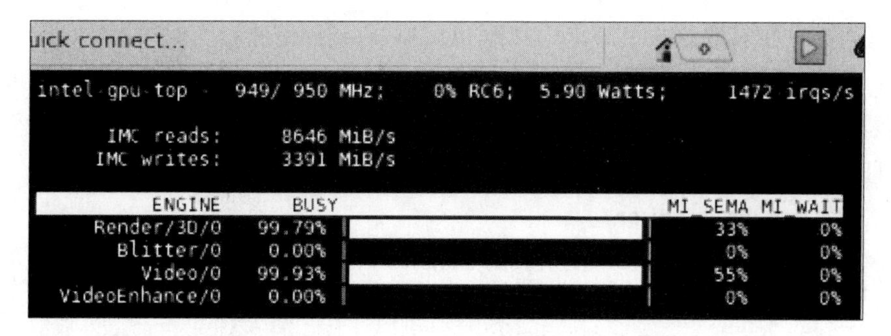

图 10-8 运行一路基于 EU 的 H.264 编码的 intel_gpu_top 输出

从图 10-8 可以看出，EU 和 VDBox 都是满负载运行，BUSY 接近 100%，而其中有不少时间消耗在相互等待上。

另外，如前面章节所介绍的，SFC 是一个固定功能单元，可以用来做缩放和颜色格式转换。但是不能单独使用，必须和 VDBox 或者 VEBox 绑定使用，因此其占用率会体现到 VDBox 或者 VEBox 中。用户做编码加速的 VDENC 组件被包含在 VDBox 中，因此其占用率也会体现到 VDBox 中。关于子引擎占用率获取的方式有不同的实现：

- 对于第八代以前的平台，只支持基于环形缓存（ring buffer）的任务提交模式，每个子组件都有一个自己的环形缓存用于接收待执行的命令，比如 EU 有自己的环形缓存，每个 VDBox 也有自己的环形缓存。早期的 intel_gpu_top 计算占用率的方法就是统计对应的环形缓存在单位时间内平均被指令充满的程度。因为环形缓存中的内容会动态地随着提交和执行这两个生产者和消费者的行为而变化。环形缓存越满，代表任务由于引擎比较忙而消耗得越慢，因此占用率就越高。
- 对于之后的平台，添加了 execlists、GuC 两种方式来提交命令，同时性能监测单元中也增加了 BUSY、MI_SEMA、MI_WAIT 的计数器，因此可以直接通过 i915 暴露的对应计数器来获取。其实用户也可以通过如下文件节点来直接获取对应的 PMU 计数器的值，以 VDBox 为例：

```
/sys/devices/i915/events/bcs0-sema
/sys/devices/i915/events/bcs0-busy
/sys/devices/i915/events/bcs0-wait
```

除了引擎占用率之外，intel_gpu_top 还可以查看显卡运行频率、RC6 状态的占比、显卡功耗和芯片功耗、显卡收到的中断数量、内存读取 / 写入的数据量。

- 功耗信息来源于运行平均功率限制（Running Average Power Limit，RAPL）接口。在支持的平台上，可以细分出 CPU 功耗、显卡功耗、DRAM 内存功耗、芯片总体功耗。
- 内存访问信息来源于 CPU 的性能监测单元（Performance Monitoring Unit，PMU）uncore_imc，v1.25 版本仅能看到系统整体的内存访问。如果直接使用 uncore_imc，还可以分别获取 CPU、显卡、其他 I/O 的内存访问情况。

intel_gpu_top 除默认以交互式的方式运行以外，数据更新周期为 1 秒。其也可以通过参数设置将输出结果以 jason 格式、非交互的纯文本模式，或是输出到指定文件呈现。同时，还可以通过 -s 选项来设置刷新周期，以毫秒为单位。

10.1.3.2　metrics_monitor

当安装了 Media SDK 之后，在生成的 samples 目录下会有 metircs_monitor 的可执行文件。其可以显示 EU、VDBox 模块、VEBox 模块以及显卡频率等信息。编译这个工具的依赖关系比较少，使用频率还是比较高。因为英特尔集成显卡最多只有两个 VDBox，所以这里的 VIDEO、VIDEO2 分别对应两个 VDBox。图 10-9 所示为 metrics_monitor 的输出结果。

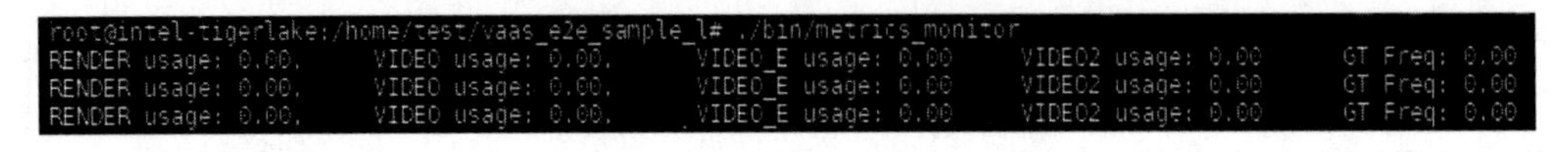

图 10-9　metrics_monitor 输出

最后总结一下这两个工具：

- intel_gpu_top 能够提供足够的显卡相关的核心信息，并且有活跃的维护。如果希望获得对新平台的支持，体验最新的功能，推荐使用这个工具。
- 如果只是想快速查看显卡占用率和频率，并且系统被裁剪得比较厉害，推荐使用 metrics_monitor。

10.2　CPU 监测

在通过显卡进行加速的高并发视频分析业务中，由于存在拉流、存储、转发以及其他依赖 CPU 运行的业务，CPU 依然有可能成为性能瓶颈，因此也需要监测其运行状态。Windows 系统在任务管理器中已经给出了 GPU、CPU 的相关统计信息，因此本章主要还是针对 Linux 系统，其提供了很多工具来查看 CPU 占用率、温度、电源管理状态等。比如常见的 i7z、turbostat、top、mpstat 等。其中 top 最常用，除了可以查看整个系统的情况外，相对于其他 3 个工具，它可以以进程或者线程的方式来查看 CPU 的占用情况。接下来我们依次对这几个工具的用法和侧重点做一下介绍。

10.2.1　i7z

i7z 侧重显示 CPU 的运行频率、C-State 的占比、温度以及核心电压。在 CPU 占用率比较高的情况下，第一个需要关心的就是 CPU 的频率。如果其频率比较低，要看是否正常打开 Turbo 模式，或者 CPU 的温度是否过高，导致了频率限制。图 10-10 所示为 i7z 的默认输出截图。

```
20. Intel-board
Cpu speed from cpuinfo 3503.00Mhz
cpuinfo might be wrong if cpufreq is enabled. To guess correctly try estimating via tsc
Linux's inbuilt cpu_khz code emulated now
True Frequency (without accounting Turbo) 3503 MHz
  CPU Multiplier 35x || Bus clock frequency (BCLK) 100.09 MHz

Socket [0] - [physical cores=4, logical cores=4, max online cores ever=4]
  TURBO ENABLED on 4 Cores, Hyper Threading OFF
  Max Frequency without considering Turbo 3603.09 MHz (100.09 x [36])
  Max TURBO Multiplier (if Enabled) with 1/2/3/4 Cores is  39x/38x/37x/36x
  Real Current Frequency 800.15 MHz [100.09 x 7.99] (Max of below)
        Core [core-id]  :Actual Freq (Mult.)      C0%   Halt(C1)%  C3 %   C6 %  Temp      VCore
        Core 1 [0]:       799.86 (7.99x)         1.29    99.7       0      0    21      0.7588
        Core 2 [1]:       800.15 (7.99x)         1.02    97.8       1      1    20      0.7589
        Core 3 [2]:       799.71 (7.99x)            1    98.8       1      0    18      0.7598
        Core 4 [3]:       799.14 (7.98x)            1    98.8       0      1    17      0.7639
```

图 10-10 i7z 输出

英特尔多核 CPU 在 Turbo 模式下，并非所有核心都运行在最高频率。i7z 有一个不错的功能，能根据 CPU 核心显示 Turbo 模式下能运行的最高频率。因为 CPU 频率的提升都是通过基频 × 倍频系数来完成的，i7z 会给出不同核心在 Turbo 模式下支持的最大倍频系数。如方框内显示该 CPU 拥有 4 个核心，在 Turbo 模式下，4 个核心的倍频系数分别为 39、38、37、36，按照 100MHz 的基频，最大运行频率分别为 3.9GHz、3.8GHz、3.7GHz、3.6GHz。在一些使用至强 CPU 纯软件编解码业务的场景中，CPU 占用率很高的情况下，性能依然不能满足需求。此时，我们往往发现很多核心运行频率没有达到 Turbo 最高值，此时就可以通过 i7z 来确认核心运行频率是否符合 CPU 本身的设计。

10.2.2 turbostat

和 i7z 相比，turbostat 也提供 CPU 的运行频率、C-State 占比、温度等信息。除此之外，turbostat 还能获取 CPU/ 显卡 /SOC 的功耗，这一点比较方便。图 10-11 所示为 turbostat 的输出示例，其中 PkgWatt 代表芯片的整体功耗，CorWatt 代表 CPU 的功耗，GFXWatt 代表 GPU 的功耗，RAMWatt 代表内存的功耗。

```
GFX%C0  CPUGFX% SYS%LPI PkgWatt CorWatt GFXWatt RAMWatt PKG_%
0.03    0.01    0.00    3.56    0.95    0.00    0.00    0.00
0.04    0.01    0.00    3.56    0.95    0.00    0.00    0.00
0.04    0.01    0.00    3.57    0.95    0.00    0.00    0.00
0.05    0.01    0.00    3.57    0.95    0.00    0.00    0.00
```

图 10-11 turbostat 默认输出

10.2.3 mpstat

mpstat 可以提供和 top 一致的 CPU 整体占用率的情况，同时能更方便地给出一段时间内的平均值。当不需要关心 CPU 占用率小范围抖动的情况下使用比较方便。如下可输出系统所有 CPU 在 5 秒内的平均占用率。图 10-12 所示为 mpstat 输出 5s 之内平均 CPU 占用率的截图。

```
$ mpstat -P all 5
```

```
20. Intel-board
root@intel-skylake:~# mpstat -P all 5
Linux 5.10.41 (intel-skylake)    2022年01月03日  _x86_64_        (4 CPU)

15时30分59秒  CPU    %usr   %nice    %sys %iowait    %irq   %soft  %steal  %guest  %gnice   %idle
15时31分04秒  all    0.20    0.00    0.35    0.00    0.00    0.00    0.00    0.00    0.00   99.45
```

图 10-12　mpstat 输出 5s 之内平均 CPU 占用率

这些轻量级的观察 CPU 统计信息的工具可以帮助我们快速确定 CPU 的运行频率、温度、功耗是否正常，以及初步判断最消耗 CPU 的进程，为下一步详细分析提供方向。

10.2.4　top

top 为 Linux 系统下最常使用的 CPU 监测工具，图 10-13 所示为部分输出结果。

```
20. Intel-board
top - 13:43:42 up 25 days, 21:30,  3 users,  load average: 0.09, 0.06, 0.01
Tasks: 250 total,   1 running, 249 sleeping,   0 stopped,   0 zombie
%Cpu(s):  0.3 us,  0.4 sy,  0.0 ni, 99.2 id,  0.1 wa,  0.0 hi,  0.0 si,  0.0 st
MiB Mem :  31804.6 total,   4288.4 free,   1865.2 used,  25650.9 buff/cache
MiB Swap:   1746.7 total,   1746.7 free,      0.0 used.  29265.2 avail Mem

    PID USER      PR  NI    VIRT    RES    SHR S  %CPU  %MEM     TIME+ COMMAND
  79096 iotg      20   0 1421600 172080  72420 S   0.7   0.5 119:49.52 shotwell
    672 root      20   0   81904   3760   3468 S   0.3   0.0   3:08.50 irqbalance
 944851 iotg      20   0   18132   3672   3408 S   0.3   0.0   0:28.73 bash
      1 root      20   0  168148  12128   8436 S   0.0   0.0   0:47.39 systemd
```

图 10-13　top 输出

第 1 行，load average 代表过去 1 分钟、5 分钟、15 分钟系统的平均负载。如果系统只有一个单核 CPU，那么 0～1 之间的值都代表系统可以胜任负载，如果大于 1，就代表有任务需要等待。如果系统拥有多个 CPU，可以是多颗 CPU，也可以是多核心，甚至是超线程，那么平均负载小于总共的核心数，都可认为系统可以胜任。

第 2 行，列出了系统拥有的进程数及其状态。读者也可以通过按 H 键切换到线程模式来列出总共的线程数及其状态。

第 3 行，列出了 CPU 被不同类型任务占用的情况，满占用率按 100% 计算。其各种类型任务的详细说明如下：

- us（user space）代表用户态进程的占比，sy 代表系统进程的占比，ni 表示进程的 nice 值，代表进程优先级的改变数值，取值范围在−20～19 之间（不同系统的值范围是不一样的），数值越大，代表这个线程的优先级会被修改得越低。而这一行中 ni 则代表用户手动设置了 nice 值的进程的占比。
- id 为 idle，表示系统处于空闲状态的占比。
- wa 为 io-wait，表明 CPU 处于等待 I/O 的状态下的占比，比如本地或者网络磁盘读取。由于 I/O 读取通常是由相应的 I/O 控制器完成的，一旦 CPU 发起了对 I/O 的存取请求，剩下的事情就由I/O控制器完成，此时进程状态被设置为D，进而被统计进CPU的wa占比。有一点需要注意的是，当i915驱动在等待显卡完成任务的过程中，也会调用io_schedule，所以在显卡比较繁忙的情况下，即使没有普通的I/O访问，高并发的视频分析业务也会产生比较高的wa占比，而此时CPU依然是可以被调度到其他任务的，因此不用担心CPU负载过重。

- hi（hardware interrupt）和si（software interrupt）分别代表CPU处理硬件中断和软件中断（软件指令触发的）的占比。
- 在有虚拟机运行的环境中，当前虚拟机的任务由于CPU被其他虚拟机任务占用而处于等待状态，这段等待时间称为steal时间，st就表明了这段时间的占比。
- 可以通过1键切换到CPU核心模式，看到每一个核心的占比。

第4行和第5行体现了系统内存的消耗。第6行开始显示每个进程的详细情况。PID为进程ID，USER为启动该进程的用户，PR和NI表示进程的优先级。VIRT代表进程所占用的虚拟地址空间的大小，单位为byte，可以看到内核进程没有用户态虚拟地址空间的消耗。RES表示已经分配物理内存的空间大小，SHR代表和其他进程共享的空间大小。%CPU代表CPU的占用率，100表示一个CPU物理核心的占用率为100%，如果系统拥有多个核心，占用率会大于100。

top工具可以帮助我们快速判断CPU是否已经成为系统性能的瓶颈。一旦确认，下一步就需要使用VTune这样的工具来做详细的分析，发现具体的热点来寻找解决方案。

10.3　内存监测

在运行高并发视频处理业务时，视频路数多，并且解码后为原始YUV格式，再加上拼接业务，内存资源时常会成为性能瓶颈，因此读者对当下测试系统的内存资源使用情况有一个了解是非常必要的，其分析通常会涉及基本配置、使用量、带宽等几个方面。虽然后面章节中将介绍的系统级分析工具VTune能够比较完整地提供这些信息，但笔者遇到的不少实际部署环境都是经过深度裁剪的Linux系统，安装这样级别的工具存在不少困难。因此在本节中，主要介绍在Linux系统下如何通过系统本身提供的信息以及部分轻量级工具来获取内存使用情况的方法，以方便读者更快地得到所需信息。与此同时，以这种方式来监测内存，有助于初学者建立对Linux系统内存管理机制基本框架的认知。

10.3.1　基本信息

在查看详细的内存使用之前，可以通过dmidecode小工具了解系统部署内存的基本情况，例如种类、容量、速度、多通道状况、电压、生产厂家等。dmidecode实际上是查看BIOS配置的一个工具，在指定 -t memory这个选项之后，可以得到如图10-14所示的结果，其会详细列出上述提到的信息。此工具在大部分Linux发行版中都会默认包含，是我们的首选工具。其具体运行方式如下：

```
$ dmidecode -t memory
```

```
root@tgl-ui7:/sys/class/drm/card0# dmidecode -t memory
# dmidecode 3.1
Getting SMBIOS data from sysfs.
SMBIOS 3.3.0 present.
# SMBIOS implementations newer than version 3.1.1 are not
# fully supported by this version of dmidecode.

Handle 0x0039, DMI type 16, 23 bytes
Physical Memory Array
        Location: System Board Or Motherboard
        Use: System Memory
        Error Correction Type: None
        Maximum Capacity: 128 GB
        Error Information Handle: Not Provided
        Number Of Devices: 8

Handle 0x0043, DMI type 17, 100 bytes
Memory Device
        Array Handle: 0x0039
        Error Information Handle: Not Provided
        Total Width: 64 bits
        Data Width: 64 bits
        Size: 4096 MB
        Form Factor: SODIMM
        Set: None
        Locator: Controller0-ChannelA-DIMM0
        Bank Locator: BANK 0
        Type: DDR4
        Type Detail: Synchronous
        Speed: 2400 MT/s
        Manufacturer: Apacer Technology
        Serial Number: 02820355
        Asset Tag: 9876543210
        Part Number: 78.B2GF4.AU20B
        Rank: 1
        Configured Clock Speed: 2400 MT/s
        Minimum Voltage: 1.2 V
        Maximum Voltage: 1.2 V
        Configured Voltage: 1.2 V
```

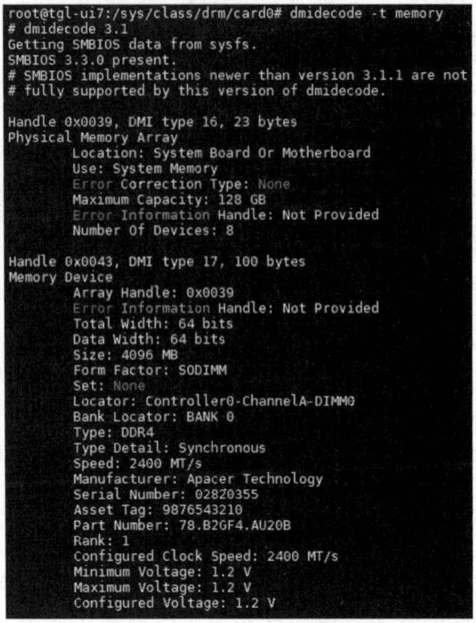

图 10-14 dmidecode 输出

它可以帮助我们了解当前系统内存实际的运行频率，是否为双通道等信息以方便计算理论的带宽是多大。下面是根据 DDR 频率和通道数来估算器理论带宽的公式：

理论最大带宽（MB/s）= DDR 频率 × 64 / 8× 通道数

因此，对于图 10-9 中传输速率为 2400 MT/s 的 DDR 来说，其理论上的最大带宽为 2400 ×64 / 8 × 2 = 38 400 MB/s。然而实际可达到的内存带宽和很多因素相关，例如读写比例、访问顺序、访问颗粒度、不同 IP 的访问竞争、Cache 命中率以及连接各计算 IP 和内存控制器的系统代理（system agent）的限制等，进而无法达到理论值。理论值仅作为参考，在笔者实践中，多路并发视频业务通常可以达到 60%～70% 的带宽利用率。

10.3.2 内存使用量分析

在笔者的实践中，有两种典型的需求促使我们对内存使用量做深入分析。第一种情况，虽然相对更早期的情况，内存容量已经扩大了数倍，不过针对高并发视频处理业务的场景，依然可能面对内存容量捉襟见肘的状况。因此当此种情况发生时，需要读者对内存的使用有详细了解，从而寻找到可能优化的方向。第二种情况，很多读者希望能够通过对单路视频业务内存使用量的分析，线性预估多路视频业务的内存消耗，从而对产品规格的定义或者不同平台间的对比分析提供数据支撑。在这种情况下，读者尤其要关注 GPU 消耗的内存。

另一方面，对于这个话题，很多初学 Linux 的读者会有一个常见的疑问，了解内存使用量不就是查看一下剩余的内存量就可以吗，为何还需要用单独一小节来进行阐述？这是因为出于对整体性能的考虑，Linux 整个视频处理的软件栈的各个层次都提供了缓存机制，这提高了对业务本身内存使用量进行准确分析的难度。我们需要了解不同层次的缓存机制，了解哪些并非内存业务本身的消耗，系统其实有更多的富余内存；哪些缓存机制对当前业务没有影响，可以关闭以释放更多内存等。这些缓存机制包括 Linux 系统本身的页面缓存（page cache）、视频用户态驱动的 GPU 命令提交缓存、libdrm 的 GEM 对象缓存等。

系统内存使用量分析通常需要回答如下几个基本问题：

- 系统还剩多少内存可以使用。
- GPU 消耗了多少内存，消耗的具体分配如何。
- 除去 GPU 的消耗，业务进程还消耗了多少内存，消耗的具体分配如何。

由于篇幅所限，在这里我们假设读者已经了解了 Linux 内存管理的基本知识，例如 MMU、对物理内存进行管理的伙伴算法、Slab 管理器以及不同地址空间的区别（物理地址、总线地址、内核逻辑地址、内核虚拟地址）。在此基础上，我们只需要参考 Linux 系统的几个关键文件节点：/proc/meminfo、/sys/kernel/debug/dri/0/i915_gem_objects、/proc/pid_of_process/maps，就可以初步回答上述三个问题。

10.3.2.1　系统剩余内存

如图 10-15 所示，通过 /proc/meminfo 文件节点可以了解到内存使用情况。我们主要关注 MemFree、Cached、Buffers、Shmem 的值来获取系统尚可使用的内存。

```
root@tgl-ui7:/sys/class/drm/card0# cat /proc/meminfo
MemTotal:        7852988 kB
MemFree:         4622084 kB
MemAvailable:    7328584 kB
Buffers:          256828 kB
Cached:          2581308 kB
SwapCached:            0 kB
Active:          2463248 kB
Inactive:         427940 kB
Active(anon):      54116 kB
Inactive(anon):     1576 kB
Active(file):    2409132 kB
Inactive(file):   426364 kB
Unevictable:         364 kB
Mlocked:               0 kB
SwapTotal:       4194300 kB
SwapFree:        4194300 kB
Dirty:               564 kB
Writeback:             0 kB
AnonPages:         53480 kB
Mapped:            68580 kB
Shmem:              2616 kB
KReclaimable:     183820 kB
Slab:             276780 kB
SReclaimable:     183820 kB
SUnreclaim:        92960 kB
KernelStack:        2784 kB
PageTables:         5196 kB
```

图 10-15　/proc/meminfo 输出

- MemFree

完全没有被使用的内存总数，单位为 KB。

- Cached

首先，Cached 部分包含页面缓存，也就是文件内容的缓存。大部分读者可能都比较熟悉，Linux 系统会通过尽量使用内存来提升系统性能。当第一次访问文件时，内容从磁盘中读出，放入内存进行缓存，下一次访问时则直接从缓存中读取，这比从磁盘读取数据要快很多。用户空间可以通过调用 read( ) 和 mmap( ) 函数并传入 file 参数来访问文件缓存。

- Buffers

和文件内容的缓存类似，为了加快目录访问速度，Linux 也会缓存磁盘文件系统的元数据，例如目录结构，这部分缓存称为 Buffers。可以理解为 Buffers 和 Cached 合在一起，成为整个磁盘文件系统的内存镜像。

- Shmem

Linux 提供了共享内存虚拟文件系统（shmfs）来支持进程间的快速通信，其通过将不同进程的页表都指向同一物理地址来实现。我们常见的内存文件系统（格式为 tmpfs 的文件系统，通常将 /tmp 目录挂载为此类型的文件系统来实现快速的临时存储）、SystemV（shmget、shmop）或者 Posix 标准（shm_open/mmap）的进程间通信接口创建的共享内存，GPU 内核驱动的内存管理器（GEM）均使用了 shmfs 机制。其分配的内存都会被统计到 Shmem 中。另外，由于 shmfs 类似页面缓存，也是文件系统的概念，因此 Cached 部分会包含 Shmem 的消耗。

如上所述，由于多种缓存机制的存在，MemFree 并非实际剩余的内存量，Cached 中大部分的页面缓存是可以被回收的，Shmem 中未被任何进程使用的共享内存也是可以回收的。通常我们可以通过 /proc/sys/vm/drop_caches 文件节点来回收缓存，获得实际剩余的内存。Linux 系统提供了 3 个选项来回收缓存。

- 回收页面缓存：$ echo 1 > /proc/sys/vm/drop_caches。
- 回收 Slab 对象：$ echo 2 > /proc/sys/vm/drop_caches。
- 同时回收上述两种缓存：$ echo 3 > /proc/sys/vm/drop_caches。

执行上述操作后，MemFree 可以反映系统实际剩余的内存。接下来我们看一看如何获取 GPU 使用的内存。虽然 Shmem 中已经包含了 GPU 内存管理器的内存消耗，但由于其同时也包含了 tmpfs、进程间共享内存通信等消耗，其统计值会大于 GEM 的使用消耗，我们可以通过以下方式来计算 EM 的消耗。

10.3.2.2　GPU 内存使用

英特尔通过 GitHub 维护了专门针对 IA 平台的 LTS（长期支持）内核（https://github.com/intel/linux-intel-lts），此内核的 5.10 版本之前，i915 驱动提供了两个文件节点来展示 GPU 内存管理器对象的使用情况：

- /sys/kernel/debug/dri/0/i915_gem_objects

❑ /sys/kernel/debug/dri/0/i915_gem_gtt

其中 i915_gem_objects 文件详细展示了所有已分配的 GEM 对象，包含其所属的线程、大小、类型等信息。这些对象用于 CPU 和 GPU 共享内存以实现 GPU 编码、解码和后处理等操作。i915_gem_gtt 则列出了所有被绑定到 GPU 虚拟地址空间的 GEM 对象的详细信息。不过由于 5.10 版本之后这两个文件节点都不再支持，因此我们还是基于 /proc/meminfo 中的 Shmem 信息来分析 GPU 的内存使用。Shmem 的消耗可分为三部分：

Shmem＝tmpfs 实际消耗＋进程间共享内存通信消耗＋ GEM 对象消耗

因此我们可以从 Shmem 的消耗中减去其他两种消耗来获取 GEM 对象的消耗。tmpfs 实际消耗可以通过如图 10-16 所示的 df 命令来获取。具体方法为将所有文件系统格式为 tmpfs 的挂载点的已使用大小加起来，即为 tmpfs 的实际消耗。而在大部分嵌入式系统下，这部分的使用量不大。

```
root@intel-tigerlake:/home/test/vaas_e2e_sample_l# df
Filesystem     1K-blocks     Used Available Use% Mounted on
udev             7977140        0   7977140   0% /dev
tmpfs            1598652     2260   1596392   1% /run
/dev/nvme0n1p2 238798492 91535400 135063056  41% /
tmpfs            7993252        0   7993252   0% /dev/shm
tmpfs               5120        0      5120   0% /run/lock
tmpfs            7993252        0   7993252   0% /sys/fs/cgroup
/dev/loop0         56832    56832         0 100% /snap/core18/2128
/dev/loop1         66688    66688         0 100% /snap/gtk-common-themes/1515
/dev/loop2        224256   224256         0 100% /snap/gnome-3-34-1804/72
/dev/loop3         52224    52224         0 100% /snap/snap-store/547
/dev/loop4         33152    33152         0 100% /snap/snapd/12704
/dev/nvme0n1p1    523248     5436    517812   2% /boot/efi
tmpfs            1598648        8   1598640   1% /run/user/1000
```

图 10-16　通过 df 命令查看文件系统使用情况

接下来统计进程间通信共享内存的使用情况，如图 10-17 所示，可以通过 ipcs 命令获取，然后统计所使用的 Segments 的总大小。

```
root@intel-tigerlake:/home/test/vaas_e2e_sample_l# ipcs

------ Message Queues --------
key        msqid      owner      perms      used-bytes   messages

------ Shared Memory Segments --------
key        shmid      owner      perms      bytes      nattch     status

------ Semaphore Arrays --------
key        semid      owner      perms      nsems
0x44005658 0          root       666        1
```

图 10-17　通过 ipcs 命令查看进程间共享内存使用情况

最后就可以通过 Shmem 的使用量减去 tmpfs 和进程间共享内存的使用来得到 GEM 对象的内存使用情况。

10.3.2.3　进程内存使用

大部分的内存消耗来自应用程序，我们从系统的角度了解了内存使用情况之后，就需要进入具体进程的内存使用分析了。如图 10-18 所示，我们通常通过 top 命令来初步查看进程的内存使用。

```
 PID USER      PR  NI    VIRT    RES    SHR S  %CPU %MEM     TIME+ COMMAND
2341 root      20   0   36904   1568   1388 R 100.0  0.0   0:15.53 gem_create
   1 root      20   0   37860   5896   3964 S   0.0  0.0   0:04.24 systemd
```

图 10-18　top 输出

如 10.2.4 节中介绍的，top 中和内存使用相关的关键字段有 VIRT、RES 和 SHR。

VIRT 表示该进程在用户空间分配的虚拟地址空间的大小，RES 表示实际已使用的空间大小，SHR 表示和其他进程共享的空间大小，包含共享库以及显示的基于共享内存机制的进程间通信。

因为写时复制（cow）技术（只有在真正访问内存时才会分配和映射实际的物理内存），应用程序显示分配的内存空间通常会大于 RES。同时，VIRT 也会始终大于应用程序显示分配的内容，因为除了 malloc/new 调用在堆进行内存分配外，VIRT 所代表的虚拟地址空间中还包括共享库和线程栈。如果应用程序有许多线程，那么栈的使用也会对应增加。同时 VIRT 也会包含 SWAP 机制（将不常用的内存数据写入磁盘）的使用量。除了上述 3 个统计角度，系统还提供了和 RES 类似的 PSS 信息，但两者对共享库消耗的统计方式不同。PSS 在计算共享库部分的消耗时，不会将整个共享库的消耗都算到该进程，而是会除以共享这部分内存的进程个数，从而将消耗均摊到每个进程，因此更符合实际情况。

RES＝代码＋数据＋共享共存

PSS＝代码＋数据＋共享共存 | 共享进程数量

除了 top 命令之外，每个进程在 /proc 目录下都会有更详细的内存使用的追踪。例如：

```
/proc/pid/status
```

pid 为所查看进程的 ID 号。图 10-19 所示为 /proc/pid/status 输出示例。

在该输出中，VIRT 和 RES 被分解成多个子项，如表 10-7 和表 10-8 所示。

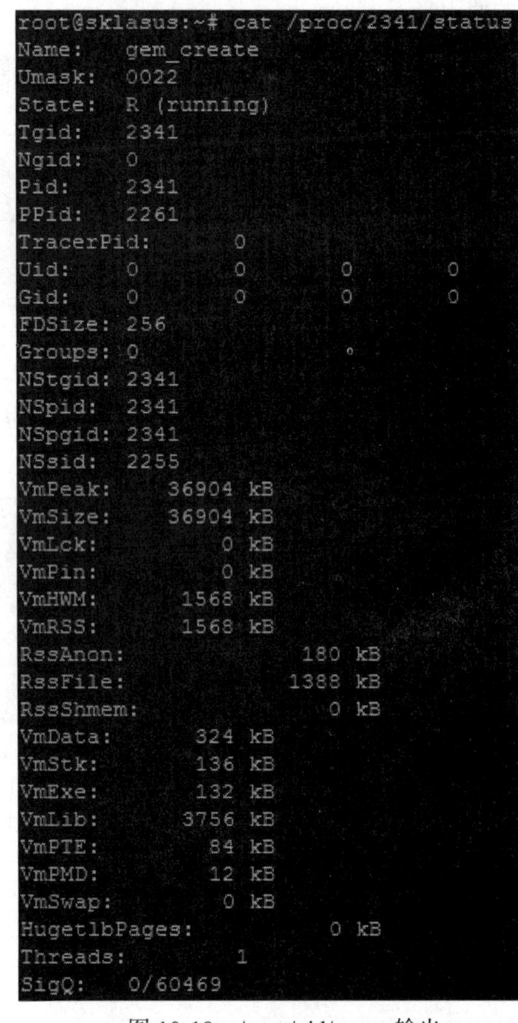

图 10-19　/proc/pid/status 输出

表 10-7 VIRT 子项

项	描述
VmData	进程私有数据
VmStk	线程栈数据（stack）
VmExe	代码（text）
VmLib	共享库代码（share lib）
VmPTE	页表入口（page table entries）
VmPMD	二级页表（second level page tables）

表 10-8 RES 子项

项	描述
RssAnon	匿名内存映射使用量
RssFile	对文件的映射
RssShmen	共享内存使用量

/proc/pid/maps 则包含了进程虚拟地址空间映射的详细情况。

10.4 Windows 性能监测

相对于 Linux 丰富的开源工具，Windows 则简单得多，因为 Windows 是一个相对封闭的系统，经过多年的发展，微软公司已经为大家准备好了一些免费的系统工具，熟练灵活地掌握这些工具，能够为我们带来事半功倍的效果，鉴于篇幅有限，这里简要介绍两款 Windows 自带的系统工具，一款是大家熟悉的资源管理器（Task Manager），另一个是更高阶的性能分析器 WPA（Windows Performance Analyzer）。资源管理器有很多功能，可以看到每个进程消耗的资源，包括 CPU、GPU、内存、网络、磁盘等，同时还可以结束进程，重启桌面等，非常有用，而性能分析器 WPA 就比较聚焦在某个具体任务的性能分析上了。

10.4.1 Windows 资源管理器

资源管理器的性能界面如图 10-20 所示，与之并列的还有进程、应用历史记录等，在性能页面上会出现当前机器的主要硬件，我们单击“性能”，会出现计算机上的重要硬件模块，选择 GPU，对于一些机器会有双显卡，选择英特尔的显卡。此处显示的是英特尔的 i7-11800H 搭载了 NV3070 的笔记本的资源管理器的截图，从图中可以看到系统上有两块显卡，一块是英特尔的集成显卡，一块是 NV 的 3070，两块显卡都正常工作。

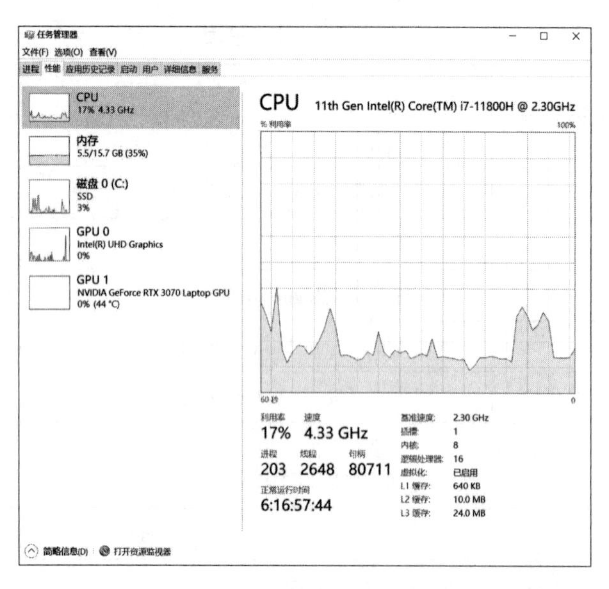

图 10-20 英特尔 i7-11800H CPU 的资源管理器截图

现在微软的 GPU 性能展示已经做得非常细致了，因为 GPU 里面的功能越来越多了，仅仅一个项目的百分比是不能完全真实地展示其性能消耗的，比如我们在左侧的汇总栏上看到的 GPU 占用的百分比只能算是一个平均值，但是其内部每个子模块的消耗是看不到的，所以需要进入 GPU 的页面来看其中具体模块的消耗，才能对运行在 GPU 上的具体负载有精准的了解。同时，在其性能展示的 4 个小块中，我们单击选项会看到很多子选项，这些子选项对于不同的 GPU 是不同的，至少英特尔和 NVIDIA 的选项就不尽相同，这是因为每家 GPU 里面包含的硬件功能都不尽相同。对于英特尔平台中档以上的 GPU，都包含两个独立的视频编解码处理模块 VDBox、两个独立的视频图像像素处理模块 VEBox，以及专门做图像缩放、颜色空间转换等功能的 SFC 模块，所以我们会在 GPU 的小块的选项中看到 Video Decode 和 Video Decode1，这是两个不同的模块，对于多路视频流应用，我们就会看出差别。同理，Video Processing 和 Video Processing 1 也是不一样的，分别对应着两个 VEBox 模块，另外，尽管前面已经介绍了，这里再说明一下，VDBox 模块并不是专门做解码的，而是包含了解码和编码两个功能，VEBox 是做视频图像处理的，这里的 E 不代表 Encode，而是代表 Enhancement。

10.4.2 Windows 性能分析器

Windows 性能分析器（WPA）是一款功能非常强大的分析工具，该工具有非常丰富的图形功能和数据表可视化功能，能够用来查看系统和应用程序的行为和资源使用情况。开发人员可以使用 WPA 更加方便地检测并解决性能问题，采用的手段就是通过 WPA 打开系统或者应用程序运行时捕捉的日志文件，而此日志文件就是通过 Windows 性能捕捉器（简称 WPR）来记录的。不管是 WPR 还是 WPA，其核心都是通过 Windows 事件跟踪小工具（Event Tracing for Windows，ETW）来实现的。ETW 是一种开销很小的性能测试辅助工具，它建立在 Windows 操作系统之上，任何运行在 Windows 操作系统上的应用程序都可以使用它。

可以通过用户界面的方式或命令行的方式来运行 WPR，同时，WPR 也提供了内置配置文件来选择要记录的事件。另外，也可以使用 XML 来创作自定义配置文件以抓取特定行为的日志，还可以使用 WPRControl 应用程序编程接口来调用和控制 WPR，本节不再讨论具体细节，大家可以自行参考相应文档，本节主要介绍如何使用 WPA 来分析负载的性能。

WPR 和 WPA 都是微软提供的性能工具包（Windows Performance Toolkits）中的成员，而想要获得此工具包，就要安装 Windows 评估和部署工具包（Windows Assessment and Deployment Kit，ADK）。除了 WPR 和 WPA，ADK 工具包中还包含了大量性能监控工具，这些工具可生成有关 Windows 操作系统和应用程序的详细性能文档。要下载 Windows ADK，请访问微软的官方网站（https://docs.microsoft.com/zh-cn/windows-hardware/get-started/adk-install），按照上面的指示下载并安装符合当前操作系统版本的 ADK 即可，版本界面如图 10-21 所示。具体的安装过程以及其他性能分析和记录工具就不再赘述了。

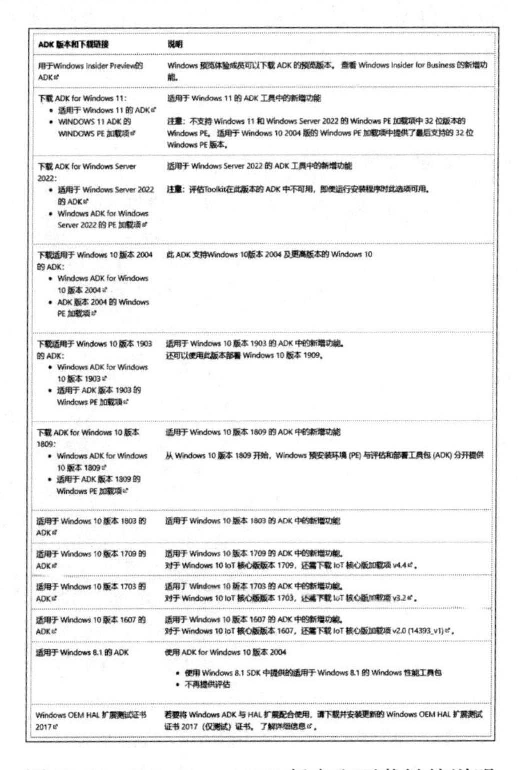

ADK 版本和下载链接	说明
用于Windows Insider Preview的ADK	Windows 预览体验成员可以下载 ADK 的预览版本。查看 Windows Insider for Business 的新增功能。
下载 ADK for Windows 11： • 适用于 Windows 11 的 ADK • WINDOWS 11 ADK 的 WINDOWS PE 加载项	适用于 Windows 11 的 ADK 工具中的新增功能 注意：不支持 Windows 11 和 Windows Server 2022 的 Windows PE 加载项中 32 位版本的 Windows PE。适用于 Windows 10 2004 版的 Windows PE 加载项中提供了最后支持的 32 位 Windows PE 版本。
下载 ADK for Windows Server 2022： • 适用于 Windows Server 2022 的 ADK • Windows ADK for Windows Server 2022 的 PE 加载项	适用于 Windows Server 2022 的 ADK 工具中的新增功能 注意：评估Toolkit在此版本的 ADK 中不可用，即便运行安装程序时此选项可用。
下载适用于 Windows 10 版本 2004 的 ADK： • Windows ADK for Windows 10 版本 2004 • ADK 版本 2004 的 Windows PE 加载项	此 ADK 支持Windows 10版本 2004 及更高版本的 Windows 10
下载适用于 Windows 10 版本 1903 的 ADK： • Windows ADK for Windows 10 版本 1903 • 适用于 ADK 版本 1903 的 Windows PE 加载项	适用于 Windows 10 版本 1903 的 ADK 中的新增功能。 还可以使用此版本部署 Windows 10 版本 1909。
下载 ADK for Windows 10 版本 1809： • Windows ADK for Windows 10 版本 1809 • 适用于 ADK 版本 1809 的 Windows PE 加载项	适用于 Windows 10 版本 1809 的 ADK 中的新增功能 从 Windows 10 版本 1809 开始，Windows 预安装环境 (PE) 与评估和部署工具包 (ADK) 分开提供
适用于 Windows 10 版本 1803 的 ADK	适用于 Windows 10 版本 1803 的 ADK 中的新增功能
适用于 Windows 10 版本 1709 的 ADK	适用于 Windows 10 版本 1709 的 ADK 中的新增功能。 对于 Windows 10 IoT 核心版版本 1709，还需下载 IoT 核心版加载项 v4.4。
适用于 Windows 10 版本 1703 的 ADK	适用丁 Windows 10 版本 1703 的 ADK 中的新增功能。 对于 Windows 10 IoT 核心版版本 1703，还需下载 IoT 核心版加载项 v3.2。
适用于 Windows 10 版本 1607 的 ADK	适用于 Windows 10 版本 1607 的 ADK 中的新增功能。 对于 Windows 10 IoT 核心版版本 1607，还需下载 IoT 核心版加载项 v2.0 (14393_v1)。
适用于 Windows 8.1 的 ADK	使用 ADK for Windows 10 版本 2004 • 使用 Windows 8.1 SDK 中提供的适用于 Windows 8.1 的 Windows 性能工具包 • 不再提供评估
Windows OEM HAL 扩展测试证书 2017	若要将 Windows ADK 与 HAL 扩展配合使用，请下载并安装更新的 Windows OEM HAL 扩展测试证书 2017（仅测试）证书。了解详细信息。

图 10-21 Windows ADK 版本和下载链接说明

首次打开 WPA，我们会看到一个精致小巧的界面，如图 10-22 所示。

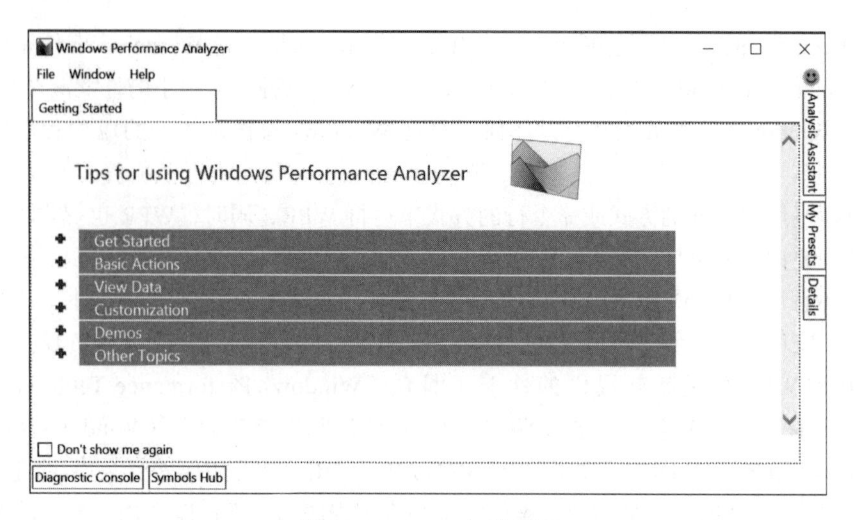

图 10-22 WPA 初始界面

通过 File → Open 菜单，我们先打开一个以 etl 为扩展名的日志文件，然后看到了如图 10-23 所示的界面，里面分成系统行为、计算、存储和电量等子项，这时就可以把我们关心的子项打开，然后把左面我们关心的部分选中，拖动到右边的框中，就可以看到细节信息了。可以拖动多个子项到右边的框中，各个子项会自上向下排列，不需要的子项可以删除。

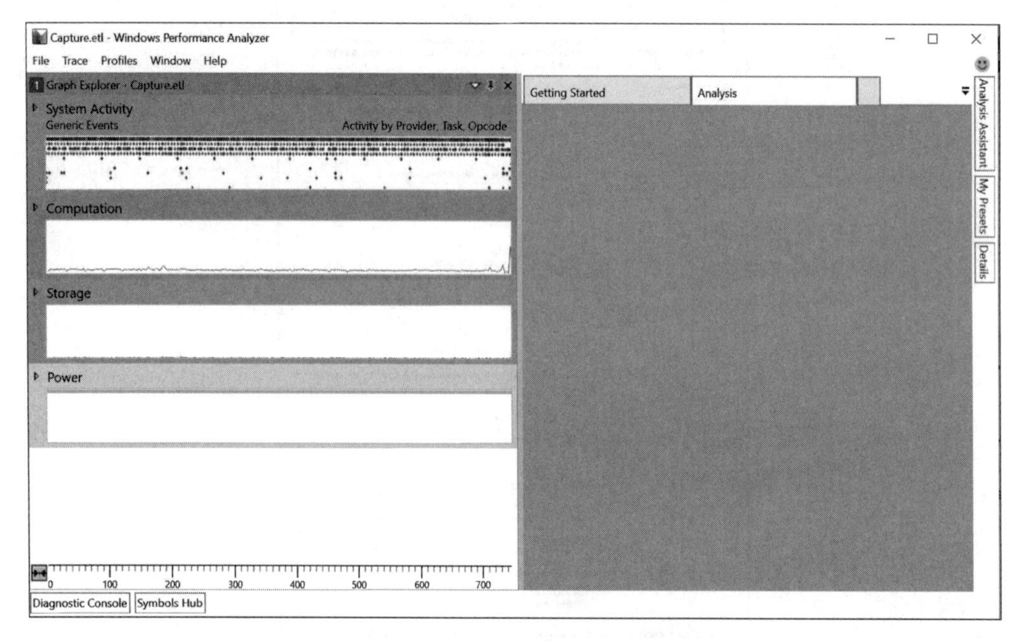

图 10-23 WPA 打开一个工作负载的初始界面截图

例如我们选择了 Energy Estimation Engine（by Process）以及 Timer Resolution，把它们拖到右边，并且按照 CPU 占比由高到低的顺序排列，如图 10-24 所示。

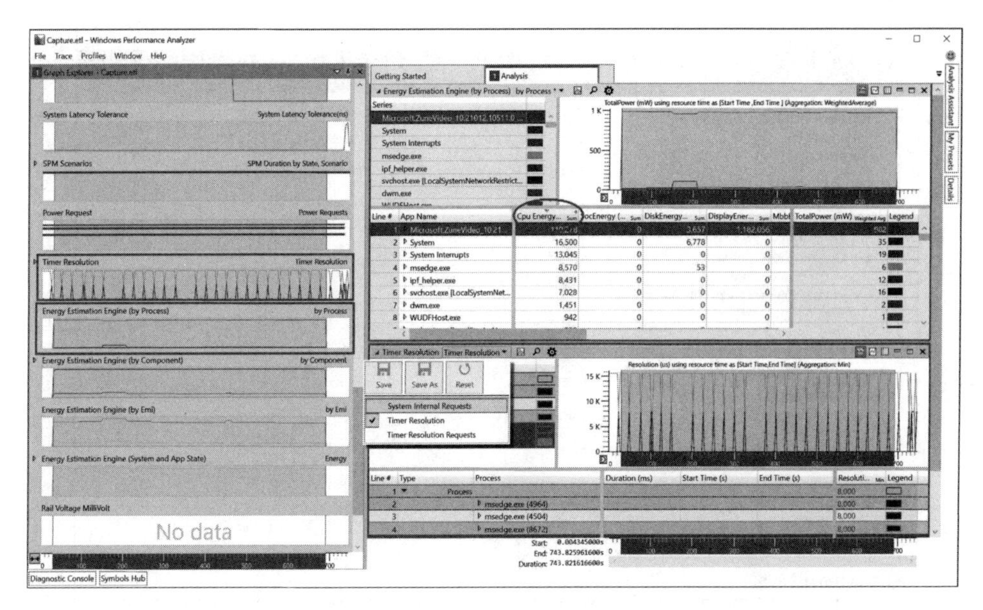

图 10-24 WPA 打开一个工作负载的 Power 和 Timer 的界面截图

这样就可以详细地分析每一个任务、进程、线程等运行时在各个 EU 分配的负载情况、电量使用情况等。这里仅仅是抛砖引玉，因为工具的功能很强大，所以读者可以按照自己的需求去使用对应的工具来帮助自己来开发出理想的视频产品。

10.5 Intel VTune

VTune 是英特尔公司开发的一套运行在英特尔平台上的程序性能分析工具，除了支持 CPU，也包含加速器（集成显卡和 FPGA）。它具有非常友好的界面和多种强大的性能优化分析方法来满足开发者的优化分析需求。VTune 主机端程序支持多种操作系统，如 Windows、Linux、macOS，目标机支持 Windows、Linux、Android。

首先需要在目标机上安装 VTune 目标机程序，然后 VTune 主机端程序就可以通过 SSH 或者 ADB 与目标机连接，接着就可以配置和运行数据采样，运行之后主机端就可以以图形化的方式对采样数据进行分析了。VTune 支持从多种角度对应用程序或者系统进行分析，包括程序热点、内存使用状况、线程运行状况、高性能计算、显卡业务加速等。这些模式会从不同的角度对程序的运行效率进行分析，帮助开发者有针对性地进行优化。因为本书主要关注视频业务显卡加速部分，所以在本节将详细介绍显卡计算 / 媒体热点（GPU Compute/Media Hotspots）这种模式，其他模式的使用方法可参考 VTune 官方网站的手册。

10.5.1 系统总览

图 10-25 所示为 VTune 在显卡计算 / 媒体热点模式下系统总览界面的截图。

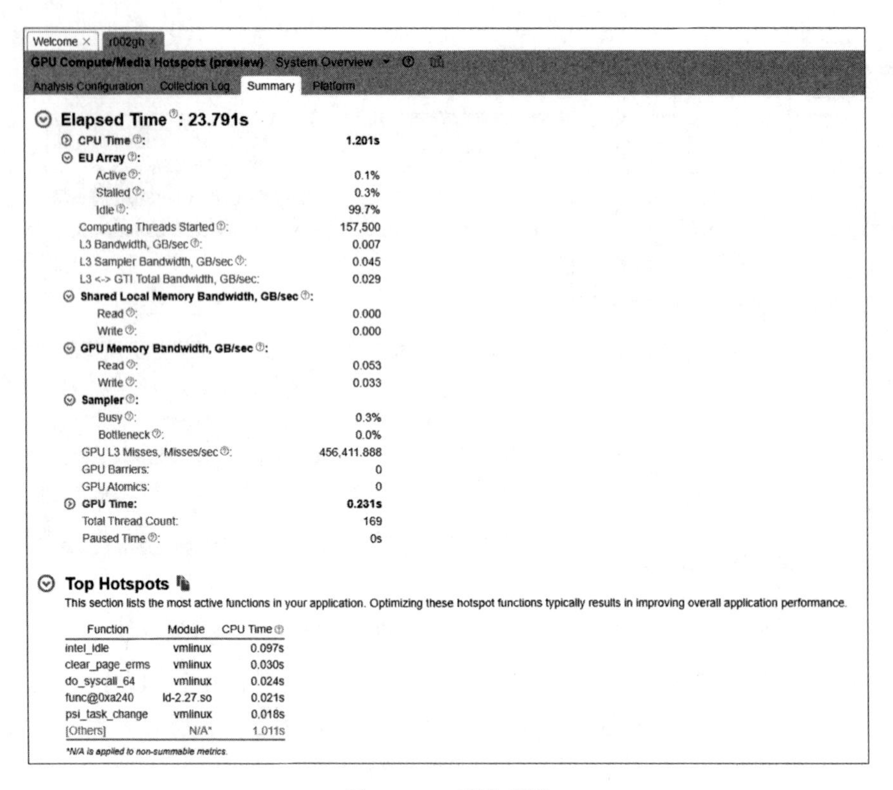

图 10-25 系统总览

对于本书关心的高并发视频分析业务、显卡本身的计算资源、内存资源的占用情况是需要首先关注的。通过“系统总览”窗口我们可以快速获取 VTune 采样周期中这些资源的占用情况。表 10-9 罗列了部分信息的具体含义。

表 10-9 系统总览条目释义

总览条目	释义
EU Array	Active/Idle 比较好理解，为实际运行指令和空闲的时间。其中 Stalled 的含义为显卡在执行指令的过程中需要等待外部资源（比如内存）而不得不挂起的时间。如果 Stalled 的值过高，通常意味着显卡程序的内存访问方式需要调整或者可以考虑提高内存的访问速度。 Computing Threads Started：代表显卡程序发起的 EU 线程数量 L3 Bandwidth：代表 EU 和 L3 之间直接的访问，也就是通过 Data Port 进行的 L3 Sampler Bandwidth：Sampler 是 GPU 内部的内存访问单元（只负责数据读取，不包含写入），包括纹理采样器和媒体采样器，分别负责读取和 3D 或者视频相关的图形数据，并且支持各种标准的数据压缩格式。此项指标代表了 Sampler 对 L3 Cache 的访问 L3 <-> GTI Total Bandwidth：代表 L3 和 GTI 之间的访问

（续）

总览条目	释义
Shared Local Memory Bandwidth	Shared Local Memory（SLM）是 EU 可以直接访问，不需要通过 Data Port 或者 Sampler 进行的一段本地存储，其提供了比 L3 缓存更低的延迟和访问速度（从第 11 代英特尔显卡开始，之前的版本 SLM 依然在 L3 缓存中）。显卡程序可以通过利用这段本地存储来进一步提高程序性能，例如将小量高频的数据放在 SLM 中
GPU Memory Bandwidth	包含了显卡对 LLC 和主存的访问，也就是所有 L3 Cache Miss 的访问
Sampler	Sampler 本身有吞吐上限，因此可能会称为瓶颈。Busy 是归一化的繁忙程度，如果到了 100%，则代表已成瓶颈
GPU Time	代表 GPU 内部引擎非空闲的时间，由于有多个引擎可以并行，因此其 GPU Time 可能长于程序运行的总时间

10.5.2　内存层次结构

通过显卡计算 / 媒体热点视图的 Graphics 菜单，我们可以看到图形化的内存层次结构及访问情况。图 10-26 所示为 Graphics 菜单下的系统内存层次结构图及实际发生的访问情况，它包括了 CPU 和 GPU 内部各自的各种子引擎及各级缓存，两者共享的终极缓存 LLC，以及最终的系统内存。从图中可以看到目前从 GPU Sampler 到 GPU L3 缓存的读取访问量为 27.3GB/s，从 L3 缓存到 LLC 的读取量为 17.8GB/s，写入量为 7.1GB/s。

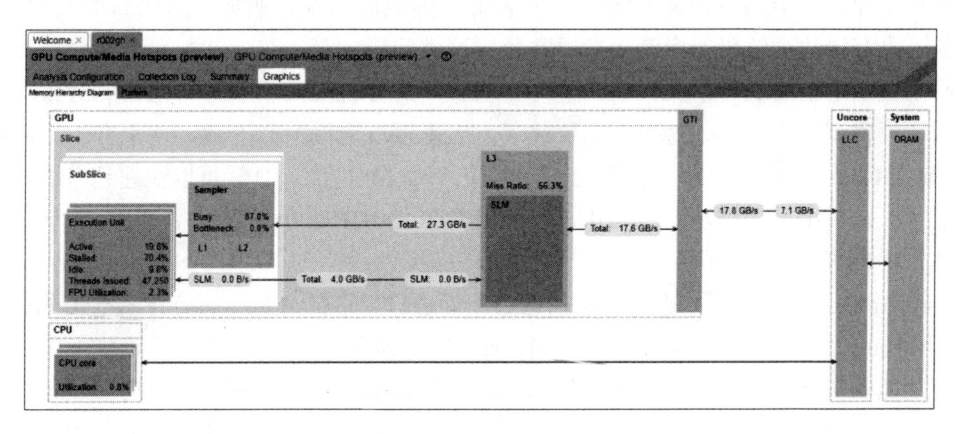

图 10-26　内存层次结构图

10.5.3　基于时间线的详细分析

通过显卡计算 / 媒体热点视图的 Graphics → Platform 菜单，可以看到基于时间线的各种资源占用的分布情况。除了刚才在系统总览中看到的指标外，这里还会呈现 VDBox、显卡频率、EU 内部 FPU 的信息。由于程序在不同阶段的热点可能不一致，因此 VTune 支持时间线过滤来选择特定的时间段进行分析。图 10-27 显示了 Platform 界面下详细的基于时间线的各项资源的占用情况。

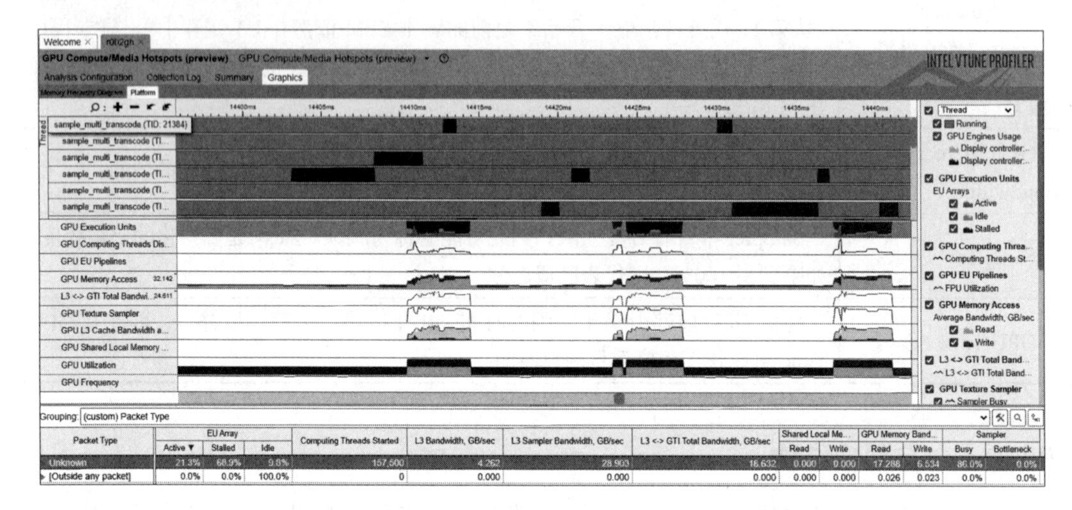

Packet Type	EU Array Active	EU Array Stalled	EU Array Idle	Computing Threads Started	L3 Bandwidth, GB/sec	L3 Sampler Bandwidth, GB/sec	L3 <-> GTI Total Bandwidth, GB/sec	Shared Local Me... Read	Shared Local Me... Write	GPU Memory Band... Read	GPU Memory Band... Write	Sampler Busy	Sampler Bottleneck
Unknown	21.3%	68.9%	9.8%	157,500	4.262	28.903	16.632	0.000	0.000	17.288	6.534	86.0%	0.0%
[Outside any packet]	0.0%	0.0%	100.0%	0	0.000	0.000	0.000	0.000	0.000	0.026	0.023	0.0%	0.0%

图 10-27　图像（Graphics）的平台（Platform）页面

10.6　码流分析

视频处理经常会遇到图像解码错误或者解码失败的情况，例如，解码后的图像花屏、图像的下边有绿边、解码器崩溃等。通常分析这类问题的第一步，就需要分析是不是压缩后的码流发生了语法或者语义错误，这时一款灵活的分析工具就非常有用了。有很多专业的商用视频码流分析工具，这里就不赘述了，大家可以上网自行查找，这里介绍一款免费工具 MediaInfo。它是一款非常实用的视频以及音频参数检测工具，可以快速地获取码流的基本信息，如 codec、分辨率、profile、参考帧数量、GOP 大小、码率控制算法、颜色格式等，其界面如图 10-28 所示。

MediaInfo 主要还是用于查看基本信息，不能进行复杂的分析，而英特尔推出的视频性能分析器 Intel VPA（Intel Video Pro Analyzer）就非常强大了，它提供了对整个压缩码流的分析功能和统计信息的能力，包括以图形方式分析编码流、热图、运动向量、预测过程等的能力，可以清楚地看到码流的每一个细节，例如序列头参数信息（SPS）、图像参数集（PPS），以及每一个切片（slice）甚至每一个宏块的编码信息，是采用了帧内编码，还是帧间编码，运动向量信息等，给开发和测试过程带来了极大便利。图 10-29 就是视频专业分析器 Intel VPA 打开一段视频流的主界面截图。视频专业软件分析工具还提供了用于比较两个流的双视图模式，以及参考或解码 YUV 比较、图片统计、概率数组和树、熵引擎状态、语法元素、帧间 / 帧内预测和过滤样本视图、运动向量预测器列表和系数等功能。笔者经常使用的是查看参考帧的信息，可以清楚地看到 P 帧和 B 帧的参考帧的逻辑关系，这对于了解视频的编码机制和码率控制都很有好处。

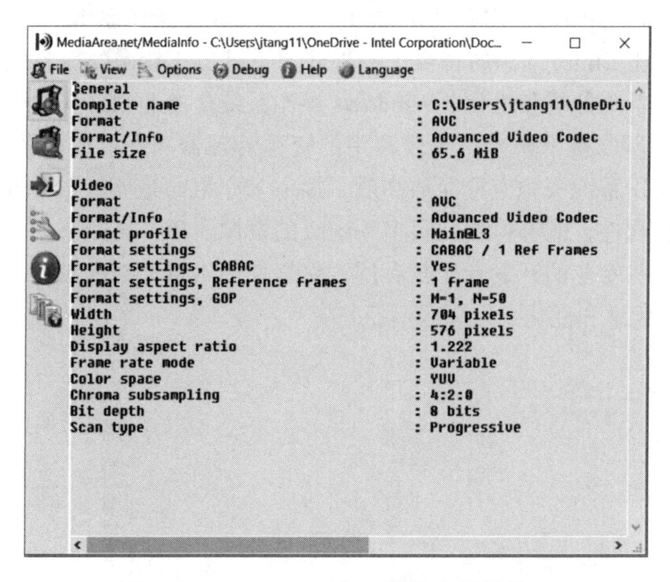

图 10-28　MediaInfo 打开媒体文件的界面

图 10-29　Intel VPA 视频专业分析器主界面

10.7　本章小结

在视频分析业务的性能优化分析过程中，必然需要借助工具来监测相关系统资源的占用情况。本章从 GPU、CPU、内存 3 个维度介绍了 Linux 操作系统一些常用的分析工具及其使用方法，基于 Linux 开源的特性，各种开源工具也比较多，而且能够看到很多底层的信息，方便进行系统分析和优化。Windows 操作系统是商业软件，微软公司提供了比较完善的系统工具，所以接下来介绍了较常用的资源管理器和性能分析器 WPA，这些工具使分析进程如何使用系统资源变得简洁高效。接下来介绍的是英特尔开发的跨操作系统的 VTune 系统级分析软件，能够检测到很多系统级的资源占用。再接下来介绍了两款视频流分析工具，对于一些专业的开发者比较有用。熟练使用本章介绍的工具可以帮助读者更好地完成后续的性能验证和优化工作。

CHAPTER 11

第11章

性能验证和优化

对于本书涉及的高并发视频加速业务的开发者来说，性能验证往往是第一步，只有当平台满足视频处理的性能需求后，才能开始进一步的产品开发和集成工作。Intel 产品线众多，每一条产品线又有很多不同型号的 CPU，因此开发者要了解所选平台的性能时，在所选平台上实际运行相关业务是最直接、最准确的做法。前面章节所提到的 Media SDK 以及 SVET 工具均提供了部分例程来配置和运行高并发视频业务，开发者在自己的产品程序尚未准备好的情况下，可以选择它们作为性能验证的参考业务。在产品化过程中，通常情况下都希望把平台性能发挥到极致，从而导致平台的某种资源一定会成为当前业务的瓶颈。因此在可以运行参考业务之后，利用第 10 章介绍的各种工具来定位性能瓶颈，进而采取相应方式进行优化。这个优化的过程需要开发者站在整个流水线的角度，并且对平台及操作系统特性有全面的理解，这往往也是在产品开发过程中时间占比比较可观的一个环节。如图 11-1 所示，这是一个不断重复的过程，直到最终满足产品的性能需求。

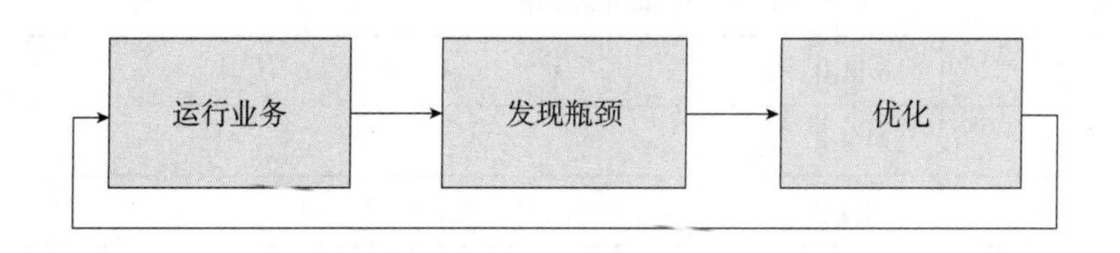

图 11-1　性能验证和优化过程

优化一定是针对具体业务的，因此本章会先介绍如何运行各种参考业务，包括基于 Media SDK 例程的纯解码、纯编码、转码等的验证过程以及基于 SVET 的可以灵活配置的业务。然后根据不同的业务，从吞吐和延迟两个角度分别介绍其典型的性能瓶颈因素和优化思路。

11.1 测试环境概述

本章提供了在 Windows 和 Linux 两个操作系统上进行验证的过程，处理器均使用了酷睿第十一代的 TigerLakei5 系列，Windows 为 i5-1135G7，Linux 为 i7-1185G7。相对而言，Linux 使用平台的主要区别为 GPU 频率提升到了 1.35GHz，EU 个数增加到了 96，视频处理性能略强。表 11-1 所示为 Windows 测试机的详细配置。

表 11-1 Windows 测试机系统配置

处理器	11th Gen Intel Core i5-1135G7 @ 2.40GHz，2.42 GHz
系统内存	16.0 GB（15.6 GB 可用）
系统类型	64 位操作系统，基于 x64 的处理器
版本	Windows 10 专业版
版本号	20H2
安装日期	2021/3/11
操作系统内部版本	19042.1288
体验	Windows Feature Experience Pack 120.2212.3920.0

表 11-2 所示为 Linux 测试机的详细配置。

表 11-2 Linux 测试机系统配置

处理器	11th Gen Intel Core i7-1185G7 @ 3.0GHz，4.8 GHz
GPU	2 × VDBOX，96 ×EU，最高频率为 1.35GHz
机带 RAM	2 ×8GB DDR4 3200 MT/s
操作系统版本	Ubuntu 20.04.3 LTS
内核版本	5.10.41-intel-ese-standard-lts
Libva	2.11.0
Media Driver	21.1.3
Media SDK	21.1.3
SVET	v2021.1.0

具体用到的测试流可以从标准网站上下载，如果下载的是带有容器的可以直接观看的文件，例如 .mp4、.mkv 等，可以使用 FFmpeg 先做解复用，再提取其中的视频流进行编解码测试，具体命令如下：

```
ffmpeg -i input.mp4 -an -vcodec copy output.h264
```

11.2 基于 Media SDK 自带例程

在英特尔平台上进行性能验证，使用 Media SDK 自带的例程是比较简单、直接的方式，具体的安装步骤前面已经介绍过了，本节就针对常见的纯解码、解码显示、纯编码和转码等功能来介绍具体验证方法。

11.2.1 纯解码验证

解码是视频处理中最基本、最常用的功能，所以对于一个新平台，首先要做的就是测试解码的性能。通过解码例程（sample_decode）来进行解码测试非常简单，只需要运行简单的命令即可，但是注意不要加输出参数，因为加上输出参数，会把生成的解码后的图像输出到磁盘上，这样输出的速度会严重影响解码速度，而看不到真实的解码速度。

在 Windows 上定位到 Media SDK 的安装目录下，一般是在 Document（我的文档）下，然后找到 _bin\x64，打开一个 DOS 窗口（CommandPrompt），输入下面的命令行，注意输入的文件一定是 H.264/AVC 的视频流，不能是包含容器的，例如，不能是 mp4 文件。

```
sample_decode.exe h264 -i <name>.h264 -hw -d3d11
```

上述命令行运行完之后，解码例程会自动打印出解码信息，包含帧数（frame number）、帧率 fps（frames per second）等信息。通过 Windows 操作系统自带的资源管理器的 GPU 性能页，如图 11-2 所示，可以看到只有一个视频编码硬件模块在工作。

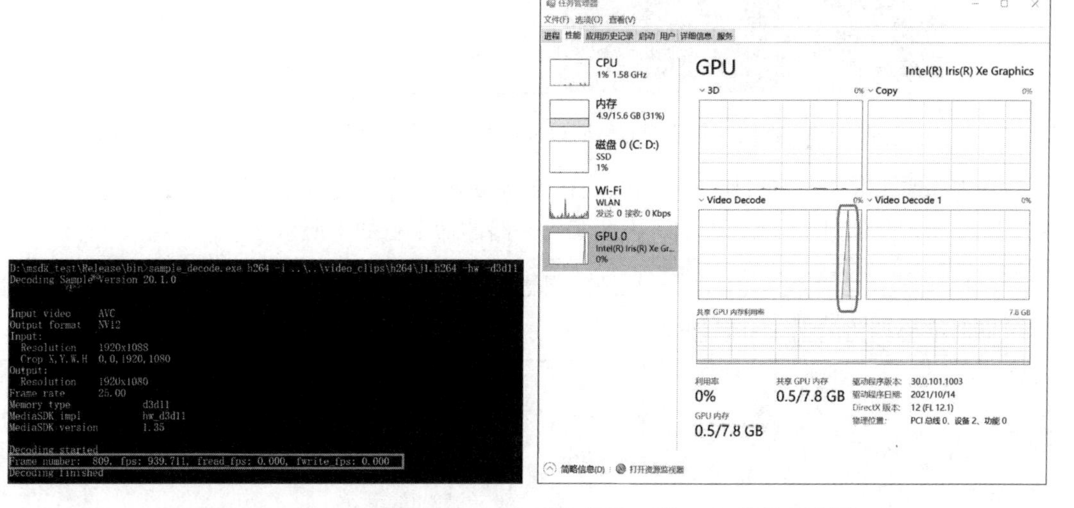

图 11-2 一路视频流解码过程以及资源管理器 GPU 性能页截图

如果想要测试同时多路解码能力的话，可以通过编写命令执行脚本来实现。例如，如果想要测试同时处理四路纯解码的能力，在 Windows 上创建一个批处理文件，输入以下内容，然后把批处理文件以及 H.264 测试流放到例程的目录下，就可以运行了。

```
start /b sample_decode.exe h264 -i input.h264 -hw -d3d11
start /b sample_decode.exe h264 -i input.h264 -hw -d3d11
start /b sample_decode.exe h264 -i input.h264 -hw -d3d11
start /b sample_decode.exe h264 -i input.h264 -hw -d3d11
```

上面这段代码的运行过程和结果以及对应的资源管理器 GPU 性能页的截图如图 11-3 所示，可以看到两个硬件模块的引擎都开始工作了。

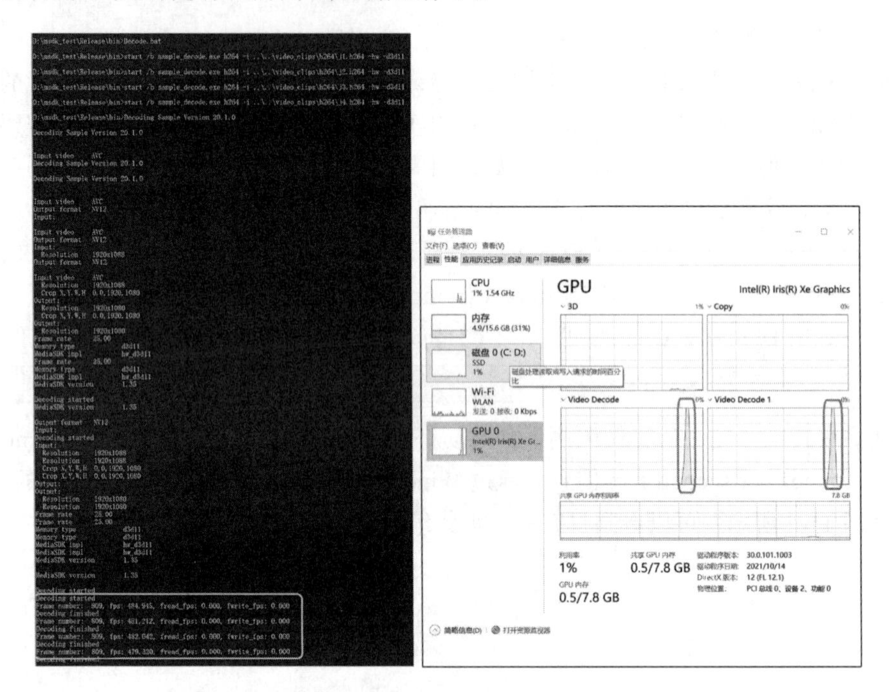

图 11-3　四路视频流同时解码过程以及资源管理器 GPU 性能页截图

在 Linux 上是类似的，唯一不同的是在 Windows 上使用的内存是通过 D3D 分配的，而在 Linux 上则是通过 libva 分配的，因此解码一路的命令行如下所示：

```
sample_decode h264 -i <name>.h264 -hw -vaapi
```

同时解码四路的话，可以创建一个脚本文件：

```
for (( i=1; i<=3; i++ ))
do
/opt/intel/mediasdk/share/mfx/samples/_bin/sample_decode h264 -i <name>.h264 -hw
-vaapi &
done
```

可以通过第 10 章介绍的 intel_gpu_top 来查看视频解码已经运行到了 GPU 里面的 VDBox 模块了。

那么当前这个平台的解码能力就可以根据运行的结果粗略估算出来。把四路解码的帧率加起来做平均，以 Windows 的结果为例，(484.9＋481.2＋482.0＋479.3)÷30≈64，也就是说可以同时解码 1080p30 的视频流 64 路。具体的解码能力与使用的 CPU 主频、硬件加速模块的个数甚至视频流的复杂度相关，所以这里仅仅是一个功能性的介绍，如果要测试平台的能力，还是建议亲自运行一下例程来测试一下。

那如果要测试更多路的解码呢？比如解码 80 路视频流，最简单的方法就是直接复制 / 粘贴上面的命令行，当然大家也可以在批处理文件中通过循环语句的方式编写命令，会简单有效得多。但是运行这样的负载有一个问题，就是进程开得太多了，会造成 CPU 的消耗很高。尽管每一个进程的 CPU 消耗很低，可是同时并发很多个这样的进程就会造成 CPU 的占用率过高，从而会影响一部分 GPU 的能力。所以对于那些想要实际测试多路解码的开发者，建议使用转码例程，通过创建多个线程的方式来实现。

转码例程的扩展名为 par 的参数文本文件的内容如表 11-3 所示，在 Linux 操作系统上可以通过 /dev/null 参数来表示我们并不是要真的输出一个文件到磁盘上，而是输出到一个虚拟设备，相当于丢弃了解码的输出帧，在 Windows 系统上的对应参数为 nul，这样就不会浪费时间在写磁盘上了。

表 11-3　转码例程做解码的参数文件 dec.par 的内容

操作系统	文本内容
Linux	-i::h264 ./video/<name>.h264 -join -hw -async 4 -o::raw /dev/null -ext_allocator -i::h264 ./video/<name>.h264 -join -hw -async 4 -o::raw /dev/null -ext_allocator
Windows	-i::h264 ..\<name>.h264 -join -hw_d3d11 -async 4 -o::raw nul -ext_allocator -i::h264 ..\<name>.h264 -join -hw_d3d11 -async 4 -o::raw nul -ext_allocator

然后通过运行 sample_multi_transcode.exe -par dec.par 命令行进行解码测试，在测试过程中通过 Windows 资源管理器来查看 GPU 的性能页就会看到 GPU 的占比还是与以前一样，但是通过查看 CPU 性能页会发现 CPU 的占比下降很多。

11.2.2　解码显示验证

解码通常会与显示关联起来，显示的部分通常与操作系统息息相关，所以先介绍 Windows 操作系统上的命令行，再介绍 Linux 操作系统上的命令行。在 Windows 操作系统上，使用解码例程进行解码显示的单视频流命令行如下所示：

```
sample_decode.exe h264 -i <name>.h264 -hw -d3d11 -r -f 30
```

如果想要解码多路视频流并拼接在一起显示，在 Windows 操作系统上可以使用如下命令行：

```
start /b sample_decode.exe h264 -hw -d3d11 -i ..\video\<name>.h264 -wall 2 2 0 0 1
200
```

```
start /b sample_decode.exe h264 -hw -d3d11 -i ..\video\<name>.h264 -wall 2 2 1 0 1
200
start /b sample_decode.exe h264 -hw -d3d11 -i ..\video\<name>.h264 -wall 2 2 2 0 1
200
start /b sample_decode.exe h264 -hw -d3d11 -i ..\video\<name>.h264 -wall 2 2 3 0 1
200
```

其中涉及的主要参数如表 11-4 所示。

表 11-4　解码显示的部分参数

参数	文本内容
-r	使能显示
-f	帧率，每秒多少帧
-wall	视频墙的应用，参数及说明如下： ❑ w：视频窗口的列数 ❑ H：视频窗口的行数 ❑ n：视频窗口的序号，从左往右，从上到下 ❑ m：显示器的序号 ❑ t：是否打开标题栏，打开后能够显示帧率 ❑ tmo：显示的时间，以秒为单位

如果要使用转码例程，可以使用下面的参数命令行，相关参数前面已经介绍过了。

```
-i::h264 ..\video\<name>.h264  -join -hw_d3d11 -async 10  -timeout 360  -o::sink
-vpp_comp_dst_x 0 -vpp_comp_dst_y 0 -vpp_comp_dst_w 480 -vpp_comp_dst_h 360 -ext_
allocator
-i::h264 ..\ video\<name>.h264  -join -hw_d3d11 -async 10  -timeout 360  -o::sink
-vpp_comp_dst_x 540 -vpp_comp_dst_y 0 -vpp_comp_dst_w 360 -vpp_comp_dst_h 360
-ext_allocator
-i::h264 ..\ video\<name>.h264  -join -hw_d3d11 -async 10  -timeout 360  -o::sink
-vpp_comp_dst_x 0 -vpp_comp_dst_y 460 -vpp_comp_dst_w 480 -vpp_comp_dst_h 360
-ext_allocator
-i::h264 ..\ video\<name>.h264  -join -hw_d3d11 -async 10  -timeout 360  -o::sink
-vpp_comp_dst_x 540 -vpp_comp_dst_y 360 -vpp_comp_dst_w 480 -vpp_comp_dst_h 360
-ext_allocator

-vpp_comp_only 4 -w 1920 -h 1080 -async 10 -join -hw_d3d11 -i::source -ext_
allocator
```

在 Linux 下可使用转码例程完成多路视频的解码拼接显示，使用 X Window 进行显示的示例参数文件如下，其完成了 2×2 路 H.264 视频的解码拼接显示到一个 1080p 的窗口。

```
-i::h264 ./<name>.h264 -join -hw  -async 4 -dec_postproc   -o::sink -vpp_comp_dst_
x 0 -vpp_comp_dst_y 0 -vpp_comp_dst_w 960 -vpp_comp_dst_h 540 -ext_allocator
-i::h264 ./<name>.h264 -join -hw  -async 4 -dec_postproc   -o::sink -vpp_comp_dst_
x 960 -vpp_comp_dst_y 0 -vpp_comp_dst_w 960 -vpp_comp_dst_h 540 -ext_allocator
-i::h264 ./<name>.h264 -join -hw  -async 4 -dec_postproc   -o::sink -vpp_comp_dst_
x 0 -vpp_comp_dst_y 540 -vpp_comp_dst_w 960 -vpp_comp_dst_h 540 -ext_allocator
-i::h264 ./<name>.h264 -join -hw  -async 4 -dec_postproc   -o::sink -vpp_comp_dst_
x 960 -vpp_comp_dst_y 540 -vpp_comp_dst_w 960 -vpp_comp_dst_h 540 -ext_allocator
-vpp_comp_only 4 -w 1920 -h 1080 -async 4 -threads 2 -join -hw  -i::source -ext_
allocator -ec::rgb4 -rx11
```

sample_multi_transcode 也支持使用 DRM 进行显示，只需要将最后一行的 -rx11 替换为 -rdrm。需要注意的是，使用 DRM 进行显示，需要先执行 init 3 来保证 X Window 已关闭，并且切换到 root 用户，以获得 DRM 正常运行的权限。

11.2.3　纯编码验证

在介绍完解码相关的验证之后，接下来看看编码性能的验证。相对于解码来说，编码要复杂得多，因为涉及图像的尺寸、帧率、编码速度、画面质量、码率控制算法、参考帧的选择等很多因素才能编码出一个符合开发者需求的码流。

下面是编码一路视频流的最基本的命令行，采用的是快速编码方式，详细的参数会在后面介绍：

```
sample_encode.exe h264 -hw -w 1920 -h 1080 -u 7 -i ..\<name>.yuv -u 7 -lowpower:on
-n 100 -o nul
```

如果想要编码低延迟的码流，例如 IPPP，而且只参考前一帧，那么可以用下面的参数：

```
sample_encode.exe h264 -hw -w 1920 -h 1080 -u 7 -i ..\<name>.yuv -o nul -u 7 -r 1
-x 1 -perf_ot 4 -n 100
```

如果要实现多路编码，可以仿照解码例程，在 Windows 上创建一个批处理 .bat 文件，然后复制多个命令行，如下所示，写入批处理文件即可：

```
start/b sample_encode.exe h264 -hw -w 1920 -h 1080 -u 7 -i ..\<name>.yuv -u 7
-lowpower:on -n 100 -o nul
start/b sample_encode.exe h264 -hw -w 1920 -h 1080 -u 7 -i ..\<name>.yuv -u 7
-lowpower:on -n 100-o nul start/b sample_encode.exe h264 -hw -w 1920 -h 1080 -u 7
-i ..\<name>.yuv -u 7 -lowpower:on -n 100 -o nul
start/b sample_encode.exe h264 -hw -w 1920 -h 1080 -u 7 -i ..\<name>.yuv -u 7
-lowpower:on -n 100 -o nul
```

在 Linux 中同理，可以创建脚本文件来运行，命令行如下所示：

```
for (( i=1; i<=3; i++ ))
```

```
do
./sample_encode h264 -cbr -i /home/media/4K30.yuv -w 3840 -h 2160 -r 1 -x 1 -b
2000 -g 256 -n 600 -hw -vaapi -u speed -gpucopy::on -perf_opt 4 -lowpower:off -o
./<name_$1_$i>.264 &
done
```

为了避免 CPU 负载过重，也可以使用转码例程测试多路编码，对应的参数 enc.par 文件的内容如下所示，然后运行 sample_multi_transcode -par win_encode.par 来进行测试，基于 Windows 的命令行如下：

```
## win_encode.par
-i::h264 ..\video\test.264 -o::sink -hw -b 2000 -join
-i::source -o::h264 out1.h264 -hw -b 2000 -join
-i::source -o::h264 out2.h264 -hw -b 2000 -join
```

因为从磁盘读取图像的原始数据会因为磁盘读取的速度影响到实际编码速度，所以也可以先解码一路视频，然后送到编码器中去做编码，这样有的时候会比直接读取原始视频流更快，Windows 中的命令行如下所示：

```
##win_trans.par
-i::h264 ..\video\<name>.264 -hw -async 4 -o::sink -hw -async 4 -join
-i::source -o::h264 nul -w 1920 -h 1080 -b 2000 -n 100 -hw -u speed -dist 1 -num_
ref 1 -gop_size 60  -gpucopy::on -lowpower:on -async 4 -join
-i::source -o::h264 nul -w 1920 -h 1080 -b 3000 -n 100 -hw -u speed -dist 1 -num_
ref 1 -gop_size 60  -gpucopy::on -lowpower:on -async 4 -join
-i::source -o::h264 nul -w 1920 -h 1080 -b 4000 -n 100 -hw -u speed -dist 1 -num_
ref 1 -gop_size 60  -gpucopy::on -lowpower:on -async 4 -join
-i::source -o::h264 nul -w 1920 -h 1080 -b 5000 -n 100 -hw -u speed -dist 1 -num_
ref 1 -gop_size 60  -gpucopy::on -lowpower:on -async 4 -join
```

基于 Linux 的命令行如下所示：

```
#### linux_trans.par
-i::h264 ..\video\<name>.264 -hw -async 4 -o::sink -hw -async 4 -join
-i::source -o::h264 /dev/null -w 1920 -h 1080 -b 2000 -n 100 -hw -u speed -dist 1
-num_ref 1 -gop_size 60  -gpucopy::on -lowpower:on -async 4 -join
-i::source -o::h264 /dev/null -w 1920 -h 1080 -b 3000 -n 100 -hw -u speed -dist 1
-num_ref 1 -gop_size 60  -gpucopy::on -lowpower:on -async 4 -join
-i::source -o::h264 /dev/null -w 1920 -h 1080 -b 4000 -n 100 -hw -u speed -dist 1
-num_ref 1 -gop_size 60  -gpucopy::on -lowpower:on -async 4 -join
-i::source -o::h264 /dev/null -w 1920 -h 1080 -b 5000 -n 100 -hw -u speed -dist 1
-num_ref 1 -gop_size 60  -gpucopy::on -lowpower:on -async 4 -join
```

上面编码例程和转码例程的部分参数如表 11-5 所示。

表 11-5　编码例程和转码例程的部分参数

编码参数	转码参数	释义
-w	-w	图像宽度
-h	-h	图像高度
-r	-dist	标识 I 帧和 P 帧的距离，1 表示没有 B 帧
-x	-num_ref	参考帧的数量
-u	-u	编码的模式，7 表示效率优先
-lowpower	-lowpower	使能硬件固定编码管线，使能的情况下 -r 和 -u 自动设置为 1
-gpucopy	-gpucopy	优化 CPU 和 GPU 数据复制的过程
-perf_opt		设置预取帧数。虽然该选项会提升编码性能，但是由于其原理是反复使用预取到内存的帧来做编码，和真实场景有区别，因此通常不建议在性能验证时使用。另外，当编码的输入 YUV 数据是从解码获取的时候，本身也绕过了从文件读取 YUV 数据并复制到视频内存的过程
-n	-n	编码的帧数

还有很多参数这里没有叙述，感兴趣的读者可以在 Media SDK 的帮助文档中自行查看。

11.2.4　转码验证

相对于解码和编码，转码应用算是一个相对复杂的应用，但是应用场景更为广泛。转码例程提供了丰富的转码功能，有一对多、多对一、多对多等，如表 11-6 所示的各种组合以及对应的参数文件 test.par 的示例，可以通过 $sample_multi_transcode.exe -par test.par 来执行。

表 11-6　多路转码例程中多路解码和多路编码搭配组合示例

解码流数	编码流数	描述
1	1	最简单、直接的应用，例如，一路解码输入，一路编码输出等： `-i::h264 in.h264 -o::h264 out.h264 -hw -b 2000`

1	N	一对多，即一路解码对应于多路编码。例如，从摄像头获得一路 1080p 的码流，我们可以先做解码，获得 1080p 的图像，然后通过 VPP 编码成不同分辨率的码率：
		`-i::h264 in.h264 -o::sink -hw -b 2000 -join`
		`-i::source -o::h264 out1.h264 -hw -b 4000 -join`
		`-i::source -o::h264 out2.h264 -hw -b 6000 -join`
		`-i::source -o::h264 out3.h264 -hw -b 8000 -join`

（续）

解码流数	编码流数	描述
N	1	多对一，即多路编码，一路编码。通常这中间包含了一个复杂的编辑过程，比如图中图或者视频墙等应用。例如视频墙的应用，我们收到了多路视频，然后把它们解码，把获得的图像按照一定的顺序排列在一起，组成一帧图像，再进行编码输出

N	N	多个一对一的应用，每个任务的内部都是一对一的，而且每个任务之间没有联系，相互独立，不需要做同步：
		`-i::h264 in.h264 -o::h264 out0.h264 -hw -b 2000 -join`
		`-i::h264 in.h264 -o::h264 out1.h264 -hw -b 4000 -join`
		`-i::h264 in.h264 -o::h264 out2.h264 -hw -b 6000 -join`
		`-i::h264 in.h264 -o::h264 out3.h264 -hw -b 8000 -join`

11.2.5 独显验证

因为英特尔已经推出了独立显卡（iGPU），所以在 Media SDK 中已经加入了对独显的支持，在默认情况下，视频加速处理会运行在集成显卡（iGPU）上，参数 -iGfx 和 dGfx 分别表示集成显卡和独立显卡，例如想要让解码例程运行在独立显卡上，只需要把 -dGfx 选项加到命令行后面即可，基于 Windows 操作系统的命令行如下所示，Linux 同理。

```
sample_decode.exe h264 -i <name>.h264 -hw -d3d11 -dGfx
```

11.3 基于 OneVPL 自带例程

如第 5 章介绍的，OneVPL 是新一代 Media SDK，可以将其看作 Media SDK 2. 0 版本。其核心 API 和 Media SDK 保持一致，分别增加和删除了一些功能。而大部分应用基于核心 API 即可完成，因此 OneVPL 保留了 Media SDK 的例程，其使用方式也没有变化，开发者可以在如下目录中找到对应的例程：https://github.com/oneapi-src/oneVPL/tree/master/tools/legacy。

11.4 基于 SVET

在 Linux 系统下，SVET 工具提供了灵活的方式，方便读者以最小业务为单位增量式地搭建多路解码和显示的业务，从而评估出每次增加的业务对系统资源的占用情况，最终达成对系统资源消耗分配的完整认识，指导后续性能优化工作。如第 7 章所述，其内部的流水线如图 11-4 所示，包含了文件或者 RTSP 流读取、解码、缩放、拼接、显示、推理、OSD 和编码，其中实线框部分代表利用了 GPU 做加速的业务。

其中 CSC 代表色彩空间转换，典型的转换为 NV12 到 RGB4 的转换。SVET 支持按照如下方式逐步添加业务：

- ❑ 多路解码。
- ❑ 多路解码＋缩放和 CSC。
- ❑ 多路解码＋缩放和 CSC＋拼接。
- ❑ 多路解码＋缩放和 CSC＋拼接＋显示。
- ❑ 多路解码＋缩放和 CSC＋拼接＋显示＋编码。
- ❑ 多路推理。

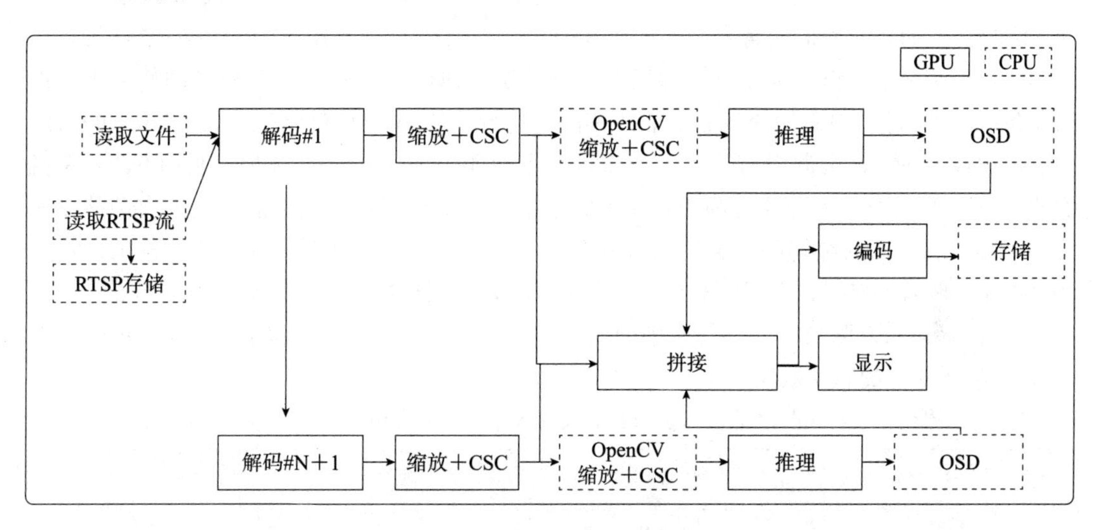

图 11-4 SVET 内部流水线

虽然实际业务程序的详细业务和实现方式可能千差万别，但均脱离不了解码、拼接、显示、编码、推理这几个基本业务。当读者对系统资源消耗方式理解还不深入时，发现性能瓶颈的基本方法是业务拆解和子业务逐步叠加测试，逐渐发现瓶颈并优化，之后迭代这个过程，直到满足性能需求为止。接下来我们就按照上述顺序来看一下如何在 SVET 中运行这些业务。

11.4.1 多路解码

在 SVET 的 GitHub 项目里，par_file/misc/n32_1080p_decode_dump_to_null.par 配置文件演示了通过指定每一路解码输出为 /dev/null 来丢弃解码输出的帧，不做任何存储操作，从而得到纯 GPU 解码的性能。为了后续进行业务的叠加，避免解码业务完全占用 GPU 资源，我们通常会通过 -fps 选项来限定每一路解码的帧率。在表 11-7 中，每路的解码速度被控制在了典型的 30 fps。

表 11-7 多路纯解码参考 par 文件

```
-i::h264 ./video/1080p.h264 -join -hw  -async 4 -o::raw /dev/null -ext_allocator
-fps 30
-i::h264 ./video/1080p.h264 -join -hw  -async 4 -o::raw /dev/null -ext_allocator
-fps 30
```

11.4.2 多路解码 + 缩放和 CSC

参考 par_file/misc/n16_1080p_decode_fakesink.par 配置文件，读者可以实现只包含多路解码＋缩放和 CSC 的业务，此配置文件利用了 -fakesink 功能来丢弃缩放和 CSC 的帧缓冲。需要注意的是，我们通常会同步使能 -dec_postproc 选项来利用 VDBox＋SFC 进行直接的解码输出缩放和 CSC，以将 EU 保留给后续的拼接和推理业务。由于 SFC 的使用也会占用 VDBox 的资源，因此如果读者的业务在没有进行缩放和 CSC 的情况下，VDBox 的占用率已经很高，而 EU 资源尚有富余，那么可以不使能 -dec_postproc 选项，利用 EU 来完成缩放＋CSC 的工作，更合理地利用系统资源。读者可以根据自己的性能评估需求调整输入流的个数，和前面的纯解码业务的输入流个数保持一致。同时设置同样的 -fps 选项，如此就可以通过两者 GPU 资源占用率之差得出用于缩放和 CSC 的资源。需要注意的是：

- 在调整输入路数时，不仅要增加输入流描述行，还需要修改最后一行 -fake_sink 选项所指定的总路数。
- 在使能了 -fakesink 之后，-vpp_comp_dst_x 和 -vpp_comp_dst_y 选项实际上是无效的。

```
-i::h264 ./video/1080p.h264 -join -hw -async 4 -dec_postproc  -o::sink -vpp_comp_
dst_x 0 -vpp_comp_dst_y 0 -vpp_comp_dst_w 480 -vpp_comp_dst_h 270 -ext_allocator
-fake_sink 16 -async 4 -join -i::source -ext_allocator -o::h264 /tmp/fake_file.
h264
```

11.4.3 多路解码 + 缩放和 CSC+ 拼接

由于前面的业务已经将解码输出帧处理成了显示需要的大小和颜色格式，因此拼接业务主要是完成缩放后帧缓存的复制工作。参考 par_file/misc/n16_1080p_decode_vpp_comp_no_display.par 配置文件，我们可以进一步使能拼接的业务。其主要利用了 -vpp_comp_only 和 -vpp_comp_dump 选项来完成拼接，但是并没有显示。和上述的配置文件相比，主要的改动在最后一行，通过 -vpp_comp_only 使能拼接业务，通过 -vpp_comp_dump null render 选项来关闭显示业务。

在 SVET 示例的配置文件中，选择了 RGB4 作为拼接输出帧缓存的颜色格式，读者也可以根据需要调整为其他颜色格式，例如 YUY2、NV12。

最后，需要注意的是，为了保持和前面业务的一致性，也请注意添加 -fps 选项来保持所有通路以相同的速度运行。

```
-vpp_comp_only 16 -w 1920 -h 1080 -async 4 -threads 2 -join -hw  -i::source -ext_
allocator -ec::rgb4 -vpp_comp_dump null_render
```

11.4.4　多路解码 + 缩放和 CSC+ 拼接 + 显示

这是最为常见的，读者可以观察到显示输出的流水线，可以参考 par_file/basic/n16_1080p_30fps_videowall.par 配置文件。其核心改动也主要在最后一行，用 -rdrm-DisplayPort 代替了 -vpp_comp_dump 选项，其中 -rdrm-DisplayPort 参数是为了指定显示口，从该参数的名称可以看出，它指定了显示口的类型为 DisplayPort。为了更灵活地通过多个 par 文件的方式来支持多个显示口，SVET 修改了 sample_multi_transcode 示例程序的逻辑，它实际上并不根据指定的显示口名字来进行选择，而是按照系统对显示接口的枚举顺序进行显示口的选择。也就是说，在每一个 par 文件中依然需要提供 -rdrm-DisplayPort 参数来表明需要使能显示输出，但 SVET 会按照显示口的枚举顺序，将其依次分配给每个 par 文件，位置靠前的 par 文件会分配到枚举顺序靠前的显示口。

```
-vpp_comp_only 16 -w 1920 -h 1080 -async 4 -threads 2 -join -hw -i::source -ext_
allocator -fps 30 -ec::rgb4 -rdrm-DisplayPort
```

11.4.5　多路解码 + 缩放和 CSC+ 拼接 + 显示 + 编码

在典型的 NVR 业务中，为了能够远程预览本地拼接的结果，通常还会包含一路编码的业务，将拼接结果编码推流出去供客户端使用。目前 SVETGitHub 的配置文件中并没有给出对应的例子，我们可以在上述配置文件的基础上，在最后一行后面再添加一行来配置编码，如下所示：

```
-vpp_comp_only 16 -w 1920 -h 1080 -async 4 -threads 2 -join -hw -i::source -ext_
allocator -fps 30 -ec::rgb4 -rdrm-DisplayPort
-vpp_comp 16 -w 1920 -h 1080 -async 4 -threads 2 -join -hw  -i::source -ext_
allocator -ec::nv12 -o::h264 comp_out_1080p.h264 -b 8000
```

在上面的例子中使用了 -ec::nv12 来指定拼接的输入格式为 NV12，用 -o::h264 指定了编码格式为 H264，用 -b 指定了编码的输出码率。需要注意的是，这种写法其实会进行两次拼接，一次为了显示，一次为了编码，并不会共享拼接的输出帧。

11.4.6　多路推理

在 SVET GitHub 项目的参考配置文件中，提供了很多包含推理的流水线例子，均在 par_file/inference 目录下，7.4 节已经详细介绍了各种模型的运行方式。总的来说，SVET 支持 5 种 OpenVINO 包含模型的推理，例如人脸识别、人体关节点检测、车辆属性提取、多物体跟踪、Yolo，读者可以在前述任何业务的基础之上添加推理业务。同时，为了更好地配置推理业务，提供了多个选项来控制推理过程。表 11-8 为支持选项的详细说明。

表 11-8　SVET 推理相关选项说明

选项名称	选项功能
-infer::vd, -infer::fd, -infer::hp, -infer::yolo, -infer::mot	通过给出模型所在目录指定推理模型，SVETGitHub 项目会在安装过程中将模型下载到 ./model 目录，其具体模型文件名已经在代码中指定，因此通过 -infer::vd ./model 即可完成配置。每一个推理通道可单独配置
-infer::interval	推理的间隔帧数，也就是每隔多少帧做一次推理。对于不需要每一帧都做推理的场景，可以使用这个选项来进行配置。每一个推理通道可单独配置
-infer::max_detect	最大检测物体数，配置检测网络的最大物体检测数量。主要作用是过滤掉一部分检测结果。默认没有限制，每一个推理通道可单独配置
-infer::offline	只推理，不渲染结果到显示器，每一个推理通道可单独配置
-infer::remote_blob	使能 OpenVINO 的 remote blob 功能，从而直接传递解码输出的 NV12 视频缓存帧用作推理，OpenVINO 会在内部将颜色格式转换到 RGBP 格式。目前仅有人脸检测模型支持此功能，并且要求解码输出的帧大小要和推理的输入帧大小一致，也就是 OpenVINO 内部没有添加缩放功能

11.5　性能优化

性能调优本身是一个很大的系统级问题，涉及整个软硬件系统的方方面面。本节会简要介绍性能评估优化的常见思路和方法，再结合英特尔平台的特点给出针对吞吐、延迟和拼接显示的具体优化建议供读者参考。

11.5.1　分析性能瓶颈

具体结合到视频应用领域，首先被关注的就是系统的吞吐，也就是通常所说的效率。具体影响的因素分很多层次，首先是不同的编码格式有不同的计算复杂度，例如 H.265/HEVC 的复杂度就远远高于 H.264/AVC，通常来说，就需要更多的编码和解码时间。其次，同一种编码格式的参数配置对编码性能的影响是显著的，不同工具集（profile）以及不同的层级（level）也会造成计算复杂度的不同，其他的参数，例如码率控制算法、参考帧数量和方式、编码格式、GOP 格式、大小等都会影响系统的编解码性能。

再次，除了视频流本身的因素之外，系统本身资源的影响也是非常重要的。主要的硬件资源包含计算资源、内存资源以及 I/O 资源等。

- 计算资源：
    - GPU 中的独立视频加速处理模块，例如解码和低功耗编码业务主要运行在 VDBox 模块，视频图像处理、颜色空间转换、缩放等操作主要运行在 VEBox

模块和 SFC 模块。

- GPU 中的执行单元会被图形图像的 2D/3D 渲染、拼接业务、GPGPU 功能的使用（例如 OpenCL）以及基于 GPU 的推理业务所占用。这些业务会彼此竞争使用执行单元资源。
- CPU 资源，除了解码本身会消耗一部分 CPU 资源外，系统可能还有很多其他业务也会消耗。同时因为上述业务通常是线程密集业务，成百上千的线程调度本身也会增加很多 CPU 消耗。因此部分情况下，CPU 也可能成为性能瓶颈。

- 内存资源：由于解码、拼接、显示其实都是对原始的 YUV/RGB 数据进行操作，当路数多起来的时候，需要处理的数据量很大，对系统内存以及显存的带宽、总容量、速度都有很高的要求。
- I/O 资源：比如网络、磁盘。在上述业务形态中，往往也伴随着比较重的网络传输和磁盘读写业务，因此网络带宽、抖动，以及磁盘的读写速度等因素也可能成为性能的瓶颈。

最后，除了这些硬件资源的使用，功耗也是需要关注的，过高的系统功能会导致芯片过热。因此一颗芯片总会有总功耗以及在不同 IP 间进行功耗分配策略等限制。当运行业务过重时，若超过额定功耗，则会发生 CPU 和 GPU 的降频以保护芯片。因此在性能调优过程中，系统功耗也是考量点之一，要留意 CPU/GPU 的频率变化是否由功耗问题引起。

另外，视频应用一般对延迟比较敏感，而整个系统的延迟则是在整个处理管线上所有的延迟叠加得到的，所以，一个端到端的视频传输的应用可以简化为视频采集、编码、通过介质传输、解码等处理环节，每一个环节都有可能产生延迟，整体系统的延迟就是这些延迟的叠加。那么要优化整体系统的延迟，就需要有针对性地优化每一个环节的延迟，在这里我们重点讨论视频处理的延迟。性能优化的一般过程为：

1）性能瓶颈分析。

2）寻找若干优化点。

3）优化、验证优化点。

如前所述，此过程是一个循环过程，通过性能瓶颈分析可以发现若干优化点，针对它们开始做优化和验证，当其中的某些优化点不再是性能的瓶颈，就需要回到步骤 1 重新分析性能瓶颈，再找到新的优化点来做优化，周而复始，直到达到系统的要求为止。

进行性能评估时，可以借助性能监测章节（第 10 章）介绍的工具来实时观察系统资源的使用情况。当然有一些性能瓶颈定位或者优化的方法是显而易见的，甚至不用使用分析工具就可以看得出来。而有一些源代码级的性能评估需要开发者、测试者手动添加一些时间统计信息来查看。另外，为了避免对客户产品程序的了解有限导致的分析困难，通常在进行性能瓶颈的定位之前，我们会将业务进行简化，在尽量模拟客户的应用流水线的基础上，只保留核心视频业务。对整个处理管线的了解得越详细，做性能瓶颈的定位就会越准确。

11.5.2 优化吞吐

前面介绍了编码格式本身的复杂度不同会造成编解码性能的差异，从复杂度的角度来说，通常是 H.264/AVC 的速度要好过 H.265/HEVC。但是对于英特尔的 GPU 来说，早期的显卡，H.264/AVC 的编解码性能优于 H.265/HEVC，但是从第 12 代显卡（搭配酷睿第 11 代 CPU）开始，H.265/HEVC 编解码性能明显优于 H.264/AVC。表 11-9 所示为一组基于第 12 代显卡在 Linux 环境下的解码性能测试，方便读者对英特尔平台的解码性能有大致了解。

表 11-9　第 12 代显卡解码性能

输入视频流参数			i3-1115G4	i5-1145G7E	i7-1185GRE
编码格式	分辨率	解码帧率	同时解码路数		
H.264	1080P	30	40	76	77
H.265	1080P	30	57	108	110

除了编码格式的参数本身之外，数据的读取以及写入都有可能影响编解码的效率，例如，对于编码来说，原始视频图像尺寸比较大的时候，从磁盘上读取 RGB 或者 YUV 原始数据到 GPU 内存空间就会耗费大量时间，所用的具体时间与磁盘的类型和读取速度息息相关，如果是使用已经读取到内存空间的视频图像进行编码的话，速度会非常快。针对这种需求，Media SDK 引入了 [-perf_opt n] 参数，n 表示实现读取到内存空间的帧的个数，这个参数可被用于了解编码器的理论极限性能。对于解码器而言，同样由于 I/O 操作速度很慢，如果把解码后生成的图像数据写入磁盘上，也会显著影响流水线吞吐，所以在 11.2.1 节一直要求不要将解码后的图像文件输出到磁盘上，而是通过直接将输出丢弃的方式来进行性能统计。

通过前面的介绍可以知道，数据在内存之间的流动也是影响整体性能的重要因素之一，为了快速地使数据在 CPU 和 GPU 之间流动，英特尔在 Media SDK 中加入了 [-gpucopy::<on,off>] 选项，在某些情况下是否启用这个选项对编码性能会产生可观的影响。由于在通常情况下，编码使用视频缓存可以获得最佳的性能，因此当我们的编码输入帧缓存在系统缓存时（MFX_MEMTYPE_SYSTEM_MEMORY），如果不启用 -gpucopy 选项（-gpucopy::off），则 Media SDK 会使用 CPU 来做复制的动作，从而极大地影响性能，特别是当分辨率比较大的时候。如果启用 -gpucopy 选项（-gpucopy::on），则 Media SDK 会通过英特尔 GPU 并行编程的语言 CM（C for Metal）利用 GPU 的执行单元来完成系统缓存到视频缓存的帧数据复制动作，大幅提升性能。当然，由于帧数据拷贝占用了一部分执行单元，如果我们的编码业务不是低功耗模式，其运动估计的过程也会利用执行单元，两者之间就会存在执行单元资源的竞争，这在我们做性能评估的过程中需要综合考虑，选择合适的方式。另外，-gpucopy 这个功能在 Windows 系统下，针对 GPU 来做硬件加速业务，默认是打开的，而在 Linux 系统下，其默认是关闭的，需要应用程序显式地指定。

另外，对于拥有两个 VDBox 模块的英特尔 GPU，参数 [-trows rows] 和 [-tcols cols] 也有助于提升性能。当我们在做单路超大分辨率视频编码时，例如 8K，默认情况下，Media SDK 会基于帧为单位来提交编码业务，因此即使在拥有两个 VDBox 模块的平台上，由于帧与帧之间有参考关系，在上一帧被编码完成之前，下一帧的编码业务是无法并行开始的，最终导致只会有一个 VDBox 模块被用于编码，从而降低性能。通过启用 -tcols 选项，Media SDK 会将一帧水平分为两个部分，分别用不同的 VDBox 模块来做编码，从而并发利用到所有编码资源，提高整体吞吐能力。当然由此带来的负面影响是一帧的两部分的帧内运动估计范围缩小，有可能导致编码效率降低。不过相对于充分利用所有的 VDBox 模块资源带来的性能提升而言，这部分损失是可以承受的。需要注意的是，-tcols 选项只对 H.265/HEVC 编码格式有效。

还有一种情况就是在有两个 VDBox 模块的情况下，会导致解码业务只能利用其中一个 VDBox 模块。在 Linux 操作系统上，通常有两种原因引起上述情况：VDBox 模块的调度策略和 media-driver 问题。在第十一代显卡（搭配第十一代酷睿 CPU 代号 IceLake）之前，VA-API Context 通常是和一路码流的处理对应，可以是解码、编码或者图像处理 VPP。因此 Ice-Lake 之前的平台调度粒度比较粗，在码流处理初始化完成之后就确定了，在该路码流处理完成之前都不会再有调度的机会。因此有可能产生的一种情况是，有一路码流处理在创建时发现 VDBox0 很繁忙，有 10 个 VA-API Context 被绑定，于是被调度到 VDBox1。但就在这个调度完成之后，VDBox0 绑定的 10 个业务由于计算量较小，很快就结束了。那此时就会出现只有 VDBox1 被占用的情况。在这种情况下，只能通过重新创建解码通道的方式来做到 VDBox 业务的平衡。而在 Ice-Lake 之后的平台，由于基于帧为调度单位，因此不存在这样的问题。表 11-10 从调度粒度和 VDBox 繁忙度获取方式两个维度介绍了不同平台的调度策略。

表 11-10　VDBox 调度策略

VDBox 调度策略	Ice-Lake 之前的平台	Ice-Lake 及以上平台
调度粒度	VA-API Context	每一帧，无论是解码、编码还是后处理
繁忙度获取方式	用户态 VDBox 的 VA-API Context 计数，值越大越繁忙	从 i915 内核获取的 VDBox 真实占用率

在高并发视频编码的场景中还遇到过一种情况，那就是当显卡的 RC6 电源管理功能打开时，会大幅影响小分辨率视频编码的整体吞吐。其原因为每路编码的一帧编码算力要求低，当新任务还没有从 CPU 发送到显卡时，编码任务已经结束，显卡进入休眠状态。新任务发送过来之后，显卡被唤醒。频繁的唤醒过程本身消耗了较多时间，导致整体吞吐量下降。解决办法为关闭显卡的 RC6 功能。

11.5.3　优化延迟

除了吞吐能力外，延迟也是优化过程中常见的问题。这里主要涉及解码和编码过程中的延迟。在解码中，码流固有的延迟是没有办法避免的，比如原始输入码流中含有 B 帧，这样每次都需要缓存对应的 P 帧解码之后才能解码 B 帧，所以这类解码的延迟是没有办法避免的。为了增加整体编解码的性能，Media SDK 引入了异步操作，具体通过参数 [-async] 来实现，具体描述前文已经介绍过，这里不再赘述。而在没有 B 帧的情况下，又要把延迟降到最低，这就意味着每一帧送入解码器之后，就是用 SyncOperation 操作保证当前帧接收完，并且在接收完之前不送入新的一帧，这样就不需要解码器缓存多个帧，进而达到低延迟解码输出的效果。

对于编码，除了如 9.2 节提到的在编码规范层面来保证低延迟编码的考量，实践中我们还遇到了针对高分辨率码流进行编码时，比如 8K，最开始几帧的 SyncOperation 时间会很长的情况。这种情况在 Linux 中通常是由于 media-driver 在做内部缓冲的初始化动作，包括分配缓存以及完成 GPU 地址虚拟空间的映射，这个时间很难优化。其中一个解决办法为提前初始化编码器，并提供几帧无效帧进行编码并丢弃编码结果，等到正式数据过来之后再做正常的编码，从而绕开最开始编码的较长时间。

11.5.4　优化拼接显示

对于拼接和显示的优化思路，在 8.4～8.6 节已经有不少介绍，例如利用 SFC、双线性插值缩放算法或者使用数据量更少的 NV12 颜色格式来减少对计算和内存资源的占用，以及优化流水线让 SFC 直接输出到显示帧缓冲，进一步减少对上述资源的消耗等。本节我们将以 VDBox＋SFC 的启用和一些性能监测工具的使用来演示优化分析的过程。

随着输入路数的增多以及同时输出分辨率和帧率的提高，即使有了显卡加速，拼接也占用了大量的计算资源和内存资源（用量和带宽）。如图 11-5 所示，我们继续使用 SVET 工具，以 16 路 1080P H.264/AVC 解码，按照 4×4 无重叠拼接输出到 1080P60 的屏幕上的业务为例，看一下在 i3-1115G4E 上的资源占用情况。

```
-i::h264 ./video/1080p.h264 -join -hw -async 4   -o::sink -vpp_comp_dst_x 0 -vpp_comp_dst_y 0 -vpp_comp_dst_w 480 -vpp_comp_dst_h 270 -ext_allocator -fps 30
-i::h264 ./video/1080p.h264 -join -hw -async 4   -o::sink -vpp_comp_dst_x 480 -vpp_comp_dst_y 0 -vpp_comp_dst_w 480 -vpp_comp_dst_h 270 -ext_allocator -fps 30
-i::h264 ./video/1080p.h264 -join -hw -async 4   -o::sink -vpp_comp_dst_x 960 -vpp_comp_dst_y 0 -vpp_comp_dst_w 480 -vpp_comp_dst_h 270 -ext_allocator -fps 30
-i::h264 ./video/1080p.h264 -join -hw -async 4   -o::sink -vpp_comp_dst_x 1440 -vpp_comp_dst_y 0 -vpp_comp_dst_w 480 -vpp_comp_dst_h 270 -ext_allocator -fps 30

-i::h264 ./video/1080p.h264 -join -hw -async 4   -o::sink -vpp_comp_dst_x 0 -vpp_comp_dst_y 270 -vpp_comp_dst_w 480 -vpp_comp_dst_h 270 -ext_allocator -fps 30
-i::h264 ./video/1080p.h264 -join -hw -async 4   -o::sink -vpp_comp_dst_x 480 -vpp_comp_dst_y 270 -vpp_comp_dst_w 480 -vpp_comp_dst_h 270 -ext_allocator -fps 30
-i::h264 ./video/1080p.h264 -join -hw -async 4   -o::sink -vpp_comp_dst_x 960 -vpp_comp_dst_y 270 -vpp_comp_dst_w 480 -vpp_comp_dst_h 270 -ext_allocator -fps 30
-i::h264 ./video/1080p.h264 -join -hw -async 4   -o::sink -vpp_comp_dst_x 1440 -vpp_comp_dst_y 270 -vpp_comp_dst_w 480 -vpp_comp_dst_h 270 -ext_allocator -fps 30

-i::h264 ./video/1080p.h264 -join -hw -async 4   -o::sink -vpp_comp_dst_x 0 -vpp_comp_dst_y 540 -vpp_comp_dst_w 480 -vpp_comp_dst_h 270 -ext_allocator -fps 30
-i::h264 ./video/1080p.h264 -join -hw -async 4   -o::sink -vpp_comp_dst_x 480 -vpp_comp_dst_y 540 -vpp_comp_dst_w 480 -vpp_comp_dst_h 270 -ext_allocator -fps 30
-i::h264 ./video/1080p.h264 -join -hw -async 4   -o::sink -vpp_comp_dst_x 960 -vpp_comp_dst_y 540 -vpp_comp_dst_w 480 -vpp_comp_dst_h 270 -ext_allocator -fps 30
-i::h264 ./video/1080p.h264 -join -hw -async 4   -o::sink -vpp_comp_dst_x 1440 -vpp_comp_dst_y 540 -vpp_comp_dst_w 480 -vpp_comp_dst_h 270 -ext_allocator -fps 30

-i::h264 ./video/1080p.h264 -join -hw -async 4   -o::sink -vpp_comp_dst_x 0 -vpp_comp_dst_y 810 -vpp_comp_dst_w 480 -vpp_comp_dst_h 270 -ext_allocator -fps 30
-i::h264 ./video/1080p.h264 -join -hw -async 4   -o::sink -vpp_comp_dst_x 480 -vpp_comp_dst_y 810 -vpp_comp_dst_w 480 -vpp_comp_dst_h 270 -ext_allocator -fps 30
-i::h264 ./video/1080p.h264 -join -hw -async 4   -o::sink -vpp_comp_dst_x 960 -vpp_comp_dst_y 810 -vpp_comp_dst_w 480 -vpp_comp_dst_h 270 -ext_allocator -fps 30
-i::h264 ./video/1080p.h264 -join -hw -async 4   -o::sink -vpp_comp_dst_x 1440 -vpp_comp_dst_y 810 -vpp_comp_dst_w 480 -vpp_comp_dst_h 270 -ext_allocator -fps 30

-vpp_comp_only 16 -w 1920 -h 1088 -async 4 -threads 2 -join -hw -i::source -ext_allocator -fps 30 -ec::rgb4 -rdrm-DisplayPort
```

图 11-5　16 路 1080P30 H.264 解码拼接显示 SVET 配置文件

在图 11-5 的配置文件中，控制了每一路的解码速度为 30 FPS，拼接的输出颜色格式为 RGB4（RGBA8888）。从图 11-6 可以看到，显卡频率基本保持在 1.1GHz，此时 EU 的占用率为 31%，VDBox 的占用率为 42%。

```
root@uzeltgli3:/home/tgl/work/cvs_sample/bin# ./metrics_monitor
RENDER usage: 31.16,    VIDEO usage: 43.29,    VIDEO_E usage: 0.00    GT Freq: 1097.83
RENDER usage: 31.09,    VIDEO usage: 43.03,    VIDEO_E usage: 0.00    GT Freq: 1115.83
RENDER usage: 31.21,    VIDEO usage: 42.92,    VIDEO_E usage: 0.00    GT Freq: 1091.83
RENDER usage: 31.18,    VIDEO usage: 42.58,    VIDEO_E usage: 0.00    GT Freq: 1101.92
RENDER usage: 31.03,    VIDEO usage: 43.11,    VIDEO_E usage: 0.00    GT Freq: 1077.84
RENDER usage: 30.86,    VIDEO usage: 43.08,    VIDEO_E usage: 0.00    GT Freq: 1115.82
RENDER usage: 31.02,    VIDEO usage: 42.96,    VIDEO_E usage: 0.00    GT Freq: 1089.80
RENDER usage: 30.94,    VIDEO usage: 42.83,    VIDEO_E usage: 0.00    GT Freq: 1089.90
RENDER usage: 30.96,    VIDEO usage: 42.90,    VIDEO_E usage: 0.00    GT Freq: 1089.83
RENDER usage: 30.99,    VIDEO usage: 42.91,    VIDEO_E usage: 0.00    GT Freq: 1089.84
RENDER usage: 31.15,    VIDEO usage: 42.92,    VIDEO_E usage: 0.00    GT Freq: 1103.83
RENDER usage: 31.24,    VIDEO usage: 42.73,    VIDEO_E usage: 0.00    GT Freq: 1125.83
```

图 11-6　i3-1115G4E 显卡资源占用

如图 11-7 所示为 VTune 的分析结果，从弹出框内可以看到显卡的峰值内存访问速度为读取时约 16GB/s，写入时约 12GB/s。我们使用的内存为双通道 2400MT/s DDR4，按照前面的算法，理论带宽的最大值为 38.4GB/s。那么在峰值情况下，大概使用了理论带宽的 28/38.4=72.9%，这个值其实不低。在之前的实践中，针对此类业务，内存带宽也确实是最常见的性能瓶颈。这其中解码的输出、拼接的输入输出、显示等业务都在大量消耗内存带宽。

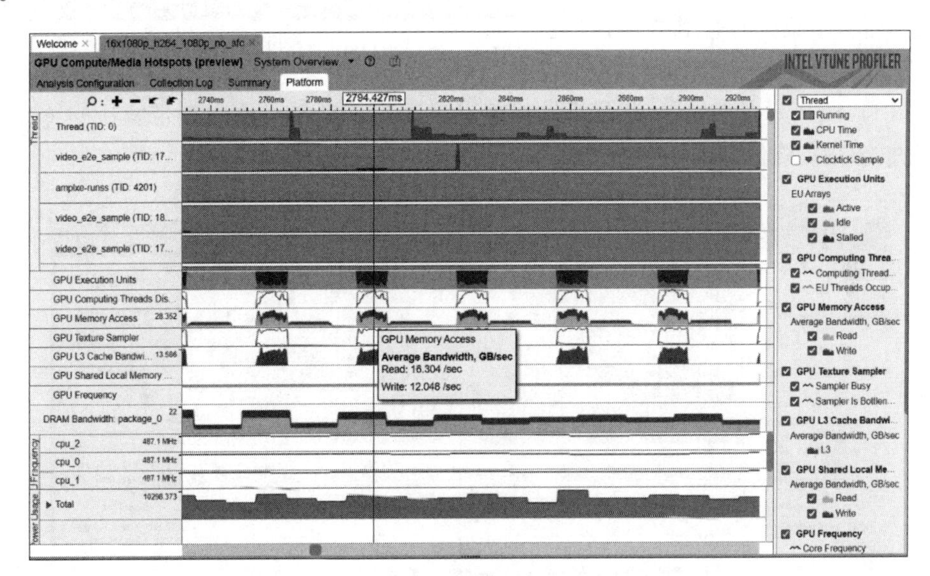

图 11-7　i3-1115G4E VTune 分析 1

当你的实际业务中拥有更多路的解码输入、更高的输出分辨率、更多的显示输出时，内存带宽的资源紧缺会变得更加明显，这时除了保证我们使用了双通道内存以及更高的 DDR 带宽外，还有一些办法从应用侧来降低内存带宽的消耗。

11.5.4.1　VDBox+SFC 降低内存带宽消耗

在 9.4.1.2 节我们介绍过使用 VDBox＋SFC 可以减少内存带宽，如图 11-8 所示，通过在 par 配置文件中添加 -dec_postproc 选项可以启用 VDBox＋SFC 功能。

```
-i::h264 ./video/1080p.h264 -join -hw -async 4 -dec_postproc -o::sink -vpp_comp_dst_x 0 -vpp_comp_dst_y 0 -vpp_comp_dst_w 480 -vpp_comp_dst_h 270 -ext_allocator -fps 30
-i::h264 ./video/1080p.h264 -join -hw -async 4 -dec_postproc -o::sink -vpp_comp_dst_x 480 -vpp_comp_dst_y 0 -vpp_comp_dst_w 480 -vpp_comp_dst_h 270 -ext_allocator -fps 30
-i::h264 ./video/1080p.h264 -join -hw -async 4 -dec_postproc -o::sink -vpp_comp_dst_x 960 -vpp_comp_dst_y 0 -vpp_comp_dst_w 480 -vpp_comp_dst_h 270 -ext_allocator -fps 30
-i::h264 ./video/1080p.h264 -join -hw -async 4 -dec_postproc -o::sink -vpp_comp_dst_x 1440 -vpp_comp_dst_y 0 -vpp_comp_dst_w 480 -vpp_comp_dst_h 270 -ext_allocator -fps 30

-i::h264 ./video/1080p.h264 -join -hw -async 4 -dec_postproc -o::sink -vpp_comp_dst_x 0 -vpp_comp_dst_y 270 -vpp_comp_dst_w 480 -vpp_comp_dst_h 270 -ext_allocator -fps 30
-i::h264 ./video/1080p.h264 -join -hw -async 4 -dec_postproc -o::sink -vpp_comp_dst_x 480 -vpp_comp_dst_y 270 -vpp_comp_dst_w 480 -vpp_comp_dst_h 270 -ext_allocator -fps 30
-i::h264 ./video/1080p.h264 -join -hw -async 4 -dec_postproc -o::sink -vpp_comp_dst_x 960 -vpp_comp_dst_y 270 -vpp_comp_dst_w 480 -vpp_comp_dst_h 270 -ext_allocator -fps 30
-i::h264 ./video/1080p.h264 -join -hw -async 4 -dec_postproc -o::sink -vpp_comp_dst_x 1440 -vpp_comp_dst_y 270 -vpp_comp_dst_w 480 -vpp_comp_dst_h 270 -ext_allocator -fps 30

-i::h264 ./video/1080p.h264 -join -hw -async 4 -dec_postproc -o::sink -vpp_comp_dst_x 0 -vpp_comp_dst_y 540 -vpp_comp_dst_w 480 -vpp_comp_dst_h 270 -ext_allocator -fps 30
-i::h264 ./video/1080p.h264 -join -hw -async 4 -dec_postproc -o::sink -vpp_comp_dst_x 480 -vpp_comp_dst_y 540 -vpp_comp_dst_w 480 -vpp_comp_dst_h 270 -ext_allocator -fps 30
-i::h264 ./video/1080p.h264 -join -hw -async 4 -dec_postproc -o::sink -vpp_comp_dst_x 960 -vpp_comp_dst_y 540 -vpp_comp_dst_w 480 -vpp_comp_dst_h 270 -ext_allocator -fps 30
-i::h264 ./video/1080p.h264 -join -hw -async 4 -dec_postproc -o::sink -vpp_comp_dst_x 1440 -vpp_comp_dst_y 540 -vpp_comp_dst_w 480 -vpp_comp_dst_h 270 -ext_allocator -fps 30

-i::h264 ./video/1080p.h264 -join -hw -async 4 -dec_postproc -o::sink -vpp_comp_dst_x 0 -vpp_comp_dst_y 810 -vpp_comp_dst_w 480 -vpp_comp_dst_h 270 -ext_allocator -fps 30
-i::h264 ./video/1080p.h264 -join -hw -async 4 -dec_postproc -o::sink -vpp_comp_dst_x 480 -vpp_comp_dst_y 810 -vpp_comp_dst_w 480 -vpp_comp_dst_h 270 -ext_allocator -fps 30
-i::h264 ./video/1080p.h264 -join -hw -async 4 -dec_postproc -o::sink -vpp_comp_dst_x 960 -vpp_comp_dst_y 810 -vpp_comp_dst_w 480 -vpp_comp_dst_h 270 -ext_allocator -fps 30
-i::h264 ./video/1080p.h264 -join -hw -async 4 -dec_postproc -o::sink -vpp_comp_dst_x 1440 -vpp_comp_dst_y 810 -vpp_comp_dst_w 480 -vpp_comp_dst_h 270 -ext_allocator -fps 30

-vpp_comp_only 16 -w 1920 -h 108█ -async 4 -threads 2 -join -hw -i::source -ext_allocator -fps 30 -ec::rgb4 -rdrm-DisplayPort
```

图 11-8　启用 SVET VDBox＋SFC 参考配置文件

需要说明的是，SFC 不能单独使用，它必须和 VDBox 或者 VEBox 配合才能使用，因此其使用率会反映到 VDBox 或者 VEBox 的占用上。从图 11-9 可以看出，由于启用了 SFC，VDBox 的占用率从之前的 42% 提升到了 52%。而由于减少的通用单元 EU 的读取，其占用率从 31% 降低到了 15%。

```
root@uzeltgli3:/home/tgl/work/cvs_sample/bin# ./metrics_monitor
RENDER usage: 15.60,    VIDEO usage: 52.45,    VIDEO_E usage: 0.00    GT Freq: 1059.84
RENDER usage: 15.93,    VIDEO usage: 52.75,    VIDEO_E usage: 0.00    GT Freq: 1059.85
RENDER usage: 15.98,    VIDEO usage: 52.45,    VIDEO_E usage: 0.00    GT Freq: 1123.84
RENDER usage: 15.94,    VIDEO usage: 52.45,    VIDEO_E usage: 0.00    GT Freq: 1047.83
RENDER usage: 15.87,    VIDEO usage: 52.43,    VIDEO_E usage: 0.00    GT Freq: 1093.83
RENDER usage: 15.91,    VIDEO usage: 52.70,    VIDEO_E usage: 0.00    GT Freq: 1111.83
RENDER usage: 16.07,    VIDEO usage: 52.41,    VIDEO_E usage: 0.00    GT Freq: 1047.85
RENDER usage: 16.03,    VIDEO usage: 52.49,    VIDEO_E usage: 0.00    GT Freq: 1097.84
RENDER usage: 16.03,    VIDEO usage: 52.45,    VIDEO_E usage: 0.00    GT Freq: 1059.84
RENDER usage: 15.91,    VIDEO usage: 52.51,    VIDEO_E usage: 0.00    GT Freq: 1071.84
RENDER usage: 15.94,    VIDEO usage: 52.21,    VIDEO_E usage: 0.00    GT Freq: 1059.84
RENDER usage: 15.89,    VIDEO usage: 52.09,    VIDEO_E usage: 0.00    GT Freq: 1085.83
RENDER usage: 15.93,    VIDEO usage: 52.13,    VIDEO_E usage: 0.00    GT Freq: 1111.82
RENDER usage: 15.96,    VIDEO usage: 52.50,    VIDEO_E usage: 0.00    GT Freq: 1095.83
RENDER usage: 15.90,    VIDEO usage: 52.49,    VIDEO_E usage: 0.00    GT Freq: 1059.84
RENDER usage: 15.97,    VIDEO usage: 52.22,    VIDEO_E usage: 0.00    GT Freq: 1033.84
RENDER usage: 15.91,    VIDEO usage: 52.17,    VIDEO_E usage: 0.00    GT Freq: 1049.89
```

图 11-9　i3-1115G4E 显卡资源占用

从图 11-10 所示的 VTune 的分析结果也可以看到，显卡峰值内存带宽访问（弹出框）从之前的 28GB/s 降低到现在的 16GB/s，几乎减少了一半，非常可观。

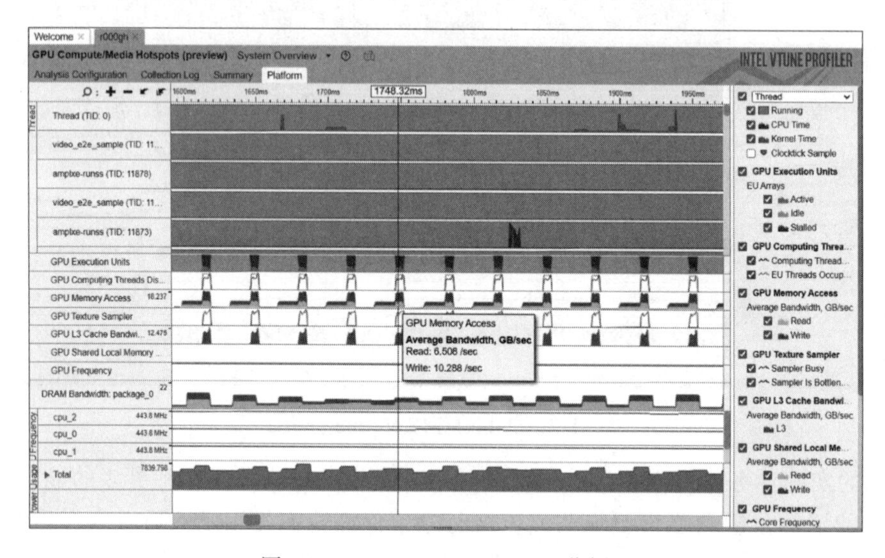

图 11-10　i3-1115G4E VTune 分析 2

11.5.4.2 降低 media-driver 内存消耗

为了节省显卡指令缓存（Command Buffer，CB）的分配消耗，Linux iHD Media Driver 为每个 VA Context 提供了缓存机制。这种机制存在一个缺点：每个指令缓存都需要维护一个结构来存储缓存地址重新定位的列表。地址重定位的列表大小依赖于指令缓存的大小。典型的指令缓存的大小是 32KB，指令缓存的缓存个数是 30。代码清单 11-1 展示了重定位列表的代码，表 11-11 给出了对应内存消耗的计算方法。

代码清单 11-1 GEM Object 重定位列表代码

```
static int drm_intel_setup_reloc_list(drm_intel_bo *bo)  {
    drm_intel_bo_gem *bo_gem = (drm_intel_bo_gem *) bo;
    drm_intel_bufmgr_gem *bufmgr_gem = (drm_intel_bufmgr_gem *) bo->bufmgr;
    unsigned int max_relocs = bufmgr_gem->max_relocs;
    if (bo->size / 4 < max_relocs)
      max_relocs = bo->size / 4;
      bo_gem->relocs = malloc(max_relocs *sizeof(struct drm_i915_gem_relocation_entry));
      bo_gem->reloc_target_info = malloc(max_relocs *sizeof(drm_intel_reloc_
target));
      if (bo_gem->relocs == NULL || bo_gem->reloc_target_info == NULL) {
        bo_gem->has_error = true;
        free (bo_gem->relocs);
        bo_gem->relocs = NULL;
        free (bo_gem->reloc_target_info);
        bo_gem->reloc_target_info = NULL;
        return 1;
      }
    return 0;
}
```

表 11-11 GEM Object 重定位列表内存占用分析

I-terms	B	MB
bo->size	32 768	
max_relocs	8192	
drm_i915_gem_relocation_entry	32	
drm_intel_reloc_target	16	
Command buffer cache size (command buffer number)	30	
total	(32＋16) *8192*30=11 796 480	11.25

因此，对于一个 VA Context 的缓存，需要 11MB 左左的空间。如果多个 Context 同时使用，比如 NVR 64 个通道 D1 的解码，这样缓存对内存的消耗是巨大的。我们可以通过修改代码清单 11-2 中的代码把缓存个数改小，同时根据实践，此项修改对高并发视频业务的性能没有明显影响。

代码清单 11-2　media-driver 任务提交缓存个数调整

```
./media_driver/linux/common/os/mos_os_specific.h
#define MAX_CMD_BUF_NUM 30
```

11.5.5　优化 SVET 推理

总的来说，集成显卡的推理算力有限。通常我们可以通过以下公式来计算理论推理能力：

FP32 算力＝2（EU 内 FPU 个数）× 2（乘加可以一次完成）×4（SIMD 指令一次可以操作 4 个 FP32）× EU 个数 × 显卡频率

FP16 为 FP32 算力的两倍，INT8 为 FP32 算力的 4 倍。

以 i7-1185G7E 为例，其 EU 个数为 96，显卡最高频率为 1.35GHz，各种算力如表 11-12 所示。

表 11-12　i7-1185G7E 理论算力列表

FP32	FP16	INT8
2TFlops	4TFlops	8TFlops

OpenVINO 在基于 GPU 加速的推理上做了很多工作，除此之外，SVET 推理之前的预处理部分做了一些工作来提升整体吞吐。例如共享解码输出和推理输入的 remoteBlob 功能，基于 CM（C for Metal）实现的 RGBA 到 RGB 的颜色格式转换。

remoteBlob 功能允许解码输出的 vaSurface 和推理输入的共享，其在 OpenVINO 内部基于 OpenCL 实现了显卡加速从 NV12 到 RGBP 颜色格式的转换，从而避免了通过 CPU 把数据从 vaSurface 复制到系统内存，然后用 CPU 做颜色格式转换，再通过 OpenVINO 复制回视频类型缓存。

11.6　本章小结

本章通过 Media SDK、SVET 等几个常见的软件开发工具介绍了如何快速评估某个英特尔平台的视频加速能力，给出了实际运行的单路以及多路的纯解码、解码＋显示、纯编码以及转码等命令行，按照本章介绍的命令行，相信读者朋友可以很快地评估出当前平台的视频加速处理能力。一般来说，如果只是评估相对简单的编解码能力，建议使用 Media

SDK 的解码或者编码例程来实现，如果想要评估一些复杂的应用，例如多路的编解码能力，或者多屏解码＋显示的场景，因为要创建多个进程来实现，会影响 CPU 的占用率，所以可以使用 Media SDK 的转码例程来实现。转码例程是一个集大成的例程，建议想要深入了解 Media SDK 的读者参考第 8 章。

如果想要测试推理业务，解码＋人脸识别等，或者想要在 Linux 操作系统上测试多路的解码＋多屏显示的应用，建议使用 SVET 开发套件。SVET 开发套件可以方便地实现多路视频业务的递进式增加，结合第 10 章的性能监测工具，可以帮助读者完成细致的性能评估，发现真正的性能瓶颈，为后续的优化工作给出方向。最后，针对纯解码、纯编码以及拼接显示，我们给出了典型的优化思路，并给出了一些实际案例演示这些优化的分析过程。

附录 A

英特尔统一平台开发套件 OneAPI

作为业界领先的专业计算硬件的供应商，英特尔提供了品类繁多、性能强悍的硬件平台给各行各业的专家们使用，例如大家熟悉的 CPU、GPU、FPGA 以及其他专用的计算功能模块、VPU、GNA 等，那么如何基于众多的硬件开发符合自己行业特点的产品，而不是把大量时间耗费在基于某个独立硬件的软件研发上，就是一个亟待解决的问题。正是基于这样的考量，同时也是因为英特尔本身具有强大的软件研发团队，所以英特尔推出了 OneAPI 统一编程开发套件。需要注意的是，英特尔的 OneAPI 并不是某一个单一的软件开发包，而是表示一类基于标准的、开放的、跨行业的统一编程模型的统称，它的主旨是想要提供给开发人员一套通用的基于硬件加速实现架构的统一的开发环境和模型，以帮助那些基于英特尔平台进行应用开发的开发者可以快速、高效地开发出高性能的应用程序，同时，英特尔也致力于把 OneAPI 打造成整个业界通用的开发规范，建立一个全新的开发平台的生态系统，造福那些基于英特尔平台的开发者，以提高整个业界的生产效率，使开发者可以更加专注于产品的创新。

为了实现这样的目的，OneAPI 通过提供相同的编程开发语言和统一的编程模型来简化软件开发的过程，针对不同的领域推出了不同的编程模型。针对并行开发领域，通常有两种开发程序的方式，一种是某些算法已经形成了业界标准，或者说大家公认的一些性能和功耗都比较不错的算法，对于这些算法，就可以形成一个标准库，并做成一个通用的接口，开发者只需要通过这些标准的接口来调用这些算法库就可以实现对应的功能了，开发周期短，效率高，稳定性强。另一种算法不具有普遍性，也许是某些开发者自己独有的算法，例如具有高度知识产权的核心算法；也许是刚刚研发出来，还没有大规模使用的算法；又或者算法本身就不太适合通过 API 编程实现，因此不存在标准解决方案，又或者因为解决方案需要在库中很难实现的定制级别实现等。总之，在某些情况下，开发人员必须使用直接编程语言显式地编写并行算法。针对这两种情况，英特尔的 OneAPI 都提供了解决方案。针对前一种，OneAPI 提供了丰富的 API，同时基于英特尔硬件的特性给出了极致的优化，并且很多具有跨平台的特点，打包形成了定义完善、性能优良的库函数解决方案，开发人员通过库函数调用实现程序的性能关键部分，基于 OneAPI 的编程使程序员能够通过最少的编码和调优得到一组跨不同平台的高性能加速实现方案。针对后一种情况，OneAPI 提供了基于数据并行性的高效并行编程模型的开发语言，符合标准语言规范，例如单指令多数据流（Single Instruction Multiple Data，SIMD），或者多指令多数据流（Multiple Instruction Multiple Data，MIMD）等，即对每个数据元素执行相同的计算，这样应用程序的并行性随着数据的扩展就会得到扩展。通过允许程序员直接通过编程语言表示并行性，为并行架构创建高效算法成为可能。从图 A-1 可以看到不同的编程模型、不同的计算类型都有对应的硬件可以加速实现。

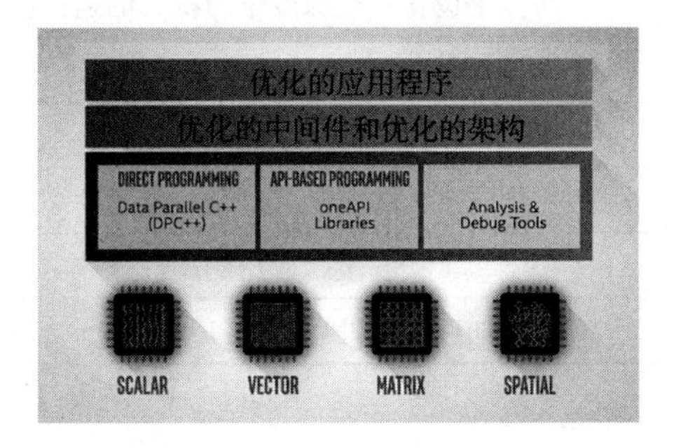

图 A-1 OneAPI 架构图

这里还要重申一下，OneAPI 并不是某一个开发套件，而是英特尔开发套件的总称，从大的范围上说，OneAPI 包含表 A-1 所示的套件。

表 A-1 OneAPI 基础开发套件

开发套件	应用场景
Intel OneAPI Base Toolkit	跨平台开发高性能、以数据为中心的应用
Intel OneAPI HPC Toolkit	在共享和分布式内存架构的计算系统上构建、分析、应用程序
Intel OneAPI AI Analytics Toolkit	使用 Python 工具和深度学习框架构建端到端的数据科学和机器学习管线
Intel OpenVINO toolkit	端到端的高性能推理解决方案
Intel OneAPI Rendering Toolkit	创造高保真的视觉体验，突破可视化的界限
Intel OneAPI IoT Toolkit	快速开发在网络边缘侧的应用程序和解决方案
Intel System Bring-up Toolkit	通过硬件和软件的内在联系增强系统的可靠性，并优化电源和性能

英特尔公布的 OneAPI1.1 规范也仅仅是针对基础套件 Intel OneAPI Base Toolkit，主要组件如表 A-2 所示，这些组成部分主要基于 1.1 版的 OneAPI 规范的发布版本。

表 A-2　OneAPI 基础规范主要组件

类别	套件	功能
AI	OneDPC＋＋	OneAPI 用于编程加速器和多处理器的核心语言。DPCPP 允许开发人员跨硬件目标（CPU 和加速器，如 GPU 和 FPGA）重用代码，并针对特定的体系结构进行调整
	OneDPL	DPC＋＋编译器的一个同伴，用 C＋＋标准库、并行 STL 和扩展程序编程 API 来编程一个 API 设备
	oneDNN	深度学习框架原语的高性能实现
	oneCCL	跨多个设备扩展深度学习框架的通信原语
	LevelZero	OneAPI 语言和库的系统接口
	oneDAL	加速数据科学的算法库
系统实现	oneTBB	用于向多处理器上的复杂应用程序添加基于线程的并行性的库
数字函数库	oneMKL	科学、工程和金融应用的高性能数学例程
视频处理	OneVPL	用于加速视频处理的 API 库

附录 B

可扩展视频处理技术

从名字上看，可扩展视频处理技术（Scalable Video Technology，SVT）很容易与可分层视频标准（Scalable Video Coding，SVC）混淆，其实它们两个完全不同，只是名字有点像。SVT 是一套英特尔开发的核心开源框架，旨在利用 CPU 强大的并行运算指令集进行视频处理，主要面向可视云之类的应用。通常来说，可视云是指云硬件、软件和网络基础设施的融合，即允许高效远程地处理和传输视频、图形和游戏等内容，同时也支持一些特定任务的应用，例如多媒体数据分析和沉浸式多媒体体验。而且视频内容的来源五花八门，有专业媒体创建的高清、超高清甚至是 8K 的片源，也有来自在线视频网站自由研发拍摄的情景短剧、动画片等。不同格式、不同分辨率、不同质量等的不同类型的视频源源不断地增加，那么如何把它们转码成更容易接受、更好用的视频就成为大多数可视云应用程序的关键部分。那么如何在现在有的云架构下实现高密度低功耗的视频处理能力，就是很多云厂商在苦苦追寻的方案，有些方案会使用一些专用的加速硬件，例如 GPU/ASIC、FPGA 的方案等，但是 SVT 因为能在原有的架构上实现基于 CPU 处理的简洁高效的方案而得到广泛的关注。

英特尔的 SVT 针对英特尔至强可扩展处理器进行了高度定制化的优化。首先英特尔至强可扩展处理器上有大量可用的内核单元，例如每个双插槽的处理器最多可有 56 个内核，这样大量的计算资源可以提升 SVT 编解码器的算力；同时算法的核心部分也通过英特尔高级向量扩展 512 位宽的指令集 Intel AVX-512（Intel Advanced Vector Extensions 512）进行了极致的优化实现，使得性能得到了极大提升；针对英特尔至强处理器的内存体系结构的优化，例如大量高速的内存容量和内存通道，也提高了视频处理的数据交互过程，提高了整体系统的吞吐率。因此，对于大部分使用英特尔至强可扩展处理器的数据中心，针对英特尔至强处理器的优化的英特尔 SVT 将可以利用其现有的基础设施来提供优化的工作负载，大大提高可视云服务器的工作负载的处理效率，无须添加额外的硬件资源。

下面我们介绍一下 SVT 编码器的设计思想。一般来说，如图 B-1 所示，一个典型的视频编码器包括核心编码处理模块和外部辅助模块。

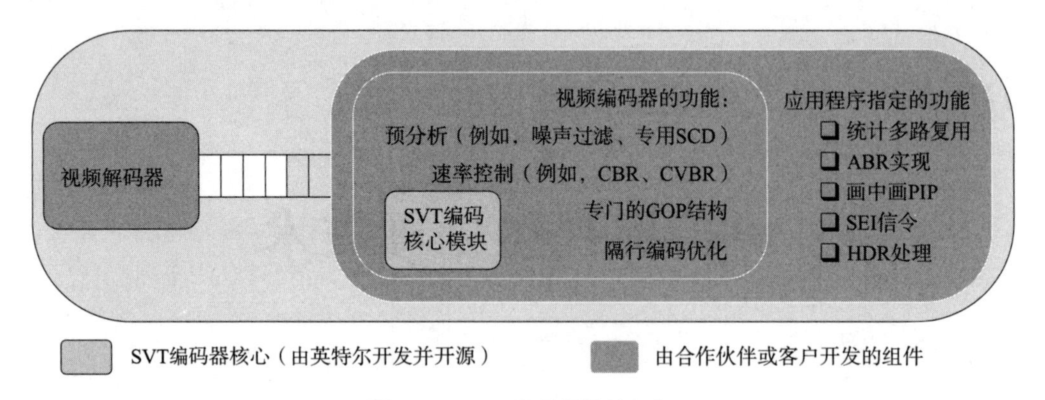

图 B-1　SVT 编码器设计框架

典型的核心处理模块包括分析模块、模式选择模块以及编码执行模块。分析模块分析输入图像的时空特征并把它们参数化；模式选择模块负责将图像合理地划分成不同的子块并对每个子块最合理的编码模式加以判断；最后把这些子块都送入编码执行模块进行处理，按照各种视频编码标准的要求编码成符合标准要求的二进制码流。外围模块可以理解为对视频图像的前处理或者后处理，例如去噪、缩放、色域降采样以及符合各类码率控制等，从而使得核心处理模块能够更加有效率地编码出质量更高、更符合需求的视频码率。SVT 也是基于这样的架构来构建的，同时正如其命名那样，更加侧重编码器的可扩展性，并在编码效率和视觉质量之间尽可能达到平衡，特别是对于高分辨率视频内容，例如 4K 或 8K 视频源，SVT 引入了有些创新的架构和高效的算法，并且是独立于某个视频标准的，在提高编码器的性能的同时也会提高其在任何给定资源级别的视觉质量。

SVT 的结构允许将编码器内核拆分为相互独立运行的线程，每个线程可以在不同的处理器内核上并行运行来处理输入图片的不同部分，而不会造成任何保真度损失。另外，SVT 的架构是独立于某个具体的视频编码标准的，它允许任何符合标准的编码器根据计算和内存限制适当调整其性能，同时随着性能的提高保持视频质量的平滑下降，因此适合于开发符合不同标准的编码器。

SVT 的架构设计主旨在于最大限度地利用英特尔至强可扩展处理器的能力来提升性能，所以可以从三个维度对其进行并行化优化，如图 B-2 所示。首先是宏块级处理过程的并行优化，包括把编码过程拆分成几个相互独立的编码操作，例如块的分割、模式选择以及标准化的编码过程的解耦合等。再次是宏块组级别的并行优化，类似于把一幅图像分成若干个单元，有的称为切片（slice），有的称为片段（segment），通过同时在多个核心单元上处理一幅图像中被分割出来的多个条带或者片段来达到提升效率的目的，这样做的关键在于各个条带或者片段之间没有边缘效应，否则会影响图像质量。最后就是整幅图像级别的并行优化，通过分层 GOP 的架构，不同的 GOP 可以送到不同的内核单元去处理以提升整个视频流的效率。

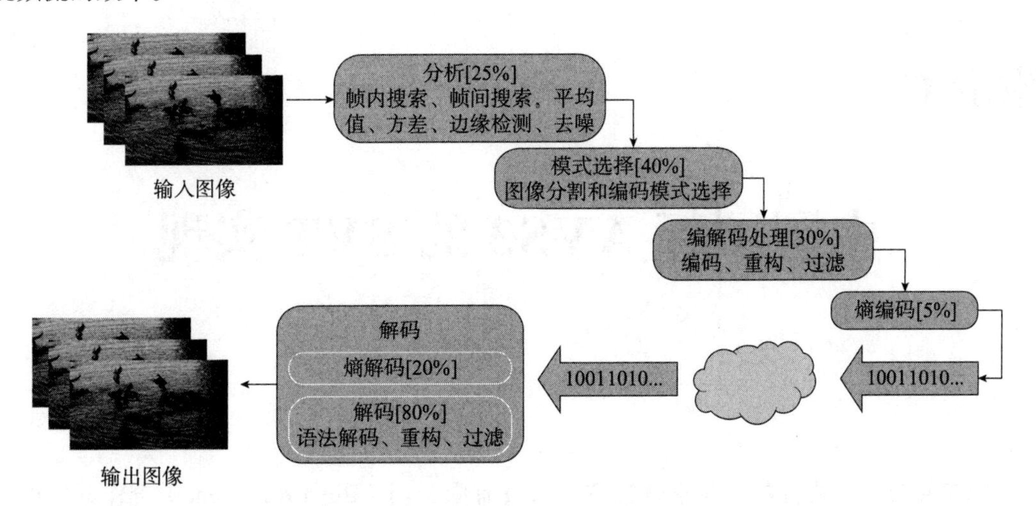

图 B-2　编码器 / 解码器处理数据流，每个处理指示 SVT-HEVC 的典型 CPU 负载

SVT 是通过 https://01.org/svt 网站共享的，在网上英特尔提供了 4 种视频编码标准的下载链接，大家可以去上面自由下载。

- SVT-HEVC 编码器核心支持 HEVC Main 和 Main10 工具集，支持高达 6.2 级的图像格式，以及高达 8K@60、4:2:0、8 位和 10 位的视频分辨率。SVT-HEVC 编码器于 2018 年 9 月首次向开源社区发布。
- SVT-AV1 编码器核心支持高达 4K@60、4:2:0、8 位和 10 位（HDR）的视频分辨率。SVT-AV1 编码器内核于 2019 年 1 月 31 日发布开源。
- SVT-VP9 编码器是 VP9 兼容的核心编码器库。SVT-VP9 编码器正在进行优化，以实现目前支持 10 个密度质量预设的卓越性能，该系统采用双 Intel 至强可扩展处理器，目标是在配备 M8 的 Gold 6140 上实时编码多达两个 4K@60 流。SVT-VP9 编码器内核于 2019 年 2 月 15 日发布开源。
- VS3 视频编码是中国 AVS 工作组制定的第三代标准，适用于多种应用场景，如超高清电视广播、虚拟现实和视频监控等。

附录 C

中国国标 AVS3 的 SVT 实现

SVT-AVS3 是英特尔与北京博雅睿视科技有限公司（Boya Realscene）合作开发的一款开源的高性能视频编码器，旨在将英特尔可扩展视频架构与 AVS3 标准相互融合，充分发挥英特尔高性能编码平台的强悍性能。这也是英特尔首次拥抱中国的视频编码标准。在 SVT 灵活的设计理念的指导下，SVT-AVS3 将 AVS3 标准编码流程拆分为数个并行的处理核心，通过一系列优化算法与参数设计实现了面向十数个应用场景的预设档次。其中，最具代表性的应用就是视频点播和直播场景。

在面向视频点播（Video On Demand，VOD）应用场景的质量优先级上，SVT-AVS3 相对同阶段参考软件速度提升近七十倍，虽然在处理器核心的使用上也有了几十倍的提升，但编码过程中复杂的依赖关系也导致即使使用同样多的核心数量，高度耦合的参考软件也无法达到如此明显的速度提升。当然，这个过程中英特尔至强平台的汇编加速也起到了至关重要的作用。

而在面向直播流视频（livestream），尤其是 8K 超高清直播流视频实时编码的应用场景下，SVT-AVS3 成功实现了世界首个符合 AVS3 标准的 8K@60 的 10 比特采样的实时软编码器，其性能相比 x265 最快档次在速度上提升超过 72%，同时码率节省超过 12%（因为存在数据吞吐瓶颈，所以此处的编码性能与采用 4K 分辨率对比）。目前已经作为核心技术之一支撑广播电视总台 8K 超高清视频频道的开播（2021 年的春节联欢晚会和 2022 年的冬奥会赛事转播都使用了以 SVT-AVS3 为基础的节目直播方案）。

SVT 编码框架的引入和 AVX512 汇编的加速为 AVS3 标准带来了新的活力，使用双路 Intel Xeon 8180 处理器搭配 24 slot×16GB 内存，SVT-AVS3 在 AVS3 通用测试条件（Common Test Condition，CTC）下全方位超越了经典编码器 x265，成为当下视频内容生产过程的有力竞争者。另外，在 SVT 系列诸多视频编解码器的开发过程中，SVT 架构充分体现了其标准透明化的设计特性，而所谓的标准透明化，就是在架构和部分模块的设计过程中脱离某一个或一类标准本身，进而从编码的流程中提炼出通用性的结构设计。比如开闭环的双循环结构、高达 AVX-512 的基础运算汇编加速、具备良好泛用性的纹理特性分析和预决策机制等。这些模块和设计可以很好地帮助基于传统框架的视频压缩标准迅速迭代出在英特尔平台上高度可扩展的 SVT 系列视频编解码器，同时也可以为日渐复杂的编码流程提供多方位的决策优化信息。

作为基于 CPU 运行的实时编码解决方案，SVT 本身就包含了很多独特的优势，例如易于集成、升级、功能扩展和加强；灵活快速地适应现有以及未来可视云应用的发展；方便快捷地与其他可视处理工具和组件进行交互来开发完整的端到端的可视工作负载。同时为了加速生态的发展，作为开源代码和社区的绝对拥趸，英特尔还打造了开放可视云（Open Visual Cloud）项目以实现一个高度优化的支持云原生的多媒体数据，人工智能以及图像数据的处理、推理管线的开源项目，使得开发者可以轻松地构建可视化云服务。通过与行业伙伴的深度合作，英特尔正在助力构建这一生态系统，以支持针对可视云的视频处理解决方案的开发，并在不断地为新处理器优化此类解决方案。这不但有助于加快上市时间，还可以帮助客户降低解决方案的总成本，并且有着良好的性能和最优的质量，成为各种视觉云应用程序中出现的理想解决方案。

附录 D

Media SDK 支持的媒体格式

前面我们已经介绍了数字图像的色彩空间模型，其中 YUV 色彩空间模型是视频图像处理中最常用的模型，而 RGB 色彩空间模型是静止图像处理中比较常用的，所以目前比较流行的人工智能（Artificial Intelligence，AI）就常用到 RGB 色彩空间模型，因此一个比较经典的需求就是视频解码后，要将 YUV 色彩空间模型的值转换为 RGB 色彩空间模型。当然，任何事情都有例外，目前的 HEVC/H.265 就在研究直接在 RGB 色彩空间模型上处理数字图像，而一些 AI 的应用也在探索如何直接基于 YUV 色彩空间模型进行特征提取。不管基于 YUV 色彩空间模型还是 RGB 色彩空间模型，图像数据的具体排列都不是只有一种，所以这里还要具体介绍一下 Media SDK 支持的具体的色彩空间模型格式，比如大家经常会看到 YUV420、YUV422、YUV444 等，那么这些数字都表示什么呢？我们在这里详细介绍这个部分。在介绍各个 YUV 格式之前先做一个假设，那就是每个像素都具有自己独特的 Y 分量的值，也就是每个像素都有自己的 Y 值，并且只有一个 Y 值，这个 Y 值是不会与其他像素分享的，只有在这个假设下才能解释清楚不同的 YUV 格式之间的差别，请大家切记。

有了上面的假设，我们来讨论具体的格式信息。一个总的原则就是，YUV 后面的数字表示了 YUV 这三个分量之间的比例，例如，对于 YUV444 来说，Y、U、V 三个分量之间的比例是 4∶4∶4，除去公约数 4 之后，我们得到了 1∶1∶1，也就是说一个 Y 值对应一个 U 值，同时也对应一个 V 值。每个像素都有自己的 Y、U、V 分量信息，这个表示是最精确的。

$$Y:U:V=4:4:4=1:1:1$$

那么对于 YUV422 呢？同理我们按照上面的原则把它们写为如下公式，此时的公约数为 2，就得到了 Y、U、V 各分量的比例是 2∶1∶1，这个时候请牢记上面的原则，每个像素都具有并且只有一个 Y 值，也就是说一个像素不能有两个 Y 值，所以 Y 分量的 2 就表示两个像素现在共享一个 U 分量的值，同时也共享一个 V 分量的值。也就是说，图像中的两个像素具有完全一样的 U 分量的值和 V 分量的值，这就是 YUV422 的含义。

Y∶U∶V=4∶2∶2=2∶1∶1

为什么会选择 4 来表示 Y 分量的比例？这是因为像素是图像中的最小单元，不可再分，其实将 YUV422 格式写成 $1:\frac{1}{2}:\frac{1}{2}$也许更加直观，表示每个像素都与另一个像素共享 U 分量和 V 分量的值，但是写起来和读起来都比较复杂。同时，我们在规划色度分量共享的时候，最多的情况是 4 个像素共享一个色度分量，这样就取了一个公倍数 4 来统一表示所有的 YUV 色彩模型格式，也就是我们熟知的 YUV444、YUV422 等。

在了解了 YUV××× 命名规则之后，再来看一个神奇的命名，那就是 YUV420，按照上面的原则，YUV 的比例是 4∶2∶0，难道是只有 U 分量，没有了 V 分量吗？其实并不是这样的，在介绍它之前，我们先来介绍一种从名字上看更好解释的格式——YUV411，按照上面的原则，我们完全可以了解这种格式就是 4 个像素共享一个相同的 U 分量的值和一个 V 分量的值。但是这 4 个像素怎么选择？同时共享的这个 U 值和 V 值怎么选择？或者说怎么生成这个值？这就形成了诸多变种，也形成了多样的格式。如果按照传统方式，从一行中连续 4 个像素中选取一个 U 分量值和一个 V 分量值，那么就是 YUV411 格式。而如果对于每一行来说，只有一种色度分量以 2∶1（4∶2）的方式进行抽样，下一行再换另一个色度分量，如果说第一行是 YUV420，那么第二行就是 YUV402，依次类推。这样，总体来说，对于每一个色度分量，水平方向和竖直方向的比例都是 2∶1，也就是说每个色度分量与亮度分量的比例都是 4∶1，典型的格式有 NV12、I420、YV12 等。这种图像格式的理论基础是根据科学家做的大量科学实验得出的结论，相邻行像素的色度分量的差别不大，所以 YUV420 在视频编解码中得到了广泛应用，这也是大家经常看到它的原因。

那么如何存储 YUV 格式的数据呢？虽然跟 RGB 格式一样，YUV 格式也存在 3 个分量，但是与 RGB 不同的是，3 个分量的作用或者说意义不是像 RGB 那样均等，所以如何排放这 3 个分量就存在不同的组合。为了处理方便，一般我们有 3 种排放的类别，分别是平铺（planar）、半平铺（semi-planar）、混合（packed），具体含义如下：

- 平铺：有时也称 triple planar，有 3 个 plane，每种分量连续存储，先存储所有的 Y 分量，再存储所有的 U 分量，最后存储所有的 V 分量（也可以 V 在前，U 在后）。
- 半平铺：有 2 个 plane，先存储所有的 Y 分量，后面 U 和 V 分量一起存储。
- 混合：只有 1 个 plane，每个像素点的 Y、U、V 分量一起存储，按照像素点的顺序依次存储。

我们通过图形来形象地表示 3 个分量的摆放规则，也就是说每个分量的采样精度和记录数量是完全一致的。举一个宽高比为 16∶9 的 YUV444 的图像格式的例子，平铺和半平铺如图 D-1 所示，混合排列如图 D-2 所示。

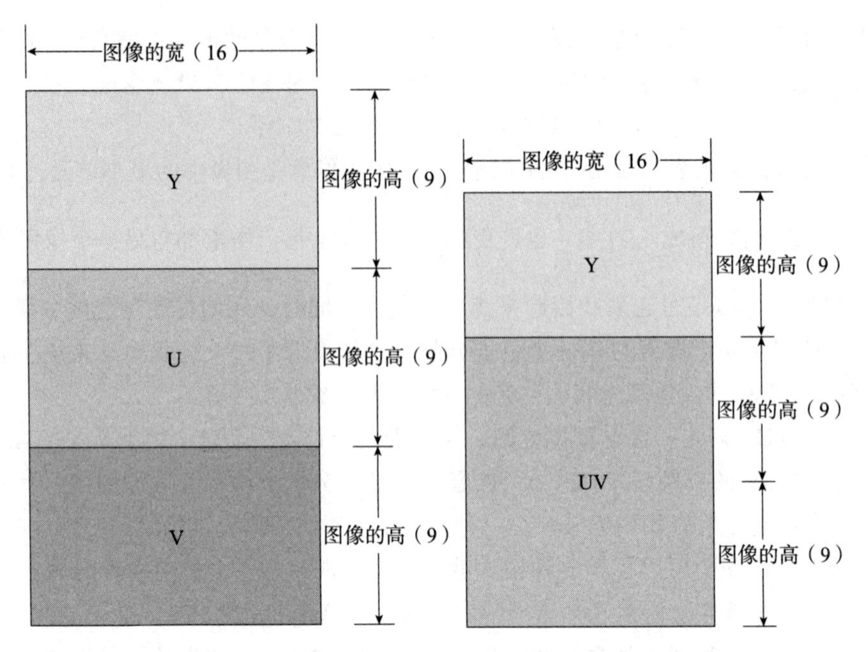

图 D-1　YUV 平铺排列与 YUV 半平铺排列

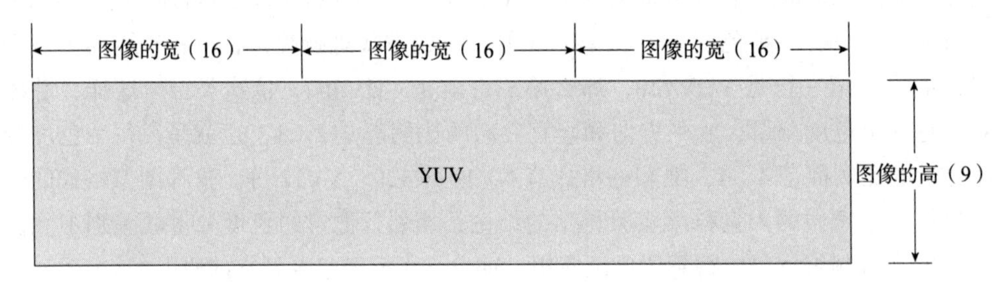

图 D-2　YUV 混合排列

在介绍完通用的 YUV 色彩空间模型的存储格式之后，我们来有针对性地介绍 Media SDK 会用到的格式。首先在 Media SDK 的具体定义中，我们采用业界普遍采用的 FourCC 的定义，FourCC 的全称是 Four-Character Code，它是一个 32 位的标识符，用四个字节的代码来标识，所以一共有 32 位。其次，在以下叙述中，为了方便描述，我们统一采用行和列为下标的表示方法，例如第 r 行、第 c 列的像素的 YUV 分量可以表示为 $Y_{r-1,\,c-1}U_{r-1,c-1}V_{r-1,c-1}$，$r$ 的取值范围为 1 到图像宽度，c 的取值范围为 1 到图像高度。那么第一行第一列的像素的 YUV 分量就表示为 $Y_{00}U_{00}V_{00}$，第一行第二列的像素的 YUV 分量就表示为 $Y_{01}U_{01}V_{01}$。

传统的视频编解码一般都使用 YUV420 的格式，在 Media SDK 中，NV12 图像格式被用作内置的默认图像格式。NV12 图像格式属于 YUV420SP 半平铺格式的一种，具体的针对一帧图像的布局，首先是 Y 分量数据，然后是 UV 分量数据，U 分量数据在前，V 分量数据在后，而如果 V 分量数据在前，U 分量数据在后，则是 NV21 图像格式。图 D-3 表示 NV12 和 NV21 的数据排列方式，Y、U、V 的下标通过矩阵的方式描述，前面的数字表示行序号，后面的数字表示列序号，例如 Y_{00} 表示第 0 行第 0 列像素的 Y 分量值，U_{00} 表示第 0 行第 0 列像素的 U 分量值。

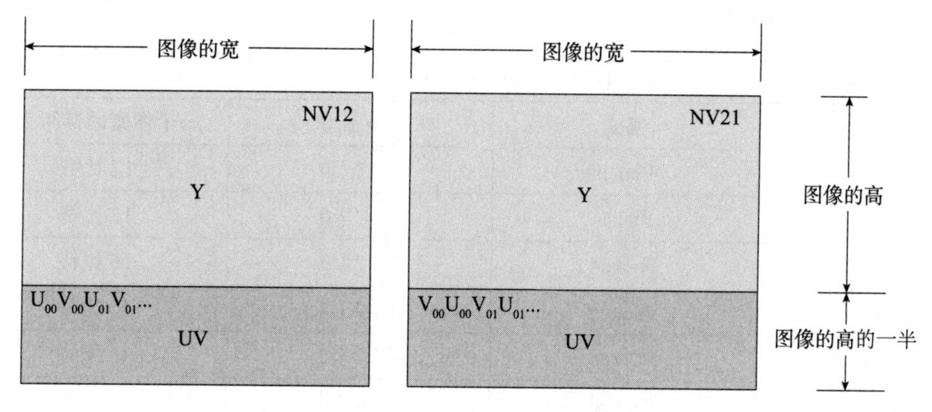

图 D-3 NV12 和 NV21 的布局图

在很多开源项目中大量使用的 i420 格式也称作 YU12 格式，属于 YUV20P 平铺格式的一种，在一帧图像中先放 Y 分量数据，再放 U 分量数据，最后放 V 分量数据。与之对应的，如果保持 Y 分量不变，然后先放 V 分量数据，再放 U 分量数据，这就是 YV12 图像格式，具体排列请参考图 D-4。

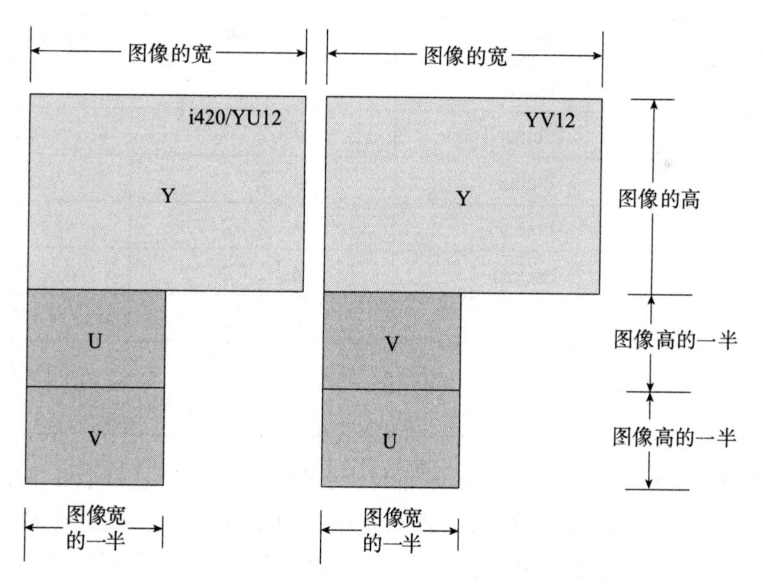

图 D-4 i420（YU12）和 YV12 的布局图

YUY2 是 YUV422 混合格式的一种，每个像素的 Y 分量和 U 或者 V 分量连续排列，每个像素的起始位是 Y 分量的值，偶数位像素 Y 分量后面跟着 U 分量的值，奇数位像素后面跟着 V 分量的值。而交换偶数位和奇数位的 V 分量和 U 分量就组成了 UYVY 图像格式。AYUV 是 YUV444 混合格式的一种，只是增加了 α 通道，用来描述透明度，相当于一个像素使用 4 个分量来表示，排列顺序就是 A Y U V，所以 Media SDK 支持的采样率为 8 比特的 YUV 格式，如表 D-1 所示。

表 D-1　8 比特图像格式

FourCC	格式	YUV 比例	一个像素的存储空间
NV12	Planar	4∶2∶0	12 比特
NV21	Planar	4∶2∶0	12 比特
YUY2（YUYV）	Packed	4∶2∶2	16 比特
YVYU	Packed	4∶2∶2	16 比特
Y422（UYVY）	Packed	4∶2∶2	16 比特
AYUV	Packed	4∶4∶4	32 比特

而随着显示技术以及显示设备技术的发展，人们已经不满足于 8 比特采样的精度了，10 比特、12 比特采样的图像格式开始走进实际应用，表 D-2 中是几种常见的格式，我们从中选择了几种并且是 Media SDK 支持的介绍给大家。

表 D-2　10、12 比特图像格式

FourCC	格式	YUV 比例	一个像素的存储空间
P010	Planar	4∶2∶0	15 比特
P016	Planar	4∶2∶0	24 比特
P210	Planar	4∶2∶2	20 比特
P216	Planar	4∶2∶2	32 比特
Y210	Packed	4∶2∶2	20 比特
Y216	Packed	4∶2∶2	32 比特
Y410	Packed	4∶4∶4	30 比特
Y416	Packed	4∶4∶4	48 比特

首先是 P010 图像格式，它的空间布局和 NV12 完全一致，只是每个分量所占用的比特数为 10，而 NV12 所占用的比特数为 8。而再进一步引申到 P016，就是与 NV12 相同的空间布局，但是每个分量会占用 16 比特。其次是 Y210 图像格式，它是交织图像格式的一种，其 YUV 之比是 4∶2∶2，在布局上非常接近 YUY2，只是每个像素分量的采样为 10 比特，那么如果每个像素分量的采样要为 16 比特，则称之为 Y216。再次是 Y410 图像格式，它是

YUV444 的一种，因为每个分量采用 10 比特采样，那么一共有 3 个分量，一共需要 30 比特，因为计算机基本上都是以一个字节（8 比特）为最小单位，那么 4 个字节就是 32 比特，为了使数据对齐，我们把剩余的两个比特赋给 α 通道，如果图像不透明，则可以设置默认值为 0x03。而 Y416 则是 YUV444 的 16 比特采样的图像格式，因为每个分量的采样已经为 16 比特，一个字节（8 比特）的整数倍，所以直接表示为四分量的排列，如图 D-5 所示。

<table>
<tr><td colspan="2">α</td><td colspan="2">V</td><td colspan="2">Y</td><td colspan="2">U</td></tr>
<tr><td colspan="2">字（word）3</td><td colspan="2">字（word）2</td><td colspan="2">字（word）1</td><td colspan="2">字（word）0</td></tr>
<tr><td>字节 7</td><td>字节 6</td><td>字节 5</td><td>字节 4</td><td>字节 3</td><td>字节 2</td><td>字节 1</td><td>字节 0</td></tr>
</table>

图 D-5　Y416 格式的单个像素排列

在介绍完 YUV 色彩空间模型的存储格式之后，我们来介绍 Media SDK 支持的 RGB 色彩空间模型的存储格式。从总体上来说，RGB 色彩空间模型的存储格式可以是类比 YUV 色彩空间模型的混合 Packed 模式摆放的。例如最常用的就是 RGB3 格式。RGB3 格式中的 3 可以理解为 3 个分量，或者 3 个字节，比较常见的是另一个写法 RGB24，其中 24 表示 24 比特，也是静态图像中最常见的 RGB 格式，但是在 Media SDK 中已经被 RGBP 取代了。在 RGBP 的基础上再加上 α 分量（透明分量），也就是说一个像素使用 4 个分量表示，每个分量占据一个字节，一个像素就占据了 32 比特的存储空间，这种格式就称作 RGB4。而 BGR4 和 RGB4 的定义和数据都可以看成完全一致的，唯一的不同就是红色和蓝色分量的存储位置进行了交换。其他格式还有 RGB565，代表红色和蓝色分量分别用 5 个比特标识，而绿色用 6 个比特标识，这样一个像素只需要 16 比特就可以存储下来了，跟 YUV420 有异曲同工之妙，但是数据精度就差很多了，因为 RGB 三个分量对人眼的贡献有所差别，但是还达不到 YUV 色彩空间模型的 Y 分量那么明显，所以这种格式是在一些存储能力不够、画面分辨率不高的情况下使用的，例如早期的手机屏幕分辨率和尺寸都很低的情况。上述 3 种色彩格式的简单汇总如表 D-3 所示。

表 D-3　一个像素的存储空间

FourCC	一个像素的存储空间
RGBP	24 比特
RGB4	32 比特
RGB565	16 比特

与 YUV 色彩空间模型类似，RGB 色彩空间模型也往高比特采样率发展，同时，微软也在扩大其对色彩空间模型的支持，所以很多定义对于 FourCC 和微软来说都是相同的，并且是互通的，但是为了兼容更多的操作系统，Media SDK 仍然采用 FourCC 的定义，这里会扩展一些介绍。Media SDK 支持 10 比特的 a2rgb10 图像格式，它是 10 比特的 RGB 色彩

模型的表示方法，与 YUV444 类似，每个 RGB 分量都采用 10 比特的采样精度，一共占有 30 比特，参考 Y410 的图像布局，也给 α 通道分配两个比特，取值范围也只有 [0, 3]，它们的布局如图 D-6 所示。

α	R（29…… 20）	G（19……10）	B（9…… 0）
α	V（29…… 20）	Y（19……10）	U（9…… 0）
字节（31 …… 24）	字节（23 …… 16）	字节（15 …… 8）	字节（7 …… 0）

图 D-6　Y410 和 a2rgb10 的每个像素的分布图

类似的还有 MFX_FOURCC_ARGB16 以及 MFX_FOURCC_ABGR16，它们都表示每个通道使用 16 比特标识，这样一个像素就占有 4×16＝64 比特＝8 字节的空间。另外还有些一些颜色，例如 R16 标识一个 16 比特的单通道的数据，而 P8 和 P8_TEXTURE 则是内部颜色定义，按照微软的定义标识调色板的颜色索引，也有的文档说它与 RGB888 是类似的，因为是内部数据结构，理论上开发者也应用不到，所以这里不做介绍。